国防科技图书出版基金

高光谱图像处理技术

Processing Techniques of Hyperspectral Imagery

王立国　赵春晖　著

国防工業出版社

·北京·

图书在版编目(CIP)数据

高光谱图像处理技术/王立国,赵春晖著. —北京:国防工业出版社,2013.5
ISBN 978-7-118-08646-1

Ⅰ. ①高… Ⅱ. ①王… ②赵… Ⅲ. ①遥感图象-图象处理-研究 Ⅳ. ①TP75

中国版本图书馆 CIP 数据核字(2013)第 047353 号

※

国防工业出版社出版发行
(北京市海淀区紫竹院南路 23 号 邮政编码 100048)
北京嘉恒彩色印刷责任有限公司
新华书店经售

*

开本 710×1000 1/16 **印张** 17 **字数** 311 千字
2013 年 5 月第 1 版第 1 次印刷 **印数** 1—3000 册 **定价** 79.00 元

国防书店:(010)88540777 发行邮购:(010)88540776
发行传真:(010)88540755 发行业务:(010)88540717

致 读 者

本书由国防科技图书出版基金资助出版。

国防科技图书出版工作是国防科技事业的一个重要方面。优秀的国防科技图书既是国防科技成果的一部分，又是国防科技水平的重要标志。为了促进国防科技和武器装备建设事业的发展，加强社会主义物质文明和精神文明建设，培养优秀科技人才，确保国防科技优秀图书的出版，原国防科工委于1988年初决定每年拨出专款，设立国防科技图书出版基金，成立评审委员会，扶持、审定出版国防科技优秀图书。

国防科技图书出版基金资助的对象是：

1. 在国防科学技术领域中，学术水平高，内容有创见，在学科上居领先地位的基础科学理论图书；在工程技术理论方面有突破的应用科学专著。

2. 学术思想新颖，内容具体、实用，对国防科技和武器装备发展具有较大推动作用的专著；密切结合国防现代化和武器装备现代化需要的高新技术内容的专著。

3. 有重要发展前景和有重大开拓使用价值，密切结合国防现代化和武器装备现代化需要的新工艺、新材料内容的专著。

4. 填补目前我国科技领域空白并具有军事应用前景的薄弱学科和边缘学科的科技图书。

国防科技图书出版基金评审委员会在总装备部的领导下开展工作，负责掌握出版基金的使用方向，评审受理的图书选题，决定资助的图书选题和资助金额，以及决定中断或取消资助等。经评审给予资助的图书，由总装备部国防工业出版社列选出版。

国防科技事业已经取得了举世瞩目的成就。国防科技图书承担着记载和弘扬这些成就，积累和传播科技知识的使命。在改革开放的新形势下，原国防科工委率先设立出版基金，扶持出版科技图书，这是一项具有深远意义的创举。此举势必促使国防科技图书的出版随着国防科技事业的发展更加兴旺。

设立出版基金是一件新生事物，是对出版工作的一项改革。因而，评审工作需要不断地摸索、认真地总结和及时地改进，这样，才能使有限的基金发挥出巨大的效能。评审工作更需要国防科技和武器装备建设战线广大科技工作者、专家、教授，以及社会各界朋友的热情支持。

让我们携起手来，为祖国昌盛、科技腾飞、出版繁荣而共同奋斗！

国防科技图书出版基金

评审委员会

国防科技图书出版基金
第七届评审委员会组成人员

前　言

随着现代科学技术的迅猛发展，高光谱遥感科学作为一门综合性的高新技术，在理论、技术和应用上都得到了广泛而长足的发展。高光谱遥感同时利用空间图像和光谱特征来获取地物信息，实现了图谱合一，为人类认识世界和改造世界提供了强有力的技术支持。目前，高光谱遥感已广泛地应用到军事、农业、森林、草地、海洋、地质、生态等领域。近年来，国际上遥感类SCI期刊的数量和影响因子均有增长，专门针对高光谱的国际学术会议也在相继出现。

高光谱图像处理技术的发展程度直接决定了信息获取和利用的程度。我国十分重视该项技术的发展，"863"、"973"发展计划和国家自然科学基金等领域对其支持的力度越来越大，全国各高校和科研院所投入的人力越来越多，取得的成果也越来越丰富。但这一现状仍无法满足学者对于该技术的广度和深度需求。本书结合著者多年从事相关技术的研究，将高光谱图像的主要处理技术，即分类、端元提取、光谱解混、亚像元定位、超分辨率复原、异常检测、降维压缩等较新的研究成果进行了系统的整理和详尽的阐释，旨在为读者了解、学习和研究高光谱图像处理技术贡献微薄之力。

全书共分9章。第2~6章主要由王立国执笔完成，内容涵盖分类、端元选择、光谱解混、亚像元定位以及超分辨率复原等高光谱图像处理技术，是该著者多年取得的研究成果，希望这些内容在思想或方法上能够为读者提供些许借鉴或启发。第1章及第7~9章主要由赵春晖执笔完成，其中，第7、8章是该著者近年来取得的创新性成果。为了便于读者对高光谱图像的原理、现状和主要处理技术有一个全面的了解，本书特别增加了第1、9章内容。第1章首先对高光谱遥感的基本理论进行了简单的介绍，主要参考了童庆禧和孙家柄等人的相关作品；进而对高光谱各种典型、主流的处理技术进行了系统的介绍，参考了国内外大量的学术文献。第9章则对高光谱遥感技术的应用加以简介，这些内容主要参考了国内该领域学者公开发表的文章。需要说明的是，由于本书主体部分即第2~8章是以著者主创内容为行文基础，因此相关技术的现状及评述主要在第 1 章中加以简单介绍;另一方面,各知识点先后顺序的确定是考虑了它们之间的前后包含关系,而不是完全依从图像处理角度上的前后次序关系而设计。

第 2、3、4 章内容的部分工作是第一著者在哈尔滨工业大学读博期间在张晔教授的指导下完成的,因此该著者对于自己的母校和导师表示特别感谢。同时第 4 章的部分内容是与新南威尔士大学贾秀萍博士合作完成的,对于她的辛勤付出和严谨治学精神表示真诚的感谢和敬意。第 5 章内容为第一著者与其研究生共同完成,第 7、8 章内容为第二著者与其研究生共同完成。著者的许多研究生参与了部分内容的研究或整理工作,主要包括刘丹凤(首届研究生国家奖学金获得者)、王群明(黑龙江省优秀硕士学位论文获得者)、刘春红、梅锋、尤佳、张凌燕、张晶(黑龙江省优秀硕士学位论文获得者)、季亚新、胡春梅、邓禄群(哈尔滨工程大学优秀硕士学位论文获得者)、赵妍、孙丽娟、张文升、吴国峰、魏芳杰(首届研究生国家奖学金获得者)、肖倩、石瑶、王正艳、谭健、王琼、赵亮、杨京辉、郝思源、孟凡旺、孙杰,等等,这里向他/她们表示感谢。这里也对本书所参考文献的作者表示衷心感谢,特别感谢本书所重点援引参考文献的全体作者,其中第一作者包括童庆禧、浦瑞良、孙家柄、李二森、刘春红、任武、凌峰、万建伟、滕安国、谭炳香、周磊、娄全胜、裴承凯、杨燕杰、张朝阳,等等,同时感谢国际相关领域的众多专家学者们,他/她们的优秀成果为本书的编写提供了良好的素材。对于以上文献所引用的文献,由于数量众多及版幅所限,本书未再作进一步注释,这里向相关作者表示歉意。

由于著者水平有限,以及研究内容时间跨度大、编程软硬件条件差异大、涉及研究人员多等实际问题,第 2 ~ 8 章的主体技术内容难免存在各种层面上的问题,第 1、9 章的内容也难以做到对主流技术、典型应用做出最合理、最科学的编排,所作评述也仅能代表一家之辞。衷心希望读者批评指正和不吝赐教,著者将在后续的工作中进一步完善。

著者

2013 年 1 月 1 日

目　录

Contents

第1章 高光谱遥感基本理论及主要处理技术

为了能够使读者对本书主体内容有更好的理解，本章首先对高光谱遥感技术的基本原理加以介绍，包括电磁波理论，太阳辐射，成像仪及成像方式等；进而对其主要技术的发展现状加以介绍，包括分类，端元选择，光谱解混，亚像元定位，超分辨率处理，异常检测，降维与压缩等。

1.1 高光谱遥感基本理论

高光谱遥感基本理论主要包括电磁波理论基础，太阳辐射与物质的相互作用，成像光谱仪及其成像方式，高光谱图像的数据特点等（童庆禧等，2006）。

1.1.1 遥感电磁波理论基础

遥感是在不直接接触的情况下，对目标或自然现象远距离探测和感知的一种技术（孙家柄等，2003）。遥感之所以能够根据收集到的电磁波来判断地物目标和自然现象，是因为一切物体由于其种类、特征和环境条件的不同而具有完全不同的电磁波反射或发射辐射特征。遥感技术主要是建立在物体反射或发射电磁波的原理之上的。

变化的电场能够在它周围引起变化的磁场，这一变化的磁场又在较远的区域内引起新的变化电场，并在更远的区域内引起新的变化磁场。这种变化的电场和磁场交替产生，以有限的速度由近及远在空间内传播的过程称为电磁波。按电磁波在真空中传播的波长或频率以递增或递减排列，则构成了按区段划分的电磁波谱（表1－1）。电磁波谱以频率从高到低排列，可以划分为γ射线、X射线、紫外线、可见光、红外线、无线电波。高光谱遥感中较多地使用可见光和近红外波段。可见光波段虽然波谱区间很窄，但对高光谱遥感技术而言却非常重要。

表 1－1　电磁波谱

波段		波长	
长波		大于 3000m	
中波和短波		(10 ~ 3000) m	
超短波		(1 ~ 10) m	
微波		1mm ~ 1m	
红外波段	超远红外	(0.76 ~ 1000) μm	(15 ~ 1000) μm
	远红外		(6 ~ 15) μm
	中红外		(3 ~ 6) μm
	近红外		(0.76 ~ 3) μm
可见光	红	(0.38 ~ 0.76) μm	(0.62 ~ 0.76) μm
	橙		(0.59 ~ 0.62) μm
	黄		(0.56 ~ 0.59) μm
	绿		(0.50 ~ 0.56) μm
	青		(0.47 ~ 0.50) μm
	蓝		(0.43 ~ 0.47) μm
	紫		(0.38 ~ 0.43) μm
紫外线		$(10^{-3} \sim 3.8 \times 10^{-1})$ μm	
X 射线		$(10^{-6} \sim 10^{-3})$ μm	
γ 射线		小于 10^{-6} μm	

1.1.2　太阳辐射与物质的相互作用

电磁波与物质间的相互作用机理有：散射（Scattered）、反射（Reflected）、发射（Emitted）、吸收（Absorbed）和透射（Transmitted）。地球上的电磁辐射主要来自太阳。当太阳辐射穿过大气层到达地面时，部分被大气层反射回太空（约 30%），另一部分被大气吸收（约 17%），还有一部分被散射成为漫射辐射到达地表（约 22%）。只有大约 31% 的太阳辐射作为直射太阳辐射到达地球表面，这部分电磁辐射又有部分被地表反射，剩余的部分被地物吸收。地表吸收太阳辐射后，会产生自身的辐射，称为地球辐射。地球辐射可以分为短波辐射（0.3μm ~ 2.5μm）及长波辐射（6μm 以上），其中短波辐射以地球表面对太阳的反射为主，长波辐射则可以只考虑地表物体自身的热辐射。当太阳辐射穿越大气时，会受到大气对其产生的散射、折射、吸收等作用影响。电磁辐射到达地表时，会与地表发生反射、透射和吸收 3 种基本的相互作用。

1.1.3　成像光谱仪及其成像方式

成像光谱技术从原理上可以分为棱镜/光栅色散型、干涉型、滤光片型、计算机层析型、二元光学元件型和三维成像型等。根据成像手段的不同，成像光谱仪也可分为线列探测器加光机扫描型、面阵探测器加空间推帚型、光谱扫描型、光谱与空间交叉扫描型4种类型。

通常的多波段扫描仪将可见光和红外波段分割成几个到十几个波段。对遥感而言,在一定波长范围内,被分割的波段数越多,即波谱取样点越多,越接近于连续波谱曲线,因此可以使得扫描仪在取得目标地物图像的同时也能获取该地物的光谱组成。这种既能成像又能获取目标光谱曲线的"谱相合一"的技术,称为成像光谱技术。根据该原理制成的扫描仪称为成像光谱仪。

高光谱成像光谱仪是遥感发展中的新技术,其图像是由多达数百个波段的非常窄的连续光谱波段组成,光谱波段覆盖了可见光、近红外、中红外和热红外区域全部光谱带。光谱仪成像多采用扫描式或推帚式,可以收集200个或200个以上波段的数据。使得图像中的每一像元均得到连续的反射率曲线,而不像其他一般传统的成像光谱仪在波段之间存在间隔。

高光谱成像仪的两种主要成像方式分别为光学/机械式扫描方式和推帚式面阵列扫描方式。前一种阵列成像光谱仪要产生200多个连续光谱波段,经过光学色散装置分色后,不同波段的辐射照射到CCD线阵列的各个元件上。因而来自地面瞬时视场的辐射强度被分色记录下来,其光谱通道数与线阵列元件数相同,在逐行逐个像元扫描过程中产生了上百个窄波段组成的连续光谱的图像。这种扫描式的高光谱成像仪主要用于航空遥感探测,较慢的飞行速度使空间分辨率的提高成为可能。后一种成像方式为二维面阵列。一维是线性阵列,另一维作光谱仪。图像一行一行地记录数据,不再移动元件。成像装置在横向上测量一行中的每个像元所有波段的辐射强度,有多少波段就有多少个探测元件。在工作时,通过快门曝光,将来自地面的辐射能传输到寄存器记录数据。光电探测器采用CCD或汞—镉—碲/CCD混合器件,空间扫描由器件的固体扫描完成。由于像元的摄像时间长,系统的灵敏度和空间分辨率的提高可以实现。

1983年,世界上第一台成像光谱仪AIS-1(Aero Imaging Spectrometer-1)在美国喷气推进实验室研制成功,并在矿物填图、植被、化学等方面的应用中取得了成功,显示了成像光谱仪的巨大潜力。此后,先后研制的航空成像光谱仪有美国机载先进的可见光红外光成像光谱仪(AVIRIS)、加拿大的荧光线成像光谱仪(FLI)和在此基础上发展的小型机载成像光谱仪(AIS)、美国Deadaulus公司的MIVIS、GER公司的79波段机载成像光谱仪(DAIS-7951)、芬兰的机载多用成像光谱仪(DAISA)、德国的反射式成像光谱仪(ROSIS-10H和ROSIS-22)、美国海军研究所实验室的高光谱数字图像采集实验仪(HYDICE)等。其中,AVIRIS的影响最大,是一台具有革命性意义的成像光谱仪,极大地推动了高光谱遥感技术和应用的发展。近年来,世界上一些有条件的国家竞相投入到成像光谱仪的研究和应用中来。

我国一直跟踪国际高光谱成像技术的发展前沿,并于20世纪80年代中、后期开始发展自己的高光谱成像系统,在国家"七五"至"九五"科技攻关、"863"高技术发展研究计划等重大项目的支持下,我国成像光谱仪的发展,经历了从多波段扫描到成像光谱扫描,从光机扫描到面阵 CCD 探测器固态扫描的发展过程。

早在“七五”期间,中国科学院就支持了高空机载遥感使用系统的国家攻关计划,并由中国科学院上海技术物理研究所开发了多台相关的专题扫描仪。这些工作为我国研制和发展高性能的高光谱成像光谱仪打下了坚实的基础。在“八五”期间,新型模块化航空成像光谱仪(Modular Aero Imaging Spectrometer, MAIS)的研制成功,标志着我国的航空成像光谱仪技术和应用取得了重大突破。此后,我国自行研制的推扫型成像光谱成像仪(PHI)和实用型模块成像光谱仪系统(OMIS)在世界航空成像光谱仪大家庭里占据了重要地位,代表了亚洲成像光谱仪技术水平,多次与国外合作并到国外执行飞行任务。PHI 和 OMIS 的主要技术参数如表 1-2 和表 1-3 所列。

表 1-2 PHI 主要技术参数

工作方式	面阵 CCD 探测器推扫	工作方式	面阵 CCD 探测器推扫
视场角	0.36rad(21°)	像元数	367pixel/行
瞬时视场角	1.0mrad	光谱采样	1086nm
波段数	224	帧频	60 帧/s
信噪比	300	数据速率	7.2Mb/s
光谱分辨率	小于 5nm	质量	9kg
光谱范围	(400~850)nm		

表 1-3 OMIS 的主要技术参数

OMIS-Ⅰ			OMIS-Ⅱ		
总波段数		128	总波段数		128
光谱范围/μm	光谱分辨率/μm	波段数	光谱范围/μm	光谱分辨率/μm	波段数
0.46~1.1	10	64	0.4~1.1	10	64
1.06~1.70	40	16	1.55~1.75	200	1
2.0~2.5	15	32	2.08~2.35	270	1
3.0~5.0	250	8	3.0~5.0	2000	1
8.0~12.5	500	8	8.0~12.5	4500	1
瞬时视场/mrad	3			1.5/3 可选	
总视场	大于 70°				
扫描率/(线/s)	5、10、15、20 可选				
行像元数	512			1024/512	
数据编码/bit	12				
最大数据率/(Mb/s)	21.05				
探测器	Si、InGaAs、InSb、MCT 线列			Si 线列、InGaAs 单元、InSb/MCT 双色	

我国于2002年3月发射的“神舟”3号无人飞船中就搭载了一个中分辨率的成像光谱仪(China Moderate Resolution Imaging Spectroradiometer, CMODIS), CMODIS有34个波段,波长范围为0.4μm~12.5μm。在我国即将发射的环境与减灾小卫星星座中,也包括有一个128波段的高光谱遥感器。此外在我国计划中的“风云”-3气象卫星以及探月计划中,也包含了对航天成像光谱仪的研制和发展,“风云”-3气象卫星搭载的中分辨率的成像光谱仪具有20个波段,成像范围包括可见光、近红外和热红外。“嫦娥”一号卫星将搭载我国自行研制的干涉成像仪来探测月球表面物质。

中国科学院西安光学精密机械研究所是国内率先系统、深入研究干涉光谱成像理论与技术,并成功研制出我国第一台机载工程样机的单位。2003年,西安光学精密机械研究所受命为我国HJ-1-A卫星研制星载高光谱成像仪。2008年9月6日,我国环境与灾害监测预报小卫星星座首发星A、B双星在太原卫星发射中心成功发射并顺利进入预定轨道。由西安光学精密机械研究所为该星座之A星研制的主载荷之一——我国第一台采用空间调制干涉光谱成像技术原理研制的高光谱成像仪随星进入太空。一年多来,HJ-1-A卫星高光谱成像仪已获得海量有效数据。作为一项自主创新重大科研成果,HJ-1-A卫星高光谱成像仪的成功研制集理论创新、技术创新、集成创新于一体,不仅造就了世界上第一台业务化运行星载空间调制干涉型高光谱成像仪,而且在实践中首次提出了高通量静态干涉光谱判据,提出并实现了干涉光谱成像仪地面和星上定标方法以及干涉数据压缩和光谱反演方法。同时,通过该设备的研制,进一步促进了我国光学成像、信号处理、光谱数据应用、数据压缩、CCD应用研究等相关技术的发展。2010年3月,中国科学院高技术局在北京主持召开了由中国科学院西安光学精密机械研究所承担研制的“HJ-1-A卫星高光谱成像仪”项目鉴定会。鉴定委员会一致认为,该项成果既有理论突破和技术发明,又有集成创新和成功应用,有力促进了我国光谱成像及相关技术的发展,填补了我国在航天高光谱遥感领域的空白,具有重大意义。

1.1.4 高光谱图像的数据特点

成像光谱仪在对目标的空间特征成像的同时,对每个空间像元经过色散形成几十个乃至几百个窄波段以进行连续的光谱覆盖,从而形成谱分辨率达到纳米级的高光谱图像。高光谱图像在体现目标图像二维空间景像信息的同时,还可以反映高分辨率的一维表征像元物理属性的光谱信息,即图谱合一。由于高光谱图像谱分辨率的提高,许多原先在多光谱下不能解决的问题,现在在高光谱下可以得到解决。通过处理高光谱图像中目标图像的空间特征和光谱特征,可以以较高的可信度辨别和区分地物目标。这对遥感图像诸如军事侦察、真/假目标识别、战场态势评估等方面都具有重要的应用价值。高光谱图像的3个显著特点可以概括如下:其一,高光谱图像具有高的光谱分辨率,这使得它能够解决许多多光谱不能解决的问题;其二,相邻谱带间存在较强的相关性,这一特点为其降维处理(包括波段选择、特征提取等)和谱间压缩提供了可能;其三,高光谱图像随着维数的增加,超立方体的体积集中于角端,超球体和椭球体的体积集中在外壳。根据高光谱图像的特点及其相关技术处理的需要,高光谱数据所携带的信息一般采用 3 种空间表达方式,即图像空间、光谱空间和特征空间,如图 1 -1所示。

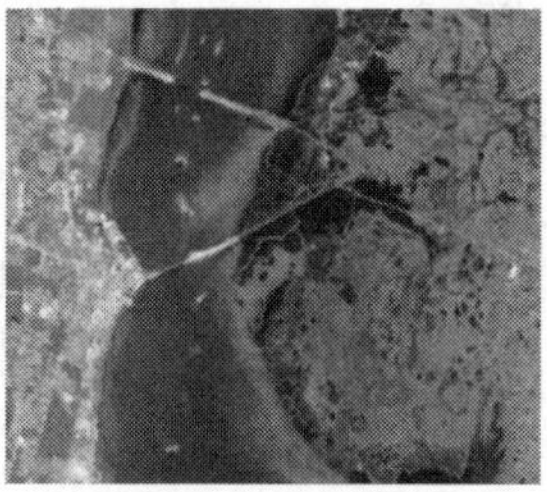

(a)图像空间

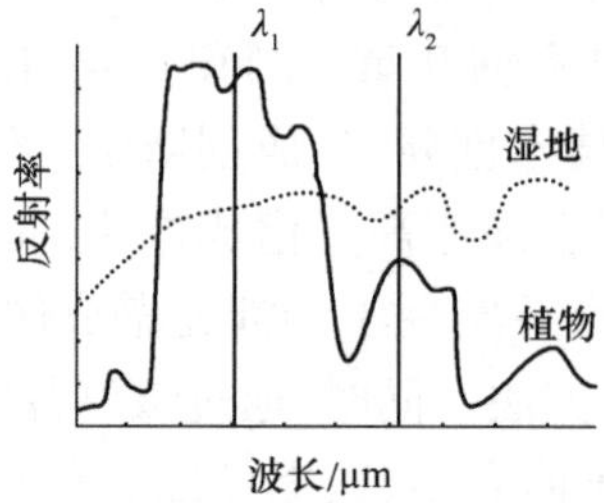

(b)光谱空间

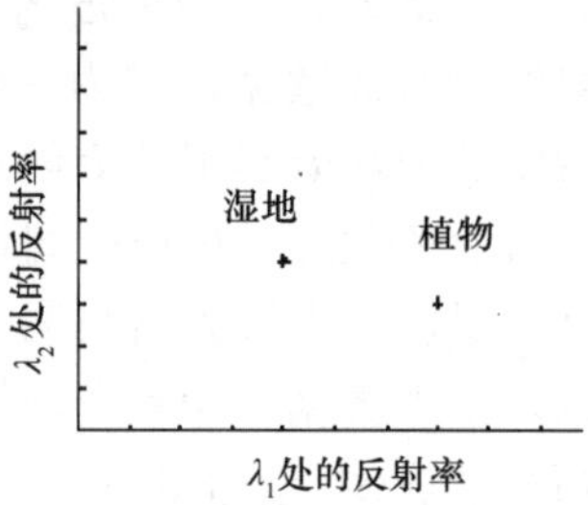

(c)特征空间

图 1 -1　高光谱数据的 3 种表示方法

不同表示方式强调了不同的信息,适合于不同的目的要求。对于人类的视觉系统而言,图像空间表示是最自然、最直观的表达方式。对于每一固定的波长,相当于地面景物的照片,二维图像提供了数据样本之间的几何关系。图像表示对于纵览地物之间的相互位置关系是很有用处的。例如,在一般的训练过程中,训练样本的选取需要在图像空间进行,因此像元之间的空间几何位置关系对某些高光谱数据处理是很重要的。在光谱空间表示方式中,光谱响应作为波长的函数,反映了电磁波能量随波长的变化情况。光谱响应曲线中包含了辨识地物所需的信息,表示方法简单有效,它提供了直接用于解混的光谱信息。特征空间在光谱空间进行取样,将得到的数据用一个 n 维向量来表示,是表示光谱响应的另一种方式。特征空间表示方式从概念上容易理解,从数学角度来说表示方便,n 维向量包含了对应像元的全部光谱信息。从信息提取的观点来看,在 3 种表示方法中,特征空间表示法最适合于模式识别中的应用。

1.2 高光谱图像分类技术

分类是一种重要的获取信息的手段，其目标是将图像中所有像元自动地进行土地覆盖类型或土地覆盖专题的分类。高光谱遥感图像的分类按照不同的标准可分为监督分类与非监督分类、参数分类与非参数分类、确定性分类和非确定性分类以及其他分类方法（刘春红，2005）。就某种分类方法来说，可能既属于这一类又属于那一类。

1.2.1 监督分类与非监督分类

最常用的一种划分是根据是否需要已知待分类图像的先验知识而选取训练样本，可将分类方法划分为监督分类和非监督分类。

1. 监督分类

在监督分类之前，对每种地物类型都要通过实地测量或者通过真实地物图选择有代表性的训练样区，然后统计训练样区的平均值、标准差、协方差矩阵等统计特征，再以这些统计特征为标准，按照相应的分类判别函数将未知像元归入到某一类中。目前具有代表性的监督分类方法有以下几种。

（1）最小距离分类。这是一种比较简单易行的方法。首先利用训练样本计算出每一类别的均值及标准差，然后以均值作为该类在特征空间中的中心位置，计算每个像元到各类中心的距离，然后把各像元归入到距离最小的一类中去。当有 K 个样本像元时，将未知类像元归到 K 个像元中的优势类。或者考虑权重时按训练样本像元离未知类的远近赋以权重（远则权重小，近则权重大），然后将未知类像元归到总权重最大的类。最小距离法通常采用的距离判别函数有马哈拉诺比斯（Mahalanobis）距离、欧几里德（Euclidean）距离和计程（Taxi）距离等。该方法假定所有类的协方差相等，因而分类速度较快，其缺点就是分类效果不太理想。

（2）费歇尔（Fisher）分类。该方法依据类间均值方差与类内方差总和之比为极大的决策规则，它要求类间距离最大，即类间均值差异最大，而类内的离散性最小，即方差平方和最小。这种方法与最小距离分类的思想是一致的，但是它判定的准则不是距离，而是线性判别函数。

（3）最大似然判别分类。根据贝叶斯准则对遥感图像进行识别分类的最大似然法是目前应用最广的监督分类方法，又称为贝叶斯分类法。该方法是一种非线性的分类方法，以归属某类的概率最大或最小错分为原则进行判别。当各个类别在特征空间任何方向的投影均分不开时，采用线性判别的处理方法根本行不通，只有在特征空间建立非线性分类边界才可能获得好的效果。因此最大似然法一般都能获得较好的效果。

在上述基本监督分类算法的基础上，Dundar 等提出了基于核函数的贝叶斯规则；Landgrebe 等利用混合模型来表示类别密度，所提出的分类器在选择最好的模型的同时，对子类和类别统计进行估计。2002 年，Chang C 等提出了基于贪婪模型特征空间（Greedy Modular Eigenspace，GME）的正布尔函数（Positive Boolean Function，PBF）分类方法并进行了仿真实验，实验结果说明对于分类预处理来说，GME 特征提取方法适合于非线性的 PBF 多类分类器，最终分类结果好于传统主成分分析（Principal Component Analysis，PCA）方法。综合来看，现有的监督方法大都是在原有的方法上进行改进，以期获得更好的分类效果。

2. 非监督分类

非监督分类是在没有先验知识的情况下，仅根据图像数据本身的特征，利用这些数据所代表的地物光谱特征的相似性和相异性来分类，因此非监督分类又称聚类。具有代表性的非监督分类方法有以下几种。

（1）K 均值聚类法。聚类准则是使每一聚类中，多像元点到该类别中心距离的平方和最小。其基本思想是通过迭代逐次移动各类的中心，直至得到最好的聚类结果为止。这种算法的结果受到所选聚类中心的数目和其初始位置以及图像分布的几何性质和读入次序等因素的影响，并且在迭代过程中没有调整类别数目的措施，因此可能使得不同的初始分类得到不同的结果，这是这种方法的缺点。

（2）ISODATA（Iterative Self-organizing Data Analysis Techniques Algorithm）算法。一种动态聚类方法。首先给出一个初始聚类，然后采用迭代的方法反复修改和调整聚类，以逼近一个正确的聚类。它与 K 均值算法有两点不同：①它不是每调整一个样本的类别就重新计算一次各类样本的均值，而是把所有的样本都调整完毕之后才计算各类样本的均值；②ISODATA 算法不仅可以通过调整样本所属类别完成样本的聚类分析，而且可以自动地进行类别的“合并”和“分裂”，从而得到类别数比较合理的聚类结果。

（3）平行管道法。以地物的光谱特性曲线为基础，假定同类地物的光谱曲线相似作为判别的标准，设置一个相似阈值。这样，同类地物在特征空间上表现为以特征曲线为中心、以相似阈值为半径的“管子”，这种聚类方法实质上是一种基于最邻近规则的试探法。

除了以上经典的非监督分类算法，近年来，各国研究者也提出了新的算法。2004 年，Lee S 等提出了多阶段等级聚类算法，该算法将波段选择之后的数据进行多阶段等级聚类，包含两个阶段——局部和全局阶段。2005 年，Jimenez L 等将 ECHO 监督分类算法演变为非监督分类算法，算法的主要特点是简化了图像空间结构的重建过程。由于独立成分分析（Independent Component Analysis，ICA）对于高光谱图像的高数据维并不适用，2004 年，Du Q 等将图像预处理应用于高光谱图像，使得 ICA 算法具有普遍的适用性。同年，Shah C 等将 ICA 单一算法改进为 ICA 混合模型,并将类别分布假设为非高斯型分布,该算法对于地物覆盖的分类效果要好于 K 均值算法。

1.2.2 参数分类与非参数分类

1. 参数分类

参数分类假定类别具有特定的概率分布函数并估计其分布参数。最典型的参数分类算法就是最大似然分类。最近均值法也属于参数分类,可以看作是最大似然分类器的特例。最近均值法假定各训练样本的协方差和先验概率相等,其判别函数只依赖于类的平均值和特征向量的值,并近似为线性函数。这意味着决策边界成为超平面,在二维平面中就成为直线,而不像在最大似然分类器中决策边界是曲面或二维平面中的曲线。各像元依据特征向量距离各类别训练样本的均值向量的远近来分类。最近均值法没有最大似然分类精度高。

最近提出的具有代表性的参数分类算法有:2002 年,Jia X 等提出了简化的最大似然分类算法,首先将去相关的数据进行主成分变换,然后用聚类空间表示类别,最终的类别标号由综合决策来决定类别的归属;2004 年,Gomez - Chova L 等提出了 ISODATA、学习矢量量化(Learning Vector Quantization)、最大似然和神经网络等多种方法综合应用。

2. 非参数分类

不需要假定类别具有某种概率分布函数并估计其参数的分类称为非参数分类。这一类的分类器主要有如下几种。

(1) 平行六面体分类法。又称为盒式分类法,其基本思想是首先通过训练样区的数据找出每个类别在特征空间的位置和形状,然后以一个包括该类别的"盒子"作为该类别的判别函数。判别规则为:若未知矢量 $\boldsymbol{x}$ 落入该"盒子",则 $\boldsymbol{x}$ 分为此类,否则再与其他盒子比较。这种分类法在盒子重叠区域有错分现象,错分概率与比较盒子的先后次序有关。

(2) 神经网络分类。神经网络具有学习能力并且无须就概率模型作出假定,适用于空间模式识别的各种问题的处理,因此神经网络技术日益成为高光谱遥感影像分类处理的有效手段。神经网络与传统分类方法的最大区别在于:人工神经网络并不基于某个假定的概率分布,网络通过对训练样本的学习,获得网络的权值,形成分类器。神经网络分类法的优点主要体现在:①无须像统计模式识别那样对原始类别作概率分布假设,这对于解决类别分布复杂、背景知识不够清楚的地物很有效;②判别函数是非线性的,能在特征空间形成复杂的非线性决策边界,从而能解决非线性可分的特征空间的划分。其缺点主要是网络相关参数多且需要不断地调整,这样学习阶段往往需要大量时间进行分析计算。

2005 年,Benediktsson J 等将形态学应用于高光谱图像,并对图像进行了主成分分析,这些预处理算法对于最终的神经网络分类具有一定的贡献。2003

年，Goel P 等提出了应用决策树分类算法以区分大豆地的不同生长情况，并且与神经网络算法进行了最终分类精度的比较，决策树方法的优点是更为简单并且具有清晰的分类规则。2004 年，Mercedes F 等提出了将多层反馈网络应用于 224 波段的高光谱图像，并且与其他方法进行了比较。

1.2.3 确定性分类与非确定性分类

1. 确定性分类

将图像上的某个像元分到某一确定类别的分类方法称为确定性分类，又称为硬分类，传统的分类方法都是确定性分类。

2. 非确定性分类

图像上的每一个像元可以同时被分到两个或者两个以上类别中的分类方法，称为非确定性分类，也称为模糊分类。模糊分类的思想基于事物的表现有时不是绝对的，而是存在一个不确定的模糊因素，高光谱遥感图像也同样存在着模糊性，因此可以利用模糊方法对图像聚类。模糊分类首先要选定各类别的初始分类中心，然后利用隶属函数进行迭代，反复修正类别中心和各像元归属于各类别的隶属度，当前后两次迭代的差值小于某个很小的数时，停止迭代，完成分类。

1.2.4 其他分类方法

1. 光谱角度填图(Spectral Angle Mapper，SAM)

光谱角度填图是基于物理学的光谱分类。它通过实验室测得的标准光谱或从图像中直接提取的已知点的平均光谱为参考来确定两种光谱之间的相似性，将图像中的每一个像元向量与参考光谱向量求广义夹角。参考光谱可来自训练区，也可来自光谱库的 ASCII 文件，各像元被归到与参考光谱夹角最小的类中去。SAM 方法强调了光谱的形状特征，大大减小了特征信息。尽管如此，对于高光谱图像的大量数据而言，分类效率依然不高。

2. 编码匹配方法

编码匹配方法最典型的是光谱二值编码技术，该算法通过事先设定的阈值，对高光谱图像进行编码，大于此阈值的波段亮度值赋 1，否则赋 0。这样每个像元产生一条二值编码曲线，与光谱库内的二值编码向量匹配并计算匹配系数，由此确定图像中的地物类别。这种编码技术可以提高高光谱数据分析处理的效率，但是有时不能提供合理的光谱划分，并且编码过程中会丢失许多细节光谱信息。

3. 专家分类法(Expert classifier)

专家分类法是比较新的分类方法，它针对一个或者多个假设，建立一个系统规则或者决策树，用以说明变量的数值或属性。由假设、规则、决策树和变量组成知识库，这个工序由知识工程师完成，然后由知识分类器使用知识库完成和输出分类。

1.3 高光谱图像端元选择技术

在建立线性混合模型并对其进行光谱解混操作之前，选择光谱端元是非常必要的，光谱端元选择的好坏是混合像元光谱解混效果的关键。光谱端元的选择应当具有代表性，成为图像内大多数像元的类别成分集合。在近十多年里，多种自动、有监督的高光谱图像光谱端元选择方法相继发展起来。典型的光谱端元选择技术包括：像元纯度索引（Pixel Purity Index，PPI）、N－FINDR 算法、迭代误差分析（Iterative Error Analysis，IEA）、光学实时自适应光谱辨识系统（Optical Real－time Adaptive Spectral Identification System，ORASIS）、自动形态光谱端元选择（Automated Morphological Endmember Extraction，AMEE）等。下面就对上述几种算法作简要的介绍。

（1）PPI 的主要特点在于它的有监督性。在 MNF 变换后所得到的 N 维数据中，对于图像立方体中的每个点，随机生成 L 条直线，以此来计算像元纯度。该数据空间内的所有点都被投影到这些直线上，对落入每条直线端点的那些点进行计数。在多次重复地向不同的随机直线上进行投影之后，那些计数值超过预定数目的像元点认定是纯像元，即光谱端元。MEST（Manual Endmember Selection Tool）算法是基于 PPI 思想提出的一种手动端元选择工具。第一步通过主成分分析来确定混合物中端元的数目。如果主成分分析确定了数据可以由 N 个特征向量来表示，则端元的数目就固定是 $N+1$，接着将数据投影到由主成分分析的前 N 个特征向量构成的 N 维空间中。MEST 提供了一种在 $N+1$ 维空间寻找代表地面光谱模型的方法。它们包含在数据集合中，并通过线性混合来张成数据集合的几何体。同样，这种方法的监督特性也是一个主要的缺点。

（2）N－FINDR 算法的目的是寻找一组像元，使得这些像元所构成的单纯形体具有最大的体积，从而使得高光谱图像中有尽可能多的像元落在该单纯形体内。原始高光谱数据经过降维处理后，随机地选择指定数目的像元点作为光谱端元，利用这些点计算所构成的单纯形体的体积。为了获得具有更大体积的单纯形体，用每个像元依次替换每个当前选择的光谱端元，如果某个替换能够得到具有更大体积的凸多面体，那么这样的替换就作为有效替换得以保留，否则作为无效替换而被淘汰。重复这样的基本过程，直到没有任何替换能够引起凸多面体的体积增大为止。PPI 和 N－FINDR 算法后面有更为详细的介绍。

（3）IEA 算法需要执行一系列有约束的光谱解混，每次都选择能够使解混误差最小的像元集合作为光谱端元。在迭代开始时，首先初始化一个误差向量，通常选择是高光谱图像数据的平均光谱。对这个向量进行有约束线性光谱解混，然后得到相应的误差图像。选择 3 个参数，包括所希望的光谱端元数目 N、像元数目 n 和角度值 θ。n 是来自于误差图像中具有较大误差值的一些像元数目。找到单独的、具有最大误差的像元，并得到它所对应的光谱向量。计算 n 个像元同具有最大误差的像元之间的光谱向量夹角 θ，在给定的阈值下，选择一定数目的像元，对它们的光谱向量进行平均作为新的误差向量。这个过程一直重复直到找到所需数目的光谱端元。

(4) ORASIS 方法在美国海军研究实验室(NRL)已经被研究 5 年以上。这种方法也包括预处理和样本选择两个主要步骤。后一过程是通过计算光谱向量间的光谱角距离(SAD)来排除冗余光谱的。任何向量在某个门限角下没有被分开就会从数据中移除。改进的格兰—斯密特方法从原始数据中找到一个在维数上低很多的基本集。样本光谱被投射到这些基本空间中，通过最小距离变换找到一个单纯形体。进一步地，有学者提出了一个改进的 ORASIS 算法，在重要信息最小损失的意义下降低数据的体积，可以看作单向(Single - pass)学习矢量量化过程。样本是整个数据空间的表示，也就是说，原始数据的所有光谱在门限角范围内至少有一个样本。然而，最先找到的样本也许不是整个集合上的最佳光谱匹配。所以，如果对于场景中的每个光谱找到一个在门限角范围内的样本就停止搜索会增加不必要的误差。现有的 ORASIS 应用中，在找到第一个样本后算法并没有停止搜索，而是力争找到一个与光谱最佳匹配的样本。

(5) AMEE 方法的输入是未降维的整个原始高光谱数据立方体。这个方法基于两个参数，即空间核的最小值 $S_{\min}$ 和最大值 $S_{\max}$。首先，令最小核 $K = S_{\min}$。在每个高光谱像元周围定义一个像元空间表示函数 $h(x, y)$。通过利用形态学操作，交替地得到由 K 所定义的在 $h(x, y)$ 邻域内的光谱最纯像元和最不纯像元。通过渐进地增加核的大小，在场景中的每个像元上重复这个操作，其结果用来评估每个像元在空间和光谱上的分量。迭代执行该算法，直到 $K = S_{\max}$。通过形态学计算公式来定义形态学偏心率指标(MEI)，每个被选中的像元的 MEI 值依靠下一次的迭代获得的新值来更新，直到产生最终的 MEI 图。光谱端元的选择过程是全自动的。

从以上所描述的各端元选择算法的原理可以看出它们存在的问题。IEA 是基于迭代的方法，在这个过程中，能降低约束光谱解混误差的像元被当作光谱端元。该方法的缺点是越是先选出的光谱端元依据性越差，而像元一经被选作光谱端元便无法更新，光谱端元之间的相互依赖关系无法得到最大满足。ORASIS 通过学习和矢量量化来进行光谱端元的选择，但该方法对于阈值参数极其敏感。AMEE 利用形态学，选择光谱端元的过程中同时利用了空间和光谱信息，其不足之处在于运算量较大。PPI 和 N - FINDR 是基于 N 维谱空间的凸多面体搜索端元选择的经典例子。N - FINDR 是全自动的方法，PPI 是半自动化的方法。相比之下，N - FINDR 因其具有全自动、无参数、选择效果较好等优点而更多地被使用，但该算法需要进行数据降维预处理，且包含大量的体积计算，这也是它最为耗时的部分。并且，体积计算（主要为行列式的计算）的复杂度将随着所选择的光谱端元数目增大而呈现立方增长，从而导致算法运算速度大大降低。目前，已有一些典型文献提出了对 N - FINDR 算法的改进方案。2002 年，Plaza A 等引入虚拟维（VD）的概念来确定待选择光谱端元的数目，对算法的实施具有一定意义，但这并不能改变该算法的如上两点不足。2008 年，Wu C 等采用像元预选的方式来降低后续搜索的复杂性，也是从侧面来降低算法计算量。在特征选择中，顺次选择的方式有时用来代替联合选择的方式。顺次选择方式远离了 N - FINDR 算法的基本特征，像元一经选定便无法更新，因此光谱端元之间的相互依赖关系无法得到最大满足。2007 年，Tao X 等提出的方法可以直接在原始数据空间上进行而免于降维预处理，突破了 N - FINDR 算法需要降维预处理的传统模式，该方法也属于顺次选取。2010 年，Chang C 等所提出的方法也可以免于降维预处理，但易于出现病态矩阵方程求解问题，不够理想。同时，多次实施随机初始化的端元选择方法也增加了搜索过程的计算量。

1.4 高光谱图像光谱解混技术

相对于分类技术，光谱解混即软分类技术起步较晚。虽然高光谱图像的光谱分辨率有很大提高，但是其像元对应的地物目标的空间分辨率却较低，例如 AVIRIS 的空间分辨率为 20m × 20m，这样在一个像元内可能包含两种或两种以上地物目标，即像元是混合的。当感兴趣的目标不足一个像元或几个像元时，所研究分析的对象则主要以混合像元为主。如果仅将一个混合像元归属为某一类，势必带来一定的分类误差导致分类精度下降，从而影响分析结果的后续应用。因此，研究高光谱图像的光谱解混方法是高光谱图像高精度分类和识别中要解决的关键技术。

在多光谱遥感时期，混合像元的光谱解混问题很难解决，原因是多光谱遥感谱分辨率太低，所得到的遥感辐射值不足以完全刻画地物的光谱性质。而在高光谱遥感时期，由于光谱分辨率的提高，所得到的像元的辐射值构成了一条近乎连续的光谱曲线，完整地代表了地物的光谱响应特性。因此，在高光谱遥感中，完全有可能通过分析光谱曲线的组成来确定像元的地物组成类别和比例，从而实现混合像元光谱解混的目的。

从混合方式上讲，像元混合的模型可分为线性混合模型和非线性混合模型两类，而对于采用线性光谱混合模型的解混模式来说，从每个类别所选用的代表像元即端元数目上又可以分单端元解混模式和多端元解混模式。目前人们研究较多的是线性光谱混合模型——单端元解混模式。

1.4.1 非线性模型

相对线性方法,虽然非线性方法研究得较少,典型的模型有 Hapke 模型、Kubelk - Munk 模型、基于辐通量密度理论的植被/土壤光谱混合模型、SAIL 模型等(童庆禧等,2006)。

Hapke 模型是针对星球表面提出的,其不足之处在于难以适用于有植被覆盖的地标,数据收集困难,散射折射系数、位相函数等难以确定。改进的 Hapke 模型能适用于地球上土壤的光谱反射率研究,但只有在土壤粒子的非对称参数以单散射的反照比大于特定阈值时才比原始 Hapke 模型效果更好。

Kubelk - Munk 模型的应用同样面临诸多限制,如需要测量半球反射率、假定反射是各向同性的,等等。该模型对地表反射率要求也较高,导致很难适用于对地球表面的遥感应用,仅能在有限范围内将反射率转换成与物质吸收系数成比例的量。

基于辐通量密度理论的植被/土壤光谱混合模型可以很快地计算植被内任一层面的光谱辐射值,而且它能模拟非常复杂的结构,但该模型仍需在理论上和实验上进行更详细的研究以便得到改进了的指数以及非线性的分解方法。

SAIL 模型是用来计算植被叶面积指数的一种混合光谱模型。该模型对树冠的结构进行了简单的描述,对辐射传导方程进行了粗略的估计。该模型对于各向同性、非朗伯体特性地物及热点效应不能进行很好地解释。改进的 SAIL 模型对热点效应进行了更细致的考虑,以及在计算二次反射率对单次反射率的贡献时,考虑了叶片的尺寸和阴影的影响。

除了以上典型非线性方法以外,还有其他类型的非线性模型,如几何模型、混合介质模型、混合类模型、计算模拟模型等。

非线性混合模型的建立和求解都相对比较困难,因此基于非线性混合模型的光谱解混研究较少。相比之下,线性混合模型因其物理意义明确而容易建立模型。基于线性模型的光谱解混就是假定混合像元是由几类纯地物按照一定的比例线性混合而成的,混合像元的光谱是这些地物光谱的线性组合。光谱解混时,根据是否需要有关地物类别的先验知识,光谱解混可以分为有监督方法和无监督方法。此外,光谱解混可以在有约束条件下进行,也可以在无约束条件下进行。光谱解混可以实现小于一个像元的物质光谱信息的预测和获取,因此可以用来进行已知光谱特性的目标识别处理。

1.4.2 线性模型

线性模型是假设物体之间没有相互作用,每个光子仅能“看到”一种物质,并将其信号叠加到像元光谱中。而物质间发生多次散射时,可以认为是一个迭代乘积过程,是一个非线性过程。物体的混合和物理分布的空间尺度大小决定了这种非线性的程度。

国外从20世纪70年代初期便有学者开始研究地物混合现象。在光谱解混的研究历程中,比较有代表性的当属美国马里兰大学的Harsanyi J等1994年的论文。Chang于1994年提出OSP法之后,又相继开发和介绍了一系列基于该方法的混合像元研究,并将卡尔曼滤波器用于线性混合模型中,这种线性分离卡尔曼滤波器不仅可以检测到像元内各种混合成分含量的突然变化,而且能够检测对分类有用的目标特征。1974年,Adams J等最先开始研究利用线性混合模型去分析由植物和岩石构成的地质混合物,以此来确定矿物的类型和分布,并利用图像中的阴影大小将专题制图仪(Thematic Mapper)响应同地表植物的高度和表面成分联系起来,利用阴影图像进一步解释森林结构中的变化。自90年代以来,基于线性光谱混合模型(LSMM)的光谱解混研究逐渐、广泛地开展起来。

1. 线性光谱混合分析(Linear Spectral Mixture Analysis,LSMA)

LSMA是指利用传统优化算法对LSMM进行求解而形成的光谱解混方法。LSMM因其相对简单、高效而成为最广泛使用的模型。然而,传统LSMM只用一个端元来刻画一个类别(称为单端元模式),当该类别类内光谱变化较大时,这种描述很不准确;另一方面,LSMM属于线性模型,难以进行非线性推广。以上情况导致其解混效果不够理想。LSMA在实际应用中通常在最小二乘意义下,附加非负性和归一化约束(所求混合比例非负且总和为100%,统称全约束)条件,而全约束最小二乘LSMA(Full Constrained Least Squares LSMA,FCLS - LSMA)的传统迭代求解过程非常复杂。除了复杂度的问题,以上方法对于混合比例结果的全约束调整也没有给出符合最小二乘准则的合理思路,影响了解混精度。另一方面,一些文献提出以多端元模式替换传统单端元模式来克服类内光谱变化,取得了很好的效果。然而,这些方法的重心集中在从监督数据中进行复杂的端元选择上,或者具有鲜明的针对性,如只应用在某具体地域,通用性较差,而其解混过程仍然借助于传统LSMA方法。2000年Bateson C等和2010年Roberts D等提出典型的多端元光谱混合分析方法,他们优于传统LSMA方法的地方就在于将传统每类固定的端元自动扩展到一个合理范围。但此类方法由于选用较少训练样本,考虑类别分布状态的能力略差。2000年,Asner G等所用的蒙特卡罗方法虽然考虑大量的训练样本,但仅属于大量简单LSMA模型的统计平均,效果欠佳。如何有效提高单端元FCLS - LSMA的求解速度和精度,以及更好地考虑类内光谱变化和类别分布状态、更加合理地实施多端元解混模式极具研究前景。

LSMA一般需要附加归一化和非负性约束(统称全约束)条件以满足实际的物理意义,并且是按照最小二乘意义来求解的。归一化约束条件是指每个像元的混合比例之和为1;非负性约束条件是指每个像元的每个混合比例非负且不超过100%。全约束最小二乘线性光谱混合模型(FCLS - LSMA)的传统迭代优化求解过程相当复杂,如何降低这一复杂度成为值得研究的内容。2011 年,Heinz D 等对此进行了改进,但所采用的迭代求解方式复杂度依然较高,且寻解过程是按照次优方式而设计的。

2004 年,耿修瑞等阐述了 LSMM 的几何意义,并给出一种基于体积计算的直观几何求解方法,一定程度上克服了复杂度过高的问题。此体积计算公式为恒正型(即其值恒正),体积计算主要体现为行列式的计算,复杂度为端元数目的三次方,依然偏高。在此基础上,2008 年,罗文斐等提出了一种将体积计算替换为距离计算的方法,取得了一定的效果,其复杂度较之体积计算有所降低,但总体计算量仍然较大。

关于 LSMM 几何求解的另一重要方面是解混分量(几何测度)的全约束处理问题。

当混合像元落在各端元所形成的凸多面体内部时,以上方法所得结果满足全约束条件;而当混合像元落在该凸多面体外部时,全约束条件无法完全满足。易知,此时正负型测度只能满足归一化约束,而恒正型测度只能满足非负性约束。普通的全约束调整方式为:若存在负的测度(解混分量),则将其置为 0;若存在大于 1 的测度(解混分量),则将其置为 1;进而对每个测度(解混分量)均除以全部测度(解混分量)之和。然而,这种调整方式并不符合最小二乘准则而只是单纯追求获得全约束结果。因而如何建立完全符合最小二乘准则的低复杂度的 FCLS - LSMM 几何求解方法成为一个很有实际意义的问题。

2. MVC - NMF (Minimum Volume Constrained Nonnegative Matrix Factorization) 算法

MVC - NMF 通过将体积限制加入到 NMF 中来将最小二乘分析和凸面几何结合起来(李二森等,2010)。其提出的代价函数包括两部分,一部分估量观测数据与端元和丰度重建数据之间的近似误差,另一部分由最小体积限制组成。把这两部分作为两种力:外力(最小化近似误差)使估计结果向点云外部移动,内力(最小化单体体积)在相反方向上使端元尽可能地相互靠近。算法具体过程如下。

(1) 构建目标函数。

$$\begin{cases} \min f(\boldsymbol{A},\boldsymbol{S}) = \dfrac{1}{2}\|\boldsymbol{X}-\boldsymbol{AS}\|_F^2 + \lambda J(\boldsymbol{A}) \\ \boldsymbol{A}_{i,j} \geqslant 0, \boldsymbol{S}_{i,j} \geqslant 0, \boldsymbol{1}_p^{\mathrm{T}} S = \boldsymbol{1}_n^{\mathrm{T}} \end{cases} \tag{1-1}$$

式中:$\boldsymbol{1}_p^{\mathrm{T}}$为元素全是 1 的 p 维列向量;$\boldsymbol{1}_n^{\mathrm{T}}$为元素全是 1 的 n 维列向量;$J(\boldsymbol{A})$为惩罚项,计算用估计的端元构成的单形体体积,$\lambda \in R$。

(2) 初始化。从点云数据中随机选择 p 个点并将它们构成 $\boldsymbol{A}$ 的初始值,$\boldsymbol{S}$ 矩阵也可以随机初始化,2007 年,Miao L 等在实验中将矩阵 $\boldsymbol{S}$ 初始化为零矩阵。

（3）利用虚拟维（VD）估计端元数目 p。

（4）停止准则：给定迭代次数和误差阈值。

（5）根据一定准则计算能够最小化目标函数的矩阵 $\boldsymbol{A}$、$\boldsymbol{S}$，如果满足停止准则，则迭代停止，否则，更新矩阵 $\boldsymbol{A}$、$\boldsymbol{S}$，继续寻找最小化目标函数的矩阵。

3. SPA（Successive Projection Algorithm）算法

SPA 算法建立在凸面几何与正交投影的基础上，它在端元候选像元空间邻接性上包含一个限制，这样可以降低局外点像元的影响，产生实际的端元（李二森等，2010）。SPA 算法从高光谱数据提取端元过程中不需要数据降维。它利用光谱角和影像上像元的空间关系限制代表端元的候选像元的选择，许多目标在影像上具有空间连续性，因此空间限制对端元搜索有利。SPA 的附加成果为在端元提取过程中相邻迭代产生的单体体积比率，它描述了新端元对数据结构的影响，同时为算法的收敛提供了信息，它可以在搜索过程中为限制端元总数量提供指导。与 SPA 算法相关的由凸面几何确定的端元集具有以下性质：①端元代表了包含最大体积的像元，这个特性用于 SPA，决定算法是否收敛；②具有最大欧几里得距离的向量一定位于单体的某一个顶点，这是 SPA 确定单体顶点像元的主要步骤；③对于单体的一个给定点，具有最大距离的点一定是单体的顶点；④单体的仿射变换仍为单体，经过变换以后，端元仍然位于新单体的顶点，这使得正交子空间投影作为 SPA 端元提取算法的核心机理。SPA 算法基于两个假设：①空间相邻的像元更可能具有相似的光谱特性，代表同一个端元；②两个相邻像元都是噪声的概率很低。其具体步骤为①设定参数：设定 3 个参数值——要寻找的端元数 p，光谱角阈值 t_θ，空间阈值 t_pixel；②第一个端元 $\boldsymbol{e}_1$ 的提取：计算所有图像像元的向量模，定位模最大的像元，根据性质②，该像元位于单体的一个顶点，并且尤其是图像立方体最亮的像元；③第二个端元 $\boldsymbol{e}_2$ 的提取：计算所有像元与 $\boldsymbol{e}$ 的距离，定位距离最远的像元，根据性质③该像元位于单体的另一个端点，通常与场景中最暗的物体相对应；④正交投影与新端元的提取：端元矩阵 $\boldsymbol{E}=[\boldsymbol{e}_1,\boldsymbol{e}_2]$ 已经由之前定义的端元构建出来，所有像元投影到子空间 S_{proj}，正交于由 $\boldsymbol{E}$ 扩展的空间，$\boldsymbol{P}_{(i,j)\_proj}=O\boldsymbol{P}_{(i,j)}$，$\boldsymbol{P}_{(i,j)\_proj}$ 和 $\boldsymbol{P}_{(i,j)}$ 分别为在影像上 (i,j) 位置上的投影向量和原始向量，O 为投影算子 $O=\boldsymbol{I}-\boldsymbol{E}\boldsymbol{E}^+$，$\boldsymbol{I}$ 为单位阵，$\boldsymbol{E}^+$ 为 $\boldsymbol{E}$ 的伪逆 $\boldsymbol{E}^+=(\boldsymbol{E}^{\mathrm{T}}\boldsymbol{E})^{-1}\boldsymbol{E}^{\mathrm{T}}$，在投影子空间 S_{proj} 中，$\boldsymbol{E}$ 中端元对混合像元的作用被消除，根据性质④，新空间的投影数据仍然符合凸面特性，即端元仍然位于单体顶点，投影子空间 S_{proj} 中具有最大模的像元对应于 $\boldsymbol{e}_3$，该像元位于由之前定义的端元 $\boldsymbol{e}_1$，$\boldsymbol{e}_2$ 扩展的子空间最远的单体顶点；⑤完成所有端元的搜索：此时矩阵 $\boldsymbol{E}$ 已经更新为 $\boldsymbol{E}=[\boldsymbol{e}_1,\boldsymbol{e}_2,\boldsymbol{e}_3]$，重复执行步骤④寻找新的端元，直到满足之前确定的端元数目 p。

4. 其他方法

可应用于光谱解混的方法还包括多层感知器、最近邻分类器、独立成分分析

(ICA)等。多层感知器和最近邻分类器法是基于有监督的模糊分类方法,该方法由于解混精度较低而未得到广泛应用。ICA 算法是基于信号高阶统计特性的分析方法,在信号处理领域受到了广泛的关注。该方法是将观察到的数据进行某种线性解混,使其成为统计独立的成分,这里需要使用一个隐藏的统计变量模型表示被观察到的数据是如何由独立成分混合而产生的。如果该模型可逆,则独立成分可以求得。ICA 算法的假设前提是各成分统计独立而且必须是非高斯分布的,并且假设未知的混合矩阵为方阵。这样的假设使得 ICA 算法的实际应用受到限制。近年来出现的一些基于非负矩阵分解、等级贝叶斯模型等光谱解混新方法,尤其是前者成为今年研究的热点解混技术之一。

1.4.3 线性模型的多端元模式

在传统线性光谱混合模型中,一个类别用一个单一的光谱端元来代表。光谱端元可以通过各种端元提取方法如 N - FINDR、PPI、IEA 来获得,也可以通过各类别监督数据的平均值获得。然而,高光谱图像空间幅度大导致了类内光谱变化一般很大,在这种条件下一个端元光谱很难准确刻画一个类别,因此如何克服类内光谱变化成为光谱解混的重要内容。1993 年,Roberts D 等通过分析残差光谱的类内光谱变化以进一步进行光谱解混。2000 年,Asner G 等应用蒙特卡罗来估计峰度值及其信度区间来克服光谱变化。在 2000 年 Bateson C 等提出的方法中,多个像元而不是一个端元被用于表示一个类别,所获得的最大峰度值和最小峰度值用于估计期望的结果。目前,Roberts D 等通过他们的网站提供了一种由端元选择、光谱解混到亚像元定位的方法,用多个纯像元描述一个类别以体现类内光谱变化。以上典型多端元光谱解混方法在克服类内光谱变化上均起到了积极的作用,但存在计算量大(大量次解混平均),端元预选繁琐,或各端元的不同作用得不到合理体现等问题。

近年来,支持向量机(Support Vector Machine,SVM)应用于光谱解混的可行性、方法论及独特优势得到了扩展研究。值得注意的是,现有的 SVM 模型都是将硬分类误差约束条件纳入优化函数中,而光谱解混的一般评价原则为解混误差(软分类误差),二者之间尚存在一定的差异。第 4 章将重点介绍这种基于 SVM 的多端元解混方法。

1.5 高光谱图像亚像元定位技术

20 世纪 90 年代末,逐渐有一些学者开始了亚像元定位的研究。1998 年,Foody G 对同一地点同时成像的两幅不同空间分辨率的图像,利用高分辨率的图像来锐化低分辨图像。1997 年,Gavin J 等通过贝叶斯方法以及将真实图的先验知识加入随机模型来获得高分辨定位结果。1998 年,Gross H 等所提出的亚像元定位方法也需要具有更高空间分辨率的图像作为附加信息，这种附加信息在实际应用中往往很难获取。1997 年，Atkinson P 提出地表覆盖物类别在像元内和像元之间具有空间相关性，即同类聚合异类分离的自然界地物分布规律，成为该领域基石性的原理依据。2001 年，Atkinson P 假定地物空间分布的空间相关性可以通过距离尺度来确定，即相近的像元之间将会有相近的取值。进一步，2002 年，Verhoeye J 等提出基于空间相关性（或空间独立性）的亚像元定位方法，并采用线性优化技术加以实现，将亚像元定位思想转化为一个线性优化问题来最大化空间相关性，取得了较好的效果。事实上，空间相关性理论成为 21 世纪以来亚像元定位的核心理论，一些典型的基于神经网络的定位方法就是这样形成的。2001 年，Tatem A 等以 Hopfield 网络模型作为能量工具，以光谱解混结果作为能量函数的约束条件，网络最后收敛到最小能量，这个状态即是最后所求的亚像元精度的定位结果，获得了较好的效果。2008 年，Zhang J 等提出了一种基于 BP 神经网络的方法，有着良好的定位效果，该方法也需要先验信息来训练网络。2006 年，Mertens K 等利用空间引力模型，对 Atkinson 提出的空间相关性理论进行了有效的实现。在引力模型中，空间相关性通过计算一个像元内各个亚像元和其对应的邻域像元之间的引力的大小，来确定亚像元的空间分布。该模型直接考虑每个亚像元和其邻域内的原始低分辨率像元之间的相关性，无需迭代就能获得亚像元的空间分布结果，是一种实时而有效的亚像元定位方法。但它较少地考虑每个亚像元之间的相关性，未能将空间相关性理论充分应用，成为这类方法的主要缺陷。由此可见，基于空间相关性的空间引力模型在亚像元定位中无可争议地占据了统治地位，同时该模型又存在着结构缺陷和提升空间。有效的“扬弃”手段成为突破亚像元定位技术瓶颈的关键所在。

上面所提到的都是适合于软分类结果图的亚像元定位方法。由于原始高光谱图像的复杂度一般远高于软分类结果图，致使以上方法很难有效地应用于原始图像的定位处理。1993 年，Schneider W 等提出一种原始图像的亚像元定位方法，但这种方法只能应用于在某种空间分辨率之下具有直线边缘特征的图像，并且所采用的模型在图像包含两类以上地物类别时无法实现。2001 年，Aplin P 等的方法也可以应用于原始图像，但其需要一高分辨率的高光谱图像的苛刻条件使得这种方法实用价值不大。直至目前，依然没有可以有效应用于原始图像的亚像元定位方法。综上所述，现有的亚像元定位方法或者需要难以获得的附加信息，或者未将空间相关性原理充分贯彻，或者只限于软分类结果图（解混分量图）的定位处理而无法应用于复杂的原始图像。

2009 年，Atkinson P 将亚像元定位方法划分为两个大类：第一类是将亚像元间的空间相关性进行最大化处理而得到混合像元内部的亚像元尺度的分布情况。这种方法将每个亚像元划分到指定的地物类别中，以得到其空间分布图。此种方法适用于 H 型分辨率的例子，即地物类型大于像元大小的情形。第二类是用一些先验模型去匹配亚像元间的相关性,这些先验模型包括空间协方差或者变差函数模型。这种方法适用于L型的情况,即地物类别的面积小于混合像元所覆盖的区域大小。过去很多人在这些方面进行了研究,同时也有很多种方法被提出来进行亚像元分类方面的应用。

近年来的国内外科研人员所使用的方法归结为4种主要的途径:利用增加空间相关性辅助信息;利用空间地统计学方法提供辅助模型;利用神经网络进行亚像元分布模拟;通过进行亚像元之间的交换得到最佳匹配(任武等,2011)。

1.5.1 基于空间相关性的亚像元定位

利用空间相关性这个性质进行亚像元定位,需要将空间相关性的作用发挥到最大。在地物类别空间变异性的固有尺度等于或大于像元空间取样尺度的地方,像元内部地物类别的位置将在一定程度上依赖邻域像元中该地物类别的位置。即在空间变量尺度比遥感图像像元尺度大的前提条件下,像元内以及像元之间不同地物的空间分布存在相关性。空间依赖性,通常也称之为空间相关性,或者空间自相关,是指对一个给定的属性。空间上相近的观察值要比空间上距离更远的观察值具有更为相似的趋势。也就是说,在遥感图像的混合像元内以及不同像元之间,距离较近的亚像元与距离相对较远的亚像元相比,更可能属于同一类型。在增加空间自相关性辅助信息的基础上,国内外很多科研人员进行了亚像元定位方面的研究。Aplin P利用英国陆地测量部的陆地线数字向量数据,采用基于地域的Perfield方法而不是传统的基于像元的土地覆盖分类方法,在亚像元尺度上进行地域边界映射,也同样利用向量数据进行像元分割,分割后的像元片段按照面积进行排列,这些面积通过地物类别的典型性标记为某种地物类型。然而,现实中的多数情况下很难获得可用的精确向量数据集。1993年,Schneider W提出基于知识的分析技术,其依赖于关于Landsat T场景中直线边界特征的知识,用来实现具有亚像元精度的地域边界的自动定位。1998年,Foody G采用基于简单回归的方法,利用具有更高空间分辨率的锐化影像,对更粗分辨率影像的软分类输出结果进行锐化,以细化亚像元地物类型图。2002年,Jan V等利用类似于光谱混合模型的方式,将像元的软信息带进了混合模型,通过最小二乘法估计的方法实现了在亚像元尺度上的硬分类,获得亚像元分布图。这种线性解决方法允许每个亚像元类别通过周围的像元级别上的邻域信息得以预测,但是分类结果存在明显的线性效果。基于相邻像元比其他像元更有可能属于同一个地物类别这个假设,2005年,Kasetkasema T等提出了一种基于马尔可夫随机场(Markov Random Field,MRF)的超分辨率绘图模型。该模型将大量表现为离散像元的错分像元消除掉,以获得高分辨率分类影像。但该方法会导致小的感兴趣目标的分布信息丢失。国内方面,2005年,凌峰提出了一种新的元胞自动机模型对空间亚像元定位进行模拟。通过对原始元胞自动机进行相应的调整,可以得到一个解决亚像元定位问题的元胞自动机。根据元胞当前状态及其邻居状况确定下一时刻该元胞状态的动力学函数,建立起进化规则,并最终得到亚像元分布图。实验结果表明,利用元胞自动机模型进行亚像元定位得到的结果在视觉上要明显优于利用 MLC 方法进行分类得到的结果。2007年,易嫦等提出一种多尺度下基于神经网络的元胞自动机模型。该模型将元胞自动机理论移植到不同空间尺度的演化上,建立基于神经网络的多尺度元胞自动机模型,并利用该模型提取北京市海淀区城镇用地超分辨率信息。结果表明,该方法能有效表达图像像元之间的空间自相关性。2009 年,Ge Y 等提出一种算法,该亚像元空间分布模拟算法根据遥感影像的空间自相关特性,主要用来解决具有面状分布模式的混合像元内部基本组分的空间分布问题。经过对实验结果进行精度评估之后,其得到的亚像元分布图像比 MLC 分类结果在分类精度和视觉上有了较大的提高。2009 年,吴珂等提出了一种全新的基于 Agent 进化理论的遥感影像亚像元定位方法,并给出 Agent 的进化机制和设计流程,并利用两组不同的实验对该方法的性能进行了比较分析。实验结果表明,它能够快速有效地对混合像元中的亚像元进行定位。这种方法建立在空间相关性的基础上,结合空间邻域的假设关系,对 Agent 的复制和扩散两种行为模式进行随机的动态选择,给每一个亚像元一个精确的位置。该方法适合一致性区域连通的局部区域,而且不同区域 Agent 点可以同时处理,并且容易描述和实现。但是在如何保证 Agent 点以最快的方式完成给定的任务以及确定 Agent 点繁殖和扩散的方向方面还需要进一步的研究。总之,基于空间相关性的算法是现在进行亚像元空间定位绘图的主要方向,因此结合各种不同的模拟算法都可以得到一些不错的实验结果。虽然上述方法看似多样,但有一些共同特点:该类型算法主要是利用邻域像元尺度上的软信息来预测混合像元内部的分布情况,算法普遍快速、简单、高效,而且可以根据要求提供不同放大倍数下的实验结果,能够提供关于地物类型的更高分辨率的边界信息。其缺点是仅仅利用了周围邻域像元的信息,而忽略了一些地物分布上的结构特征,虽然能够对面状地物在亚像元尺度上分布情况进行较为准确的预测,但对于线性地物及其小于混合像元的一些点状地物(L 型地物)的处理则不够理想。此外,像元的空间相关性最大的假设在多数情况下是适用的,但是由于实际情况的复杂性,这个假设在某些情况下会存在一定的误差,因此如何获得对像元空间分布规则更好的表达方式,对于提高亚像元定位的精度至关重要,需要更深入的研究。

1.5.2 基于空间地统计学的亚像元定位

之前用来处理混合像元问题的地统计学方法是基于传统的两点地质统计学的半变异函数,但半变异函数仅仅能够捕捉两点直方图灰度共生矩阵的一半信息,对于复杂空间结构的处理能力不足,比如连通性等。2006 年,Boucher A 等从概率论反问题的角度，提出了利用指示克吕格和指示随机模拟等基于地统计学的方法来作为一种先验结构模型。他们先利用高分辨率图像上的地物覆盖情况得到其指示变差函数模型，然后将这个模型作为一个先验概率，对低分辨率的图像进行降尺度定位，从而得到较高分辨率上的地物分布情况。由 1993 年 Guardiano F 等提出的多点地质统计学克服了传统的两点地统计学的缺点，为这个问题的解决带来了新的希望。在多点地统计学中，使用训练图像来代替变异函数表达地物的结构信息和空间自相关关系，能够克服传统地统计学不能再现复杂地物几何形态的不足。同时，由于该方法仍然以像元为模拟单元，而且采用序贯非迭代算法，它包含了一个搜索树结构用来存储在训练图像上遇到制定模式的频率。能够忠实于硬数据，速度也优于基于目标的随机模拟算法。2008 年，Atkinson P 提出了利用降尺度协同克吕格来进行亚像元定位的算法。协同克吕格考虑了图像的自相关和互相关，可以针对各种大小的像元进行处理，还可考虑传感器的点扩散函数，具有预测连贯性，同时还支持将其他辅助性的数据结合起来进行处理，但其最大的问题是超分辨率克吕格所需要的自协方差和互协方差无法通过经验获得。2006 年，Boucher A 在以前工作的基础上，提出了一种以训练图像形式出现的更为复杂的先验模型，并结合序贯非迭代算法进行亚像元定位。基于克吕格的地统计学运用指示变差函数来模拟空间各种类别分布情形中两点间的相关性。训练图像是一幅栅格的用来表现地物分布模式的图像，一般而言，训练图像可以用来表现变差函数不能表现的分布模式，比如曲线型地物类别。与空间自相关性相比，基于空间地统计学的方法能够很好地用于复杂几何形态地物的建模，而且还有更快的计算速度。但是该算法也有不足的地方，比如过多考虑的是通过训练图像的结构信息来进行模拟，忽视了对空间自相关性信息方面的考虑，以及每次实现的结果都不一样，准确度低等。

1.5.3 基于神经网络的亚像元定位

神经网络也是近年来国内外科研人员经常用来进行亚像元定位的主流技术之一。Hopfield 神经网络(Hopfield Neural Network，HNN)是由大量简单的神经处理单元相互结合而成，并有对称性、无直接自反馈、非同期动作等约束。HNN 常常用来作为一种最优化工具，其目的是将能量函数最小化。HNN 策略接近于不断地对前一次的亚像元分类情况进行重新迭代的方法，尤其适用于地物目标类别远大于像元大小的 H 型的混合像元情形。最初 HNN 设计用来解决二值情形(只有 2 种地物类别，目标地物和背景，非此即彼的情形)，但是该种方法也适用于多种地物类别的情形。2001 年—2003 年，Tatem A 等提出了利用 HNN 技术进行亚像元分类。利用软分类的输出结果对 Hopfield 神经网进行约束，将空间聚类函数编码进入神经网，通过利用周围像元所包含的信息，对每个像元内部的土地类型进行映射。后来又通过在能量函数中加入新的约束，将该方法扩展至多类土地类型的亚像元尺度映射。进一步又将关于特殊地物类型典型空间排列的先验信息作为半变异约束加入到能量函数中，解决小于传感器地面分辨率的目标空间模式问题。在后续的研究中，2003 年，Tatem A 等将 HNN 技术用来对亚像元和某些特定的先验模型(例如半方差图)之间的空间相关性进行匹配。利用真实的 Landsat™农作物影像对提出的方法进行了测试。这个方法对于地物目标小于等于像元大小的 L 型混合像元情形更为适用，但是算法较为耗时。与前面的方法相比，HNN 方法能够产生更为精确的亚像元尺度上地物目标的空间分布情况，而且聚类目标和匹配目标可以在同一幅影像中针对不同的地物类别同时进行。除了 HNN 之外，经常用来进行亚像元定位的另一神经网络模型是 BP 神经网络。BP 网络经常用来建立训练模型，对混合像元和其临域像元之间的关系以及像元内部的空间分布进行描述，进而利用该超分辨率模型得到混合像元在亚像元尺度上的分布。实验结果证明该算法能够得到相当不错的绘图结果，并且算法复杂度低，可以处理原始的高光谱影像。

1.5.4 基于像元交换的亚像元定位

与上面的神经网络方法相比较，基于像元交换的策略更简单快速，因此有两种基于像元交换的方法也发展起来。第一种是针对 H 型混合像元情形设计的，该算法最初是针对两种地物(二值)的情形提出来的，它允许同一个像元内的亚像元类别进行交换，这样可以保证该混合像元内部最初的软信息比例值不变的同时，使得亚像元尺度上的类别按照最正确的位置分布情况进行分布，这种正确的趋势使得亚像元尺度上的空间相关性达到最佳。经过多次针对不同的类别重复执行该算法，就能使该方法扩展，也同样适用于多种类别的情形。但是上述方法仅仅适用于 H 型混合像元，对于 L 型混合像元，2008 年，Atkinson P 提出了一种基于两点直方图(Two Point Histogram)的新方法来实现。两点直方图是所选择的混合像元和与它相隔指定向量距离上的邻域像元之间的转换概率的全部集合。在遥感科学中，这类似于灰度共生矩阵。这个算法利用两点直方图取代了变差图(以及协方差函数)，因为变差图只表达了所能得到的一半信息(即区别，而没有方向)。因此，这种基于像元交换的方法依赖于从训练图像获得的两点直方图。这样一来，该方法需要有一小块区域的高分辨率影像(分类好的图像)作为训练图像，然后将其应用到感兴趣的低分辨率遥感影像上的大片区域，就可以得到亚像元尺度上的分布情况。遥感影像亚像元定位是定量遥感研究中的一个新领域，该技术作为混合像元分解的后续分析方法，可以有效消除混合像元分解结果的空间不确定性，不仅具有很重要的理论研究价值，而且在相关领域有很强的实用意义。

从亚像元定位研究的发展历史可以看出，从研究初期各种不同模型求解算法的提出，到不同空间相关性描述方法以及模型改进的相关研究，以及目前对模型的不确定性和误差的分析，相关理论研究得到了较快的发展，但是作为一个新领域，仍有许多未知的问题需要深入探索。在实际应用方面，亚像元定位技术除了在土地覆盖制图、湖泊边界提取、海岸线提取等方面得到成功应用之外，还应用于地面控制点选取、景观指数计算、变化检测等相关领域。但相对来说实际应用还偏少，因此如何在相关领域进行更为深入有效的应用，从而发现和解决新的问题也需要进一步研究。

总的来说，亚像元定位在理论基础和实际应用方面均存在很多问题没有解决，我们认为以下几个方面将是亚像元定位研究目前面临的主要问题和今后进一步研究的方向。

（1）多尺度综合模型。针对地物尺寸和像元分辨率之间的两种关系，现在均是利用不同的亚像元定位模型将其完全分开进行处理。但是在实际工作中，同一研究区域通常会同时存在这两种情况，并不能简单地将其归结为某一种尺度关系，而是需要针对不同的地物类型或者不同的空间位置采用不同的研究方法。目前仍然没有能够同时考虑这两种情况的理论模型，因此如何将两种尺度的模型进行综合分析需要进一步研究。

（2）空间相关性描述。亚像元定位的关键是地物的空间分布特征，虽然从最初的空间相关性最大到后来的多点统计学，已有多种方法用来描述这种特征，但是均存在一定的不足，因此如何更有效地描述复杂的地物空间相关性是亚像元定位一个需要持续研究的问题。此外，针对一些特殊问题发现并提出一些专门的空间相关性描述方法，如河流、道路等多为线状地物，阴影分布大多与地形有关等，从而将这种地物分布先验信息嵌入到亚像元定位算法中，以及如何将更多遥感和辅助数据应用于亚像元定位，也是值得今后进一步研究的方向。

（3）模型选取与比较。由于目前已经提出了很多亚像元定位的模型和算法，在实际应用中如何选取算法，各种算法都有何优缺点就变成了一个必须面对的问题。Atkinson P 提出了进行亚像元定位算法对比的建议，而要进行算法对比，就有许多亚像元定位的基本问题需要探讨，包括测试数据集选取、结果精度评价参数、不确定性分析等。

（4）与混合像元其他两个问题的融合。如前所述，遥感影像“混合像元”包括端元选取、像元分解和亚像元定位 3 个问题，不同的端元选取结果会得到不同的混合像元分解结果，而不同混合像元分解结果也会得到不同的亚像元定位结果，因此这 3 个问题是相互关联的。在实际应用中，一般也遵循先选取端元，再分解混合像元，最后再进行亚像元定位的顺序，因此不应该脱离另外两个问题来单独考虑亚像元定位问题，而是需要建立一个“混合像元”的综合分析模型。

1.6 高光谱图像超分辨率技术

图像分辨率简单来说就是成像系统对图像细节分辨能力的一种度量,也是图像中目标细微程度的指标,它表示景物信息详细程度。在遥感技术快速发展的今天,对遥感图像的分辨率有着越来越高的要求,但现有的成像设备还远远不能满足各方面的要求。因此,运用其他方法来有效提高成像系统的分辨率,或者是获得高分辨率的遥感图像,都是有其实用价值和重要意义的。基于硬件的提高分辨率方法会受到工艺水平及其他因素的限制,因此采用图像处理技术来提高分辨率成为遥感领域目前一个非常活跃的课题。

传统的插值方法如近邻插值、双线性插值以及三次样条插值等能够增加输出图像的像元数,但这种方法严格意义上讲既没有增加原始图像的信息量也没有真正提高图像的分辨率,反而对图像的边缘造成模糊。

20 世纪 60 年代,超分辨率由 Harris 和 Goodman 以单幅图像复原的概念和方法提出,随后许多人对其进行了研究,并相继提出了各种复原方法,如线性外推方法、叠加正弦模板方法、长椭球函数方法等。以上这些方法虽然做出了较好的仿真结果,但在实际应用中并没有获得理想的结果。80 年代初,Huang T 等首先提出了基于序列图像的超分辨率重建问题,并给出了基于频域逼近的重建方法。80 年代末提出和发展了许多有价值的方法,如凸集投影法、能量连续降减法、贝叶斯分析法等。与此同时,利用序列图像进行超分辨率图像重建成为人们研究的一个热点,它充分利用了互有位移的序列图像之间类似而又不同的信息,所以具有较好的超分辨率复原能力。但在很多情况下,我们很难得到时间序列的遥感图像,因此它的应用受到了很大的限制。这类方法可统称为序列图像超分辨率复原方法。

20 世纪 70 年代以来,多元信息融合作为一种有效的分辨率提高方法被广泛研究。多元信息融合指的是处理来自多源的数据及信息的自动检测、互联、相关、估计和组合的过程,也是信息富集的过程。1997 年,Wald L 等利用在多元数据中推算高频成分并以融合的方式来提高卫星遥感图像的空间分辨率,取得了较好的效果。1996 年,Yocky D 等将小波变换和金字塔算法引入超分辨率算法,成为多分辨率分析的典范。1999 年,Aiazzi B 等则应用推广的拉普拉斯金字塔算法对分辨率比率不为整数的多元信息融合问题进行了有效地研究。这类方法可统称为基于多元信息融合的分辨率提高方法。

随着对混合像元解译技术的不断深入研究,20 世纪 90 年代,逐渐有一些学者开始了混合像元分辨率提高方法的研究。由于遥感图像中混合像元是普遍存在的,严重影响了图像的空间分辨能力。混合像元问题不仅是遥感技术向定量化发展的重要障碍,而且也严重影响了遥感技术在各个领域的应用。对混合像元分辨率的提高方法,是将每个像元拆分成若干个亚像元,然后确定各个亚像元的灰度值(或其他特征值),这样可以提高图像分辨率到亚像元级。对混合像元分辨率的提高方法包含混合像元解译和超分辨率处理两个环节。像元复制法(Creating Repetitive Information,CRI)是最简单的亚像元定位方法,即将低分辨像元在保持数值不变的状态下超分辨为若干个相同的亚像元。显然,这种方法并不能够更好地反映图像的边缘信息。1998 年,Foody G 等对同一地点同时成像的两幅不同空间分辨率的图像利用高分辨率的图像来锐化低分辨图像。1998 年,Gross H 等所提出的亚像元定位方法也需要具有更高空间分辨率的图像作为附加信息,但这种附加信息在实际应用中往往很难获取。1997 年,Atkinson P 假定地物空间分布可以通过距离尺度来确定,即相近的像元之间将会有相近的取值。根据这种假设,2000 年 Jan V 等提出基于空间相关性(Spatial Dependence,SD)的亚像元定位方法,并采用线性优化技术来加以实现,取得了较好的效果,运算速度也很快。2004 年,李娇研究了基于神经网络的解译分量图的超分辨处理,取得了较好的效果,只是计算量较大。对混合像元的超分辨率技术,已成为目前遥感领域的一个非常活跃的课题,其发展状况呈现以下 3 个显著特点:①许多方法需要难以获得的附加信息;②大部分方法计算量都较大;③多数方法只限应用于相对简单的光谱解译分量图的超分辨处理。这类方法可统称为亚像元定位方法。

在图像原始信息有限的前提下,可用插值方法增加输出图像的像元数。目前已有很多种经典的插值方法,其中最常用的就是最近邻插值、双线性插值以及三次样条插值的各种变形。1996 年,在 Schultz 和 Stevenson 的论文中对当前各种复杂的插值方法,包括三次样条插值的改进算法、基于规则的方法、边缘保持的方法以及贝叶斯方法做了一个简要的总结。在基于边缘保持的插值方法中,值得一提的有利用局部结构的空间自适应插值、基于凸集投影的迭代方法、基于边缘方向的插值等。Jensen K 等人应用稳态随机过程中的二阶统计模型的插值方法,在边缘保持上取得了较好的效果,并在实现时采用与线性插值方法相混合的方式降低计算量。2002 年,Leizza R 等提出了局域自适应非线性插值方法,对于一个待插值点,通过计算其局域标准偏差,将其结果与预先设定的阈值相比较,从而决定采用何种方式完成该点的插值计算。这类方法可统称为基于插值的提高空间分辨率方法。

我国对分辨率提高方法的研究起步较晚,但有越来越多的科研单位和科研人员关注此项研究。北京大学、哈尔滨工业大学、北京理工大学、北京师范大学、武汉大学、哈尔滨工程大学、中国科学院遥感所等单位做了较多的工作。2002 年,张钧萍利用辅助高分辨率光学图像通过融合方式来提高高光谱图像空间分辨率;2005 年,李金宗等则进行了序列图像的超分辨率方法研究。2006 年,Liu Y 等研究了基于凸集投影和最大后验概率的混合超分辨方法,取得了一定的效果。武汉大学在基于光谱分量图像的超分辨率制图方法上做了许多工作并且一直在继续。

以上4类典型方法中,大部分分辨率提高方法需要利用难以获得的辅助信息来完成,例如,基于融合的方法一般需要高分辨率光学图像,而序列图像超分辨率复原方法需要利用具有空间运动补偿关系的图像。高光谱图像各谱段之间既不属于互不相关的独立图像,也不同于具有空间运动补偿性的序列图像,而是存在谱间互补信息的图像组。从这一事实出发建立其特有的超分辨率模型,研究不依赖于辅助信息的、充分利用谱间互补信息的和满足特殊应用需求的高光谱图像分辨率提高方法倍受期待。2005年,Akgun T等对于这类分辨率提高方法进行了开创性的研究,取得了一定的成果。但由于变换域内光谱的连续性条件发生改变,从而导致该方法中成像模型的建立缺乏合理性。此外,算法对于特殊应用需求问题以及MAP算法在此处的应用没有展开研究。

1.7 高光谱图像异常检测技术

异常检测主要依靠计算局部区域的统计变化来检测异常目标。经典的异常检测算法是源自多光谱图像的RX算法,RX算法最早是由Reed I等于1990年提出的。RX算法是一种基于广义似然比检验的恒虚警检测方法,用于在高斯背景统计特性和空间白化的条件下检测空间模式已知而光谱特性未知的目标物,其渐进意义下的检测器将原始算法简化为求样本到总体均值向量的马哈拉诺比斯距离。RX算法是在一些简化的假设条件下构造的似然比检测算子。直接利用RX算法对高光谱图像进行处理将会产生较高的虚警概率,这主要是由两方面原因造成的:①RX算法中所采用的局部统计模型假定数据是空间不相关的,或者是空间白化的,且数据要求服从局部正态分布,这种假设不能全面地描述真实场景的情况;②当RX算法直接用于高光谱图像处理时,需要计算样本的协方差矩阵,而协方差矩阵的维数会随着波段数目的增加而迅速增加,这将会带来巨大的计算量。随后Chang C等在RX算法的基础上进行了研究,提出了一系列改进检测算子,有效地提高了高光谱异常检测的性能。1998年,Ashton E等结合线性光谱混合模型,通过端元提取在背景抑制后使用RX检测异常。2004年,Riley R等利用噪声协方差阵构造加权欧几里得距离,并通过拉格朗日乘子法将其与RX检测器进行联合,构造了新检测器,该检测器在保持RX检测器对异常的敏感性的同时,有效抑制了噪声的干扰。

1998年,Schweizer S等使用三维高斯—马尔可夫随机场对数据进行建模,可直接得到波段协方差阵逆阵的估计,避免了求逆过程的困难,并以空间相关性和谱间相关性为基础构造了广义似然比检测器进行检测;2004年,Yver R等提出了一种基于最大后验概率的感兴趣目标异常检测算法,它通过马尔可夫规则消除了虚假目标,但该算法中能量函数仅收敛到局部最优解,而且多元马尔可夫随机过程的参数估计较为复杂。2003 年,Plaza A 等将传统的形态学滤波方法扩展到高维光谱空间,实现了空间维、光谱维联合目标检测。2007 年,Broadwater J 等将多种检测器联合起来用于子像元目标的检测,其在构造线性混合模型时考虑了图像的物理信息和统计信息,取得了较好的效果。2003 年,Kwon H 等提出基于双窗数据投影的子空间分离性自适应异常检测算法,以内窗口数据代表目标、外窗口数据代表背景,将内、外窗口数据均值向特定方向投影,以投影后内、外窗口数据的分离程度作为异常性的判据;美国空军实验室的 Caefe 等先利用主成分的直方图对图像进行分割,然后利用像元邻域和分割区域二者的局部统计量构造局部异常度量,以检测点异常目标。

近年来,随着统计学习理论的快速发展和逐步完善,应用核机器学习算法对高光谱图像进行处理成为可能。将高光谱数据映射到高维的特征空间进行处理,充分挖掘其隐含的非线性信息,进一步提高高光谱小目标与背景之间的分离性能。2007 年,Kwon H 等对传统高光谱小目标检测算法(如 RX、ASD、CEM 等)进行了改进,利用核函数将原始空间光谱信号映射到高维特征空间,进而实现了小目标的异常检测。通过与传统高光谱小目标检测算法检测性能的比较,得出核算法在提高目标检测概率和降低虚警方面有显著提高。2007 年,Goldberg H 等在高维特征空间利用特征值分解方法实现小目标的异常检测,同样取得了优于传统方法的检测结果,但其受背景干扰影响较大。2007 年,Banerjee A 提出了一种基于支持向量数据描述(Support Vector Data Description,SVDD)的异常目标检测算法,避免了检测过程中协方差矩阵的求逆运算,有效地提高了算法的运算速度。但这些算法使用的核函数形式单一,适应性较差,其参数是通过实验不断尝试确定的,比较繁琐。利用核方法进行波段融合降维之后的异常检测算法是另一种思路,如基于支持向量机的波段融合方法和选择核主成分分析波段融合算法,但计算复杂度以及最终选择适合异常检测的特征仍需进一步的研究。

国内对高光谱图像异常小目标检测的研究起步相对较晚。中国科学院遥感所、国防科技大学、哈尔滨工业大学、西北工业大学、解放军信息工程大学等单位在高光谱图像目标检测研究上取得了较大进展。2005 年,耿修瑞在高光谱图像特征提取、无监督分类、端元提取、异常探测等方面研究较为深入,提出了基于光谱重排的特征提取方法和基于加权样本协方差矩阵的目标探测算法。2004 年,李智勇等研究了高光谱异常小目标检测的基本理论,分析了不同模型的检测性能,在无先验知识的情况下自动完成了高光谱图像小目标检测。2004 年,路威等将投影寻踪和遗传算法相结合应用到了高光谱图像异常小目标检测中,有效地将高维数据中隐藏的目标结构信息集中投影到低维特征空间中,但是遗传算法寻优过程容易陷入局部最优。2008 年,He L 等在多/高光谱目标检测上取得了一系列的研究成果,通过充分利用高光谱图像的空间信息以及尺度信息等,有效地抑制了噪声,提高了检测性能。2002 年,谷延锋等提出的算法利用了核主成分变换进行非线性特征提取,在降低高光谱图像数据维后进行小目标检测。2007 年,寻丽娜等提出了一种基于端元提取的异常小目标检测算法。2008 年,谌德荣等通过样本分割优化选择对 SVDD 异常检测算法进行了改进,在保持检测性能的基础上提高了算法的运算效率,并对基于压缩和顶点成分分析的低概率检测进行了研究,也取得了不错的效果。李庆波等从光谱维出发,利用光谱角匹配的马哈拉诺比斯距离进行异常检测,其运算速度较快。哈尔滨工程大学的季亚新等人提出了基于二代曲波变换和脉冲耦合神经网络融合的异常目标检测算法,有效地针对异常检测实现了高光谱数据维数减少和特征提取。

1.8 高光谱图像降维与压缩技术

1.8.1 关于降维:波段选择与特征提取

对高光谱数据进行波段选择,首先要根据后续处理确定波段选择的准则,现有的准则主要有以下几类。

(1) 从信息论的角度出发,所选择出来的波段或者波段组合的信息量要保持最大。

(2) 从数理统计的角度出发,所选择出来的波段之间相关性要弱,以保持各波段的独立性和有效性。

(3) 从光谱学的角度出发,待研究区内欲识别地物的光谱特征差异要最大。

(4) 从分类的角度出发,使所需判别的地物类别在所选择的波段组合上类别可分性最强。

总之,信息含量多、相关性小、地物光谱差异大、可分性好的波段就是应该选择的最佳波段。

1. 基于信息量的最佳波段选择

基于信息量的最佳波段选择主要考虑的因素是波段间的联合熵、协方差矩阵、最佳指数和自适应波段选择等方法。这类方法主要包括熵与联合熵、协方差矩阵特征值法、最佳指数法(OIF)、自适应波段选择等。

2. 基于类间可分性的最佳波段选择

一般来说,类间的可分性既可以针对单波段也可以针对多波段组合图像进行计算。相应地,均值间标准距离模型的处理结果表明了类对在每一个波段中可分性大小、离散度、Bhattachryya 距离和 Jeffries - Matusita 距离、混合距离、光谱角度制图法、光谱相关系数等模型的处理结果,可以反映类对在多波段组合图像中的类别可分性大小。这类方法主要包括均值间的标准距离方法、离散度方法、B 距离方法、类间平均可分性方法、分形方法等。

3. 基于分形的波段选择

传统波段选择方法一般是基于一些基本的统计量,如方差、最大值、最小值、变易系数等而进行的。光谱波段的最大值、最小值和标准偏差简单适用,能为了解每一个波段的特征提供一定信息,但是它们都没有反映空间变化信息,变异系数同样不能测量出空间变化成分。空间结构信息是遥感应用中的重点,结构决定功能,波段有什么样的空间结构,就决定了可以从中获取多少信息。因此,从空间构形上来选择波段应该是高光谱遥感波段选择方法的又一个重要方面。分形是探索空间结构以及空间复杂性的新工具,而分形维数是其定量表示。把分形维数作为高光谱遥感图像波段选择的一个指标,可以弥补基于传统统计量不能反映图像空间信息的缺点。分形维数的差异反映了通过目视和传统方法不能探测的空间结构信息差异。当两个波段难以取舍时,可以用分形维数的大小作为尺度进行选取。另外,植被和沙地分形维数的差异也反映了不同地物类型光谱的空间变化,为根据不同地物间的可分性来选择波段奠定了一个新的基础。因此,传统方法与分形维数相结合,将为高光谱遥感波段选择提供新的理论和技术支持。

除了以上的典型波段选择方法以外,还有一些值得读者参考和借鉴的方法:①波段选择的指数方法;②基于遗传算法的波段选择;③基于支持向量机的波段选择等。

特征提取是基于变换的降维方法,这种方法较之波段选择方法通常能携带原始信号的更多能量,因此应用也较为广泛。

4. 基于 PCA 的特征提取

主成分分析 PCA 就是设法将原来众多具有一定相关性的指标重新组合成一组新的相互无关的综合指标来代替原来指标。为了使这些新的指标尽可能多地反映原来指标的信息,要求原始数据点在该指标上的投影方差尽可能大,并且前面主成分所包含的信息不必再出现在后面的主成分中。PCA 变换是满足以下两个条件的线性变换:①去除变换系数之间的相关性,即变换系数的协方差矩阵是对角阵;使变换系数的方差高度集中,即变换后能量主要集中在前 M 项,以保证特征提取时去掉后面若干项后的均方误差最小。因此,变换矩阵的求取是关键。从数学角度来说,这个过程相当于坐标的变换。主成分选取的顺序是按特征值的大小顺序确定的。进而,这些主成分构成所要求解的变换矩阵 $\boldsymbol{\Phi}$。PCA 的具体实现步骤可按如下过程进行:①计算给定图像的协方差矩阵 $\boldsymbol{\Sigma}_X$;②求 $\boldsymbol{\Sigma}_X$ 的特征值及对应的特征向量;③ 由特征向量求出变换矩阵 $\boldsymbol{\Phi}$;④利用 $\boldsymbol{\Phi}$ 对图像进行正交变换。

在不同条件或要求下,分块 PCA 或噪声调整 PCA(NAPCA)可取代原始 PCA 进行特征提取。另外一种类似于 PCA 的常用变换为 MNF(参见 3.1.1 节),也可用于特征提取,细节从略。

5. 基于投影法(Projection Pursuit,PP)的特征提取

1999 年,Jimenez L 等提出基于投影法的超谱数据特征提取算法。该方法利用投影矩阵将相邻的波段分组,然后将每组内 n_i 个特征波段投影到一个特征上。通过投影有效地减小了数据维,为后续的分析和处理提供了方便。之后,他们又发展了监督和参数的投影法,利用先验知识对低维子空间进行计算。该方法的优点在于将真实地物信息考虑进来,但是求取投影矩阵的过程较为复杂。

6. 基于最佳基(Best – Bases,BB)特征提取

2001 年,Shailesh K 等提出了一系列的最佳基特征提取算法,该方法简单、快速并且对于超谱图像特征提取非常有效。该方法智能地把相邻波段构成的子集经过特征提取成为特征更少的子集,包括 Top – down 和 Bottom – up 两种算法。Top – down 算法回归地把波段分成两个(不一定是同样大小的)子集,并且用均值代替最后得到的那个子集。Bottom – up 算法是把相邻的高度相关的波段构造成为一个聚集树,提取了更有效的特征。这两个算法都把原来的 N 类问题化为一个 $\binom{C}{2}$ 的 2 类问题。

7. 基于可分性分析的特征提取(Discriminant Analysis Feature Extraction, DAFE)

DAFE 经常用于超谱图像降维。由于该方法使用每一类的平均向量和协方差矩阵(Covariance Matrix),它也称为参数特征提取算法。其目的就是找到一个变换矩阵 $\boldsymbol{A}$ 使得变换数据 $\boldsymbol{Y}$ 的类别可分性最大。DAFE 的优点是不必知道其分布形式,缺点在于它仅在类别分布正常时有效,当类别呈现多模型混合分布的时候,DAFE 的效果就不理想了。

8. 基于决策边界的特征提取(Decision Boundary Feature Extraction,DBFE)

Lee 和 Landgrebe 提出利用决策边界进行特征提取,并将其分别用于神经网络和统计分类器。他们证明了决策边界特征矩阵 DBFM(Decision Boundary Feature Matrix)的秩就是能够得到与原始特征空间同样分类精度所需要的最小维数,也就是说,对于某一种分类器而言,通过 DBFM 就可以得到进行分类所需要的最小特征。但是这种方法中,分类所需的类统计参数的估计要在整个数据空间中进行,对于高维数据需要大量的训练样本,并且计算时间较长。

9. 基于非参数加权的特征提取

由于 DAFE 存在的缺点,2002 年,Kuo B 等提出了非参数加权特征提取方法,该方法基于满秩的分布矩阵(Scatter Matrix),与参数可分性分析特征提取方法相比,该方法指定理想数量的特征数,降低了奇异问题的影响。在决策边界处赋大的权值给样本,大大增加了分类的精度。

此外,在童庆禧等 2006 年的著作中还有关于基于可分性准则的特征提取和基于非线性准则的特征提取方法。

1.8.2 关于压缩:有损压缩与无损压缩

遥感图像压缩方式的两大类型为无损压缩(无失真压缩)方式、有损压缩(限失真压缩)方式(万建伟等,2010)。

随着成像光谱技术的不断发展,人们对遥感图像的认识能力不断深化。与此同时产生了新的问题,即海量数据的存储与传输问题,这给高光谱数据应用带来很大困难。如何进行有效的高光谱图像数据压缩,缩小信号带宽是目前成像光谱技术中迫切需要解决的问题,同时这也成为了通信技术中最具有挑战性的课题之一。

从信息论的角度来看,所有的压缩技术都是通过去除冗余来达到压缩目的,无损压缩可从压缩数据中无误地恢复原始图像。但无损压缩的压缩比有限,压缩后仍可能超过信道容量的上限,这时必须舍弃一些数据,采用限失真压缩方式以获得较大的压缩比。对于有损压缩和无损压缩方式,主要的实现方法可分为三类:基于预测的方法、基于变换的方法以及基于矢量量化的方法。

基于预测的方法主要是利用图像中像元之间的相关性,即利用当前像元的空间相邻像元共同对其进行预测,再将当前像元值与预测值相减得到预测残差,然后采用相应的熵编码方法对残差数据进行压缩。最基本的线性预测方法为差分脉冲编码调制(Differential Pulse Code Modulation,DPCM),它是通过预测系数的选择,使预测器输出信号预测值与当前的实际值之间的差值最小。

基于变换的方法也是高光谱图像无损压缩领域的方法之一。在图像空间域中,冗余信息分布在较大范围的空间像元集中,很难直接进行去相关;而将图像从空间域映射到变换域,图像中的能量得以集中,少数幅值较大的变换系数代表了图像中的大部分能量,而绝大部分变换系数表示的是图像中一些不重要的细节分量。通过利用较少的码字描述幅值较大的系数所代表的主要能量成分,而量化掉幅值较小的变换系数所代表的细节分量,可以获得较高的压缩比。目前,常用的变换方法主要有 PCA,也称卡胡南—洛维变换(Karhunen - Loeve Transform,KLT)、离散余弦变换(Diserete Cosine Transform,DCT)和离散小波变换(Diserete Wavelet Transform,DWT)。在利用基于变换的方法对高光谱图像进行无损压缩时,需要使用整数变换的形式,即变换前后的数据均为整数形式,这样才能达到无损压缩的目的。

矢量量化(Vector Quantization,VQ)的原理是直接对数据块进行量化,而不需要去相关预处理。VQ 是以信息的高阶熵为下限,在高压缩比和平均最小失真之间获得最佳的折中。高光谱图像任一像元对应的光谱都可以用一个矢量来表示,向量中的每个元素均对应一个特定波长。由于相似的地表具有相似的光谱曲线,因此矢量量化是高光谱图像压缩的理想方法。

以上 3 类压缩方法中,基于矢量量化的压缩方法可以获得较高的压缩效果,但过大的计算量限制了它在实际中的应用；基于预测的方法历史悠久，其压缩效果也是最好的，因此受到了广泛的关注；基于变换的方法压缩性能一般，运算复杂度并不高，但更多的是应用于高光谱图像的有损压缩。

虽然高光谱图像无损压缩能够实现数据的完全重建，但无损压缩中所采用的诸多预处理手段在很大程度上增加了算法的运算量，难以完成高光谱数据的实时编解码；另一方面，高光谱数据无损压缩的压缩比普遍较低。在现有的通信带宽条件下，仍无法满足高光谱数据实时传输的需求。在一些对数据实时性要求较高的场合，比如战场态势下，无损压缩方法显得力不从心。对于星载成像光谱仪获取的高光谱数据，受星上存储能力及卫星链路传输带宽的限制，若要实现高光谱数据的实时传输，必须采用高效的有损压缩方法以减少数据量。

高光谱图像有损压缩仍然可以分为上述 3 种方法。

除了有损、无损两大压缩方式，分类/聚类方法也应用到压缩中。分类/聚类方法是对多光谱图像中的地物类型识别分类，存储时只记录图像中各像元的类别标号，这类方法可以得到最高的压缩比，但是信息损失量大，应用范围十分有限。为了在尽可能保留有用信息的情况下大幅度提高高光谱图像的压缩比，人们将感兴趣区域（Region of Interest，ROI）压缩思想应用到高光谱图像压缩中，对 ROI 进行无损压缩或高保真压缩，非 ROI 进行高压缩比压缩，实现了图像无损压缩与有损压缩的结合。在有些情况下，单独使用一种方法往往难以奏效，多种方法相结合的压缩思路已经成为压缩技术发展的趋势。在实际应用中，需要根据具体的应用需求选取不同的压缩方式。

参考文献

李二森，张保明，宋丽华，等，2011. 基于线性混合模型的光谱解混算法综述. 测绘科学，36(5)：42－44.

刘春红. 2005. 超光谱遥感图像降维及分类方法研究. 哈尔滨：哈尔滨工程大学博士论文.

梅锋. 2009. 基于核机器学习的高光谱异常目标检测算法研究. 哈尔滨：哈尔滨工程大学硕士学位论文.

任武，葛咏. 2011. 遥感影像亚像元制图方法研究进展综述. 遥感技术与应用，26(1)：33－44.

孙家抦. 2003. 遥感原理与应用. 武汉：武汉大学出版社，210－211.

童庆禧，张兵，郑兰芬. 2006. 高光谱遥感——原理、技术与应用. 北京：高等教育出版社.

万建伟，粘永健，苏令华，等. 2010. 高光谱图像压缩技术研究进展. 信号处理，26(9)：1397－1407

王立国. 2005. 高光谱图像混合像素处理技术研究. 哈尔滨：哈尔滨工业大学博士学位论文.

王立国. 2008. 高光谱图像分辨率提高技术研究. 哈尔滨：哈尔滨工程大学博士后出站报告.

王群明. 2012. 遥感图像亚像元定位及相关技术研究. 哈尔滨：哈尔滨工程大学硕士学位论文.

第 2 章　高光谱图像分类技术

分类是高光谱数据处理起步最早、研究最多、最基本、最重要的研究内容之一(Richards J 等,2006)。分类是一种描述地物目标或种类的分析技术,其主要任务是对数据体的每个像元点赋予一个类别标记以产生专题地图(Thematic Map)的一种过程,它是人们从遥感影像上提取有用信息的重要途径之一。分类后产生的专题地图可以清晰地反映出地物的空间分布,便于人们从中认识和发现其规律,使高光谱遥感图像具有真正的使用价值并有效地投入到实际应用中。本章在介绍几种典型分类方法和评价准则之后,重点围绕新兴的基于 SVM (Vapnik V,2000)的分类方法展开。

2.1　典型分类方法

1. 光谱角匹配

光谱角匹配(Spectral Angle Match,SAM)(Sohn Y 等,2002)是一种基于广义夹角的高光谱图像分类方法,它自动地将图像光谱与各个光谱或者光谱库进行比较。根据遥感的物理基础,地物的反射光谱在很大程度上可以决定地物类型,据此导出了 SAM 分类。通过将测量光谱向量映射成一系列代表该向量与参考光谱向量相似性的角度值来完成由测量空间到特征空间的变换。计算两个光谱之间的光谱角可以确定它们之间的相似程度,光谱向量的维数就是波段数。未知光谱 $\boldsymbol{t}$ 与参考光谱 $\boldsymbol{r}$ 之间的相似度 α 由下式确定:

$$\alpha = \arccos \frac{<\boldsymbol{t},\boldsymbol{r}>}{\|\boldsymbol{t}\| \cdot \|\boldsymbol{r}\|} \tag{2-1}$$

以实验室测量的标准光谱或从图像中直接提取的已知点的平均光谱为参考,将图像中的每一个像元向量与参考光谱向量求广义夹角 α。α 越小,二者的相似程度越大。在一般应用中,常常从图像中选取已知类型的区域,以其平均光谱作为样本中心进行分类,对图像中的每一个像元求其与各类别中心的夹角,然后将该像元归入相应于最小夹角的类别中。

2. 最大似然分类

最大似然(Maximal Likelyhood,ML,又称贝叶斯准则)(Chen C 等,1996;Jia X P 等,1994)判别函数是统计模式识别的参数方法。该方法需要用到各类的先验概率$p(\omega_i)$和条件概率密度函数$p(\boldsymbol{X}/\omega_i)$，其中先验概率$p(\omega_i)$通常根据各种先验知识（具体问题的实际情况，历史上积累的资料等）给出或假设它们相等；而$p(\boldsymbol{X}/\omega_i)$则是首先确定其分布形式，然后利用训练场地估计这种形式中用到的参数。分布形式的估计有最大熵法、多项式法等多种方法。遥感问题中，正态分布的假设是合理的，即对一些非正态问题可通过数学方法化为正态问题来处理。

设$p(\boldsymbol{X}/\omega_i)$为$d$维特征数据空间中的第$i(i=1,2,\cdots,N)$类的概率密度函数，$p(\omega_i)$是数据集中第$i$类发生的概率，则判决$\boldsymbol{X}$属于$\omega_i$类而不属于$\omega_j$类等价于

$$p(\boldsymbol{X}/\omega_i)p(\omega_i) \geqslant p(\boldsymbol{X}/\omega_j)p(\omega_j) \tag{2-2}$$

在实际应用中，概率密度函数常假设为正态或高斯分布，此时类概率密度函数表示为

$$p(\boldsymbol{X}/\omega_i)=\frac{1}{(2\pi)^{N/2}|\boldsymbol{\Sigma}_i|^{1/2}}\exp\left[-\frac{1}{2}(\boldsymbol{X}-\boldsymbol{\mu}_i)^{\mathrm{T}}\boldsymbol{\Sigma}_i^{-1}(\boldsymbol{X}-\boldsymbol{\mu}_i)\right] \tag{2-3}$$

式中：$\boldsymbol{\mu}_i$为类均值向量；$\boldsymbol{\Sigma}_i$为协方差矩阵。

在这种情况下，只要选择适量样本就可以估计出类均值向量和类协方差矩阵。

如果高斯分布的假设成立，判决函数可以进一步简化。此时对于所有的$j=1,2,\cdots,N$，若式(2-2)成立，则

$$\ln[p(\boldsymbol{X}/\omega_i)p(\omega_i)] \geqslant \ln[p(\boldsymbol{X}/\omega_j)p(\omega_j)] \tag{2-4}$$

也成立，因此判决函数可表示为

$$g(\boldsymbol{X})=\ln[p(\omega_i)]-\frac{1}{2}\ln|\boldsymbol{\Sigma}_i|-\frac{1}{2}(\boldsymbol{X}-\boldsymbol{\mu}_i)^{\mathrm{T}}\boldsymbol{\Sigma}_i^{-1}(\boldsymbol{X}-\boldsymbol{\mu}_i) \tag{2-5}$$

我们主要是根据式(2-5)这一判决准则进行分类识别。

3. Fisher 判别分析

Fisher 判别分析是一种监督分类方法，其主要思想是将多元观测值进行线性组合来建立新的判别量，使新判别量的组间方差与组内方差的比值达到最大。

假设要对Nc个类别进行解混，其中每个类别有Ntr_i个训练样本，每个训练样本的波段数都是ND，这样，每一类的训练样本都构成一个$ND \times Ntr_i$的矩阵。同时假设训练样本用$\boldsymbol{x}_1,\boldsymbol{x}_2,\boldsymbol{x}_3,\cdots,\boldsymbol{x}_{Ntr_i}$表示。

各类样本均值$\bar{\boldsymbol{m}}_i$表示各类样本的平均量。

$$\bar{\boldsymbol{m}}_i=\frac{\sum_{p=1}^{Ntr_i}\boldsymbol{x}_p}{Ntr_i} \quad (i=1,2,3,\cdots,Nc) \tag{2-6}$$

类间样本均值 $\bar{\boldsymbol{m}}$ 表示所有样本总的平均量，即

$$\bar{\boldsymbol{m}} = \frac{\sum_{q=1}^{Nc}\sum_{p=1}^{Ntr_i}\boldsymbol{y}_{qp}}{\sum Ntr_i} \quad (i = 1,2,3,\cdots,Nc) \tag{2-7}$$

式中：$\boldsymbol{y}_{qp}$表示第 q 类中的第 p 个训练样本。

样本类内离散度矩阵 $\boldsymbol{S}_i$和总类内离散度矩阵 $\boldsymbol{S}_w$的区别在于：$\boldsymbol{S}_i$代表第 i 类训练的内部差异，而 $\boldsymbol{S}_w$代表所有训练样本的内部差异总和。

$$\boldsymbol{S}_i = \sum_{p=1}^{Ntr_i}(\boldsymbol{y}_{ip} - \bar{\boldsymbol{m}}_i)(\boldsymbol{y}_{ip} - \bar{\boldsymbol{m}}_i)^{\mathrm{T}} \quad (i = 1,2,3,\cdots,Nc) \tag{2-8}$$

$$\boldsymbol{S}_w = \sum \boldsymbol{S}_i \quad (i = 1,2,3,\cdots,Nc) \tag{2-9}$$

类间离散度矩阵 $\boldsymbol{S}_b$代表类间的总的离散度，这个量可以代表各个类之间的差异。

$$\boldsymbol{S}_b = \sum_{i=1}^{Nc}(\bar{\boldsymbol{m}}_i - \bar{\boldsymbol{m}})(\bar{\boldsymbol{m}}_i - \bar{\boldsymbol{m}})^{\mathrm{T}} \tag{2-10}$$

考虑线性组合

$$y = \boldsymbol{Ux} \tag{2-11}$$

式中：$\boldsymbol{U}$ 为 $1 \times ND$ 的矩阵，表示对原光谱的某种线性组合操作。

则经过矩阵 $\boldsymbol{U}$ 变换后的离散度为

$$J = \frac{\boldsymbol{US}_b\boldsymbol{U}^{\mathrm{T}}}{\boldsymbol{US}_w\boldsymbol{U}^{\mathrm{T}}} \tag{2-12}$$

式(2-12)中 J 为离散度。当 $\boldsymbol{U}$ 使得 J 达到最大值时，此时的 $\boldsymbol{U}$ 就可使得样本的类内距离最小，类间距离最大，这个 $\boldsymbol{U}$ 就是所寻找的线性变换。这个 $\boldsymbol{U}$ 可以通过计算 $\boldsymbol{S}_w^{-1}\boldsymbol{S}_b$的特征向量得出。使得 J 取得最大向量的特征向量称为第一判别向量，使得 J 取得次大的特征向量称为第二特征向量。类似地，可以取得多个判别向量，区分 Nc 个类别找到 $Nc-1$ 个判别向量即可。

2.2 典型评价准则

高光谱图像分类结果的基于像元级的精度评价是在分类混淆矩阵(Confusion Matrix)基础上求得的。分类混淆矩阵的形式如下：

$$\boldsymbol{M} = \begin{bmatrix} m_{11} & m_{12} & \cdots & m_{1Nc} \\ m_{21} & m_{22} & \cdots & m_{2Nc} \\ \vdots & \vdots & & \vdots \\ m_{Nc1} & m_{Nc2} & \cdots & m_{NcNc} \end{bmatrix} \tag{2-13}$$

式中：m_{ij}为实验区内应属于第 i 类的样本被分到第 j 类中去的像元个数；Nc 为分类类别数。

混淆矩阵中对角线上的元素数值越大，表示分类结果的可靠性越高，反之则表示错误分类的现象越严重。

根据分类混淆矩阵可计算总体分类精度（Overall Accuracy，OA）、使用者精度（User's Accuracy，CA_i_user）和生产者精度（Producer's Accuracy，$CA_i\_producer$）：

$$\begin{cases} OA = \dfrac{1}{Nte}\sum_{i=1}^{Nc} m_{ii} \\ CA_i\_user = \dfrac{m_{ii}}{Nte_i} \qquad (i = 1,2,\cdots,Nc) \\ CA_i\_producer = \dfrac{m_{ii}}{Nte_i^*} \end{cases} \tag{2-14}$$

式中：Nte 为测试样本总数；Nte_i为第 i 类的测试样本总数；Nte_i^* 为被分为第 i 类的像元总数；m_{ii}为第 i 类正确分类的样本数。当各类样本数量相等时，总体分类精度等价于平均使用者精度。

另一类精度分析方法是在分类混淆矩阵的基础上，对分类器的总体有效性能进行定量化评价，其中最常用的是 Kappa 系数。

$$\text{Kappa} = \frac{Nte\sum_{i=1}^{Nc} m_{ii} - \sum_{i=1}^{Nc} m_{i+}m_{+i}}{Nte^2 - \sum_{i=1}^{Nc} m_{i+}m_{+i}} \tag{2-15}$$

式中：+ 表示行或列的求和；Nte 为测试样本总数。

因此，这种计算使用了分类矩阵中的每一个元素。Kappa 系数越大，分类精度越高。在实际应用中，也常采用以下形式：

$$\text{Kappa} = \frac{\theta_1 - \theta_2}{1 - \theta_2} \tag{2-16}$$

式中：$\theta_1 = \dfrac{\sum_{i=1}^{Nc} m_{ii}}{Nte}$，$\theta_2 = \dfrac{\sum_{i=1}^{Nc} m_{i+}m_{+i}}{Nte^2}$。

本书主要采用总体分类精度来表示分类结果，必要时辅以各类的使用者精度（简称为各类的分类精度）及其均值（称为平均分类精度）进行评价。

2.3 SVM 分类方法

SVM 是在统计学习理论的基础上发展起来的新一代机器学习理论，根据有限的样本信息在模型的复杂性和学习能力之间寻求最佳折中，以求获得最好的推广能力。

2.3.1 理论基础

SVM 是机器学习领域若干标准技术的集大成者，它集成了最大间隔超平面、Mercer 核、凸二次规划、稀疏解和松弛变量等多项技术。下面对 SVM 的重要理论基础——VC 维理论以及 SVM 算法的基石——结构风险最小化原理加以介绍。

1. VC 维(Karpinski M 等,1989)

统计学习理论定义了一系列有关函数集学习的性能指标，其中最重要的就是 VC 维。一个指示函数集 $Q(z,\boldsymbol{\alpha}),\boldsymbol{\alpha}\in\Lambda$ 的 VC 维，是指能够被这个函数集中的函数以所有可能的 2^h 种方式分成两类的向量。$z_1,z_2,\cdots,z_h$ 的最大数目 h，即能够被这个函数集打散的向量的最大数目。若对任意的自然数 n，总存在一个 n 向量的集合可以被函数集 $Q(z,\boldsymbol{\alpha}),\boldsymbol{\alpha}\in\Lambda$ 打散，则该函数集的 VC 维为无穷。下面举例说明 VC 维。

d 维坐标空间 $Z=\{z_1,z_2,\cdots,z_d\}$ 中的线性指示函数集 $Q(z,\boldsymbol{\alpha}) = \sum_{i=1}^{d}\alpha_i z_i + \alpha_0,\alpha_0,\cdots,\alpha_d\in(-\infty,\infty)$ 的 VC 维是 $d+1$，因为这个集合中的函数可以最多打散 $d+1$ 个向量。VC 维反映了函数集的学习能力，VC 维越大，学习机器就越复杂。如图 2-1 所示，2 维空间的线性函数集能够将 3 个数据点进行 8 种可能的二类划分，其 VC 维为 3。

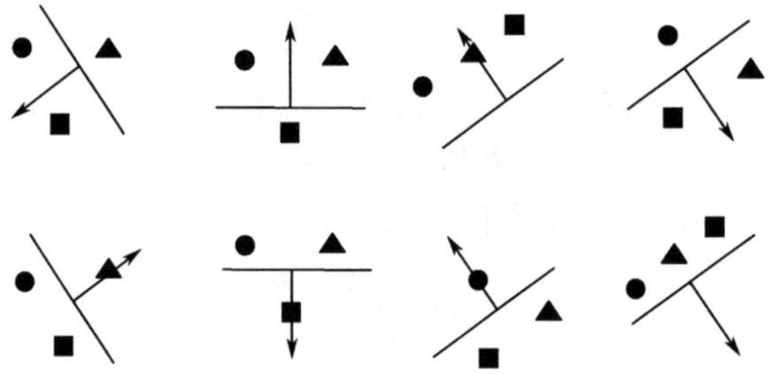

图 2-1　2 维空间线性函数集的 VC 维

2. 结构风险最小化原理

统计学习理论系统地研究了对于各种类型的函数集的经验风险和实际风险之间的关系，即推广性的界。关于两类分类问题，对于指示函数集中的所有函数，经验风险 $R_{\text{emp}}(\alpha)$ 和实际风险 $R(\alpha)$ 之间以至少 $1-\eta$ 的概率满足如下关系：

$$R(\alpha)\leqslant R_{\text{emp}}(\alpha)+\sqrt{\frac{h[\ln(2n/h)+1-\ln(\eta/4)]}{n}} \tag{2-17}$$

式中：h 为函数集的 VC 维；n 为样本数。

这一结论从理论上说明了学习机器的实际风险是由两部分组成的，即经验风险（训练误差）和置信风险（VC 置信），反映了根据经验风险最小化原则得到的学习机器的推广能力，因此称为推广性的界。这表明，在有限训练样本下，学习机器的 VC 维越高，置信风险就越大，从而导致真实风险和经验风险之间的差别越大，这就是为什么会出现过学习现象的原因。

在传统方法中，选择学习模型和算法的过程就是调整置信范围的过程，如果模型比较适合现有的训练样本，则可以取得比较好的效果。但因为缺乏理论指导，这种选择只能依赖先验知识和经验，造成了神经网络等方法对使用者技巧的过分依赖。当训练样本适合现有模型时，期望风险就接近经验风险的取值。在此情形下，经验风险较小就能够保证期望风险也较小。对数目为 n 的样本，如果比值 n/h 较小（一般以 20 倍为准），则认为样本数是少的，即认为这样的样本集是小样本。如果训练样本为小样本时，一个小的经验风险值并不能保证小的期望风险值。这种情况下，要最小化实际风险值，就必须使函数集的学习能力（VC 维）成为一个可以控制的变量。统计学习理论提出了一种新的策略，即把函数集构造为一个函数子集序列，使各个子集按照 VC 维的大小排列，在每个子集中寻找最小经验风险，在子集间折中考虑经验风险和置信风险，取得实际风险的最小值。这种思想称为结构风险最小化（Structural Risk Minimization，SRM）准则，如图 2－2 所示。SRM 准则为我们提供了一种不同于传统的经验风险最小化的更加科学的机器学习原则，SVM 正是这种思想的具体实现。

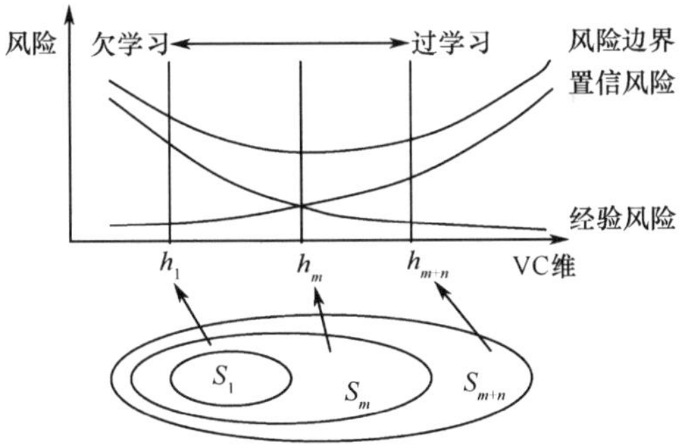

图 2－2　结构风险最小化准则示意图

2.3.2　分类原理

原始的 SVM 理论是用来处理两类分类问题的，其分类原理可概括为：寻找一个分类超平面，使得训练样本中的两类样本点能被分开，并且距离该平面尽可能的远；而对线性不可分的问题，通过核函数将低维输入空间的数据映射到高维空间，从而将原低维空间的线性不可分问题转化为高维空间上的线性可分问题。在具体介绍之前，首先给出几个优化理论中的基本定义、定理。

定义一个在域 $\Omega \subseteq R^n$ 上的原问题:

$$\begin{aligned} \min \quad & f(\boldsymbol{w}) \boldsymbol{w} \in \Omega \\ \text{s.t.} \quad & g_i(\boldsymbol{w}) \leqslant 0 \quad (i=1,\cdots,k_1) \\ & h_i(\boldsymbol{w}) = 0 \quad (i=1,\cdots,k_2) \end{aligned} \tag{2-18}$$

则原问题式(2-18)的广义拉格朗日形式:

$$\begin{aligned} L(\boldsymbol{w},\boldsymbol{\alpha},\boldsymbol{\beta}) &= f(\boldsymbol{w}) + \sum_{i=1}^{k_1} \alpha_i g_i(\boldsymbol{w}) + \sum_{i=1}^{k_2} \beta_i h_i(\boldsymbol{w}) \\ &= f(\boldsymbol{w}) + \langle \boldsymbol{\alpha}, g(\boldsymbol{w}) \rangle + \langle \boldsymbol{\beta}, h(\boldsymbol{w}) \rangle \end{aligned} \tag{2-19}$$

进而原问题式(2-18)的拉格朗日对偶问题可表示为

$$\begin{aligned} \max \quad & \theta(\boldsymbol{\alpha},\boldsymbol{\beta}) = \inf_{\boldsymbol{w} \in \Omega} L(\boldsymbol{w},\boldsymbol{\alpha},\boldsymbol{\beta}) \\ \text{s.t.} \quad & \boldsymbol{\alpha} \geqslant 0 \end{aligned} \tag{2-20}$$

Kuhn-Tucker 定理(Cristianini N 等,2004):给定一个定义在凸域 $\Omega \subseteq R^n$ 上的最优化问题式(2-18),其中 f 为连续凸函数,并且 g_i、h_i 是仿射函数。一般地,一个点 $\boldsymbol{w}^*$ 是最优点的充要条件是存在 $\boldsymbol{\alpha}^*$、$\boldsymbol{\beta}^*$ 满足:

$$\begin{cases} \dfrac{\partial L(\boldsymbol{w}^*,\boldsymbol{\alpha}^*,\boldsymbol{\beta}^*)}{\partial \boldsymbol{\alpha}} = 0 \\ \dfrac{\partial L(\boldsymbol{w}^*,\boldsymbol{\alpha}^*,\boldsymbol{\beta}^*)}{\partial \boldsymbol{\beta}} = 0 \end{cases} \tag{2-21}$$

$$\begin{cases} \alpha_i^* g_i(\boldsymbol{w}^*) = 0 \quad (i=1,\cdots,k_1) \\ g_i(\boldsymbol{w}^*) \leqslant 0 \quad (i=1,\cdots,k_1) \\ \alpha_i^* \geqslant 0 \quad (i=1,\cdots,k_1) \end{cases} \tag{2-22}$$

式中:关系式 $g_i(\boldsymbol{w}^*) \leqslant 0 (i=1,\cdots,k_1)$ 称为 KKT 互补条件。

1. 最优分类超平面

对于线性可分的两类分类问题,关键技术之一是寻找最优分类超平面,即确定最优线性判别函数。设 $\boldsymbol{x}_i \in R^d$ 为样本数据,$y_i \in \{+1, -1\}$ 为相应的类别标号,$i=1,\cdots,Ntr$。线性判别函数的一般形式为 $g(\boldsymbol{x}) = \langle \boldsymbol{w},\boldsymbol{x} \rangle + b$,相应的分类面为 $\langle \boldsymbol{w},\boldsymbol{x} \rangle + b = 0$。式中 $\boldsymbol{x}$ 是 d 维特征向量,$\boldsymbol{w}$ 称为权向量,可表示为 $\boldsymbol{w} = [w_1, w_2, \cdots, w_d]^{\mathrm{T}}$。$b$ 为常数,称为阈权值。对于两类问题的线性分类器可以采用下面的决策规则:

$$\begin{cases} g(\boldsymbol{x}) > 0 \Rightarrow \boldsymbol{x} \in \omega_1 \\ g(\boldsymbol{x}) < 0 \Rightarrow \boldsymbol{x} \in \omega_2 \\ g(\boldsymbol{x}) = 0 \Rightarrow \boldsymbol{x} \in \omega_1 \text{或} \omega_2 \end{cases} \tag{2-23}$$

方程 $g(\boldsymbol{x})=0$ 定义了一个决策面，它把分属于不同类的点分开，将这个决策超平面记为 H。

$g(\boldsymbol{x})$ 可以看成是特征空间中某点 $\boldsymbol{x}$ 到超平面 H 的距离的一种代数度量。若把 $\boldsymbol{x}$ 表示成

$$\boldsymbol{x}=\boldsymbol{x}_p+r\frac{\boldsymbol{w}}{\|\boldsymbol{w}\|} \tag{2-24}$$

式中：$\boldsymbol{x}_p$ 为 $\boldsymbol{x}$ 在 H 上的投影向量；r 为 $\boldsymbol{x}$ 到 H 的垂直距离；$\frac{\boldsymbol{w}}{\|\boldsymbol{w}\|}$ 为 $\boldsymbol{w}$ 方向上的单位向量。

合并式(2-23)、式(2-24)两式，得

$$g(\boldsymbol{x})=<\boldsymbol{w},(\boldsymbol{x}_p+r\frac{\boldsymbol{w}}{\|\boldsymbol{w}\|})>+b=<\boldsymbol{w},\boldsymbol{x}_p>+b+r\frac{<\boldsymbol{w},\boldsymbol{w}>}{\|\boldsymbol{w}\|}=r\|\boldsymbol{w}\| \tag{2-25}$$

或写为

$$r=\frac{g(\boldsymbol{x})}{\|\boldsymbol{w}\|} \tag{2-26}$$

若 $\boldsymbol{x}$ 为原点，则有

$$g(\boldsymbol{x})=b \tag{2-27}$$

合并式(2-26)、式(2-27)两式，就得到从原点到超平面的距离为

$$r_0=\frac{b}{\|\boldsymbol{w}\|} \tag{2-28}$$

为了使待分样本尽可能好地分开，应要求几何间隔（即两类别最小距离线段在垂直于分类超平面方向的投影）最大，这相当于使 $\|\boldsymbol{w}\|$ 最小。图 2-3 所示为在两类情况下 SVM 最大化边缘属性的图示说明。

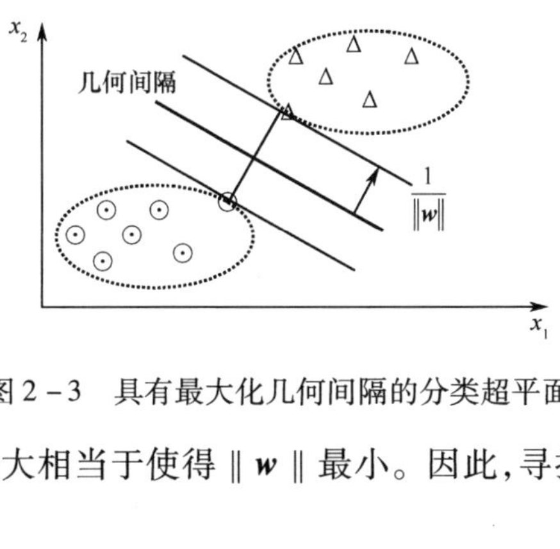

图 2-3　具有最大化几何间隔的分类超平面

使得几何间隔最大相当于使得 $\|\boldsymbol{w}\|$ 最小。因此，寻找最优分类面转化为下面的优化的问题：

$$\min \frac{1}{2}\|\boldsymbol{w}\|^2$$

$$\text{s.t.}\quad y_i(<\boldsymbol{w},\boldsymbol{x}_i>+b)-1\geqslant 0\quad (i=1,2,\cdots,Ntr) \tag{2-29}$$

利用式(2-29)构造拉格朗日函数,有

$$L(\boldsymbol{w},b,\boldsymbol{\alpha}) = \frac{1}{2}\|\boldsymbol{w}\|^2 - \sum_{i=1}^{Ntr}\alpha_i[y_i(<\boldsymbol{w},\boldsymbol{x}_i>+b)-1] \tag{2-30}$$

这里,拉格朗日乘子(支持值)$\alpha_i \geqslant 0$。通过对相应的 $\boldsymbol{w}$ 和 b 求偏导,可以得到下列关系式:

$$\begin{cases}\dfrac{\partial L(\boldsymbol{w},b,\boldsymbol{\alpha})}{\partial w} = \boldsymbol{w} - \sum_{i=1}^{Ntr}\alpha_i y_i \boldsymbol{x}_i = 0\\ \dfrac{\partial L(\boldsymbol{w},b,\boldsymbol{\alpha})}{\partial b} = \sum_{i=1}^{Ntr}\alpha_i y_i = 0\end{cases} \tag{2-31}$$

即有

$$\begin{cases}\boldsymbol{w} = \sum_{i=1}^{Ntr}\alpha_i y_i \boldsymbol{x}_i\\ \sum_{i=1}^{Ntr}\alpha_i y_i = 0\end{cases} \tag{2-32}$$

将此式代入拉格朗日函数式(2-30)中,可得到原始问题的对偶问题,即最大化下面的目标函数:

$$L(\boldsymbol{w},b,\boldsymbol{\alpha}) = \sum_{i=1}^{Ntr}\alpha_i - \frac{1}{2}\sum_{i,j=1}^{Ntr}\alpha_i\alpha_j y_i y_j <\boldsymbol{x}_i,\boldsymbol{x}_j>$$

$$\text{s.t.}\ \sum_{i=1}^{Ntr}\alpha_i y_i = 0,\alpha_i \geqslant 0\quad (i=1,2,\cdots,Ntr) \tag{2-33}$$

该对偶问题通常比原问题更容易处理。根据 Kuhn-Tucher 定理可知,最优解满足:

$$\alpha_i[y_i(<\boldsymbol{w},\boldsymbol{x}_i>+b)-1]=0\quad (i=1,2,\cdots,Ntr) \tag{2-34}$$

设($\boldsymbol{\alpha}^*,b^*$)为最大化式(2-33)的最优解,则相应的判别函数式为

$$\begin{aligned}f(x) &= \mathrm{sgn}\{<\boldsymbol{w}^*,\boldsymbol{x}_i>+b^*\}\\ &= \mathrm{sgn}\{\sum_{i=1}^{Ntr}\alpha_i^* y_i K(\boldsymbol{x}_i,\boldsymbol{x})+b^*\}\end{aligned} \tag{2-35}$$

式中:向量 $\boldsymbol{w}^* = \sum_{i=1}^{Ntr}\alpha_i^* y_i \boldsymbol{x}_i$。应注意,$b$ 的值并没有出现在对偶问题中,其最优值 b^* 可由 Kuhn-Tucher 定理推知(形式不唯一)为

$$b^* = -\frac{\max_{y_i=-1}(<\boldsymbol{w}^*,\boldsymbol{x}_i>)+\min_{y_i=+1}(<\boldsymbol{w}^*,\boldsymbol{x}_i>)}{2} \tag{2-36}$$

2. 广义最优分类超平面

每当我们面对一个反演问题,即需要从已知结果推出未知原因时,总要考虑到不适定问题的理论论述。不适定问题不仅是数学现象,它也在现实问题中广泛存在。正则化理论正是针对这一问题提出的,其重要的内容就是:在求解定义了不适定问题的算子方程的问题中,最小化泛函并不能得到一个很好的解。相反,应该采用并不显而易见的解决方案,即最小化"恶化的"(正则化的)泛函来加以求解。构造具有广义最优分类超平面的 SVM 正是这种思想的体现。

在处理线性不可分问题时,引入松弛变量 $e_i(i=1,2,\cdots,Ntr)$,此时式(2-29)中的约束条件变为

$$y_i[<\boldsymbol{w},\boldsymbol{x}_i>+b]\geqslant 1-e_i \quad (i=1,2,\cdots,Ntr) \tag{2-37}$$

同时引入惩罚因子 γ 对错分样本进行条件控制,相应的目标函数变为

$$J(\boldsymbol{w},\boldsymbol{e})=\frac{1}{2}\|\boldsymbol{w}\|^2+\frac{\gamma}{2}\sum_{i=1}^{Ntr}e_i \tag{2-38}$$

而相应于 $\alpha_i\geqslant 0,i=1,2,\cdots,Ntr$ 的约束条件变为 $\gamma\geqslant\alpha_i\geqslant 0,i=1,2,\cdots,Ntr$。当类别划分出现错误时,相应的松弛变量大于0。因此,松弛变量之和为训练集合中分类误差的上界。

3. 非线性问题

在处理非线性问题时,SVM 通过引入非线性映射 ϕ,将原始空间不能线性分开的数据点映射为变换空间上的线性可分点,如图 2-4 所示。在此条件下,各优化表达式中的 $\boldsymbol{x}_i$ 需相应地替换为 $\phi(\boldsymbol{x}_i)$,而内积 $<\boldsymbol{x}_i,\boldsymbol{x}_j>$ 则替换为

$$\boldsymbol{K}(i,j)=K(\boldsymbol{x}_i,\boldsymbol{x}_j)=<\phi(\boldsymbol{x}_i),\phi(\boldsymbol{x}_j)> \tag{2-39}$$

式中:K 为核函数算子,为变换空间上的一个内积运算;$\boldsymbol{K}$ 为样本集合在核函数算子作用下所得到的核函数矩阵。在不至混淆的情况下,本书中二者均常简称为核函数。

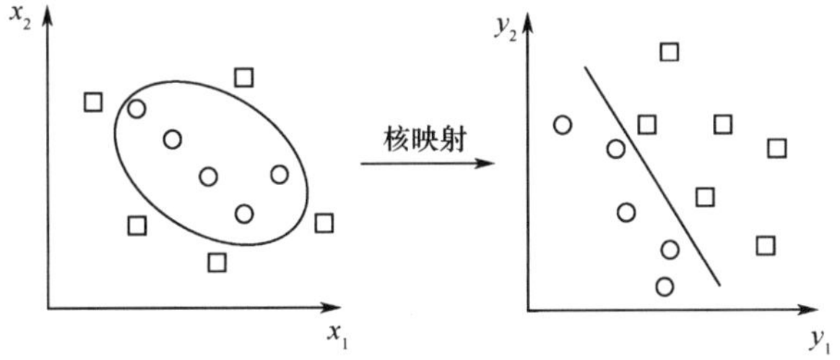

图 2-4 将非线性问题转为线性问题的核映射

非线性映射 ϕ 一般很难构造,并且通常所对应的变换空间的维数很高乃至无穷,因此给分析带来巨大困难。注意到在上面讨论的最优和广义线性分类函数,其最终的分类判别函数中只包含待分类样本与训练样本中的支持向量的内

积，即核函数运算，同样在它的求解过程中也只涉及了训练样本之间的核函数运算。可见，要解决一个特征空间中的最优线性分类问题，只要知道这个空间中的内积运算即可。只要变换空间中的内积可以用原空间中的变量通过核函数直接计算得到，即使变换空间的维数增加很多，求解最优分类面问题的计算复杂度也不会增加许多。核函数的引用巧妙地解决了构造和处理非线性映射这一难题。

统计学习理论指出，根据 Hilbert - Schmidt 原理，只要一种运算满足 Mercer 条件，它就可以作为这里的核函数使用。Mercer 条件指出，对于任意的对称函数 $K(\boldsymbol{x},\boldsymbol{x}')$，它是某个特征空间中的内积运算的充分必要条件是：对于任意的 $\phi(\boldsymbol{x})\neq 0$ 且 $\int \phi^2(\boldsymbol{x})\mathrm{d}x < \infty$，有

$$\iint K(\boldsymbol{x},\boldsymbol{x}')\phi(\boldsymbol{x})\phi(\boldsymbol{x}')\mathrm{d}\boldsymbol{x}\mathrm{d}\boldsymbol{x}' > 0 \tag{2-40}$$

这样的对称函数 $K(\boldsymbol{x},\boldsymbol{x}')$ 可以作为核(Kernel)函数。

核函数与 SVM 的性能有密切关系，如何构造与实际问题有关的核函数，一直是 SVM 研究的主要内容。核函数的选取至今尚无一定的理论指导，参数的选择也仍为经验的方式。目前常用的几种核函数如表 2－1 所列。从大量的实验结果来看，高斯径向基核函数的分类效果较好。

表 2－1　几种常用的核函数

核函数名称	核函数表达式
线性核函数	$K(\boldsymbol{x},\boldsymbol{y}) = <\boldsymbol{x},\boldsymbol{y}>$
多项式核函数	$K(\boldsymbol{x},\boldsymbol{y}) = [<\boldsymbol{x},\boldsymbol{y}> +1]^d$
高斯径向基核函数	$K(\boldsymbol{x},\boldsymbol{y}) = \exp[-\lVert \boldsymbol{x}-\boldsymbol{y}\rVert^2/2\sigma^2]$
指数径向基核函数	$K(\boldsymbol{x},\boldsymbol{y}) = \exp[-\lVert \boldsymbol{x}-\boldsymbol{y}\rVert/2\sigma^2]$
二层神经网络(Sigmoid)核函数	$K(\boldsymbol{x},\boldsymbol{y}) = \tanh(k<\boldsymbol{x},\boldsymbol{y}> -\delta)$

下面用核函数(内积) $K(\boldsymbol{x},\boldsymbol{x}')$ 代替最优分类面中的点积，相当于把原特征空间变换到了某一个新的特征空间，此时寻找最优分类面转化为式(2－41)所示的优化问题：

$$\begin{aligned} &\min \frac{1}{2}\lVert \boldsymbol{w}\rVert^2 \\ &\text{s.t.}\quad y_i[<\boldsymbol{w},\phi(\boldsymbol{x}_i)> +b]-1\geqslant 0 \end{aligned} \quad (i=1,2,\cdots,Ntr) \tag{2-41}$$

此时拉格朗日函数为

$$L(\boldsymbol{w},b,\boldsymbol{\alpha}) = \frac{1}{2}\lVert \boldsymbol{w}\rVert^2 - \sum_{i=1}^{Ntr}\alpha_i[<\boldsymbol{w},\phi(\boldsymbol{x}_i)> +b-y_i] \tag{2-42}$$

通过与线性问题相同的方式可以将式(2－41)转化为最大化下面的目标函数：

$$L(\boldsymbol{w},b,\boldsymbol{\alpha}) = \sum_{i=1}^{Ntr}\alpha_i - \frac{1}{2}\sum_{i,j=1}^{Ntr}\alpha_i\alpha_j y_i y_j K(\boldsymbol{x}_i,\boldsymbol{x}_j) \tag{2-43}$$

则相应的判别函数式为

$$f(x) = \mathrm{sgn}\{<\boldsymbol{w}^*,\phi(\boldsymbol{x}_i)> + b^*\} = \mathrm{sgn}\left\{\sum_{i=1}^{Ntr}\alpha_i^* y_i K(\boldsymbol{x}_i,\boldsymbol{x}) + b^*\right\} \tag{2-44}$$

引入高维空间内积(即核函数)的概念之后,SVM 的基本思想可以简单概括为:首先通过非线性变换将输入空间变换到一个高维空间,然后在这个新空间中求取最优线性分类面,而这种非线性变换是通过定义适当的内积函数来加以实现的。

4. 基础理论的体现形式

使分类间隔最大实际上就是对推广能力的控制,这是 SVM 的核心思想之一。统计学习理论指出,在 d 维空间中,设样本分布在一个半径为 R 的超球范围内,则满足条件 $\|\boldsymbol{w}\| \leqslant k$ 的正则超平面构成的指示函数集 $f(\boldsymbol{x},\boldsymbol{w},b)$ 的 VC 维满足下面的界:

$$h \leqslant \min(R^2k^2,d) + 1 \tag{2-45}$$

因此,使 $\|\boldsymbol{w}\|^2$ 最小即分类最小,就是使 VC 维的上界最小,从而实现 SRM 准则中对函数复杂性的选择。最优分类面和广义最优分类面实际上就是把分类函数集 $S=\{(<\boldsymbol{w},\boldsymbol{x}>+b)\}$ 按照其权值的模(线性可分情况下就是分类间隔)分成了若干规范化的子集,每个子集为

$$S=\{(<\boldsymbol{w},\boldsymbol{x}>+b):\|\boldsymbol{w}\|^2 \leqslant c_k\} \tag{2-46}$$

对于线性可分情况,最优分类面就是在固定经验风险为 0 的前提下,寻求期望风险的界最小的规范化子集;而在线性不可分的情况下,广义最优分类面则是在控制错分样本的情况下求期望风险的界的最小。因此,它们在期望风险的界的意义上是最优的,是结构风险最小化原则的具体体现。对于 d 维空间中的线性函数,其 VC 维为 $d+1$。但由上面的结论,在 $\|\boldsymbol{w}\| \leqslant k$ 的约束条件下,VC 维可能大大减少,即使在十分高维的空间中也可以得到较小的 VC 维的函数集,以保证具有较好的推广性。同时可以看到,通过把原问题转化为对偶问题,计算的复杂度不再取决于空间维数,而是取决于样本数,尤其是样本中的支持向量数。这些特点使得 SVM 有效地处理高维问题成为可能。

2.3.3 最简多类分类器的构造

基本的 SVM 的分类理论是用来处理两类分类问题的。对于多类问题,往往需要将其转化为多个两类分类问题加以解决。不同的转化方式对应着不同的多

类分类器结构。

1. 两种经典的多类分类器结构

目前最常用的多类分类器结构有两种,分别为 1 - a - r(1 - aginst - rest) 多类分类器和 1 - a - 1(1 - aginst - 1) 多类分类器。图 2 - 5 所示为这两种传统多类分类器的结构。这两种分类器的结构设计较为复杂,计算量很大。以 N 类问题为例,算法 1 - a - r 是去构造 N 个两类目标子分类器,第 k 个子分类器用第 k 类中的训练样本作为正的训练样本,其余的作为负的训练样本。对于某个输入样本,其分类结果是各子分类器输出值为最大的相应类别。算法 1 - a - 1 是由 Knerr 提出的,是将 N 类中的每两类构造一个子分类器,从而需要构造 $N(N-1)/2$ 个子分类器,组合这些子分类器,再利用投票法确定分类结果。这两种方法共同的缺点是推广误差无界,分类器数目多,导致决策速度慢。针对子分类器数目过多致使分类器结构复杂的问题,本节提出了一种简化多类目标分类器结构的方法。

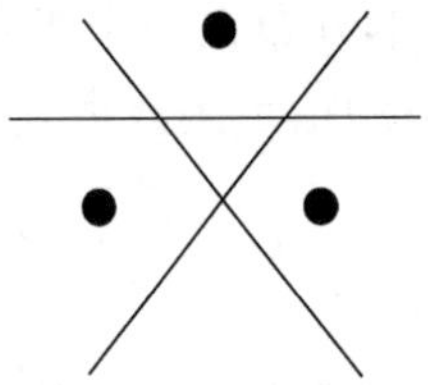

(a) 1-a-r结构

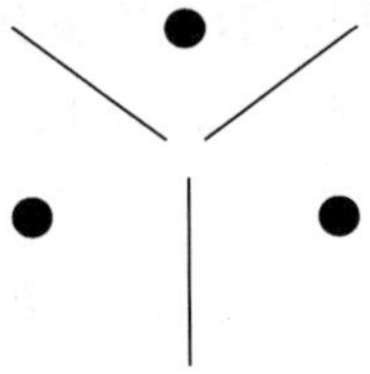

(b) 1-a-1结构

图 2 - 5　两种多类分类器的结构

2. 最简多类分类器的构造

为便于说明,先以 8 类问题为例来对分类器结构的构造进行说明。设全部样本集合为 P,分类器的构造过程如下。

(1) 先将 P 按类别等分为两个样本集合,分别记为 P_1、P_2。又记 $A_1 = P_1$、$B_1 = P_2$,并分别重置 A_1、B_1 相应的类别标号为 +1、-1,然后将 A_1、B_1 作为两类目标进行训练,即可得到第 1 个两类目标子分类器 C_1。

(2) 先将 P_1 按类别等分为两个样本集合,分别记为 P_{11}、P_{21};然而将 P_2 按类别等分为两个样本集合,分别记为 P_{12}、P_{22}。又记 $A_2 = P_{11} \cup P_{12}$($\cup$ 为集合取并运算符号)、$B_2 = P_{21} \cup P_{22}$,并分别重置 A_2、B_2 相应的类别标号为 +1、-1,最后将 A_2、B_2 作为两类目标进行训练,即可得到第 2 个两类目标子分类器 C_2。

(3) 先将 P_{11} 按类别等分为两个样本集合,分别记为 P_{111}、P_{211};然后将 P_{21} 按类别等分为两个样本集合,分别记为 P_{121}、P_{221};并将 P_{12} 按类别等分为两个样本集合,分别记为 P_{112}、P_{212};再将 P_{22} 按类别等分为两个样本集合,分别记为 P_{122}、P_{222}。又记 $A_3 = P_{111} \cup P_{121} \cup P_{112} \cup P_{122}$、$B_3 = P_{211} \cup P_{221} \cup P_{212} \cup P_{222}$,并分别重置

A_3、B_3 相应的类别标号为 +1、-1，最后将 A_2、B_2 作为两类目标进行训练即可得到第 3 个两类目标子分类器 C_3。

（4）将 3 个子分类器 C_1、C_2、C_3 组合成为一个多类目标分类器 C。

至此，通过 3 个子分类器的判定交集就可以将待判定样本判定为唯一的一类。图 2-6 所示为本例中 3 个子分类器的构造示意简图。其中，矩形框表示原类别集合及被分裂的情况，圆形框表示在某步中被归为一类的原始类别标号集。值得注意的是，在上面的分类器构造过程中，每一步的类别等分方式都是任意的。

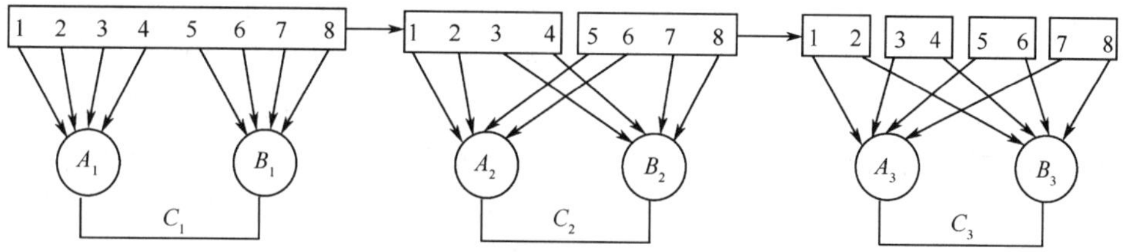

图 2-6　8 种类别的 3 个子分类器的构造

一般地，对于 2^N 类问题来说，可通过如下描述的过程来完成。

（1）将原始样本中的 2^{N-1} 类别样本合为一类样本集合，余下为另一类样本集合，由此进行训练得到第 1 个两类目标子分类器。原始样本被按类别分裂为 2 个集合。

（2）从上步被分裂的 2 个集合中各取 2^{N-2}（共 2^{N-1}）类别样本合为一类样本集合，余下的为另一类样本集合，由此进行训练即可得到第 2 个两类目标子分类器。而原始样本则被按类别分裂为 4 个集合。

（3）在第 k 步中，将 $k-1$ 步得到的 2^{k-1} 个分裂类别集合中各取 2^{N-k}（共 2^{N-1}）类别样本合为一类样本集合，余下的为另一类样本集合，由此进行训练得到第 k 个两类目标子分类器。而原始样本则被按类别分裂为 2^k 个集合。

（4）继续下去，可得到 N 个不同的子分类器，并可将它们组合成一个多类目标分类器。通过 N 个子分类器的输出值就可以将每个样本判定为唯一的一类。

如果类别数为 $2^{N-1} \sim 2^N$，则可以通过添加虚拟类别的方法将其类别数转化为 2^N，然而在最后构造出的 N 个子分类器中再去掉虚拟类别样本。事实上，所添加的虚拟类别只是形式上的参与，而无实际参与。例如，当类别数为 6 时，则可以添加第 7、8 类，这样就获得了与图 2-6 相同的分类器构造形式。区别在于该设计结果要在最后的 A_1、B_1、A_2、B_2、A_3、B_3 中去掉第 7、8 类样本。

通过分析可知，新方法得到的子分类器数目远少于 1-a-1、1-a-r 两种典型方法。表 2-2 所列为不同类别数下 3 种方法所需子分类器数目的比较（其中，$K=2^N$）。

表 2-2 3 种分类器结构所需子分类器数目的比较

子分类器数目		分类器结构		
		1-a-1	1-a-r	新方法
类别数	4	6	4	2
	16	120	16	4
	K	$K(K-1)/2$	K	N

如果不考虑设计的复杂度,则可以用分类的时间来衡量分类器的复杂度。对于训练而言,由于不同结构下各子分类器的复杂度可能不同,而相同结构中各子分类器间还存在着特定的联系,所以不能仅以子分类器的数目来衡量分类器的复杂度。相比之下,分类的测试过程不受以上因素的制约,其耗时主要用在核函数的运算上,因而可以以其所需处理核函数运算的次数来作为复杂度衡量指标。在相同条件下,对于相同的 $K=2^N$类训练样本,可以计算出不同结构的分类器在测试中所需处理的核函数运算次数的相对值(表 2-3)。

表 2-3 3 种分类器结构在测试中计算核函数的相对次数

核函数计算次数		分类器结构		
		1-a-1	1-a-r	新方法
类别数	4	4	3	2
	16	16	15	4
	K	K	$K-1$	N

相对于两种传统方法,新方法舍弃了各子分类器间大量的冗余信息,获得了分类器结构的简化和分类速度的较大提高。

2.3.4 最小二乘 SVM 及其 SMO 优化算法

近几年出现了许多发展和变形的 SVM 类型。在这些发展类型中,最小二乘 SVM 因其高效的分类和回归功能而得到了广泛的使用。更为主要的是,最小二乘 SVM 的数学模型是一个仅带有等式约束的误差代价函数平方和的优化问题,其求解可在线性系统中进行。下面重点采用了这种类型的 SVM。

1. 最小二乘 SVM(Suykens J 等,2002)

最小二乘 SVM 的优化问题表达式为

$$\min_{\boldsymbol{w},b,\boldsymbol{e}} J(\boldsymbol{w},\boldsymbol{e}) = \frac{1}{2}\|\boldsymbol{w}\|^2 + \frac{\gamma}{2}\sum_{i=1}^{Ntr} e_i^2 \quad (i=1,2,\cdots,Ntr,\gamma>0) \tag{2-47}$$

$$\text{s.t.} \quad y_i = \langle \boldsymbol{w}, \phi(\boldsymbol{x}_i) \rangle + b + e_i$$

其中:$\boldsymbol{x}_i \in R^d$ 为样本数据;$y_i \in \{+1,-1\}$;e_i 分别为相应的类别标号和判别误

差，$i=1,\cdots,Ntr$。相应的对偶问题为

$$\min_{\boldsymbol{w},b,\boldsymbol{e},\boldsymbol{\alpha}} L(\boldsymbol{w},b,\boldsymbol{e},\boldsymbol{\alpha}) = J(\boldsymbol{w},\boldsymbol{e}) - \sum_{i=1}^{Ntr} \alpha_i \{ < \boldsymbol{w},\phi(\boldsymbol{x}_i) > + b + e_i - y_i \} \tag{2-48}$$

其最优 KKT 条件为

$$\begin{cases} \dfrac{\partial L}{\partial \boldsymbol{w}} = 0 \rightarrow \boldsymbol{w} = \sum_{i=1}^{Ntr} \alpha_i \phi(\boldsymbol{x}_i) \\ \dfrac{\partial L}{\partial b} = 0 \rightarrow \sum_{i=1}^{Ntr} \alpha_i = 0 \\ \dfrac{\partial L}{\partial e_i} = 0 \rightarrow \alpha_i = \gamma e_i \quad (i = 1,2,\cdots,Ntr) \\ \dfrac{\partial L}{\partial \alpha_i} = 0 \rightarrow < \boldsymbol{w},\phi(\boldsymbol{x}_i) > + b + e_k - y_i = 0 \quad (i = 1,2,\cdots,Ntr) \end{cases} \tag{2-49}$$

利用消元法消去 $\boldsymbol{w}$ 和 $\boldsymbol{e}$ 后式(2－49)可进一步表示为

$$\begin{bmatrix} 0 & \boldsymbol{1}_v^{\mathrm{T}} \\ \boldsymbol{1}_v & \boldsymbol{K}+\boldsymbol{I}/\gamma \end{bmatrix} \begin{bmatrix} b \\ \boldsymbol{\alpha} \end{bmatrix} = \begin{bmatrix} 0 \\ \boldsymbol{y} \end{bmatrix} \tag{2-50}$$

式中：$\boldsymbol{y} = [y_1, y_2, \cdots, y_{Ntr}]^{\mathrm{T}}$；$\boldsymbol{1}_v = [1,1,\cdots,1]^{\mathrm{T}}$；$\boldsymbol{\alpha} = [\alpha_1, \alpha_2, \cdots, \alpha_{Ntr}]^{\mathrm{T}}$。

2. 最小二乘 SVM 的 SMO 优化算法

最小二乘 SVM 可以在线性系统中直接方便地求解。但当训练样本数目过大时，直接求解变得极为困难。因此，有必要将高效的 SMO 算法(Shevade S 等，2000)推广到这种类型的 SVM 求解中，作为线性解法的有效替换。

式(2－48)的对偶形式为

$$L = \frac{1}{2} \| \boldsymbol{w} \|^2 + \frac{\gamma}{2} \sum_{i=1}^{Ntr} e_i^2 + \sum_{i=1}^{Ntr} \alpha_i [y_i - < \boldsymbol{w},\phi(\boldsymbol{x}_i) > - b - e_i] \tag{2-51}$$

应用 Wolfe 对偶理论，得到以下形式的优化问题：

$$\begin{aligned} &\max f(\boldsymbol{\alpha}) = -\frac{1}{2} \sum_{i=1}^{Ntr} \sum_{j=1}^{Ntr} \alpha_i \alpha_j \tilde{K}(\boldsymbol{x}_i,\boldsymbol{x}_j) + \sum_{i=1}^{Ntr} \alpha_i y_i \\ &\text{s. t.} \quad \sum_{i=1}^{Ntr} \alpha_i = 0 \end{aligned} \tag{2-52}$$

其中

$$\tilde{K}(\boldsymbol{x}_i,\boldsymbol{x}_j) = K(\boldsymbol{x}_i,\boldsymbol{x}_j) + \frac{1}{\gamma}\delta_{i,j}, \delta_{i,j} = \begin{cases} 1 & (i=j) \\ 0 & (i \neq j) \end{cases} \tag{2-53}$$

式(2－52)的拉格朗日形式为

$$\bar{L}=-\frac{1}{2}\sum_{i=1}^{Ntr}\sum_{j=1}^{Ntr}\alpha_i\alpha_j\tilde{K}(\boldsymbol{x}_i,\boldsymbol{x}_j)+\sum_{i=1}^{Ntr}\alpha_i y_i+\beta\sum_{i=1}^{Ntr}\alpha_i \qquad (2-54)$$

定义

$$F_i=-\frac{\partial f}{\partial\alpha_i}=\sum_{i=1}^{Ntr}\alpha_i\tilde{K}(\boldsymbol{x}_i,\boldsymbol{x}_j)-y_i \quad (i=1,2,\cdots,Ntr) \qquad (2-55)$$

由式(2－54)的 KKT 条件,得

$$\frac{\partial\bar{L}}{\partial\alpha_i}=\beta-F_i=0\Rightarrow F_i=\beta \quad (i=1,2,\cdots,Ntr) \qquad (2-56)$$

此式说明,支持值向量 $\boldsymbol{\alpha}=[\alpha_1,\alpha_2,\cdots,\alpha_{Ntr}]^{\mathrm{T}}$ 为最优解的充要条件为

$$\max_i\{F_i\}=\min_i\{F_i\} \qquad (2-57)$$

因此可以给出求解最优 $\boldsymbol{\alpha}=[\alpha_1,\alpha_2,\cdots,\alpha_{Ntr}]^{\mathrm{T}}$ 的迭代方法。记

$$\begin{cases} i_{\max}=\arg\max_i\{F_i\} \\ i_{\min}=\arg\min_i\{F_i\} \end{cases} \qquad (2-58)$$

$$\tilde{\boldsymbol{\alpha}}=[\tilde{\alpha}_1,\tilde{\alpha}_2,\cdots,\tilde{\alpha}_{Ntr}]^{\mathrm{T}}$$

$$\tilde{\alpha}_i=\begin{cases} \alpha_i-t & (i=i_{\max}) \\ \alpha_i+t & (i=i_{\max}) \\ \alpha_i & (\text{其他 } i) \end{cases} \qquad (2-59)$$

对于给定的 $\boldsymbol{\alpha}=[\alpha_1,\alpha_2,\cdots,\alpha_{Ntr}]^{\mathrm{T}}$,若它不满足最优条件式(2－57),则分别用 $\alpha_{i_{\max}}-t$、$\alpha_{i_{\min}}+t$ 来替换 $\alpha_{i_{\max}}$、$\alpha_{i_{\min}}$,即将 $\boldsymbol{\alpha}$ 替换为 $\tilde{\boldsymbol{\alpha}}$。参数 t 的选取需使得 $f(\tilde{\boldsymbol{\alpha}})$ 最大化,其最优值由式(2－60)给出:

$$\begin{cases} \dfrac{\partial f(\tilde{\boldsymbol{\alpha}}(t))}{\partial t}=0\Rightarrow t=t^*=(F_{i_{\min}}-F_{i_{\max}})/\eta \\ \eta=\{2*\tilde{K}(\boldsymbol{x}_{i_{\max}},\boldsymbol{x}_{i_{\min}})-\tilde{K}(\boldsymbol{x}_{i_{\max}},\boldsymbol{x}_{i_{\max}})-\tilde{K}(\boldsymbol{x}_{i_{\min}},\boldsymbol{x}_{i_{\min}})\} \end{cases} \qquad (2-60)$$

求出 $\tilde{\boldsymbol{\alpha}}$ 后,新的迭代过程由此开始。至此,最小平方支持向量机理论得到了较为完整的提升。

2.3.5 三重加权分类方法

虽然 SVM 在高光谱图像分类中表现出良好的性能,但如何进一步提高其分类性能仍然是一项值得研究的内容。在高光谱图像分类过程中,SVM 的泛化性能对于训练过程中的野值点和噪声干扰像元(统称为异常像元)较为敏感,而二

者又常常不可避免地广泛存在于高光谱数据之中，影响了模型的准确性。SVM 的建模方法过于依赖训练样本，对异常像元的存在很敏感，通常少量异常像元的引入就可能完全破坏模型的泛化性能。

Suykens J 等（2002）提出 LSSVM 的加权方法，使得高光谱图像中受到噪声干扰严重的像元和野值点得到有效控制，从而获得了更加良好的鲁棒特性和推广能力。这种加权方法包含一次完整的预备训练。而一次训练所需要的计算量一般较大，尤其是当训练样本较多时，该方法将变得极为耗时。由于这一原因，该方法并没有得到有效推广。

现有的高光谱图像分类加权方法一般都是针对训练样本实施的，而对于如下两种情况却少有文献考虑：①高光谱图像不同的特征（或波段，谱段）对于类别可分性的影响是不同的，即它们对分类的作用是不同的，因此在分类器设计中不应等同对待；②在实际应用中，遥感数据类别众多，而不同类别对于高光谱数据分析的意义往往不同，或者说研究者对于它们所感兴趣的程度不同，因此也同样需要在分类器设计中加以考虑。为此，本节介绍一种基于 LSSVM 理论的高光谱图像分类问题中的多重加权方法，以进一步提高分类分析效果。

1. 关于高光谱图像分类中的像元加权

LSSVM 的优化问题表达式如式（2－47）所示。为了将异常程度不同的样本在分类模型中加以体现，需要将它们相应的分类误差在代价函数分配不同的权值，即获得 LSSVM 的加权性训练模型。设 e_i 对应于权值 v_i，这样，此公式变为

$$
\begin{aligned}
&\min_{\boldsymbol{w},b,\boldsymbol{e}} J(\boldsymbol{w},\boldsymbol{e}) = \frac{1}{2}\|\boldsymbol{w}\|^2 + \frac{\gamma}{2}\sum_{i=1}^{Ntr}(v_i e_i)^2 \\
&\text{s. t.} \quad y_i = <\boldsymbol{w},\phi(\boldsymbol{x}_i)> + b + e_i \\
&(i = 1,2,\cdots,Ntr,\quad \gamma > 0)
\end{aligned}
\qquad (2-61)
$$

如何合理地确定权值 v_i 成为样本加权中的关键问题。由于训练样本中异常样本到其相应的类中心相对距离较远，因此可以通过距离尺度来度量其异常程度（Q. Song 等，2002）。这样，可以为异常程度较大的样本分配较小的权值来弱化其不良影响。另一方面，由于类内光谱的差异性，即使是纯样本也不可能集中在相应的类中心，而是存在一个相对较小的偏离。考虑到这一点，在计算距离时，可以将前面所求得距离减去一个修正常数。为此，可首先确定以类中心为圆心，包含该类别规定比例样本点的最小半径，进而将该半径设为上述修正常数。

设样本 $\boldsymbol{x}_i$ 所对应的类中心为 $\boldsymbol{x}_0$，而以 $\boldsymbol{x}_0$ 为圆心 r 为半径的圆是包含该类指定比例样本的最小圆。用 $\widehat{D}(\boldsymbol{x}_i,\boldsymbol{x}_0)$ 表示样本 $\boldsymbol{x}_i$ 到 $\boldsymbol{x}_0$ 未经修正的距离，则 $\widehat{D}(\boldsymbol{x}_i,\boldsymbol{x}_0)$ 的计算公式如下：

$$\widehat{D}(\boldsymbol{x}_i,\boldsymbol{x}_0) = \|\phi(\boldsymbol{x}_i) - \phi(\boldsymbol{x}_0)\|$$
$$= (K(\boldsymbol{x}_i,\boldsymbol{x}_i) + K(\boldsymbol{x}_0,\boldsymbol{x}_0) - 2K(\boldsymbol{x}_i,\boldsymbol{x}_0))^{1/2} \quad (2-62)$$

从而可以规定 $\boldsymbol{x}_i$ 到其类中心 $\boldsymbol{x}_0$ 的修正距离 $D(\boldsymbol{x}_i,\boldsymbol{x}_0)$ 为

$$D(\boldsymbol{x}_i,\boldsymbol{x}_0) = \widehat{D}(\boldsymbol{x}_i,\boldsymbol{x}_0) - r \quad (i=1,2,\cdots,Ntr) \quad (2-63)$$

记

$$\begin{cases} D_{\max} = \max\limits_i(D(\boldsymbol{x}_i,\boldsymbol{x}_0)) \\ D_{\min} = \min\limits_i(D(\boldsymbol{x}_i,\boldsymbol{x}_0)) \end{cases} \quad (2-64)$$

并用 $\mathrm{Nor}D(\boldsymbol{x}_i,\boldsymbol{x}_{y_i})$ 表示 $D(\boldsymbol{x}_i,\boldsymbol{x}_{y_i})$ 的正规化形式,即

$$\mathrm{Nor}D(\boldsymbol{x}_i,\boldsymbol{x}_{y_i}) = D(\boldsymbol{x}_i,\boldsymbol{x}_{y_i})/D_{\max} \quad (i=1,2,\cdots,Ntr) \quad (2-65)$$

则权值因子可以通过式(2-66)求得:

$$v_i = 1 - \mathrm{Nor}D(\boldsymbol{x}_i,\boldsymbol{x}_{y_i})^2 + (D_{\min}/D_{\max})^2 \quad (i=1,2,\cdots,Ntr) \quad (2-66)$$

容易验证 $0 < v_i \leqslant 1$。

将原始误差项 $\{e_i\}_{i=1}^{Ntr}$ 替换为其加权形式 $\{v_i e_i\}_{i=1}^{Ntr}$ 便得到形如式(2-61)的样本加权型 LSSVM。

2. 关于高光谱图像分类中的特征加权

特征加权的关键是要找到一个合适的加权矩阵,这个矩阵可以加强有效的特征,削弱类别可分性较差的特征。Fisher 线性判别分析是一种广泛使用的分类技术,在模式识别中得到了广泛的应用。其中的类内散度矩阵的逆矩阵可以很好地体现不同特征对于分类效果的不同贡献(Ji B 等,2004),这一效果已在光谱分离中得以验证(Chang C 等,2006)。因此,可将其应用于高光谱图像分类的特征加权之中,具体方法如下。

设有 Ntr 个训练样本向量用来分类,$\boldsymbol{\mu}_j$ 是第 j 类样本的平均值($j=1,2,\cdots,Ntr$),即

$$\boldsymbol{\mu}_j = \frac{1}{n_j}\sum_{x_i \in C_j}\boldsymbol{x}_i \quad (2-67)$$

式中:C_j,n_j 分别为第 j 类样本集合及其样本数目。

据此可以定义类内散度矩阵 $\boldsymbol{S}_w$ 如下:

$$\boldsymbol{S}_w = \sum_{j=1}^{Nc}\boldsymbol{S}_j \quad (2-68)$$

式中

$$\boldsymbol{S}_j = \sum_{x \in C_j}(\boldsymbol{x} - \boldsymbol{\mu}_j)(\boldsymbol{x} - \boldsymbol{\mu}_j)^{\mathrm{T}} \quad (2-69)$$

$\boldsymbol{S}_w$ 为实对称矩阵，从而存在正交矩阵 $\boldsymbol{U}$ 将其对角化为矩阵 $\boldsymbol{B}$，即

$$\boldsymbol{U}^{\mathrm{T}}\boldsymbol{S}_w\boldsymbol{U}=\boldsymbol{B} \tag{2-70}$$

进一步推导可知：

$$\boldsymbol{S}_w^{-1}=(\boldsymbol{UBU}^{\mathrm{T}})^{-1}=(\boldsymbol{UB}^{-1/2})(\boldsymbol{UB}^{-1/2})^{\mathrm{T}} \tag{2-71}$$

记 $\boldsymbol{G}=(\boldsymbol{UB}^{-1/2})^{\mathrm{T}}$，则 $\boldsymbol{G}$ 可以用作分类问题中的特征加权矩阵。

3. 关于高光谱图像分类中的类别加权

重写 LSSVM 的矩阵方程：

$$\begin{bmatrix} 0 & \boldsymbol{1}_v^{\mathrm{T}} \\ \boldsymbol{1}_v & \boldsymbol{K}+\boldsymbol{I}/\gamma \end{bmatrix}\begin{bmatrix} b \\ \boldsymbol{\alpha} \end{bmatrix}=\begin{bmatrix} 0 \\ \boldsymbol{y} \end{bmatrix} \tag{2-72}$$

$\boldsymbol{I}$ 是一个 $Ntr\times Ntr$ 的单位矩阵。当 $\boldsymbol{I}$ 是单位矩阵时，表示训练过程对每一训练样本等同考虑。根据 Suykens J 等(2002)的思想，如果将不同类别的训练样本在优化模型中加以区别对待，那么将直接反映为在相应的线性方程式(2-72)中 $\boldsymbol{I}$ 的对角元素赋值的不同。也就是说，$\boldsymbol{I}$ 的对角元素值能够体现对各个训练样本的重视程度。$\boldsymbol{I}$ 的某一项权值相对越大，则表示训练过程对所对应的样本越不重视，反之亦然。类别加权指的是通过重置 $\boldsymbol{I}$ 中某些类别样本的对应位置的对角元素值，而不再是原始的等值设置，以达到改变对各个类别的重视程度，从而保护感兴趣类别，抑制非重要类别的目的。因此，把感兴趣类别的训练样本对应的权值适当减小，而把非感兴趣类别的训练样本对应的权值适当增大，能有效地提高感兴趣类别的分类精度。

以上 3 种加权方法可以单独使用，也可以以任何复选方式组合使用。图 2-7所示为将某真实高光谱数据样关于类中心的距离映射为加权值的关系图；图 2-8 所示为高光谱图像复选性加权分类的操作界面。

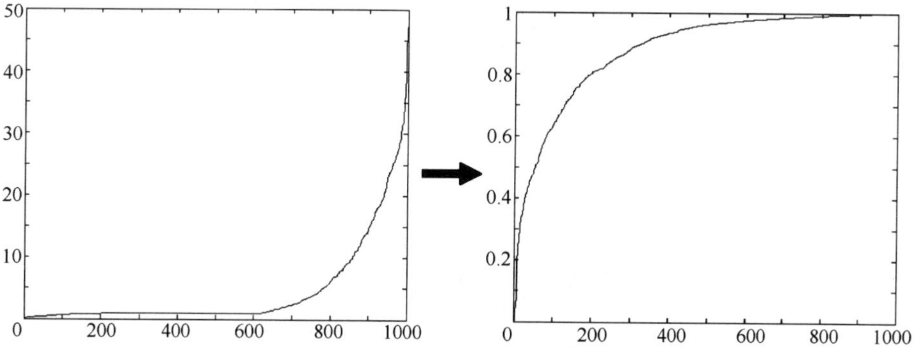

图 2-7 由未修正距离到权值的映射(横坐标样本为反对应关系)

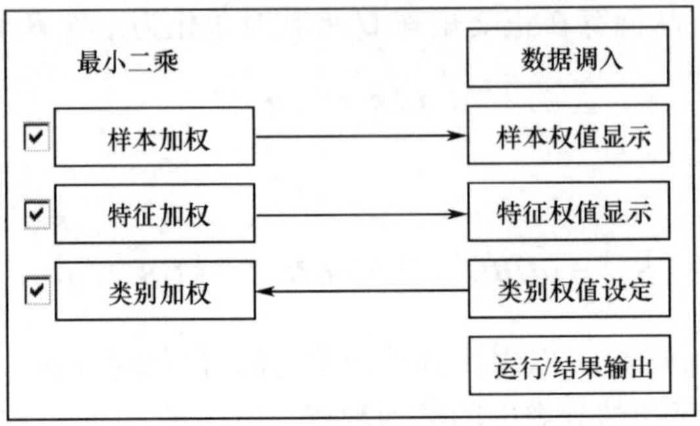

图 2-8　最小二乘 SVM 复选性加权操作界面

2.4　SVM 分类性能的评价

本书中主要使用的高光谱遥感图像之一是取自 1992 年 6 月拍摄的美国印第安纳州西北部印第安农林高光谱遥感实验区的一部分。去掉一些受噪声影响较大的波段，从原始的 220 个波段中选取了 200 个波段作为研究对象。图像为有监督的，监督类别标号 0～17 所代表的地物类别依次为背景(Background)；苜蓿(Alfalfa)；免耕玉米(Corn－notill)；初生玉米(Corn－min)；玉米(Corn)；草地(Grass/Pasture)；树木(Grass/Trees)；收割后的牧场(Grass/pasture－mowed)；干草堆(Hay－windrowed)；燕麦(Oats)；免耕大豆(Soybeans－notill)；初生大豆(Soybeans－min)；大豆(Soybean－clean)；小麦(Wheat)；林地(Woods)；建筑物(Bldg－Grass－)；稀土(ree－Drives)；石头与钢塔(Stone－steel towers)。图 2-9所示为 50、27、17 波段作为 RGB 通道的假彩色合成图像，各类地物像元数量及图像数据特点分别如图 2-10、表 2-4 所示。

图 2-9　50、27、17 波段作为 RGB 通道的假彩色合成图像

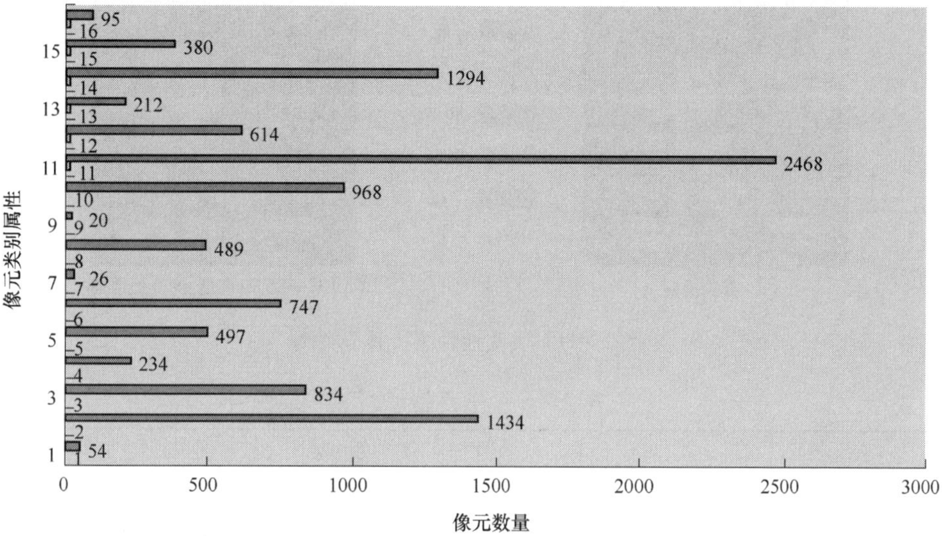

图 2-10 图像中各类别所含像元数量统计

表 2-4 实验图像的数据特点

谱带数目	220 个	空间分辨力	20m×20m
波长范围	(400~2500)nm	图像大小	144 像元×144 像元
光谱分辨率	约 10nm	飞行高度	20km(NASA ER-2 飞机)

下面利用该图像重点将 SVM 分类方法与两种常用的方法即光谱角匹配法、最大似然法进行比较。

2.4.1 基本 SVM 分类性能评价

实验将通过变换训练数目和样本维数来对各种方法的分类性能进行详细比较。

在实验 1 中,所选取的类别数为 6 类,包括玉米、大豆、草、林地、干草和小麦。总的训练样本数为 1031,检验样本数为 5144。SAM 分类法、ML 分类法用来与不同核函数的 SVM 分类方法进行对比。表 2-5 和图 2-11 中详细地给出了基于 SVM(高斯核)分类方法的结果及其基于专题制图的图像表示。各种方法的实验结果对比如表 2-6 所列。结果表明,SVM 分类方法分类效果最佳,SAM 方法效果最差。在 SVM 分类方法中,高斯核 SVM 效果最佳,线性核 SVM 效果相对较低。

表 2-5 各类别的分类精度

类别	玉米	大豆	草	林地	干草	小麦
分类精度/%	97.7	99.0	96.2	99.54	99.59	99.06

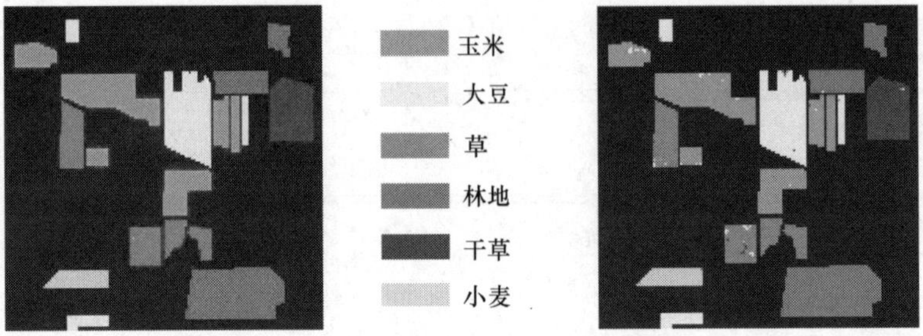

(a) 真实类别　　(b) 基于SVM(高斯)的分类结果

图 2-11　真实地物图及其分类图

表 2-6　分类精度对比

分类精度 /%		分类方法				
		SAM	ML	线性核 SVM	多项式核 SVM	高斯核 SVM
样本数目	1031,5144	79.35	95.63	96.64	97.65	98.46
	400,320	71.88	82.81	88.13	93.44	96.56
	50,320	71.25		82.19	83.44	85.31

实验 2 从 4 种地物类别中选取 400 个训练样本(玉米、草地、大豆、林地各 100 个)和 320 个测试样本(玉米、草地、大豆、林地各 80 个),然后利用小波融合方法将维数降至 50。该实验取得了与实验 1 类似的结果(表 2-6)。在实验 3 中,将实验 2 中的训练样本降低为 50 个。在这种情况下,SVM 方法的分类效果依然保持最好,而 ML 方法因训练样本过少而无法实施。

实验结果表明,最大似然分类方法所取得的分类精度一般高于 SAM 方法,但要求训练样本数目不能过少(理论上需要不小于光谱维数,而实际上要求更多一些);基于 SVM 的分类方法所取得的分类精度一般高于最大似然分类方法。在 SVM 中,高斯核函数的效率一般最高,而线性核函数效率相对较差。实验结果充分说明了 SVM 的优良性能。

2.4.2　最简多类分类器性能评价

该实验仍然采用美国印第安纳州农林遥感数据,选取真实图中的 4 类地物进行分类实验。训练样本 400 对,测试样本 320 对。实验采用高斯核函数的最小二乘支持向量机和高效的 SMO 算法,迭代运算中不存储核函数。同时采用1-a-r 法和 1-a-1 法作为参考。表 2-7 所列为在相同迭代终止标准、不同方法下所用的训练时间和测试时间。所提出方法得到的分类精度为 93.75%,两种参考方法的分类精度分别为 94.69%、94.37%。实验结果表明,基于本文提出的分类器结构所构建的算法,无论在训练还是在测试中所需时间都远小于两种传统方法,而分类精度降低不到 1%,实验结果完全证实了前面的理论分析。

表 2-7　3 种分类器结构下的训练时间和测试时间比较

	1-a-r	1-a-1	提出方法
训练时间/s	81.7500	59.7970	37.5780
测试时间/s	14.4702	11.21870	7.4288

2.4.3　三重加权分类性能评价

第一组实验样本由印第安纳州农林遥感图像中 3、8、11 三类(像元数目依次为 834、489、2468)地物的数据组合而成。抽取部分像元的光谱特征作训练样本,整类数据作为测试样本。依次采用未加权、样本加权、特征加权、类别加权方式以及三重加权方式进行效果测试,分类结果依次如图 2-12(a)~(e)所示。实验中,SVM 采用高斯核函数,训练样本取自各个类别的前 100 个像元。在类别加权实验中,3 个类别的权值依次设置为 1,5,10,即重点考虑类别 3 的分类效果。在分类结果中,以上 3 个类别依次标记为不同颜色。图像中分类错误的像元用白点显示出来。实验结果表明,使用样本加权和特征加权的方法均能不同程度地提高整体分类精度,而类别加权方法可以提高相对较小权值对应类别的分析效果(同时降低相对较大权值对应类别的分析效果)。虽然第 3 类的三重加权分类分析效果不及单独应用类别加权时的效果,但从总体上看,3 种加权方法同时使用可以达到更好的分析效果。

(a)未加权的分类结果图

(b)样本加权的分类结果图

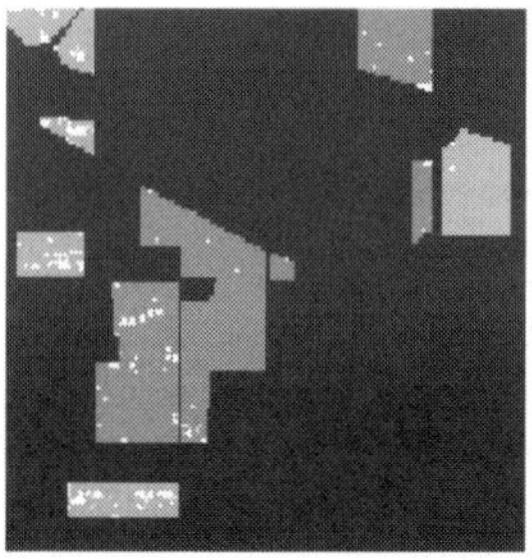
(c)特征加权的分类结果图

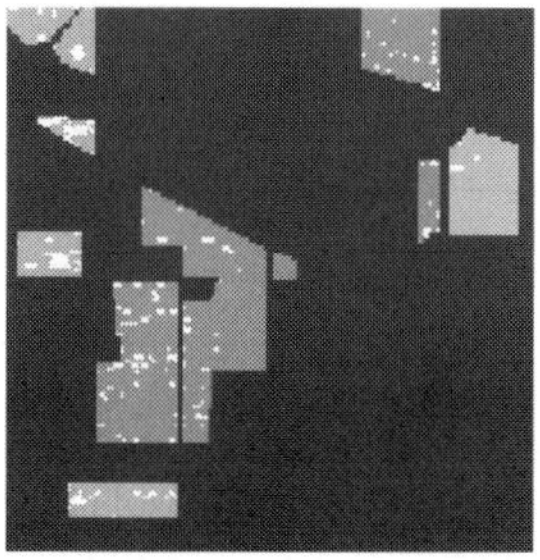
(d)类别加权的分类结果图

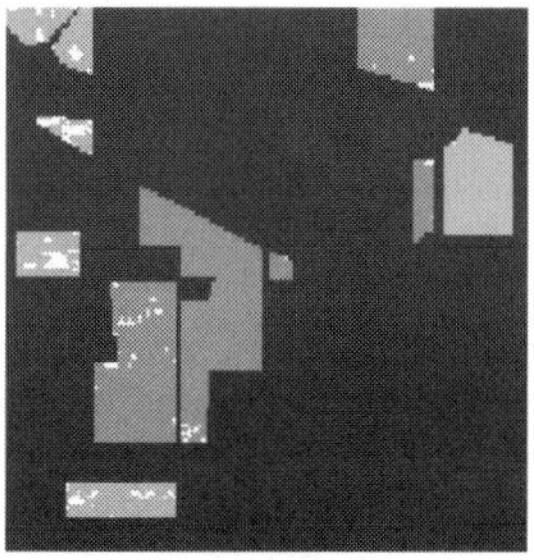
(e)三重加权的分类结果图

图 2-12　第一组分类实验中不同加权条件下的分类结果图

第二组实验选择2、6、10三类地物，像元数目依次为1434、747、968。实验方式同上，分类结果如图2-13所示。以上两组实验的客观评价指标分别如表2-8和表2-9所列，其中，软分类误差指的是SVM判决结果未经二值量化前与监督分类结果之间的绝对误差均值统计，这种方式较之传统的硬分类精度统计更精确。实验结果进一步肯定了加权方法的有效。

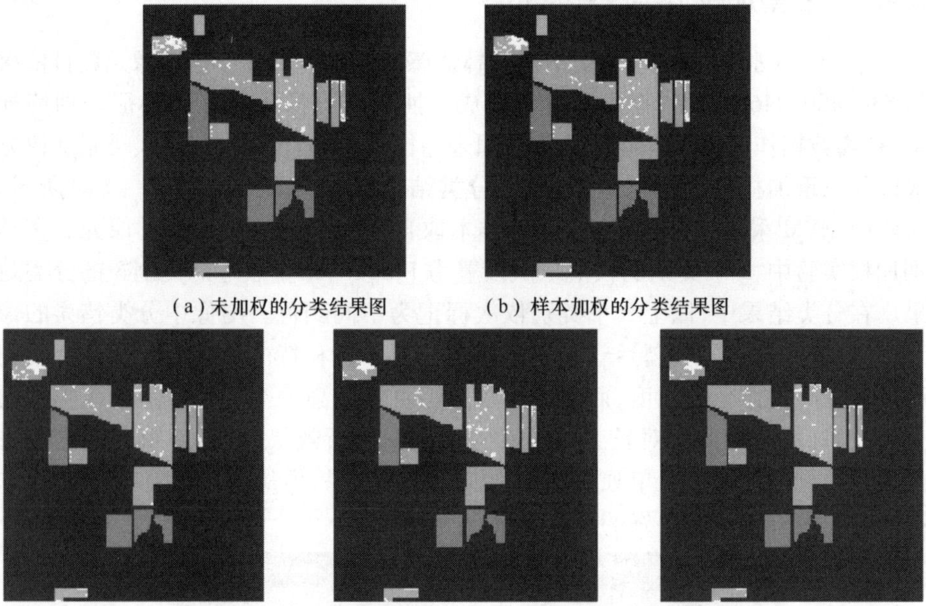

(a)未加权的分类结果图　(b)样本加权的分类结果图

(c)特征加权的分类结果图　(d)类别加权的分类结果图　(e)三重加权的分类结果图

图2-13　第二组分类实验中不同加权条件下的分类结果图

表2-8　第一组分类实验中的错分像元数目

地物类别	未加权	样本加权	特征加权	类别加权	三重加权
第3类	165/0.2248	145/0.1992	138/0.1914	130/0.1880	133/0.1897
第8类	7/0.2248	6/0.2248	2/0.2248	7/0.2248	1/0.2248
第11类	136/0.2248	87/0.2248	70/0.2248	147/0.2248	54/0.2248

表2-9　第二组分类实验中的错分像元数目

地物类别	未加权	样本加权	特征加权	类别加权	三重加权
第2类	114/0.125	107/0.125	104/0.125	83/0.125	82/0.125
第6类	2/0.125	1/0.125	1/0.125	3/0.125	0/0.125
第10类	89/0.125	82/0.125	79/0.125	90/0.125	82/0.125

2.5 本章小结

本章的主要内容之一是提出了一种简化结构的分类器,可以大大降低分类器的复杂性。其优点是多方面的,即减少训练时间、减少测试时间、降低编程复杂度以及子分类器数目的减少使得各判决函数中的参数单独调节成为可能等。必须指出,所提出方法获取的优点是以牺牲较小的分类精度为代价的。在目标分类问题中,分类精度和分类速度常为一对矛盾的指标。在解决实际问题中采用哪种分类器应根据用户的要求而定。对于分类速度要求较高的问题如 SVM 的实时应用,这里提出的方法极为有效。如果需将分类精度与分类速度综合考虑,则可以将传统分类器与这里提出的分类器组合成混合分类器来协调二者间的需求矛盾。

本章的主要内容之二是提出的多重加权分类方法根据样本异常程度与样本偏离类中心距离之间的关系,将距离非线性映射为相应权值来完成样本加权;根据类内散度矩阵对线性光谱分离问题的加权特性,将其推广到 LSSVM 分类问题中来完成特征加权;根据 LSSVM 线性方程组中单位矩阵对角元素的特殊含义,将其设定为体现类别重要性的不同数值来完成类别加权。在 3 种加权方法中,样本加权是专门对训练样本所施加的手段,特征加权是对全部数据进行的操作,而类别加权是在训练过程中对矩阵对角元素的重置。3 种加权方法既能单独使用,也能以任何复选方式组合使用,在实际应用中可根据具体需求进行选择。

此外,对于海量数据问题,LSSVM 的显性求解方法受到数据存储等方面的困扰,此时本章所提出的 SMO 优化求解算法作为替换手段有助于解决这一问题。

参考文献

陈学泓, 王胜强, 陈晋, 等. 2009. 一种新的基于 Fisher 判别的混合像元分解算法: 室内控制实验结果分析. 红外与毫米波学报,28(6):476 –480.

刘江华, 程君实, 陈佳品. 2002. 支持向量机训练算法综述. 信息与控制, 31(1):45 –50.

王建芬, 曹元大. 2001. 支持向量机在大数分类中的应用. 北京理工大学学报, 21(2):225 –228.

张钧萍. 2002. 基于信息融合的超谱遥感图像分析与分类方法研究. 哈尔滨:哈尔滨工业大学博士论文:1 –19.

Chang Chein I, Ji B. 2006. Weighted abundance constrained linear spectral mixture analysis. IEEE Transactions on Geoscience and Remote Sensing, 44:378 –388.

Chen Chin H, Tu Te M. 1996. Computation Reduction of the Maximum Likelihood Classifier using the Winograd Identity. Pattern Recognition, 29(7): 1213 –1220.

Cristianini N, Shawe – Taylor J. 2004. 支持向量机导论 . 李国正, 王猛, 曾华军,译 . 北京:电子工业出版社.

Emami H. Introducing correctness coefficient as an accuracy measure for sub pixel classification results. http://www.ncc.org.ir/articles/poster83/ H. Emami. pdf.

Ji B, Chang Chein I, Jensen J O, et al. 2004. Unsupervised constrained linear Fisher' s discriminant analysis for hyperspectral image classification. 49th Annu. Meeting, SPIE Int. Symp. Optical Science and technology, Imaging Spectrometry IX (AM105), Denver, CO, 49: 2 – 4.

Jia X P, Richards J A. 1994. Efficient Maximum Likelihood Classification for Imaging Spectrometer Data Sets. IEEE Transactions on Geoscience and Remote Sensing, 32(2): 274 – 281.

Karpinski M , Werther T. 1989. VC dimension and uniform learnability of sparse polynomials and rational functions. SIAM J. Computing. Preprint 8537 – CS, Bonn University.

Keerthi S S, Shevade S K. 2003. SMO algorithm for least squares SVM. Proceedings of the International Joint Conference on, Neural Networks, 3: 2088 – 2093.

Richards J A, Jia X P. 2006. Remote Sensing Digital Image Analysis, 3rd Ed. Berlin, Germany: Springer-Verlag.

Shevade S K, Keerthi S S, Bhattacharyya C, et al. 2000. Improvements to the SMO Algorithm for SVM Regression. IEEE Trans on Neural Networks, 11(5):1188 – 1193.

Sohn Y, Rebello N S. 2002. Supervised and unsupervised spectral angle classifiers. Photogrammetric Engineering and Remote Sensing, 68(12): 1271 – 1280.

Song Q, Hu W J, Xie W F. 2002. Robust support vector machine with bullet hole image classification. IEEE Trans. on Systems, Man and Cybernetics, Part C, 32: 440 – 448.

Suykens J A K, Brabanter J D, Lukas L, et al. 2002. Weighted Least Squares Support Vector Machines: Robustness and Sparse Approximation. Neurocomputing, 48(1 – 4):85 – 105.

Vapnik V N. 2000. 统计学习理论的本质 . 张学工,译 . 北京:清华大学出版社.

第 3 章　高光谱图像光谱端元选择技术

在建立线性混合模型并对其进行光谱解混操作之前，选择光谱端元是非常必要的，它为光谱解混获取必要的先验信息。光谱端元的选择应当具有代表性，成为图像内大多数像元的类别成分集合。在近 10 多年里，多种自动、有监督的高光谱图像光谱端元选择方法相继发展起来。相比之下，基于凸多面体几何特性的 N－FINDR 算法因其具有全自动、无参数、选择效果较好等优点而更多地使用。本章重点围绕该算法的提升方法展开。

3.1　N－FINDR 光谱端元选择算法

N－FINDR 光谱端元选择算法实施之前一般需要先对光谱数据进行降维预处理，为此首先将两种常用的降维变换加以介绍，而后对一种 PPI 端元选择算法加以介绍，以用于后面构建快速 N－FINDR 算法的预处理。

3.1.1　相关理论介绍

1. MNF 变换

MNF(Maximum Noise Fraction)变换是由 Green A 等(1988)提出的。该变换的目的是将变换图像按图像质量排序。

将一幅具有 ND 个波段的高光谱数据逐波段排列形成二维矩阵 $\boldsymbol{Z}_i(x), i=1,2,\cdots,ND$。假定 $\boldsymbol{Z}(x)=\boldsymbol{S}(x)+\boldsymbol{N}(x)$，其中 $\boldsymbol{Z}^{\mathrm{T}}(x)=\{\boldsymbol{Z}_1(x),\cdots,\boldsymbol{Z}_{ND}(x)\}$，$\boldsymbol{S}(x)$、$\boldsymbol{N}(x)$ 为 $\boldsymbol{Z}(x)$ 的相互无关的信、噪分量，则它们的协方差矩阵具有如下关系：

$$\mathrm{Cov}\{\boldsymbol{Z}(x)\}=\boldsymbol{\Sigma}=\boldsymbol{\Sigma}_S+\boldsymbol{\Sigma}_N \tag{3-1}$$

定义第 i 波段的噪声分量为该波段的噪声方差与总体方差的比值：

$$\mathrm{Var}\{\boldsymbol{N}_i(x)\}/\mathrm{Var}\{\boldsymbol{Z}(x)\} \tag{3-2}$$

MNF 变换以式(3－3)选择线性变换特征向量 $\boldsymbol{a}_i$：

$$\boldsymbol{Y}_i(x)=\boldsymbol{a}_i^{\mathrm{T}}\boldsymbol{Z}(x)\quad (i=1,\cdots,ND) \tag{3-3}$$

在满足正交于 $\boldsymbol{Y}_k(x), k=1,2,\cdots,i$ 的条件下使得 $\boldsymbol{Y}_i(x)$ 的噪声分量最大。由主成分分析原理可知，$\boldsymbol{a}_i$ 为 $\boldsymbol{\Sigma}_{ND}\boldsymbol{\Sigma}^{-1}$ 始于左侧的特征向量，$\mu_i(\mu_1\geqslant\mu_2\geqslant\cdots\geqslant$

μ_{ND})为其相应的特征值。因此,MNF 变换能够将变换图像按其质量排序。该变换可以表示为下面的矩阵形式:

$$\boldsymbol{Y}(x)=\boldsymbol{A}^{\mathrm{T}}\boldsymbol{Z}(x) \tag{3-4}$$

式中:$\boldsymbol{Y}(x)=[\boldsymbol{Y}_1(x),\boldsymbol{Y}_2(x),\cdots,\boldsymbol{Y}_{ND}(x)]$,$\boldsymbol{A}=[a_1,a_2,\cdots,a_{ND}]$。

MNF 变换的一个重要特性是它具有对于任何波段的尺度不变性(只依赖于信噪比);另一重要特性为该变换正交于 $\boldsymbol{S}(x)$,$\boldsymbol{N}(x)$和 $\boldsymbol{Z}(x)$。

为求得变换矩阵,需要得到 $\boldsymbol{\Sigma}$ 和 $\boldsymbol{\Sigma}_N$。$\boldsymbol{\Sigma}$ 可由样本协方差矩阵 $\boldsymbol{Z}(x)$得出。$\boldsymbol{\Sigma}_N$ 的求法介绍如下:

在大部分遥感数据中,像元光谱具有较强的空间相关性,而噪声的空间相关性相对弱得多。设 Δ 为一较小的空间延迟,则向量 $\boldsymbol{a}_i$ 的选取应在满足正交于 $\boldsymbol{Y}_k(x)$,$k<i$ 的条件下使得 $\mathrm{Corr}(\boldsymbol{Y}_i(x),\boldsymbol{Y}_i(x+\Delta))-\mathrm{Corr}(\boldsymbol{a}_i^{\mathrm{T}}\boldsymbol{Z}(x),\boldsymbol{a}_i^{\mathrm{T}}\boldsymbol{Z}(x+\Delta))$ 的绝对值最小。通常,Δ 取值(1,0)或(0,1)。根据 MAF(Minimum/Maximuim Autocor - relation Factors,用于估计某种噪声的协方差矩阵)变换思想,$\boldsymbol{\Sigma}_\Delta=\mathrm{Cov}\{\boldsymbol{Z}(x)-\boldsymbol{Z}(x+\Delta)\}$可作为噪声的度量。该思想假设信号 $\boldsymbol{S}(x)$与噪声 $\boldsymbol{N}(x)$无关,并且满足

$$\begin{cases}\mathrm{Cov}\{\boldsymbol{S}(x),\boldsymbol{S}(x+\Delta)\}=b_\Delta\boldsymbol{\Sigma}_S\\ \mathrm{Cov}\{\boldsymbol{N}(x),\boldsymbol{N}(x+\Delta)\}=c_\Delta\boldsymbol{\Sigma}_N\end{cases} \tag{3-5}$$

式中:b_Δ 与 c_Δ 为常数,且 b_Δ 远大于 c_Δ。

由此可推出:

$$\boldsymbol{\Sigma}_\Delta/2=(1-b_\Delta)\boldsymbol{\Sigma}+(b_\Delta-c_\Delta)\boldsymbol{\Sigma}_N \tag{3-6}$$

在信号空间高度自相关时,$\mathrm{Cov}\{\boldsymbol{S}(x),\boldsymbol{S}(x+\Delta)\}$与 $\boldsymbol{\Sigma}_S$ 的值将很接近,此时应有 $b_\Delta\approx1$;另一方面,$\mathrm{Cov}\{\boldsymbol{N}(x),\boldsymbol{N}(x+\Delta)\}$与 $\boldsymbol{\Sigma}_N$ 的值很接近时,此时应有 $c_\Delta\approx0$。在这些情况下 $\boldsymbol{\Sigma}_N\approx\boldsymbol{\Sigma}_\Delta/2$ 都将成立。即便 b_Δ 与 c_Δ 不能达到上面的极限,下面的结论同样可以取得:$\boldsymbol{\Sigma}_\Delta\boldsymbol{\Sigma}^{-1}$与 $\boldsymbol{\Sigma}_N\boldsymbol{\Sigma}^{-1}$有着相似的特征向量,这种特性独立于 b_Δ,c_Δ;$\boldsymbol{\Sigma}_\Delta\boldsymbol{\Sigma}^{-1}(\lambda_i)$与 $\boldsymbol{\Sigma}_N\boldsymbol{\Sigma}^{-1}(\mu_i)$的特征向量有如下关系:

$$\mu_i=\frac{\lambda_i/2-(1-b_\Delta)}{b_\Delta-c_\Delta} \tag{3-7}$$

由 $0\leqslant\mu_i\leqslant1$,有 $c_\Delta\leqslant1-\lambda_i/2\leqslant b_\Delta$。因此,通过最大和最小的 λ_i 可以获得 c_Δ 的上界和 b_Δ 的下界。当 $b_\Delta\approx1$ 和 $c_\Delta\approx0$ 时,$1-\lambda_i/2$ 成为第 i 个 MAF 成分与其邻域成分的相关度:

$$1-\lambda_i/2=\mathrm{corr}\{\boldsymbol{Y}_i(x),\boldsymbol{Y}_i(x+\Delta)\} \tag{3-8}$$

至此,$\boldsymbol{\Sigma}_N$ 与 $\boldsymbol{\Sigma}_\Delta$ 的关系建立起来,MNF 变换得以完成。

2. PCA 变换

PCA 基本理论参见 7.1.2 节。能够证明，当各波段具有无关的等协方差 σ_N^2 噪声时，MNF 变换等价于 PCA 变换。

3. PPI(Pixel Purity Index)方法

如图 3－1 所示，PPI 算法(Boardman J 等，1995)的主要特点在于它的有监督性。首先，利用 MNF(或 PCA)变换执行维数降低处理。然后，在 MNF 变换后所得到的 Nd 维数据中，对于图像立方体中的每个点，随机生成 L 条具有随机方向的直线，以此来计算像元纯度。该数据空间内的所有点都投影到这些直线上，对落入每条直线端点的那些点进行计数。经过大量的统计之后，那些计数值超过预定数目的像元点认定是光谱端元。进一步，这些光谱端元通过手动、监督或无监督聚类等方式来确定对应哪个类别。

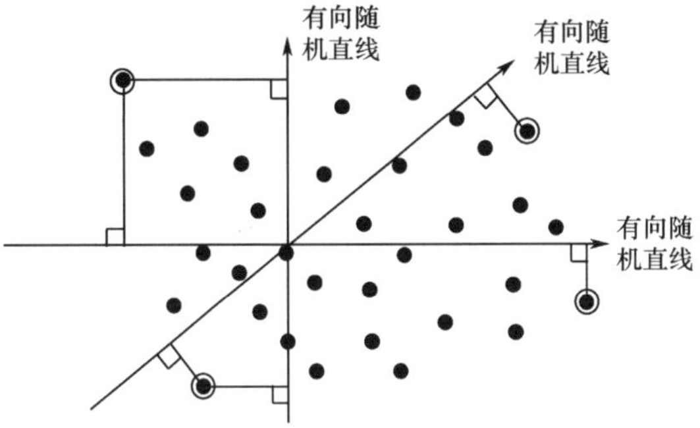

图 3－1　PPI 算法示意图

3.1.2　N－FINDR 算法

假设高光谱图像数据中各地物类别都存在所对应的光谱端元，而每个像元又都是由它们中的一个或一个以上的光谱端元混合而成的。这样，根据凸几何理论，全部像元在高光谱数据空间中形成一个凸多面体，每个光谱端元则对应于凸多面体的一个顶点，如图 3－2 所示。在这种情况下，光谱端元选择的任务就变为提取数据空间所形成的凸多面体的顶点。由于全部光谱端元作为顶点的凸多面体具有最大的体积，因此该任务又转为寻求指定数目的像元，使得由它们作

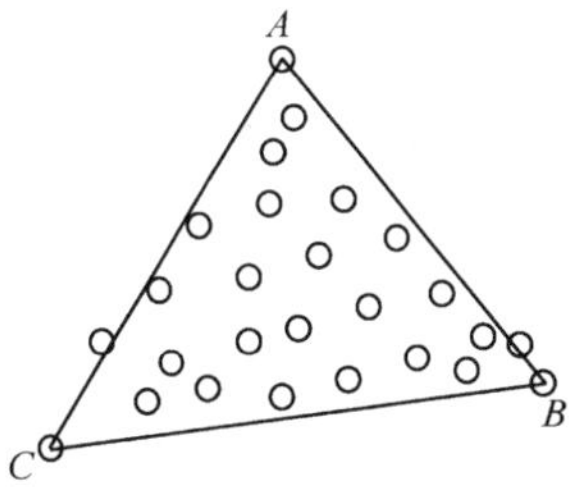

图 3－2　N－FINDR 算法示意图

为顶点的凸多面体具有最大的体积。需要强调的是,算法的实施并没有在原始数据空间中进行,而是在经过 MNF 后的变换空间中进行的,这种降维处理的目的之一是为了凸多面体的体积计算能够得以实施。在实际应用中,MNF 变换常由 PCA 变换取代,这是由于后者具有更直观的物理意义和更小的计算量,并且经大量实验论证,其效果与前者非常接近。下面将这一过程进一步加以描述。

设 $\boldsymbol{s}_t(t=1,2,\cdots,Np)$ 为原始数据经过 MNF 变换之后的变换域中的像元数据,Nd 为相应的光谱维数。若 $\boldsymbol{e}_i(i=1,2,\cdots,Nd+1)$ 为该空间的全部光谱端元,则 $\boldsymbol{s}_t(t=1,2,\cdots,Np)$ 中每个数据都可以表示为全部光谱端元的线性合成,即

$$\begin{aligned} \boldsymbol{s}_t &= \sum_{i=1}^{Nd+1} \boldsymbol{\alpha}_i^t \boldsymbol{e}_i + \boldsymbol{\varepsilon} \\ \text{s. t.} \quad & \sum_{i=1}^{Nd+1} \boldsymbol{\alpha}_i^t = 1 \quad (0 \leqslant \alpha_i^t \leqslant 1, t = 1,2,\cdots,Np) \end{aligned} \tag{3-9}$$

式中:$\boldsymbol{\alpha}_i^t$ 为第 t 个像元光谱中第 i 个光谱端元所占的混合比例;$\boldsymbol{\varepsilon}$ 为误差项。

如前所述,光谱端元选择的任务即为寻求指定数目的像元,使得由它们所张成的凸多面体的体积最大。为此,算法首先随机选择$(Nd+1)$个像元作为初始的光谱端元,并相应地计算由它们所张成的凸多面体的体积。然后,用每个像元依次替换每个当前选择的光谱端元,如果某个替换能够得到具有更大体积的凸多面体,那么这样的替换就作为有效替换得以保留,否则作为无效替换而被淘汰。重复这样的基本过程,直到没有任何替换能够引起凸多面体的体积增大为止。此时,当前选择的结果将作为最终光谱端元而被选择出来。

对于$(Nd+1)$个像元 $\boldsymbol{p}_1,\boldsymbol{p}_2,\cdots,\boldsymbol{p}_{Nd+1}$ 所张成的凸多面体的体积计算公式为

$$V(\boldsymbol{E}) = \frac{1}{(Nd+1)!}\text{abs}(|\boldsymbol{E}|) \tag{3-10}$$

式中

$$\boldsymbol{E} = \begin{bmatrix} 1 & 1 & \cdots & 1 \\ \boldsymbol{p}_1 & \boldsymbol{p}_2 & \cdots & \boldsymbol{p}_{Nd+1} \end{bmatrix} \tag{3-11}$$

其中:abs(·),| · |分别为绝对值和行列式算子。

3.2 基于距离尺度的快速 N – FINDR 算法

作为光谱端元自动选择的 N – FINDR 算法,因其自动性和高效性得到了广泛的应用。但大量的体积计算以及光谱端元初始值的随机选择和光谱端元更新点的盲目搜索极大地限制了该方法的效率。下面将针对这两方面进行改进。

3.2.1 距离尺度替换体积尺度

可以看出,该算法包含了大量的体积计算,这也是它最为耗时的部分。并且,体积计算(即主要为行列式的计算)的复杂度将随着所选择的光谱端元数目增大而呈现立方增长,从而导致算法运算速度大大降低。为此,我们提出了一种改进方法,即将算法中的体积计算转为点到超平面的距离计算。

为了便于说明和取得可视化效果,首先考虑二维空间的情形。在图3-3中,以$\boldsymbol{A}$、$\boldsymbol{B}$、$\boldsymbol{C}$作为顶点形成了一个三角形(二维凸多面体),记它的体积为V_{old}。令$\boldsymbol{A}_0$为不同于$\boldsymbol{A}$、$\boldsymbol{B}$、$\boldsymbol{C}$的点,则由$\boldsymbol{A}_0$、$\boldsymbol{B}$、$\boldsymbol{C}$形成了一个新的三角形,记它的体积为V_{new}。再记线段$\boldsymbol{AD}$、$\boldsymbol{A_0D_0}$分别为$\boldsymbol{A}$和$\boldsymbol{A}_0$到线段BC的距离。那么,将$\boldsymbol{A}$替换为$\boldsymbol{A}_0$是否为有效替换只需比较面积(二维体积)V_{old}和V_{new}的大小即可。为此,原始的N-FINDR算法需要根据式(3-10)具体地计算V_{old}和V_{new}。然而,V_{old}和V_{new}的大小关系与$\boldsymbol{AD}$和$\boldsymbol{A_0D_0}$的大小关系是一致的,因此,比较V_{old}和V_{new}可以通过比较$\boldsymbol{AD}$和$\boldsymbol{A_0D_0}$来完成。图3-3给出了这种直观的说明。其中,l是由点$\boldsymbol{B}$和$\boldsymbol{C}$形成的直线,l_1为过点$\boldsymbol{A}$且与l平行的直线,l_2为直线l_1关于直线l的对称直线。从图3-3中可以看出,$\boldsymbol{A}$能够替换为$\boldsymbol{A}_0$当且仅当$\boldsymbol{A}_0$落在平行线l_1、l_2所夹区域之外。

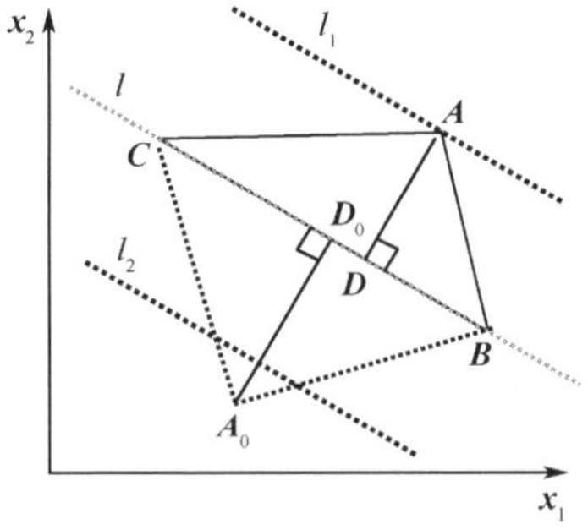

图3-3 N-FINDR算法中的尺度替换示意图

当顶点$\boldsymbol{A}$、$\boldsymbol{B}$、$\boldsymbol{C}$同时考虑时,光谱端元更新的有效区域将变为图3-4中虚线三角形所界定的区域之外。

现在考虑Nd维空间的情形。令$\boldsymbol{s}_1,\boldsymbol{s}_2,\cdots,\boldsymbol{s}_{Nd+1}$为该空间中的$(Nd+1)$点,$\boldsymbol{s}_0$为不同于它们的另一个点。应用距离尺度来计算点$\boldsymbol{s}_0$是否能够替换点$\boldsymbol{s}_i(1\leqslant i\leqslant Nd+1)$。在这种情况下,只需比较点$\boldsymbol{s}_0$与点$\boldsymbol{s}_i$到由$\boldsymbol{s}_1,\boldsymbol{s}_2,\cdots,\boldsymbol{s}_{i-1},\boldsymbol{s}_{i+1},\cdots,\boldsymbol{s}_{Nd+1}$所形成的超平面的距离。根据高维几何学理论,由$\boldsymbol{s}_1,\boldsymbol{s}_2,\cdots,\boldsymbol{s}_{i-1},\boldsymbol{s}_{i+1},\cdots,\boldsymbol{s}_{Nd+1}$所形成的超平面的表达式如下:

$$\sum_{i=1}^{N}\boldsymbol{\alpha}^{\mathrm{T}}\boldsymbol{x}_i+b=0 \tag{3-12}$$

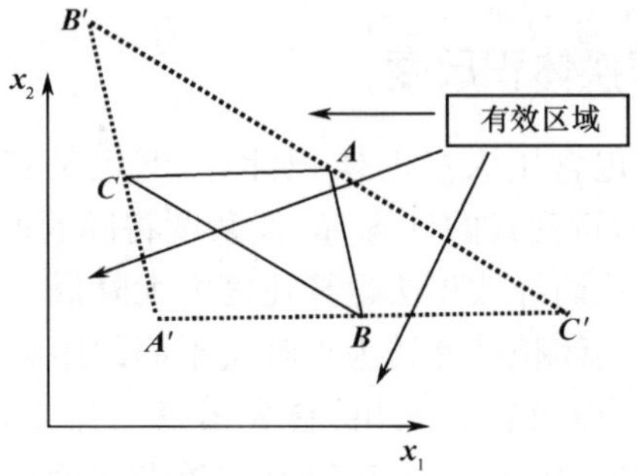

图 3-4　光谱端元更新的有效区域示意图

其中，$\boldsymbol{\alpha}=(\alpha_1,\alpha_2,\cdots,\alpha_{Nd})^{\mathrm{T}}$ 为下列方程的解：

$$[\boldsymbol{s}_1,\boldsymbol{s}_2,\cdots,\boldsymbol{s}_{i-1},\boldsymbol{s}_{i+1},\cdots,\boldsymbol{s}_{Nd+1}]^{\mathrm{T}}\cdot\boldsymbol{\alpha}+b\cdot\boldsymbol{I}_{Nd}=0 \tag{3-13}$$

式中：$\boldsymbol{I}_d$ 为一个 $Nd\times1$ 的列向量；当 $\boldsymbol{s}_1,\boldsymbol{s}_2,\cdots,\boldsymbol{s}_{i-1},\boldsymbol{s}_{i+1},\cdots,\boldsymbol{s}_{Nd+1}$ 与原点线性相关时，b 取 0，否则 b 取值为 1，但在事实上，b 取 0 值的机会极小。这样，$\boldsymbol{s}_0$ 到超平面式(3-12)的距离可由下式给出：

$$D(\boldsymbol{s}_0)=\boldsymbol{\alpha}^{\mathrm{T}}\boldsymbol{s}_0+b \tag{3-14}$$

3.2.2　基于 PPI 思想的数据排序

为了能够获得快速收敛的光谱端元迭代搜索，每个像元点应该根据其潜在的纯度进行预先评价和排序。根据 PPI 算法的基本思想，光谱端元应位于全部数据光谱空间的边际。具体地说，当将每个数据光谱投影于众多的具有随机方向的测试向量(skewer)时，光谱端元将以较大的概率落在测试向量投影终端。通过这种方式就可以进行光谱端元的选择。折中考虑计算的复杂性和选择的准确性，我们只将光谱空间的各维坐标选作测试向量，这样所有的投影结果可以免除任何计算，直接由数据的坐标值得出。因此，可以按照下面的方式进行排序。

(1) 由原始数据空间的第一维到最后一维依次选出和排列对应于极大值和极小值坐标的点对。

(2) 从余下的数据空间中进行第一步操作。

(3) 继续进行这样的过程，直至所有的数据点都被选出、排列。

待全部数据点排序完毕之后，排在最前面的($Nd+1$)数据点因为纯度最大而有理由被选作初始光谱端元，其迭代更新过程也将按照排序结果依次进行。这样有根据地选择初始光谱端元和选择光谱端元更新搜索次序，既加快了算法的收敛速度，同时也减小了算法的局部收敛机会。

上面所提出的两种加速手段既可以单独使用，也可以联合使用。实验中采用各种加速方式，从而确切地反映每种手段的加速效果。为方便引用，将单独使用第一种手段(距离尺度替换体积尺度)、第二种手段(基于 PPI 思想的重新排序）和联合使用两种手段所得到的算法分别记为 D－N－FINDR、P－N－FINDR 和 PD－N－FINDR。

3.2.3 复杂性分析和效率评价

在 N－FINDR 算法实施中，超平面的创建次数等于光谱端元更新次数与光谱端元个数的乘积，这将远远少于距离计算的次数。因此，在改进的 N－FINDR 算法中，计算的复杂度可以忽略超平面的创建而近似等于距离的计算。由式(3－14)，一次距离计算仅为一次点积计算，并且其计算复杂度仅随光谱端元数目的增长而线性增长。相比之下，体积计算则需计算一个$(Nd+1)\times(Nd+1)$矩阵的行列式，其复杂度随光谱端元数目的增长呈立方增长。除了计算量的不同，算法在改进前后对于最终光谱端元选择结果来说是完全等效的。

3.3 基于线性 LSSVM 的距离测算

3.2 节中所用到的距离公式虽然计算简单，但其实施需要辅助降维方法，即该距离公式只能在相应的低维度空间中使用。降维方法的辅助使用一方面增加了计算量，另一方面导致相关端元选择算法不是在原始数据空间中实施的，其可靠性受到一定影响。为此，本节提出一种继续保持线性复杂度且可在任何空间实施的距离测算方法。

线性 LSSVM 的优化问题表达式如下：

$$\min_{\boldsymbol{w},b,\boldsymbol{e}} J(\boldsymbol{w},\boldsymbol{e}) = \frac{1}{2}\|\boldsymbol{w}\|^2 + \frac{\gamma}{2}\sum_{i=1}^{Ntr} e_i^2 \quad i = 1,2,\cdots,Ntr, \quad \gamma > 0$$
$$\text{s.t.} \quad \boldsymbol{y}_i = <\boldsymbol{w},\boldsymbol{x}_i> + b + e_i \tag{3-15}$$

相应的判别函数式为

$$f(\boldsymbol{x}) = \sum_{i=1}^{Ntr} \boldsymbol{\alpha}_i K(\boldsymbol{x}_i,\boldsymbol{x}) + b = <\boldsymbol{w}^*,\boldsymbol{x}> + \boldsymbol{b}^* \tag{3-16}$$

式中：向量 $\boldsymbol{w}^* = \sum_{i=1}^{Ntr} \boldsymbol{\alpha}_i \boldsymbol{x}_i \boldsymbol{y}_i$；$\boldsymbol{b}^* = -\frac{1}{2}(\max_{y_i=0}(<\boldsymbol{w}^*,\boldsymbol{x}_i>) + \min_{y_i=+1}(<\boldsymbol{w}^*,\boldsymbol{x}_i>))$。

基本的 SVM 分类理论是用来处理两类分类问题的。对于多类分类问题，将其转化为多个两类分类问题加以解决。不同的转化方式对应着不同的多类分类器结构，目前最为常用的多类分类器结构之一为 1－a－r(1－aginst－rest)型多类分类器。以 N 类问题为例，1－a－r 型分类器是去构造 N 个两类目标子分类器，第 k 个子分类器用第 k 类中的训练样本作为一类训练样本，其余的作为另一类训练样本。对于某个输入样本,其分类结果为各子分类器输出值为最大的相应类别。

以一个3类分类问题为例,在线性 LSSVM 的3个子分类器之一中,规定图3-5中的光谱端元 $\boldsymbol{A}$ 为一类,$\boldsymbol{B}$ 和 $\boldsymbol{C}$ 为另一类:

$$f(\boldsymbol{A})=1, f(\boldsymbol{B})=1, f(\boldsymbol{C})=0 \tag{3-17}$$

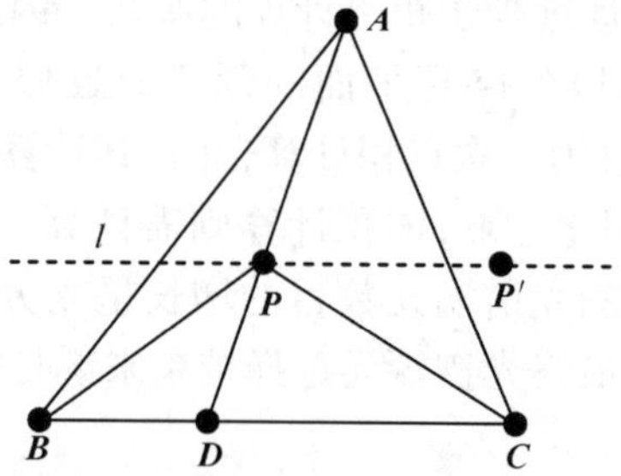

图3-5 线性 LSSVM 的距离测算功能

令 $\boldsymbol{P}$ 为不同于 $\boldsymbol{A}$、$\boldsymbol{B}$、$\boldsymbol{C}$ 的任意一点,$\boldsymbol{D}$ 表示线段 $\boldsymbol{L}_{BC}$ 和线段 $\boldsymbol{L}_{AP}$ 的延长线的交点。不妨设 $\boldsymbol{P}=\lambda\boldsymbol{A}+(1-\lambda)\boldsymbol{D}$,这里 $0<\lambda<1$。由式(3-16)知下面的关系式成立:

$$\begin{aligned} f(\boldsymbol{P}) &= f[\lambda\boldsymbol{A}+(1-\lambda)\boldsymbol{D}] = f(\lambda\boldsymbol{A})+f[(1-\lambda)\boldsymbol{D}]-b \\ &= [\lambda f(\boldsymbol{A})+(1-\lambda)b]+[(1-\lambda)f(\boldsymbol{D})+\lambda b]-b \\ &= \lambda f(\boldsymbol{A})+(1-\lambda)f(\boldsymbol{D})=\lambda \end{aligned} \tag{3-18}$$

由式(3-18)可以推知,判别函数 $f(\cdot)$ 定义了一种由点·到直线 $\boldsymbol{BC}$ 的正比于欧几里得距离的有向距离。同样地,3类线性 LSSVM 的另外2个子分类器也分别定义了点·到直线 $\boldsymbol{AB}$ 和直线 $\boldsymbol{AC}$ 的有向距离。推而广之,对于 N 类分类问题,线性 LSSVM 的 N 个子分类器定义了 N 种方向的有向距离函数。事实上,以上关于线性 LSSVM 的距离测算功能对于其他线性支持向量机(LSVM)均有效。

有了以上的距离测算功能,就可以利用线性 LLSVM 来实现快速免于降维预处理的快速 N-FINDR 算法了。

3.4 光谱端元选择的鲁棒性方法

野值点在遥感图像中广泛存在,并且一般相对远离数据中心。因此,在 N-FINDR 算法中,它们将以更高的概率被选作光谱端元。为了克服这种不利影响,本节将对其进行鲁棒性控制。

下面对数据预处理阶段和光谱端元选择阶段的鲁棒性措施分别加以研究。

3.4.1 预处理阶段:鲁棒协方差矩阵的获取

在进行 N – FINDR 算法的数据预处理时,无论是使用 PCA 变换还是 MNF 变换,都需求解数据集合的协方差矩阵。如果数据中存在野值点,协方差矩阵的计算就会受其影响而有失准确。为此,我们使用具有鲁棒特性的协方差矩阵计算方法(Hubert M 等,2005)来弱化野值点的影响。

依然设像元总数为 Np,维数为 ND。可将全体像元存储在一个 $Np \times ND$ 的矩阵 $\boldsymbol{X} = \boldsymbol{X}_{Np,ND}$ 中。获取鲁棒协方差矩阵的主要步骤可简单概括如下:首先,将原始数据变换到维数至多为 $Np-1$ 的子空间之中;然后,创建用于选择最终要保留的 k 维子空间的协方差矩阵 $\boldsymbol{S}_0$,并由此产生拟合上步所得数据的 k 维子空间;最后,将第一步所得数据投影到该 k 维子空间上,再次对平均向量(又称鲁棒中心,Location)和协方差矩阵(Scatter Matrix)进行鲁棒性估计。现将该过程进行具体描述。

第一阶段。将原始数据 $\boldsymbol{X}_{Np,ND}$ 中心化处理后,利用奇异值分解完成第一步:

$$\boldsymbol{X}_{Np,ND} - 1_{Np}\,\hat{\boldsymbol{\mu}}'_X = \boldsymbol{U}_{Np,r_0}\boldsymbol{D}_{r_0,r_0}\boldsymbol{V}'_{r_0,ND} \tag{3-19}$$

式中:$\hat{\boldsymbol{\mu}}_X$ 为均值向量;r_0 为等式左端矩阵的秩;$\boldsymbol{D}$ 为 $r_0 \times r_0$ 的对角矩阵;$\boldsymbol{U}$,$\boldsymbol{V}$ 均为正交矩阵。

实际该步所作的正是原始数据的一般 PCA 全维变换。

第二阶段。此阶段将从全部数据点中选出 n_0 个野值指标最小的样本点。它们的协方差矩阵将用于获得维数 k_0 的子空间。n_0 通常指定为全部数据的 75% 左右。这些点的确定方法如下。

(1) 定义野值量度 outl_A 如下:

$$\mathrm{outl}_A(\boldsymbol{x}_i) = \max_{\boldsymbol{v}\in B}\frac{|\boldsymbol{x}'_i\boldsymbol{v} - \mathrm{med}_j(\boldsymbol{x}'_j\boldsymbol{v})|}{\mathrm{mad}_j(\boldsymbol{x}'_j\boldsymbol{v})} \tag{3-20}$$

式中:$\mathrm{mad}(\boldsymbol{x}'_j\boldsymbol{v}) = \mathrm{med}_j|\boldsymbol{x}'_j\boldsymbol{v} - \mathrm{med}_j(\boldsymbol{x}'_j\boldsymbol{v})|$,$\boldsymbol{v}$ 为具有不同的随机方向的向量,可由原始数据中随机选取 $\min(C_n^2, 250)$ 组点对形成。这样,按照该量度指标就可以选出对应最小数值的 n_0 个数据点了。

(2) 待 n_0 个数据点(对应的指标集为 H_0)选定后,利用它们计算均值向量和协方差矩阵,再由协方差矩阵求得对应最大特征值的 k_0 个主成分。

(3) 将数据点投影到由这 k_0 个主成分所张成的子空间上,得到新的数据点集 $\boldsymbol{X}^*_{Np,k_0}$。

第三阶段。该阶段将对 $\boldsymbol{X}^*_{Np,k_0}$ 的协方差矩阵进行鲁棒性估计。为此,需要选出协方差矩阵对应最小行列式值的 n_0 个数据点。

(1) 定义 $\hat{\boldsymbol{\mu}}_0$、$\boldsymbol{\Sigma}_0$ 分别为 H_0 中数据点的均值向量和协方差矩阵。应用 C –

step 方法寻找这 n_0 个数据点。

如果 $\det(\boldsymbol{\Sigma}_0)>0$,则应用下面的公式对所有数据点计算鲁棒距离:

$$d_{\hat{\mu}_0,\Sigma_0}(i)=\sqrt{(\boldsymbol{x}_i^*-\widehat{\boldsymbol{\mu}}_0)^{\mathrm{T}}\boldsymbol{\Sigma}_0^{-1}(\boldsymbol{x}_i^*-\widehat{\boldsymbol{\mu}}_0)}\quad(i=1,2,\cdots,Np)\qquad(3-21)$$

选出对应最小距离的 n_0 个数据点形成子集 H_1,由此计算出$\widehat{\boldsymbol{\mu}}_1$、$\boldsymbol{\Sigma}_1$ 以及所有数据点的距离 $d_{\widehat{\mu}_1,\Sigma_1}(i)$。按照这样的方式进行下去,直到所得的协方差矩阵的行列式值不再减小为止。而当某步所得到的协方差矩阵为奇异矩阵时,则将数据点映射到该矩阵非零特征向量所张成的空间上,然后在这里应用 C – step 方法。算法收敛后,将得到所寻找的 h 个数据点(对应的指标集为 H_1)及相应的数据矩阵 $\boldsymbol{X}_{Np,k_1}^*$。

(2) 对 $\boldsymbol{X}_{Np,k_1}^*$ 应用快速 MCD 算法。随机选取 $\boldsymbol{X}_{Np,k_1}^*$ 中包含(k_1+1)个数据的多个(250 左右)子集。对每个子集计算均值向量和协方差矩阵及全部数据点的鲁棒距离,从而选出对应最小鲁棒距离的 n_0 个数据点并形成子集。对该子集实施 C – step 方法,最终得到的数据集定义为 $\widetilde{\boldsymbol{X}}_{Np,k}$。令 $\widehat{\boldsymbol{\mu}}_2$、$\boldsymbol{S}_1$ 为第一步中 n_0 个数据点的均值向量和协方差矩阵,而 $\widehat{\boldsymbol{\mu}}_3$、$\boldsymbol{S}_2$ 为 MCD 快速算法得到的均值向量和协方差矩阵。如果 $\det(\boldsymbol{S}_1)<\det(\boldsymbol{S}_2)$,将根据 $\widehat{\boldsymbol{\mu}}_2$、$\boldsymbol{S}_1$ 继续进行计算。为此,设 $\widehat{\boldsymbol{\mu}}_4=\widehat{\boldsymbol{\mu}}_2,\boldsymbol{S}_3=\boldsymbol{S}_1$。否则,令 $\widehat{\boldsymbol{\mu}}_4=\widehat{\boldsymbol{\mu}}_3,\boldsymbol{S}_3=\boldsymbol{S}_2$。

(3) 为了增加统计的效率,将$\widehat{\boldsymbol{\mu}}_4$、$\boldsymbol{S}_3$ 进行重新加权处理。设 $\bar{D}$ 为所有数据点关于$\widehat{\boldsymbol{\mu}}_4$、$\boldsymbol{S}_3$ 的鲁棒距离的均值,简记 $D_i(i=1,2,\cdots,Np)$ 为所有数据点关于 $\widehat{\boldsymbol{\mu}}_4$、$\boldsymbol{S}_3$ 的鲁棒距离。定义加权函数 w:

$$w(D_i)=\begin{cases}1 & (D_i\leqslant\sqrt{\chi_{k,0.975}^2})\\0 & (\text{其他})\end{cases}\qquad(3-22)$$

这样,重新加权的 $\widehat{\boldsymbol{\mu}}_4$、$\boldsymbol{S}_3$ 可计算如下:

$$\boldsymbol{\mu}_4=\frac{\sum_{i=1}^{n}w(D_i)\tilde{\boldsymbol{x}}_i}{\sum_{i=1}^{n}w(D_i)}\qquad(3-23)$$

$$\boldsymbol{S}_3=\frac{\sum_{i=1}^{n}w(D_i)(\tilde{\boldsymbol{x}}_i-\widehat{\boldsymbol{\mu}}_4)(\tilde{\boldsymbol{x}}_i-\widehat{\boldsymbol{\mu}}_4)^{\mathrm{T}}}{\sum_{i=1}^{n}w(D_i)-1}\qquad(3-24)$$

求出 $\boldsymbol{S}_3$ 后,可求得相应的特征根对角阵 $\boldsymbol{L}_2=\boldsymbol{L}_{k,k}$,特征向量矩阵 $\boldsymbol{P}_2=\boldsymbol{P}_{k,k}$。获得鲁棒协方差矩阵后,便可同 PCA 变换将其应用于 N – FINDR 算法的预处理中。

3.4.2 光谱端元选择阶段:野值点的去除

无论是基于体积计算还是基于距离测试的光谱端元迭代搜索过程,都极易受到野值点的干扰。由 N - FINDR 算法所得到的光谱端元是对应最大体积的像元点组合，因此，野值点以其特殊的空间位置比一般像元点具有更高的概率被选作光谱端元，从而造成较大影响甚至导致算法的彻底失败。这样的点哪怕只有一个，其潜在的影响也是难以估量的。而在高光谱图像中，野值点又是广泛存在的。因此，构建这一过程的鲁棒算法较之前一过程意义更加重大。如果能够确认野值点，并在光谱端元迭代搜索过程中排除考虑这些点，就能够达到我们的目的。在鲁棒协方差矩阵的获取方法中包含了野值点的确认方法，但是这种方法对于本阶段算法效果不佳。这是由于该方法认定野值点是相对于全体像元点进行的，这样有可能造成某个类别由于像元总数较少而被整类地误判为野值点。这种错误在鲁棒协方差矩阵求解或鲁棒超平面拟合时负面影响较小，而在光谱端元选择中所造成的影响则是巨大的。为此，我们采用邻域分析的方法来确认并去除野值点。

野值点通常以更加孤立的方式存在。这样，可以以每个像元点为中心建立固定尺寸的邻域窗，通过计算邻域窗内所包含的像元点数作为中心点的孤立程度度量指标。孤立程度度量指标越大，说明该点作为野值点的可能性就越大。为了节省计算量，我们采用方邻域（高维盒子）替换圆邻域，这样可以在基本不影响野值点去除效果的前提下避免大量的距离计算。

3.5 性能评价

3.5.1 基于距离尺度的快速 N - FINDR 算法

这里侧重说明基于降维空间上直接距离计算的 N - FINDR 快速算法与原始 N - FINDR 的效率对比。

在第一个实验中，如图 3 - 6 所示，$\boldsymbol{A}(-15,0)$、$\boldsymbol{B}(15,0)$、$\boldsymbol{C}(0,20)$ 作为光谱端元被随机产生的归一化系数混合成 1000 个点（附加方差为 1 的高斯噪声）。实验中，改进前后两种方法（分别称为 V - N - FINDR、D - N - FINDR）均得到了相同的光谱端元（图中三角形顶点），它们的运行时间（E - time）、光谱端元更新次数（EM - times）和体积/距离计算次数（V/D - times）的对比如表 3 - 1 所列。

表 3 - 1　实验 1 中的运行时间/迭代次数比较

EM 选择方法	运行时间/s	EM 更新次数	体积/距离计算次数
V - N - FINDR	2.9380	21	9504
P - N - FINDR	1.0470	2	3725
D - N - FINDR	0.4210	21	9504
PD - N - FINDR	0.1410	2	3725

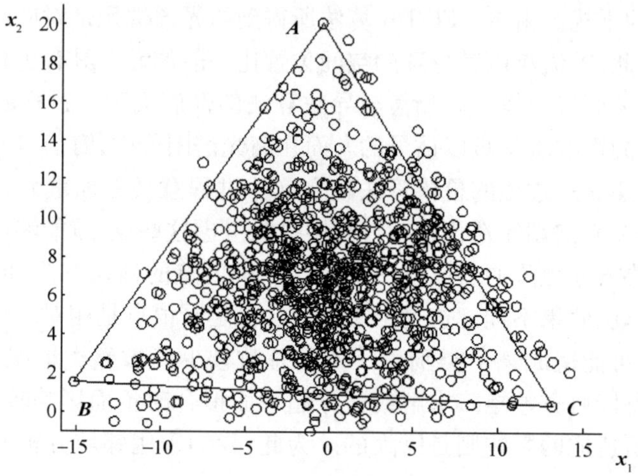

图 3 - 6　实验 1 中的合成数据

在第二个实验中，将光谱端元的数目增加到 10，即在 9 维空间中，9 个标准的单位向量加上原点被选为光谱端元，并由它们合成 10000 个数据点。对比结果如表 3 - 2 所列。

表 3 - 2　实验 2 中的运行时间/迭代次数比较

EM 选择方法	运行时间/s	EM 更新次数	体积/距离计算次数
V - N - FINDR	961.61	95	689843
P - N - FINDR	132.02	28	105562
D - N - FINDR	22.750	95	689843
PD - N - FINDR	3.3910	28	105562

关于所提出的基于 LSSVM 的 N - FINDR 快速算法，由于与上述基于降维空间上直接距离计算的方法内在原理相同，端元选择过程完全相同，只是计算效率略有不同。在考虑降维复杂度的情况下，基于 LSSVM 的快速算法较之直接距离计算的执行速度可提高一倍以上。

3.5.2　鲁棒性评价

所用数据为来自网络公开的 iris 多光谱数据（400 样本，4 个波段，3 类植被）中的第 1 类部分样本点。选取该数据的前两个波段用以获得其二维图像显示。图 3 - 7 所示为这些数据点的空间分布图。

图 3 - 8 所示为在不同尺度下野值点的认定，横轴、纵轴分别为个数据点距离数据中心的马氏距离和鲁棒距离。图中 4 个区域的左上区域表示在鲁棒距离意义之下认定为野值点而在马氏距离意义之下认定为常规点的区域。由数据点的空间分布图可知鲁棒方法有着更加合理的认定效果。从图 3 - 7 中能够看到

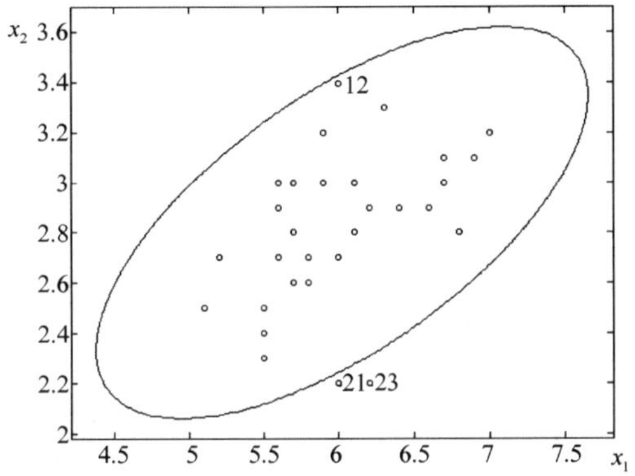

图 3－7　实验数据的二维空间显示

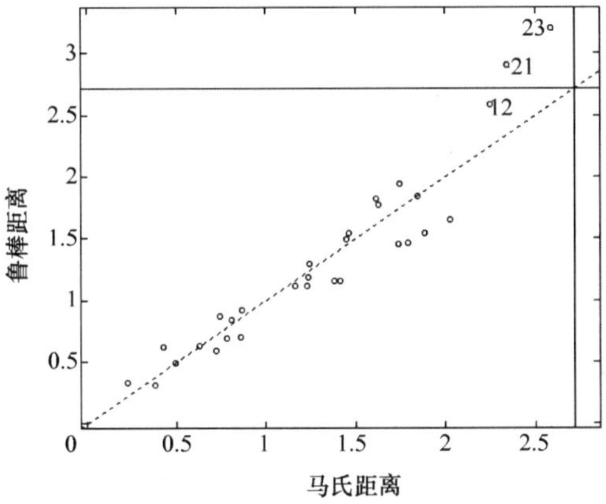

图 3－8　野值点的认定

有 3 个样本点相对远离数据中心，这一现象完全地体现在图 3－8 中。

第二组实验中所用的实验图像来源于另外一幅 AVIRIS 军事高光谱图像（美国圣迭戈）。该数据已经过大气校正和几何校正等预处理，是以反射率数据形式进行存储的，具体的数据参数如表 3－3 所列。利用该数据中的 3 类目标光谱作为光谱端元，由它们随机合成 1000 个数据样本，再分别由每个光谱端元添加随机噪声各自产生 10 个野值点，这样所得样本总数为 1030。图 3－9 所示的 3 幅图像分别为原始光谱端元图（a）、利用 N－FINDR 算法直接选择所得到的光谱端元图（b）和应用鲁棒性方法所选择到的光谱端元图（c）。可见，图（b）中选

表 3－3　圣地亚哥高光谱数据参数

传感器	AVIRIS	图像大小	400×400
波长	（400～1800）nm	灰度范围	0～10000
可用谱段数	126	数据获取地点	美国圣迭戈
地面分辨率	3.5m		

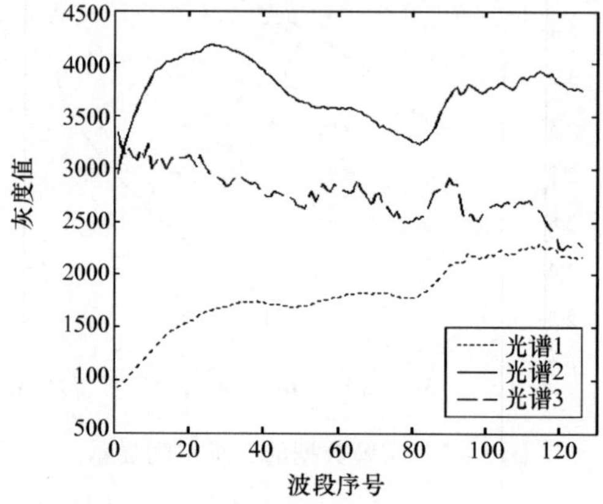

(a) 原始光谱端元

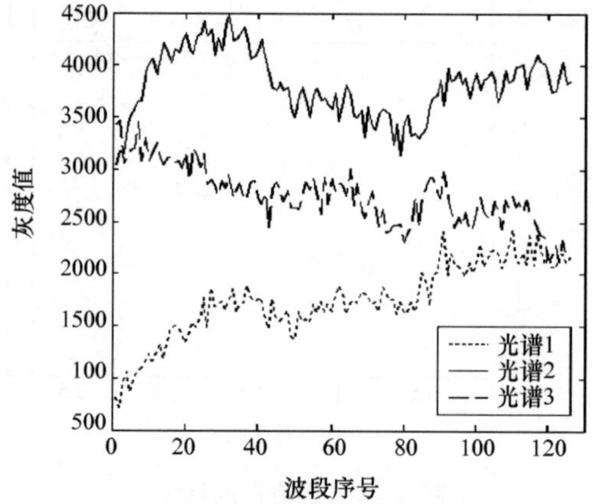

(b) 原始N-FINDR算法选择的端元

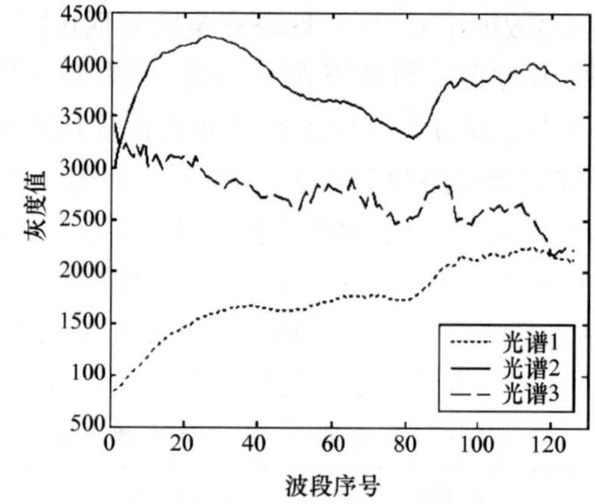

(c) 鲁棒N-FINDR算法选择的端元

图3-9　不同方法的光谱端元选择结果对比

择结果为受到噪声干扰的光谱端元,而图(c)中所选择的结果较好地克服了噪声干扰,所获得的结果接近于真实光谱端元。

在第三组实验中,应用印第安农林高光谱数据的三类地物(大豆、草、林地各 500 个样本)进行光谱端元选择实验,并将各类别的平均光谱作为真实光谱用来与选择结果进行比较。可以看出,鲁棒性方法所选择出来的光谱端元明显更接近于真实光谱。图 3 – 10 所示为它们的直观比较。

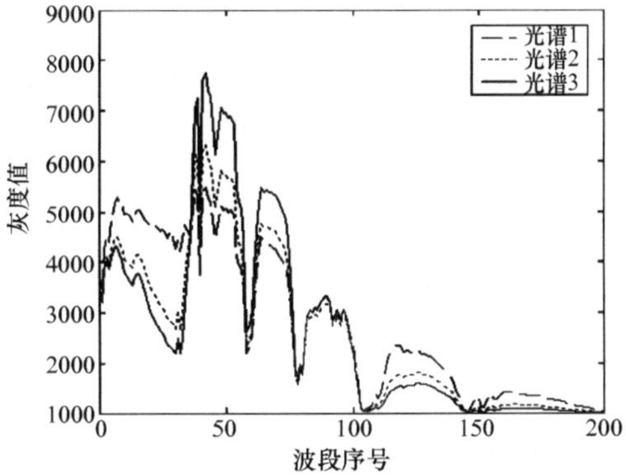

(a)真实光谱端元

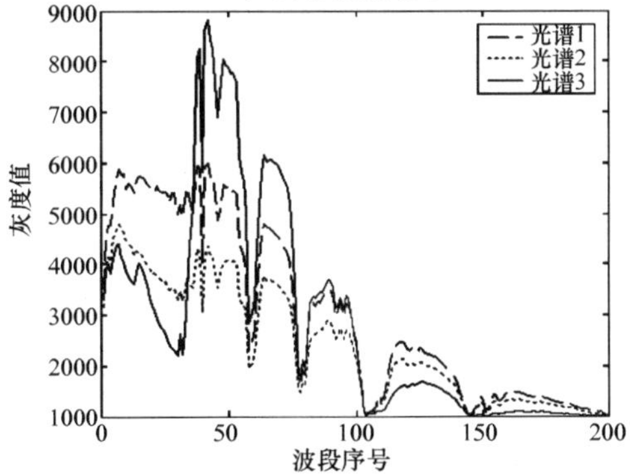

(b)原始方法选择结果

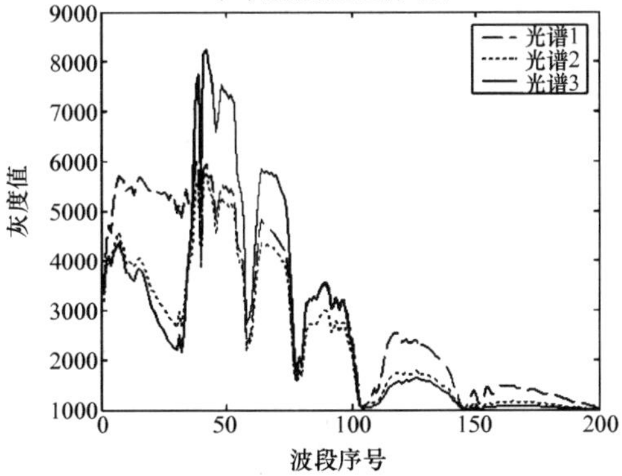

(c)鲁棒方法选择结果

图 3 – 10　不同方法的光谱端元选择结果对比

不难分析，每个光谱端元作为所对应类别的类中心，并不应落在数据形体的顶点而是近似顶点的位置，选择顶点只是一种理想状态下的操作。因此，无论高光谱数据有无野值点或受噪声严重干扰的数据点存在，所提出的鲁棒性方法都将有助于得到更加合理的结果。

3.6 快速 N－FINDR 算法的两个应用

下面利用快速 N－FINDR 算法及其核心思想来构建 LSMM 新的求解算法，以及为光谱解混构建快速无监督波段选择算法。

3.6.1 构建 LSMM 新的求解算法

LSMM 一般以最小二乘方法来求解。在无约束条件下，最小二乘方法中只包含了简单的矩阵运算。而当增加非负性约束条件时，这种实现方法包含了复杂、大量的迭代过程，其物理意义不够明显，运算效率较低。为此，我们利用高光谱数据的凸几何特性和基于距离尺度的体积比较来求解 LSMM。

首先在二维空间上说明该方法。如图 3－11 所示，像元 s_0 是由光谱端元 A、B、C 混合而成。设光谱端元 A、B、C 在像元 s_0 中的组分 P_1、P_2、P_3；A、B、C 所形成的三角形的面积为 S；s_0、B、C 所形成的三角形的面积为 S_1；A、s_0 到边 BC（所在的直线）的距离分别为 $D(A)$、$D(s_0)$。下面以 P_1 的求解为例来说明该方法。容易推知，P_1、S_1、S 三者间存在如下简明关系：

$$P_1 = S_1/S \tag{3-25}$$

进而，这种关系可以通过点到直线（边）的距离表示出来：

$$P_1 = D(s_0)/D(A) \tag{3-26}$$

这样，P_1 便由一对距离的比值得出。同样，P_2、P_3 也可以这样简单地得到。

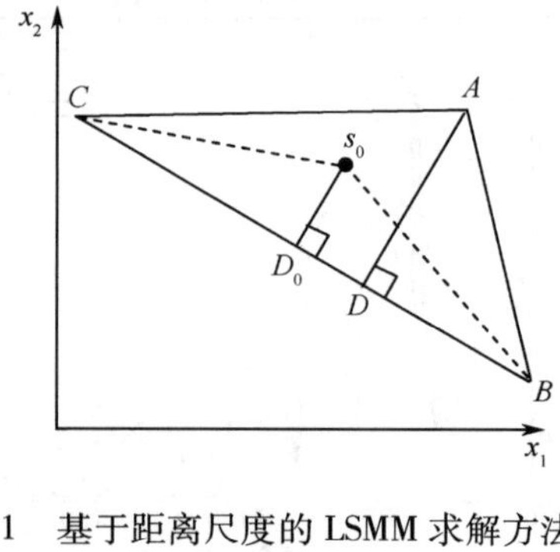

图 3－11 基于距离尺度的 LSMM 求解方法示意图

这样的关系可以很容易地拓展到高维空间。结合前面所给出的距离公式，组分 P_i 的求解公式为

$$P_i = D(s_0)/D(s_i), i = 1,2,\cdots,N \qquad (3-27)$$

对于求解过程中的 N 个超平面方程和 N 个距离,可以在最初一次性全部计算出来,其运算量相对于大量的混合像元光谱解混可以忽略不计。因此,求解每个混合像元的每个组分的计算量仅仅包含一次内积运算和一次除法运算。

当混合像元 s_0 落在各光谱端元所形成的凸面体内时,所求得的组分自然满足归一、非负条件。事实上,并不是所有的像元点都可以由光谱端元归一、非负地合成,因为所有像元所包含的全部类别数目本身就是一个模糊度量。当混合像元 s_0 落在该凸面体外部时,则所求组分的非负性条件遭到破坏。在此情形下,可将负分量重置为零,然后再将其他分量重新归一化处理。可以看出,基于距离比较的 LSMM 求解方法具有较小的计算量和更为直观的物理意义。

3.6.2 构建快速无监督波段选择算法

波段选择对于去除冗余信息和减小计算量有着重要的意义。在有先验类别信息的条件下,有监督波段选择方法相对更方便更有效。但当缺乏先验类别信息时,这类方法便无法实施。就现有的无监督波段选择方法而言,绝大多数算法都具有很大的计算量。为此,我们利用所提出的快速 N - FINDR 算法构建一种计算简单而又较为有效的无监督波段选择方法。

N - FINDR 算法最初用于光谱端元选择,但必须指出,该算法的功用不止于此。从原理上讲,它也能够选出具有代表性的波段,而其他波段可由这些选出的波段较好地线性合成。在这种意义之下,根据行列式的性质和线性方程组求解原理,应用全部波段和只应用选出的波段进行光谱解混将会获得相近的效果。

首先给出两种数据空间的定义。设 Ne 和 ND 分别为原始数据的像元数目和波段数目。记全部像元点为 $\boldsymbol{S}_i = [S_1^i, S_2^i, \cdots, S_{ND}^i]^{\mathrm{T}} (i = 1,2,\cdots,Ne)$。为方便起见,将包含该全部像元的空间称为像元空间,而把包含数据 $\boldsymbol{s}_i = [S_i^1, S_i^2, \cdots, S_i^{ND}]^{\mathrm{T}} (i = 1,2,\cdots,ND)$ 的空间称为波段空间。易见,波段空间中的数据点与原始高光谱数据的波段一一对应。图 3 - 12 所示为这两种空间的二维显示(均来自真实高光谱数据)。在图 3 - 12(a)中,两坐标轴分别为在两个指定波段下的像元的亮度值,图中的每个点对应着一个二维像元向量;在图 3 - 12(b)中,两坐标轴分别为两个指定像元在各个波段下的亮度值,图中的每个点对应着一个二维波段向量。

应用 N - FINDR 算法构建波段选择方法,在方式上类似于光谱端元选择方法。所不同的是,选择方法是在波段空间而不是像元空间上进行,PCA 预处理也要在波段空间上进行。

在波段选择所需的 PCA 变换过程中,需要对一个 $Ne \times Ne$ 的矩阵 $\boldsymbol{C} = \boldsymbol{M} \times \boldsymbol{M}$ 进行特征解混。当 Ne 较大时,特征解混的计算量将会很大甚至难以完成。而对于整个高光谱图像的波段选择而言,Ne 的值通常都较大(一般在 20000 以上)。

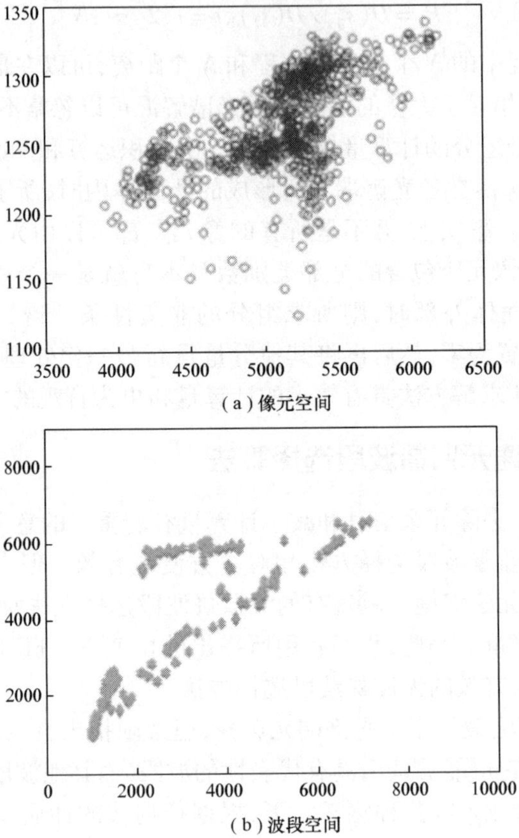

图 3-12　两种空间的二维显示

为了降低计算量，这种解混计算可通过核方法（R. Rosipal 等，2003）转为一个 $ND \times ND$ 矩阵的特征解混，从而达到降低计算量的目的。现将这种技巧描述如下：

假设数据 $\boldsymbol{s}_i = [S_i^1, S_i^2, \cdots, S_i^{Ne}]^{\mathrm{T}}(i=1,2,\cdots,ND)$ 已经得到中心化处理，即 $\sum_{i=1}^{ND} \boldsymbol{s}_i = 0$。首先利用变换 $\phi(\phi: R^{Ne} \to R^{\chi})$。将该样本集 $\{x_k\}$ 映入特征空间 R^{χ}，则在特征空间 R^{χ} 中协方差矩阵 $\boldsymbol{\Sigma}_{\phi}$ 的计算公式如下：

$$\boldsymbol{\Sigma}_{\phi} = \frac{1}{ND} \sum_{i=1}^{ND} \phi(x_i) \phi(x_i)^{\mathrm{T}} \tag{3-28}$$

用 $\boldsymbol{V}(\boldsymbol{V} \neq 0)$ 来表示 $\boldsymbol{\Sigma}_{\phi}$ 相应于特征值 λ 的特征向量，则 $\boldsymbol{V}$ 可由特征空间中的向量线性张成，即 $\boldsymbol{V} \in \mathrm{span}\{\phi(x_1), \phi(x_2), \cdots, \phi(x_{ND})\}$。设

$$\boldsymbol{V} = \sum_{i=1}^{ND} \beta_i \phi(x_i) \tag{3-29}$$

$\boldsymbol{\beta}=(\beta_1,\beta_2,\cdots,\beta_{ND})^{\mathrm{T}}$ 称为 $\boldsymbol{V}$ 的对偶向量。由特征值与特征向量的基本关系式

$$Np\lambda\cdot\boldsymbol{V}=\boldsymbol{\Sigma}_{\phi}\cdot\boldsymbol{V} \tag{3-30}$$

两边同时乘以 $\phi(\boldsymbol{x})$，得到关系式

$$Np\lambda\boldsymbol{\beta}=\boldsymbol{K}\boldsymbol{\beta} \tag{3-31}$$

式中：$\boldsymbol{K}$ 为 $ND\times ND$ 的核矩阵：

$$\boldsymbol{K}(i,j)=<\phi(\boldsymbol{x}_i),\phi(\boldsymbol{x}_j)> \tag{3-32}$$

当采用线性核函数时（即对任意的 $\boldsymbol{x}\in R^{Ne}$，$\phi(\boldsymbol{x})=\boldsymbol{x}$），特征空间等同于原始空间，此时所求得的特征向量也就是原始数据的特征向量，而矩阵解混是对 $ND\times ND$ 的核矩阵 $\boldsymbol{K}$ 进行的。

下面通过实验来验证这种波段选择方法的性能。实验中，一种高效的无监督波段选择方法（BS－FSM 方法）用来和我们的方法进行效果比较。定义一种相似性尺度：最大化信息压缩指标 λ_2。设 $\boldsymbol{\Sigma}$ 为变量 $\boldsymbol{x}$ 与 $\boldsymbol{y}$ 之间的斜方差矩阵，则它们的最大化信息压缩指标 λ_2 定义为矩阵 $\boldsymbol{\Sigma}$ 的最小特征值，其计算公式如下：

$$\begin{aligned}2\lambda_2(\boldsymbol{x},\boldsymbol{y})=&\operatorname{Var}(\boldsymbol{x})+\operatorname{Var}(\boldsymbol{y})-\\&\sqrt{[\operatorname{Var}(\boldsymbol{x})+\operatorname{Var}(\boldsymbol{y})]^2-4\operatorname{Var}(\boldsymbol{x})\operatorname{Var}(\boldsymbol{y})[1-\rho(\boldsymbol{x},\boldsymbol{y})^2]}\end{aligned} \tag{3-33}$$

式中：$\rho(\boldsymbol{x},\boldsymbol{y})=\dfrac{\operatorname{Cov}(\boldsymbol{x},\boldsymbol{y})}{\sqrt{\operatorname{Var}(\boldsymbol{x})\operatorname{Var}(\boldsymbol{y})}}$为随机变量 $\boldsymbol{x}$、$\boldsymbol{y}$ 之间的相似性度量。当变量 $\boldsymbol{x}$ 与 $\boldsymbol{y}$ 线性独立时，$\lambda_2(\boldsymbol{x},\boldsymbol{y})=0$。

该方法的两个基本步骤为根据特征相似性尺度等间隔划分原始特征集合及从每个特征子集中选出一个特征代表。其具体过程和性能优势参见 Pabitra M 等（2002）的文章。

第一组实验在圣迭戈军事高光谱数据（126 波段）中选取了 10 个样本点作为光谱端元，并用它们合成 1000 个混合像元。选取拟合平均误差作为评价指标。我们通过变换样本数目和选择波段数目来进行方法性能的详细对比，实验结果如表 3－4 所列。

结果表明，新算法的搜索过程耗时与样本数无关，而预处理过程耗时与待选择的波段数目无关。当样本数目远大于波段数目时，该波段选择算法的复杂性主要集中在快速 PCA 上，在此情形下，新方法较 FS 方法更快。

第二组实验在上面的实验图像中选取 10 类样本作为光谱端元，由它们线性、归一地合成 1000 个样本用来进行波段选择和解混测试。表 3－5 所列为在不同方法以及选择不同波段数目下所获得的解混误差，对比结果显示出了新方法的优势。

表 3-4 两种波段选择方法的 MSE 对比

样本数目 (*NP*)	方法	选择波段数目为 *Nd* 时的 MSE 和运行时间/s			
		Nd = 5	*Nd* = 10	*Nd* = 15	*Nd* = 20
200	FS	0.0141, 0.10	0.0085, 0.13	0.0069, 0.14	0.0058, 0.16
	新方法	0.0098, 0.20	0.0056, 0.24	0.0048, 0.44	0.0043, 0.73
2000	FS	0.0132, 0.23	0.0088, 0.24	0.0072, 0.27	0.0061, 0.28
	新方法	0.0101, 0.34	0.0059, 0.41	0.0053, 0.52	0.0045, 0.84
20000	FS	0.0250, 3.31	0.0111, 3.35	0.0097, 3.33	0.0095, 3.37
	新方法	0.0115, 1.96	0.0065, 2.12	0.0055, 2.44	0.0049, 2.70

表 3-5 两种波段选择方法的解混精度对比

波段选择方法	选择波段数目为 *Nd* 时的解混精度/%						
	Nd = 3	*Nd* = 4	*Nd* = 5	*Nd* = 6	*Nd* = 7	*Nd* = 8	*Nd* = 9
FS	95.56	95.95	96.48	96.85	97.34	97.92	98.70
新方法	95.67	96.00	96.63	96.88	97.42	98.32	98.78

3.7 本章小结

本章重点介绍了 N-FINDR 端元选择算法的快速实现方法，也对其鲁棒性控制等方面进行了研究。

在建立一种计算简单的距离公式的基础上，快速 N-FINDR 算法通过应用距离测试来替换体积计算，大大地降低了算法的复杂度。这样的替换对于光谱端元的选择效果是毫无影响的，唯一改变的只是计算的复杂度。当所选择的光谱端元数目较大时，这种替换的优势越发明显。数据集合的重新排序和光谱端元的有序搜索使其迭代更新速度极大提高，并且降低了算法的局部最优的可能性。

进一步，利用线性 LSSVM 的距离测算功能实现了距离计算，这种距离不仅计算简单，还可以免于降维预处理。对于 SVM 理论，人们更多了解的是它的分类和回归功能，而这里巧妙地利用它进行距离测试，解决了 N-FINDR 算法中的两大难题。需要注意的是，非线性 SVM 和 1-a-r 以外类型的分类器结构无法实现这个目的；而最小二乘类型的 SVM 虽然理论上可以换作普通类型的 SVM，但对于处理这样的超小样本问题效率会大受影响。

此外，本章还针对 N-FINDR 算法易受野值点干扰的弱点提出鲁棒性控制方法，即在数据预处理阶段，应用鲁棒协方差矩阵取代一般协方差矩阵，而在光谱端元搜索过程中通过方邻域检测的方法去除野值点，增加了在光谱端元选择过程中对于野值点干扰的鲁棒性控制。该鲁棒性方法与本章所提出的通过像元预排序来减少算法的迭代搜索次数的方法，可供其他端元选择方法借用。

还需重点说明的是，这种以距离替换体积的思想完全可以应用于另一种常用的基于单纯形体积最大化的端元选择算法——Simplex Growing Algorithms（SGA），具体方法参见著者相关文章，不赘述。

参考文献

Boardman J W, Kruse F A, Green R O. 1955. Mapping target signatures Via Partial Unmixing of AVIRIS Data. Summaries of the V JPL Airborne Earth Science Workshop, pasadena, CA.

Devijver P A, Kittler J. 1980. Pattern Recognition: A Statistical Approach. Englewood Cliffs, NJ: Prentice-Hall.

Green A, Berman M, Switzer P, et al. 1998. A transformation for Ordering Multispectal Data in Terms of Image Quality with Implications for Noise Removal. IEEE Transactions on Geoscience and Remote Sensing, 26: 65 – 74.

Hubert M, Rousseeuw P J, Branden K V. 2005. ROBPCA: a new approach to robust principal component analysis. Technometrics, 47(1): 64 – 79.

Jia X, Richards J A. 1999. Segmented principal components transformation for efficient hyperspectral remote sensing image display and classification. IEEE Trans. Geoscience and Remote Sensing, 37: 538 – 542.

Mitra P, Pal S K, Murthy C A. 2002. Unsupervised Feature Selection Using Feature Similarity. IEEE Trans. Pattern Analysis and Machine Intelligence, 24(3): 301 – 312.

Pabitra M, Murthy C A, Sankar K P. 2002. Unsupervised Feature Selection Using Feature Similarity. IEEE Transactions on Pattern Analysis and Machine Intelligence, 3: 301 – 302.

Rosipal R, Trejo L J, Matthews B, et al. 2003. Nonlinear Kernel-Based Chemometric Tools: a Machine Learning Approach. Proceedings of 3rd International Symposium on PLS and Related Methods (PLS'03), Lisbon, Portugal, 249 – 260.

Winter M E. 1999. N-FINDR: An Algorithm for Fast Autonomous Spectral End-member Determination in Hyperspectral Data. Proc. SPIE Imaging Spectrometry, 3753: 266 – 275.

第4章　高光谱图像光谱解混技术

相对于分类技术，光谱解混（Keshava N 等，2002）即软分类技术起步较晚。虽然高光谱图像的光谱分辨力有很大提高，但是其像元对应的地物目标的空间分辨力却较低，例如 AVIRIS 的空间分辨力为 20m × 20m，这样在一个像元内可能包含两种或两种以上地物目标，即像元是混合的。当感兴趣的目标不足一个像元或几个像元时，所研究分析的对象则主要以混合像元为主。如果仅将一个混合像元归属为某一类，势必带来一定的分类误差，导致分类精度下降，从而影响分析结果的后续应用。作为混合像元处理的最主要技术的光谱解混，就是要去求解混合像元内各混合成分所占的比例，是一种更为精确的分类技术。本章在介绍传统 LSMA 方法之后，重点围绕所提出的基于 SVM 的解混方法展开。

4.1　基于 LSMM 的 LSMA 方法

假定感兴趣的原始类别数为 Nc，光谱波段数为 ND，定义一个 $ND \times Nc$ 矩阵 $\boldsymbol{R}$，使之包含光谱端元的光谱特征向量，则混合模型可以表示为

$$\boldsymbol{x} = \boldsymbol{R}\boldsymbol{P} + \boldsymbol{\varepsilon} \tag{4-1}$$

式中：$\boldsymbol{x}$ 为输入光谱向量；$\boldsymbol{P}$ 为混合比例向量；ε 为估计误差项。

一般 $\boldsymbol{R}$ 假设为满秩，即所有的光谱端元线性无关。在无约束条件下，混合比例向量 $\boldsymbol{P}$ 可通过方程两边同时乘以 $\boldsymbol{R}^{-1}$ 直接求得。若 $\boldsymbol{R}$ 不是满秩的，则 $\boldsymbol{P}$ 的最小二乘求解公式为

$$\boldsymbol{P} = (\boldsymbol{R}^{\mathrm{T}}\boldsymbol{R})^{-1}\boldsymbol{R}^{\mathrm{T}}\boldsymbol{x} \tag{4-2}$$

定义 $\boldsymbol{V}$ 为观察值 $\hat{\boldsymbol{x}}$ 协方差误差矩阵，即 $\hat{\boldsymbol{x}} = \boldsymbol{x} - \boldsymbol{\varepsilon}, \boldsymbol{V} = \boldsymbol{E}(\boldsymbol{\varepsilon}\boldsymbol{\varepsilon}^{\mathrm{T}}))$。若增加归一化约束条件 $\sum_{j=1}^{Nc} \boldsymbol{P}_j$，则由 Fletcher R（1987），混合比例向量的最小平方估计公式为

$$\boldsymbol{P} = \boldsymbol{Z}^{-1}\boldsymbol{t} - \frac{\boldsymbol{Z}^{-1}\boldsymbol{1}}{\boldsymbol{1}^{\mathrm{T}}\boldsymbol{Z}^{-1}\boldsymbol{1}}(\boldsymbol{1}^{\mathrm{T}}\boldsymbol{Z}^{-1}\boldsymbol{t} - \boldsymbol{1}) \tag{4-3}$$

式中：$\boldsymbol{Z} = \boldsymbol{R}^{\mathrm{T}}\boldsymbol{V}^{-1}\boldsymbol{R}$ 为加权自相关矩阵；$\boldsymbol{t} = \boldsymbol{R}^{\mathrm{T}}\boldsymbol{V}^{-1}\boldsymbol{x}$ 为加权互相关向量；$\boldsymbol{1}$ 为元素均为 1 的列向量，这样，式（4－3）可整理为

$$\boldsymbol{P} = \boldsymbol{Z}^{-1}\left(\boldsymbol{I} - \frac{\boldsymbol{1}\boldsymbol{1}^{\mathrm{T}}Z^{-1}}{\boldsymbol{1}^{\mathrm{T}}\boldsymbol{Z}^{-1}\boldsymbol{1}}\right)\boldsymbol{R}^{\mathrm{T}}\boldsymbol{V}^{-1}\boldsymbol{x} + \frac{\boldsymbol{Z}^{-1}\boldsymbol{1}}{\boldsymbol{1}^{\mathrm{T}}\boldsymbol{Z}^{-1}\boldsymbol{1}} \tag{4-4}$$

式中:$\boldsymbol{I}$ 为单位矩阵。

当增加非负性约束条件(ANC)时,混合比例向量 $\boldsymbol{P}$ 的求解优化表达式为

$$\min(\boldsymbol{x}-\boldsymbol{RP})^{\mathrm{T}}(\boldsymbol{x}-\boldsymbol{RP}) \quad \text{s. t. } \boldsymbol{P}\geqslant 0 \tag{4-5}$$

由于约束条件为不等式组,拉格朗日乘子求解方法不再适用。为此,引入常值正约束向量 $\boldsymbol{\theta}=[\theta_1,\theta_2,\cdots,\theta_{Nc}]$,$\theta_i>0,i=1,2,\cdots,Nc$ 作为 $\boldsymbol{P}$ 的待定形式解,这样可得到上式的拉格朗日形式:

$$\boldsymbol{J}=\frac{1}{2}(\boldsymbol{x}-\boldsymbol{RP})^{\mathrm{T}}(\boldsymbol{x}-\boldsymbol{RP})+\lambda(\boldsymbol{P}-\boldsymbol{\theta}),\boldsymbol{\theta}=\boldsymbol{R} \tag{4-6}$$

令式(4-6)关于 $\boldsymbol{\theta}$ 的导数为0,得

$$\left.\frac{\partial \boldsymbol{J}}{\partial \boldsymbol{\theta}}\right|_{\hat{P}_{\mathrm{NCLS}}}=0\Rightarrow \boldsymbol{R}^{\mathrm{T}}\boldsymbol{R}\hat{\boldsymbol{P}}_{\mathrm{NCLS}}-\boldsymbol{R}^{\mathrm{T}}\boldsymbol{x}+\boldsymbol{\lambda}=0 \tag{4-7}$$

由此得到求解混合比例向量的两个迭代方程:

$$\begin{cases}\hat{\boldsymbol{P}}_{\mathrm{NCLS}}=(\boldsymbol{R}^{\mathrm{T}}\boldsymbol{R})^{-1}\boldsymbol{R}^{\mathrm{T}}\boldsymbol{x}-(\boldsymbol{R}^{\mathrm{T}}\boldsymbol{R})^{-1}\boldsymbol{\lambda}=\hat{\boldsymbol{P}}_{\mathrm{LS}}\\ \boldsymbol{\lambda}=\boldsymbol{R}^{\mathrm{T}}(\boldsymbol{x}-\boldsymbol{R}\hat{\boldsymbol{P}}_{\mathrm{NCLS}})\end{cases} \tag{4-8}$$

下面给出带有非负约束条件的迭代求解过程(Du Q 等,2004)。

(1) 初始化。设 $\boldsymbol{S}_+=\{1,2,\cdots,p\}$,$\boldsymbol{S}_-=\varnothing,k=0$。

(2) 应用式(4-2)计算无约束混合比例向量 $\hat{\boldsymbol{P}}_{\mathrm{LS}}$,令 $\hat{\boldsymbol{P}}_{\mathrm{NCLS}}^{(k)}=\hat{\boldsymbol{P}}_{\mathrm{LS}}$。

(3) 在第 k 次迭代中,若 $\hat{\boldsymbol{P}}_{\mathrm{NCLS}}^{(k)}$ 中的分量均为正值,算法结束,否则继续。

(4) 令 $k=k+1$。

(5) 将 $\boldsymbol{S}_+^{(k-1)}$ 中相应于 $\hat{\boldsymbol{P}}_{\mathrm{NCLS}}^{(k)}$ 中负分量的指标移至 $\boldsymbol{S}_-^{(k-1)}$,相应的指标集变为 $\boldsymbol{S}_+^{(k)}$、$\boldsymbol{S}_-^{(k)}$。引入一个新的指标集 $\boldsymbol{S}^{(k)}$ 并令其等于 $\boldsymbol{S}_-^{(k)}$。

(6) 定义 $\hat{\boldsymbol{P}}_{S_-^{(k)}}$ 为包含 $\boldsymbol{S}_1^{(k)}$ 中 $\hat{\boldsymbol{P}}_{\mathrm{LS}}$ 的所有分量。

(7) 通过删除矩阵$(\boldsymbol{R}^{\mathrm{T}}\boldsymbol{R})^{-1}$中相应于 $\boldsymbol{S}_+^{(k)}$ 中指标的所有行和列,形成另一矩阵 $\boldsymbol{\Phi}_P^{(k)}$。

(8) 计算 $\boldsymbol{\lambda}^{(k)}=(\boldsymbol{\Phi}_P^{(k)})^{-1}\hat{\boldsymbol{P}}_{S_-^{(k)}}$。如果 $\boldsymbol{\lambda}^{(k)}$ 的分量均为负,算法进入第(13)步,否则继续。

(9) 计算 $\boldsymbol{\lambda}_{\max}^{(k)}=\arg(\max\boldsymbol{\lambda}_j^{(k)})$,并将 $\boldsymbol{S}_-^{(k)}$ 中相应于 $\boldsymbol{\lambda}_{\mathrm{nax}}^{(k)}$ 的指标移入 $\boldsymbol{S}_+^{(k)}$。

(10) 通过删除矩阵$(\boldsymbol{R}^{\mathrm{T}}\boldsymbol{R})^{-1}$中相应于 $\boldsymbol{S}_+^{(k)}$ 中指标对应的所有列,形成另一矩阵 $\boldsymbol{\Phi}_\lambda^{(k)}$。

(11) 置 $\hat{\boldsymbol{P}}_{S(k)}=\hat{\boldsymbol{P}}_{\mathrm{LS}}-\boldsymbol{\Phi}_\lambda^{(k)}\boldsymbol{\lambda}^{(k)}$。

(12) 将 $\hat{\boldsymbol{P}}_{S(k)}$ 中并属于 $\boldsymbol{S}^{(k)}$ 的负分量由 $\boldsymbol{S}_+^{(k)}$ 移至 $\boldsymbol{S}_-^{(k)}$。如果没有负分量,转至第(6)步。

(13) 通过删除矩阵$(\boldsymbol{R}^{\mathrm{T}}\boldsymbol{R})^{-1}$中相应于$\boldsymbol{S}_{+}^{(k)}$中指标的所有行和列,形成另一个矩阵$\boldsymbol{\Phi}_{\lambda}^{(k)}$。

(14) 置$\hat{\boldsymbol{P}}_{\mathrm{NCLS}}^{(k)}=\hat{\boldsymbol{P}}_{\mathrm{LS}}-\boldsymbol{\Phi}_{\lambda}^{(k)}\boldsymbol{\lambda}^{(k)}$,转至第(3)步。

可以通过设定阈值的方法重新将混合比例向量进行规范化处理。

当增加归一化约束条件时,可引入矩阵$\tilde{\boldsymbol{R}}=\begin{bmatrix}\delta\boldsymbol{R}\\ \boldsymbol{1}^{\mathrm{T}}\end{bmatrix}$、$\tilde{\boldsymbol{x}}=\begin{bmatrix}\delta\boldsymbol{x}\\ \boldsymbol{1}\end{bmatrix}$,并用它们分别替换前面算法中的$\boldsymbol{R}$、$\boldsymbol{x}$得到全约束条件下的求解算法。这里,$\delta$为控制归一化约束影响的参数。

4.2 全约束 LSMA 的两种新型求解方法

4.2.1 迭代求解中的参量替换方法

首先假设某混合像元$\boldsymbol{x}$是由两类地物混合而成的光谱向量,两类地物的估计混合比例分别为p_1、p_2,相应的的光谱端元分别为$\boldsymbol{e}_1$、$\boldsymbol{e}_2$,$\boldsymbol{\varepsilon}$为估计误差项,则有

$$\boldsymbol{x}=p_1\boldsymbol{e}_1+p_2\boldsymbol{e}_2+\boldsymbol{\varepsilon} \tag{4-9}$$

令$p_1=\sin^2\theta$、$p_2=\cos^2\theta$,则$p_1+p_2=1$成立,同时满足$0\leqslant p_1\leqslant 1$、$0\leqslant p_2\leqslant 1$,即满足混合比例的归一化和非负性约束条件。而三角函数为周期函数,当θ遍历$[0,\pi/2]$中的值时便可以保证p_1、p_2取遍$[0,1]$中的任意值。此时,误差项为

$$\begin{aligned}\boldsymbol{\varepsilon}&=\boldsymbol{x}-(p_1\boldsymbol{e}_1+p_2\boldsymbol{e}_2)\\&=\boldsymbol{x}-(\sin^2\theta\boldsymbol{e}_1+\cos^2\theta\boldsymbol{e}_2)\\&=\boldsymbol{x}-[(1-\cos^2\theta)\boldsymbol{e}_1+\cos^2\theta\boldsymbol{e}_2]\\&=\boldsymbol{x}-[\boldsymbol{e}_1+\cos^2\theta(\boldsymbol{e}_2-\boldsymbol{e}_1)]\\&=\boldsymbol{x}-0.5[\cos2\theta(\boldsymbol{e}_2-\boldsymbol{e}_1)+\boldsymbol{e}_1+\boldsymbol{e}_2]\end{aligned} \tag{4-10}$$

即为优化算法中的以$\theta(\theta\in[0,\pi/2])$为自变量,$\boldsymbol{\varepsilon}$为函数值的适应度函数。这样,求解最小均方误差最小值的过程将转化为无约束条件的函数求极值的寻优问题。式(4-10)中的三角恒等变换可以减少优化计算的复杂度。

推而广之,当混和类别数目$N\geqslant 3$时,混合比例分别为$p_1,p_2,\cdots,p_{N-1},p_N$;光谱端元分别为$\boldsymbol{e}_1,\boldsymbol{e}_2,\cdots,\boldsymbol{e}_{N-1},\boldsymbol{e}_N$;$\boldsymbol{\varepsilon}$仍为估计误差项,相应的混合模型为

$$\boldsymbol{x}=p_1\boldsymbol{e}_1+p_2\boldsymbol{e}_2+\cdots+p_{N-1}\boldsymbol{e}_{N-1}+p_N\boldsymbol{e}_N+\boldsymbol{\varepsilon} \tag{4-11}$$

则

$$\begin{aligned}p_1&=\sin^2\theta_1\\p_2&=\cos^2\theta_1\sin^2\theta_2\\&\ \vdots\\p_{N-1}&=\prod_{i=1}^{N-2}\cos^2\theta_i\sin^2\theta_{N-1}\end{aligned}$$

$$p_N = \prod_{i=1}^{N-2} \cos^2\theta_i \cos^2\theta_{N-1} \tag{4-12}$$

则 $p_1 + p_2 + \cdots + p_{N-1} + p_N = 1$ 成立，及 $0 \leqslant p_i \leqslant 1 (i = 1, \cdots, N)$。如前，可限定 $\theta_i (i = 1, \cdots, N)$ 的取值范围为 $[0, \pi/2]$。此时，误差项为

$$\begin{aligned} \boldsymbol{\varepsilon} &= \boldsymbol{x} - (p_1\boldsymbol{e}_1 + p_2\boldsymbol{e}_2 + \cdots + p_{N-1}\boldsymbol{e}_{N-1} + p_N\boldsymbol{e}_N) \\ &= \boldsymbol{x} - (\sin^2\theta_1\boldsymbol{e}_1 + \cos^2\theta_1\sin^2\theta_2\boldsymbol{e}_2 + \cdots + \\ &\quad \prod_{i=1}^{N-2}\cos^2\theta_i\sin^2\theta_{N-1}\boldsymbol{e}_{N-1} + \prod_{i=1}^{N-2}\cos^2\theta_i\cos^2\theta_{N-1}\boldsymbol{e}_N) \end{aligned} \tag{4-13}$$

同样成为无约束条件的优化问题。式(4－13)也可以进行恒等变换来减小计算的复杂度。

进而，该模型可通过田口算法来求解，具体请参阅著者所发表的相关文章。

4.2.2 几何求解方法

3.1.6 节中介绍了简单情形下 LSMM 的几何求解方法，这里进一步介绍全约束条件下的求解方法。记

$$\begin{cases} \boldsymbol{v}_i = \boldsymbol{e}_i - \boldsymbol{e}_{i-1} (i = 1, 2, \cdots, d-1) \\ \boldsymbol{V} = [\boldsymbol{v}_1, \boldsymbol{v}_2, \cdots, \boldsymbol{v}_{d+1}] \end{cases} \tag{4-14}$$

则由端元像元 $\boldsymbol{e}_1, \boldsymbol{e}_2, \cdots, \boldsymbol{e}_d$ 线性、归一地合成的全部向量所对应的空间为矩阵 $\boldsymbol{V}$ 之各列所张成的 $d-1$ 维空间 Γ 而由端元像元 $\boldsymbol{e}_1, \boldsymbol{e}_2, \cdots, \boldsymbol{e}_d$ 全约束地线性合成的全部向量所对应的空间即为由端元像元 $\boldsymbol{e}_1, \boldsymbol{e}_2, \cdots, \boldsymbol{e}_d$ 的 d 个顶点所张成的 $d-1$维凸多面体 Γ_B所在的空间，Γ_B是 Γ 中的一个有界区域。根据最小二乘估计基本理论，混合像元为 $\boldsymbol{s}_0$ 的归一化约束最小二乘估计的本质是：在 $d-1$ 维空间 Γ 内寻找距离 $\boldsymbol{s}_0$ 最近的像元点 $\boldsymbol{s}_0^{\Gamma}$，该点即 $\boldsymbol{s}_0$ 在空间 Γ 内的投影。$\boldsymbol{s}_0$ 的全约束最小二乘估计的本质是：在凸多面体 Γ_B内寻找距离 $\boldsymbol{s}_0$ 最近的像元点 $\boldsymbol{s}_0^{\Gamma_B}$。可见，FCLS－LSMM 的求解即是一种有约束的最小二乘估计问题。在此认识的基础上，我们建立如下的 FCLS－LSMM 的几何求解方法。

1. 三端元情形

二端元几何解混只需一次便可完成，极为简单，故从三端元开始分析。在以上降维方法的辅助下，以下的讨论内容中假定待解混像元均位于由端元像元 $\boldsymbol{e}_1, \boldsymbol{e}_2, \cdots, \boldsymbol{e}_d$ 个顶点所张成的 $d-1$ 维空间 Γ 中。

当混合像元 $\boldsymbol{s}_0$ 落在各光谱端元所形成的凸面体内时，本节方法所求得的混合比例自然满足归一、非负条件，此时所得结果为全约束最小二乘意义下的最优解。但当混合像元 $\boldsymbol{s}_0$ 落在该凸面体外部时，对于正负型测度，将会出现部分混合比例为负的情况，而对于恒正型测度，归一化条件遭到破坏。凸面体外部的像元点在实际中是大量存在的，因此需要做出合理处理。这说明，对光谱解混的几

何求解方法来说，一次解混常常无法获得最优的全约束最小二乘解。以下提出一种渐进寻解的几何方法。

如图 4-1 所示，$\boldsymbol{s}_1$、$\boldsymbol{s}_2$ 和 $\boldsymbol{s}_3$ 位于三角形 $\boldsymbol{ABC}$ 的外部。当只有一个端元所对应的解混分量为负时，例如 $\boldsymbol{s}_1$ 和 $\boldsymbol{s}_2$，则其余两个端元应用于第二次几何解混。当有两个端元所对应的解混分量为负时，不妨设为 $\boldsymbol{A}$、$\boldsymbol{C}$，例如 $\boldsymbol{s}_3$，两个二端元组合($\boldsymbol{A},\boldsymbol{B}$)和($\boldsymbol{B},\boldsymbol{C}$)应用于第二次几何解混。若二端元组合之一的几何解混获得了全约束的结果，则该解混必为最优。如果两个二端元组合($\boldsymbol{A},\boldsymbol{B}$)和($\boldsymbol{B},\boldsymbol{C}$)均未能获得全约束结果，如 $\boldsymbol{s}_2$ 和 $\boldsymbol{s}_3$，则必有某端元所对应的解混分量总为正，该端元即是相应像元的最优估计。

在图 4-1 中，对于像元 $\boldsymbol{s}_1$ 的首次基于正负型测度的几何解混，端元 $\boldsymbol{A}$ 对应负解混分量，相应的解混分量为零，但非负性条件遭到破坏。若将负解混分量直接置零，再将新的分量组合归一化处理，此时虽然全约束条件得到满足，但相应的解混误差增至 $|\boldsymbol{Fs}_1|$。若在首次几何解混时使用的是恒正型测度，解混结果进行归一化处理后相应的解混误差为 $|\boldsymbol{Hs}_1|$，此处 $\boldsymbol{H}$ 满足 $|\boldsymbol{FH}| = |\boldsymbol{Fs}_1| \times |\boldsymbol{AF}| / (|\boldsymbol{AF}| + 2|\boldsymbol{Fs}_1|)$。而对于所提出正负型测度的几何解混，用端元 $\boldsymbol{B}$ 和 $\boldsymbol{C}$ 进行二次解混后的的误差仅为 $|\boldsymbol{Gs}_1|$。显然，$\boldsymbol{G}$ 为像元 $\boldsymbol{s}_1$ 的 FCLS 最优估计。

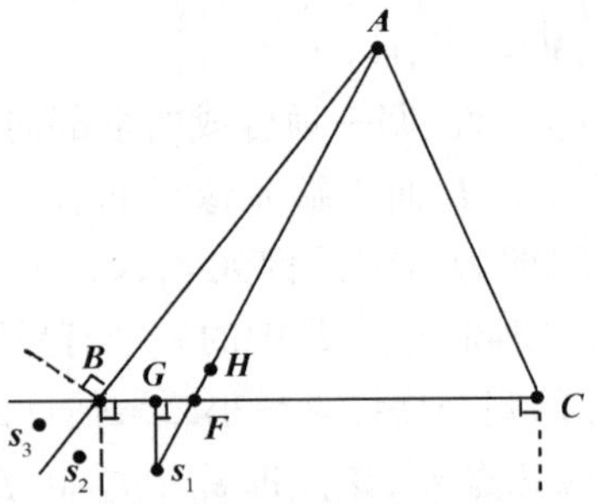

图 4-1　全约束最小二乘最优估计示意图

进一步，对于以上像元 $\boldsymbol{s}$ 的三端元几何解混过程可总结如下。

(1) 首先全部 3 个端元用于几何解混。若解混结果满足全约束条件，则此结果为最优。若有两个端元所对应的解混分量为负，例如 $\boldsymbol{A}$ 和 $\boldsymbol{B}$，并且三角形的内角 $\boldsymbol{ACB}$ 为锐角，则像元 $\boldsymbol{s}$ 的最优全约束估计为 $\boldsymbol{C}$，此时只需一次解混。

(2) 若在全部 3 个端元的几何解混中有一个端元对应的解混分量为负，例如 $\boldsymbol{A}$，则其余两个端元用于二次解混。若二次解混结果为全约束，则此结果为最优。否则，像元 $\boldsymbol{s}$ 的最优全约束估计为 $\boldsymbol{A}$ 和 $\boldsymbol{B}$ 中对应于正解混分量的那个，此时需要两次解混。

(3) 若在全部 3 个端元的几何解混中有两个端元对应的解混分量为负，例如 $\boldsymbol{A}$ 和 $\boldsymbol{B}$，并且三角形的内角 $\boldsymbol{ACB}$ 为钝角，则二端元组合($\boldsymbol{A},\boldsymbol{C}$)和($\boldsymbol{B},\boldsymbol{C}$)依次

用于 $\boldsymbol{s}$ 的几何解混，其中有且只有一组结果为全约束，亦为最优的，此时至多需要 3 次解混。

事实上，大部分的内角为锐角（三角形钝角内角出现的概率为 1/6），从而以上解混过程计算量很小。内角的计算是一次性的，因此其复杂度可忽略不计。

2. 多于三端元的一般性方法

在建立几何 FCLS－LSMA 方法之前，首先强调以下事实成立。

(1) 对于 d 端元解混，如果只有一个负端元（即对应于负解混分量的端元），则此负端元必不包含在最优端元组合中。

(2) 如果多个 m 端元组合能够产生全约束结果，且任何 $m+1$ 端元组合不能够产生全约束结果，则有且只有一个 m 端元组合为最优端元组合。

(3) 对于 d 端元解混，如果有多个负端元，则可能有部分负端元包含在最优端元组合中。

(4) 如果在 d 端元解混中有 d_0 个负端元，则依次去掉一个负端元可形成 d_0 个 $(d-1)$ 端元组合，其中，至多只有一个 $(d-1)$ 端元组合为最优。

(5) 源自不同 $(m+1)$ 端元组合的多个 m 端元组合中，可能有多个 m 端元组合都能产生全约束结果。

第(4)条内容的理解稍显复杂，现以图 4－2 说明这一事实。在像元 $\boldsymbol{s}$ 的四端元解混中，若端元 $\boldsymbol{A}$、$\boldsymbol{C}$ 为负，则 $\boldsymbol{s}$ 必定落在 $\boldsymbol{BF}$、$\boldsymbol{BE}$、$\boldsymbol{BD}$、$\boldsymbol{DG}$、$\boldsymbol{DH}$ 所形成的空间中。当平面与 $\boldsymbol{ABD}$ 平面 $\boldsymbol{CBD}$ 的夹角 θ 为锐角时，$(\boldsymbol{A},\boldsymbol{B},\boldsymbol{D})$ 和 $(\boldsymbol{C},\boldsymbol{B},\boldsymbol{D})$ 两个三端元组合均不能产生全约束的结果。若 θ 为钝角时，$(\boldsymbol{A},\boldsymbol{B},\boldsymbol{D})$ 和 $(\boldsymbol{C},\boldsymbol{B},\boldsymbol{D})$ 只会有一个能产生全约束的结果。进一步，如果 $\boldsymbol{D}$ 也是负端元，根据以上的分析，任何两个三端元组合中至多只会有一个能产生全约束的结果，因此全部三端元组合中也至多只会有一个能产生全约束的结果。

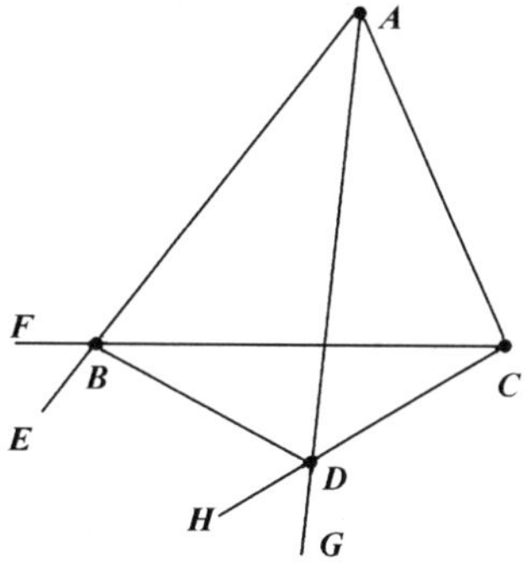

图 4－2　寻找唯一最优三端元组合示意图

利用上述事实，对于像元 $\boldsymbol{s}$ 的 d 端元解混问题，其几何 FCLS－LSMA 过程可描述如下。

步骤 1：首先用全部 d 个端元对像元 $\boldsymbol{s}$ 进行解混。如果所得分量自然满足全约束条件，所得结果即为最优，解混结束。否则，解混处理进入下一步。

步骤 2：如果在上一步中有 d_1 个负端元，则可在 d 端元组合中每次去掉一个负端元，形成 d_1 个 $(d-1)$ 端元组合。然后，依次利用这 d_1 个 $(d-1)$ 端元组合对像元 $\boldsymbol{s}$ 进行解混。若某次解混的结果自然满足全约束条件，则所得结果即为最优，解混结束。如果 d_1 次解混均未获得全约束结果，解混处理进入下一步。

步骤 3：在上一步中的全部 $(d-1)$ 端元组合中依次每次去掉一个负端元，得到互不相同的 d_2 个 $(d-2)$ 端元组合。依次利用这 d_2 个 $(d-2)$ 端元组合对像元 $\boldsymbol{s}$ 进行解混。最优解混结果必存在于自然满足全约束的解混结果之中。对于多组全约束的解混结果，可通过解混误差比较来确定最优结果。若没有自然满足全约束的解混结果，解混处理进入下一步。

步骤 4：继续进行下去，直至二端元组合分析。如果所有的二端元组合解混均未得到全约束的结果，则通过比较解混误差（此时可利用光谱角匹配替换解混误差比较）将像元 $\boldsymbol{s}$ 全部划归为某一端元。最后，对于未包含于最优端元组合中的端元，将其相应的解混分量置为 0，解混完毕。

经过以上的低复杂度过程，最优的 FCLS - LSMA 结果将会产生。虽然以上过程中也包含着若干次的解混，但其本质完全不同于传统迭代的求解方式。

4.3 基于 LSVM 的光谱解混原理

本节首先说明通过 LSVM 与 LSMM 两种光谱解混模型的等效性证明说明前者应用于光谱解混的可行性，进而论证其应用解混的独特优势。

4.3.1 LSVM 与 LSMM 的解混等效性证明

借助图 4 - 3，可视化起见，考虑 3 个光谱端元的情形。在最小二乘意义下，LSMM 对于点 $\boldsymbol{s}$ 解混的闭式公式为

$$\begin{cases} F_{\text{LSMM}}^{A,B,C}(\boldsymbol{P}) = \boldsymbol{\Theta s} \\ \boldsymbol{\Theta} = ([\boldsymbol{A},\boldsymbol{B},\boldsymbol{C}]^{\text{T}}[\boldsymbol{A},\boldsymbol{B},\boldsymbol{C}])^{-1}[\boldsymbol{A},\boldsymbol{B},\boldsymbol{C}]^{\text{T}} \end{cases} \tag{4-15}$$

定义 Δ_{xyz} 为由 $\boldsymbol{x}$、$\boldsymbol{y}$ 和 $\boldsymbol{z}$ 所组成的三角形，其面积表示为 $S(\Delta_{xyz})$；L_{xy} 为由 $\boldsymbol{x}$ 和 $\boldsymbol{y}$ 形成的直线，其长度为 $le(L_{xy})$。假定面积 $S(\Delta_{ABC})$ 为 1，由 LSMM 的内涵可以推知，像元 $\boldsymbol{s}$ 在 LSMA 下，光谱端元 $\boldsymbol{A}$ 所占的比例 $F_{\text{LSMM}}^{A}(\boldsymbol{s})$ 等于 $S(\Delta_{PBC})$，则有

$$F_{\text{LSMM}}^{A}(\boldsymbol{P}) = S(\Delta_{PBC}) = \frac{le(L_{PD})}{le(L_{AD})} \tag{4-16}$$

下面证明 LSVM 解混出的分量 $F_{\text{LSMM}}^{A}(\boldsymbol{s})$ 与式(4 - 16)相等。规定光谱端元

$\boldsymbol{A}$ 为“1”类别，$\boldsymbol{B}$ 和 $\boldsymbol{C}$ 为“0”类别，因此也能推知 D 为“0”类别，即

$$f(\boldsymbol{A})=1, f(\boldsymbol{B})=f(\boldsymbol{C})=f(\boldsymbol{D})=0 \tag{4-17}$$

根据 LSVM 的判别式形式，分量 $F^{A}_{\mathrm{LSVM}}(\boldsymbol{s})$ 可以计算如下：

$$F^{A}_{\mathrm{LSVM}}(\boldsymbol{s})=f(\boldsymbol{s})=f\left(\frac{\boldsymbol{sD}}{\boldsymbol{AD}}\boldsymbol{A}+\frac{\boldsymbol{As}}{\boldsymbol{AD}}\boldsymbol{D}\right)=\frac{\boldsymbol{sD}}{\boldsymbol{AD}} \tag{4-18}$$

由式(4-16)和式(4-18)可见两个结果是相同的。这一相等结论同样可以推广到端元 $\boldsymbol{B}$ 和 $\boldsymbol{C}$ 所对应的分量。

令 l 表示经过点 $\boldsymbol{s}$ 的线段 L_{BC} 的平行线。设 $\boldsymbol{s}'$ 为直线 l 上不同于 $\boldsymbol{s}$ 的另外一点。那么，无论 $\boldsymbol{s}'$ 落在 Δ_{ABC} 内部与否，则两种模型下均可得出 $\boldsymbol{s}'$ 与 $\boldsymbol{s}$ 解混结果相同。

为了推广式(4-18)，令 $F^{j}(\cdot)$ 表示 · 的第 j 个类别的无约束解混分量，$f_j(\cdot)$ 为 1-a-r 型 SVM 的第 j 个输出，则

$$F^{j}(\boldsymbol{x})=f_j(\boldsymbol{x}) \tag{4-19}$$

以上的分析表明：在只利用光谱端元信息和无约束条件下，LSVM 与 LSMA 在解混效果上完全相同。事实上，二者都是基于距离尺度的方法，只是距离测算的方向不同。可以看出，LSVM 与 LSMA 的复杂度也完全相同。为了符合物理意义，光谱解混常按以下方式施加约束条件，即将结果中的负值置为 0 而大于 1 的值置为 1，再将每个像元的解混分量之和通过缩放置为 1。可以看出，在此约束方法下，LSVM 与 LSMA 仍然保持相同效果。

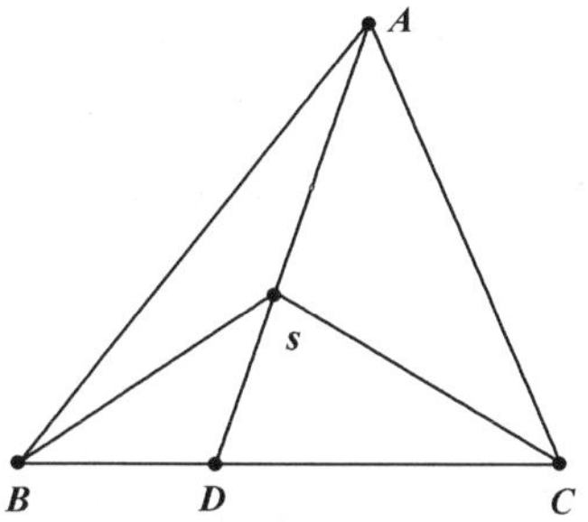

图 4-3　线性 LSSVM 的距离测算功能

4.3.2　LSVM 解混的独特优势

进一步的论述将要说明 LSVM 具有 LSMA 无可比拟的优势。第一方面是关于信息的扩展利用。LSMA 中每类地物只能用一个端元信息来表示，而当类内光谱变化较大时这种表示很不准确，从而导致解混精度的下降。LSVM 则可以方便地利用多个训练样本刻画一个类别，从而获得更为合理的分析模型。在图 4-4 的两类真实高光谱数据中，很显然 LSVM 的分划模型更为合理。

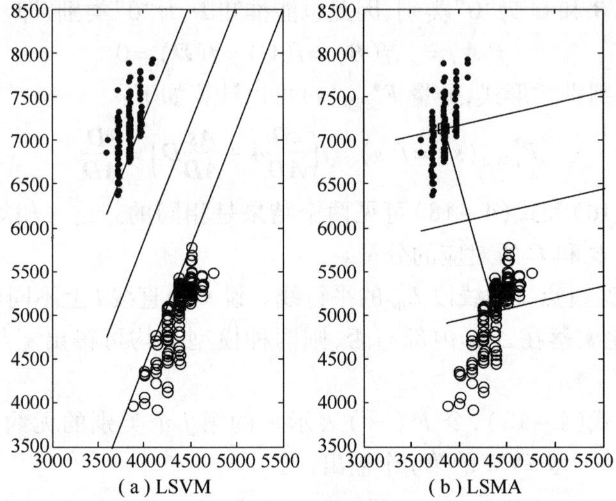

图 4-4　LSVM 与 LSMA 的分划模型对比

第二方面是关于模型的非线性推广。实际的高光谱图像光谱解混问题常为非线性问题而不是线性的,而 LSMA 只是为解决线性问题而提出的,目前尚无有效方法推广到非线性问题中。LSVM 则可以通过引入非线性映射很容易地做到这一点。图 4-5 是一个二维数据的非线性解混示意图。直线 l_4 为 LSVM 对应的判决函数,而 l_2 为非线性 SVM(Nonlinear SVM,NLSVM)对应的判决函数。通过分析可以发现,阴影区域的数据点将会被 LSVM 错误地判决为纯像元,而 NLSVM 则会对其做出更为合理的混合判定。虽然 NLSVM 在处理某些数据点时(例如点 $\boldsymbol{Q}$)可能会弱于 LSVM,但从总体效果来讲,NLSVM 的解混优势将非常明显。

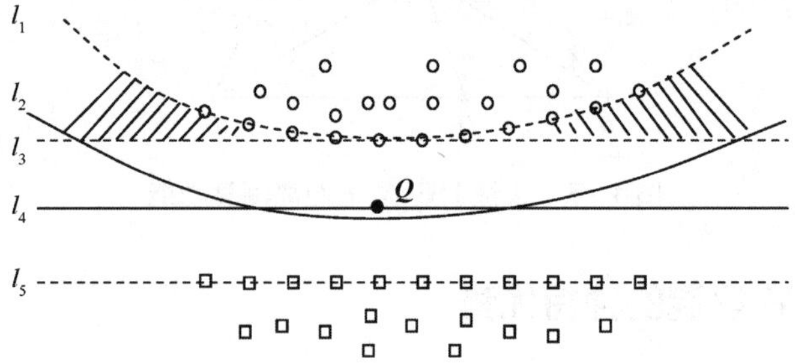

图 4-5　LSVM 与 NLSVM 分化模型对比

4.4　结合空间信息的光谱解混方法

由于在解混中无关类别的参与以及光谱解混模型本身的不足,传统解混方式在解混效果上不令人满意。针对此问题,一些学者从相关类别的选取和解混新模型的建立为着眼点进行了相关研究。Winter M 等(2003)的文章中的逐步解混思想是通过利用光谱信息进行相关类别的选择,但该方法由于实施起来较为复杂而没有得到广泛应用。Qing H 等(1999)、Luo J 等(2002)提出利用空间信息进行相关类别的选择,这样的选择合理性较强,实现起来也相对简单。这两种方法在进行相关类别选择前分别使用了简单的光谱匹配方法和子空间投影方法,解混精度较低。本节提出一种结合空间信息的基于线性最小二乘 SVM(LSSVM)模型的解混方法,用以取得更好的解混效果。现将该方法加以描述和评价。

在高光谱图像中虽然混合像元大量存在,但每个混合像元往往只包含少量的相关类别,并且这些类别与其邻域像元类别关系密切,如图 4-6 所示。如果在解混中恰当地使用这些相关的类别,无疑会取得最好的解混效果。而在解混中引入不相关的类别将会对解混精度产生不良影响。因此准确判断出与待解混混合像元相关的类别尤为重要。

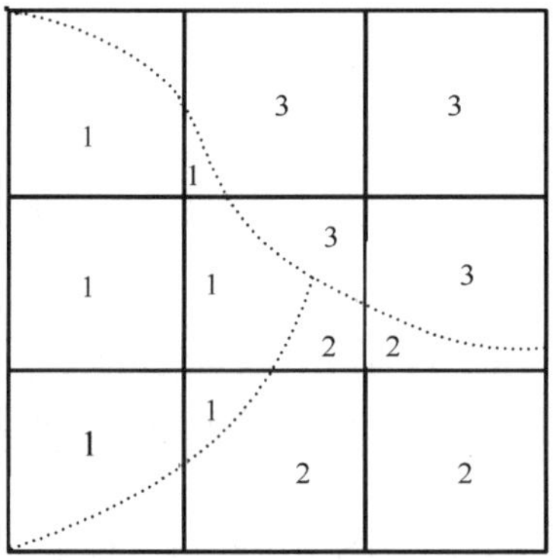

图 4-6　混合像元与其邻域像元的类别关系

空间信息对于确定相关类别是较为有效的。为此,首先对全部像元应用全部类别进行初次解混,然后进行混合像元和非混合像元的区分。根据地物类别的空间相关性,同时承认解混过程存在一定误差,如果某像元被解混为近似光谱端元(即某类混合比例占绝对优势,如 90% 以上),并且其八邻域像元也都解混为近似该类的光谱端元,那么有理由将该像元认定为该类的纯像元并相应地调整其解混值。而对于其他像元,将其视为混合像元处理。对这些混合像元,再利用其八邻域像元所提供的解混类别信息来判定所含相关类别,即累加八邻域像元解混出的各类别分量值,舍弃累加值较小的类别(如累加值在 5% 以下)同时使得剩余类别数不致太多(如少于 4 类)。所有混合像元的相关类别确定之后,便可利用相关类别对混合像元进行更为精确的二次解混,整个过程如图 4-7 所示。

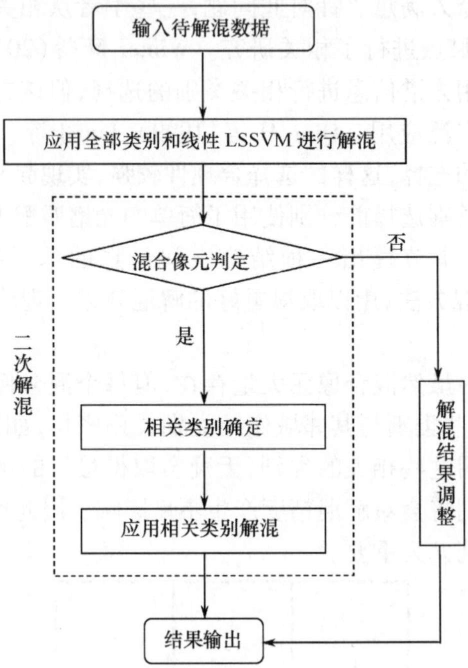

图 4-7　结合空间信息的光谱解混方法框图

4.5　带有解混残差约束条件的 SVM 光谱解混模型

现有的 SVM 模型都是将硬分类误差约束条件纳入优化函数中，而光谱解混的一般评价原则为解混误差也称为软分类误差，二者之间尚存在一定的差异。为此，本节将建立解混残差约束最小二乘型 SVM 新模型。同时，本节还将推导相应的闭式解，以及将新模型中的固定端元替换为变化端元等方法。

最小二乘型 SVM(LSSVM) 因其求解的便利性和符合均方误差最小原则的评价方式而得以广泛流行。该模型以等式约束取代标准 SVM 模型中的不等式约束，使得模型求解由原本复杂的二次规划转为简洁的闭式形式。因此，我们选择 LSSVM 作为解混模型。但是读者需注意，以下的研究内容除了 4.4.2 节推导闭式解以外，对于其他类型的 SVM 仍然有效。

4.5.1　基于原始 LSSVM 的光谱解混

为了更好地理解将要提出的解混残差约束 LSSVM 解混模型，本节先介绍原始硬约束 LSSVM 解混模型。在此模型中，著名的“类核”的思想(Brown M 等，2000)得到了很好的体现。“类核”指的是特征空间的一个特定区域，该区域中的像元为同属于一个类别的纯像元。这是一种非常合理的认定，因为同一类别的像元由于地域的不同以及成像过程中大气和噪声的干扰程度不同导致光谱差别较大。

图 4-8 所示为一种二类别（ω_A、ω_B）、线性可分的 SVM 光谱解混模型示意图。支持向量为两条分类边界上的点，这些像元称为"正纯"像元，两条分类边界之外的点称为"纯"像元。两条分类边界之间的点被认定为混合像元。此时可以建立下面的解混决策规则。

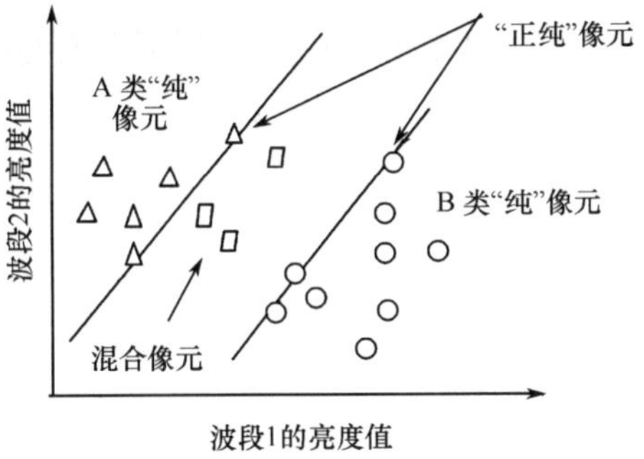

图 4-8　基于 LSVM 的光谱解混模型

给定 n 点训练数据集合 $\{\boldsymbol{x}_i, y_i\}_{i=1}^{Ntr}$，其中输入光谱数据 $\boldsymbol{x}_i \in \boldsymbol{R}^d$，输出类别标号 $y_i = 1, 0, i = 1, 2, \cdots, Ntr$。相应的判别函数可以表示为

$$f(\boldsymbol{x}) = \sum_{i=1}^{Ntr} \alpha_i^* \langle \phi(\boldsymbol{x}_i), \phi(\boldsymbol{x}) \rangle + b^* \quad (4-20)$$

则光谱解混决策规则为

$$\begin{gathered} \text{if } f(\boldsymbol{x}) \geqslant 1 \\ \boldsymbol{x} \in \omega_A, ie.\ \beta_{\boldsymbol{x}}(\omega_A) = 1, \beta_{\boldsymbol{x}}(\omega_B) = 0; \\ \text{if } f(\boldsymbol{x}) \leqslant 0 \\ \boldsymbol{x} \in \omega_B, ie.\ \beta_{\boldsymbol{x}}(\omega_A) = 0, \beta_{\boldsymbol{x}}(\omega_B) = 1; \\ \text{if } 0 < f(\boldsymbol{x}) < 1 \\ \boldsymbol{x} \in \{\omega_A, \omega_B\}, \beta_{\boldsymbol{x}}(\omega_A) = f(\boldsymbol{x}), \beta_{\boldsymbol{x}}(\omega_B) = 1 - f(\boldsymbol{x}) \end{gathered} \quad (4-21)$$

式中：$\beta_{\boldsymbol{x}}(\omega_A)$ 和 $\beta_{\boldsymbol{x}}(\omega_B)$ 为类 ω_A 和 ω_B 的分量值。

对于多类问题，可利用 1-a-r 型多类分类器结构将其转化为多个两类问题。对于每个 SVM 子模型所获得的最优分量值 $\beta_{\boldsymbol{x}}^r(\omega_i)$，利用式(4-22)将其进行归一化处理：

$$\beta_{\boldsymbol{x}}(\omega_i) = \beta_{\boldsymbol{x}}^r(\omega_i) / \sum_{i=1}^{Nc} \beta_{\boldsymbol{x}}^r(\omega_i) \quad (4-22)$$

使得 $\sum_{i=1}^{Nc} \beta_{\boldsymbol{x}}(\omega_i) = 1$。

本质上讲，SVM 解混属于有监督方法，每类监督样本被视为具有不同重要性的端元光谱，SVM 自动赋予不同权值以体现它们对于类别划分的不同作用。这种方式明显优于传统单端元的 LSMA 方法，同时，SVM 也优于 Asner G 等(2000)、Bateson C 等(2000)的多端元光谱解混方法中等同看待每个端元光谱的做法。此外，SVM 的自动端元加权方式使得混合监督数据也同纯监督数据一样可以用来训练 SVM 模型，这是 Asner G 等(2000)、Bateson C 等(2000)多端元光谱解混方法所不能做到的。

4.5.2 基于解混残差约束 LSSVM 的解混模型的建立及其闭式解的推导

不失一般性，对于 Nc 类光谱解混问题，同时考虑其 Nc 个子模型，要求解混误差尽可能小，即

$$\begin{aligned}&\min_{\boldsymbol{w},\boldsymbol{b},\boldsymbol{e}} J(\boldsymbol{w},\boldsymbol{e}) = \frac{1}{2}\sum_{c=1}^{Nc} \|\boldsymbol{w}_c\|^2 + \frac{\gamma}{2}\sum_{i=1}^{Ntr} \boldsymbol{e}_i^{\mathrm{T}}\boldsymbol{e}_i \\ &\text{s. t.}\quad \boldsymbol{e}_i = \sum_{c=1}^{Nc} \boldsymbol{E}_c(\langle \boldsymbol{w}_c, \boldsymbol{x}_i\rangle + b_c) - \boldsymbol{x}_i, \quad (i = 1,2,\cdots,Ntr)\end{aligned} \tag{4-23}$$

式中：Ntr 为训练样本数目；类别数目为 Nc(同时设波段数目 ND)；$\boldsymbol{E}_c$ 为第 c 类样本的光谱端元。

以上约束条件为 $Ntr \times ND$ 个等式，这在下面的等价形式中更为明显：

$$\begin{aligned}&\min_{\boldsymbol{w},\boldsymbol{b},\boldsymbol{e}} J(\boldsymbol{w},\boldsymbol{e}) = \sum_{c=1}^{Nc} \frac{1}{2}\|\boldsymbol{w}_c\|^2 + \frac{\gamma}{2}\sum_{i=1}^{Ntr}\sum_{j=1}^{ND} e_{i,j}^2 \\ &\text{s. t.}\quad e_{i,j} = \sum_{c=1}^{Nc} \boldsymbol{E}_{c,j}(\langle \boldsymbol{w}_c, \phi(\boldsymbol{x}_i)\rangle + \\ &b_c) - x_{i,j}(i = 1,2,\cdots,Ntr; j = 1,2,\cdots,ND)\end{aligned} \tag{4-24}$$

其中：$\boldsymbol{E}_{c,j}$ 为第 c 类地物的光谱端元中第 j 波段的分量值。

以两类线性问题为例，并假定两类问题中的两个子分类器由归一化条件相互联系，即 $\sum_{c=1,2}(\langle \boldsymbol{w}_c, \phi(\boldsymbol{x}_i)\rangle + b_c) = 1$，则式(4-24)成为

$$\begin{aligned}&\min_{\boldsymbol{w},\boldsymbol{b},\boldsymbol{e}} J(\boldsymbol{w},\boldsymbol{e}) = \frac{1}{2}\|\boldsymbol{w}\|^2 + \frac{\gamma}{2}\sum_{i=1}^{Ntr}\sum_{j=1}^{ND} e_{i,j}^2 \\ &\text{s. t.}\quad e_{i,j} = \boldsymbol{E}_{1,j}(\langle \boldsymbol{w}, \phi(\boldsymbol{x}_i)\rangle + \boldsymbol{b}) + \boldsymbol{E}_{2,j}(1 - \\ &\langle \boldsymbol{w}, \phi(\boldsymbol{x}_i)\rangle - \boldsymbol{b}) - \boldsymbol{x}_i(i = 1,2,\cdots,Ntr; j = 1,2,\cdots,ND)\end{aligned} \tag{4-25}$$

相应的拉格朗日方程为

$$L = J(\boldsymbol{w},\boldsymbol{e}) + \sum_{i=1}^{Ntr}\sum_{j=1}^{ND} \alpha_{i,j}[\boldsymbol{E}_{1,j}(\langle \boldsymbol{w}, \phi(\boldsymbol{x}_i)\rangle + \boldsymbol{b}) +$$

$$\boldsymbol{E}_{2,j}(1-\langle \boldsymbol{w},\phi(\boldsymbol{x}_i)\rangle - \boldsymbol{b}) + \boldsymbol{x}_i - e_{i,j}] \tag{4-26}$$

若每个样本数据的混合比例是已知的且满足归一化条件，即当样本 $\boldsymbol{x}_i$ 的正类混合比例为 y_i时，其另一类的混合比例为 $1-y_i$，则有

$$\begin{aligned} e_{i,j} &= ([\langle \boldsymbol{w}_c,\phi(\boldsymbol{x}_i)\rangle + b_c]\boldsymbol{E}_{1,j} + [1-\langle \boldsymbol{w}_c,\phi(\boldsymbol{x}_i)\rangle - b_c]\boldsymbol{E}_{2,j}) - \boldsymbol{x}_{i,j} \\ &= ([\langle \boldsymbol{w}_c,\phi(\boldsymbol{x}_i)\rangle + b_c]\boldsymbol{E}_{1,j} + [1-\langle \boldsymbol{w}_c,\phi(\boldsymbol{x}_i)\rangle - b_c]\boldsymbol{E}_{2,j}) - \\ &\quad (y_i E_{1,j} + [1-y_i]\boldsymbol{E}_{2,j}) \\ &= [\langle \boldsymbol{w}_c,\phi(\boldsymbol{x}_i)\rangle + b_c - y_i]\boldsymbol{E}_{1,j} + [1-\langle \boldsymbol{w}_c,\phi(\boldsymbol{x}_i)\rangle - b_c - 1 + y_i]\boldsymbol{E}_{2,j} \\ &= [\langle \boldsymbol{w}_c,\phi(\boldsymbol{x}_i)\rangle + b_c - y_i]\boldsymbol{E}_{1,j} - [\langle \boldsymbol{w}_c,\phi(\boldsymbol{x}_i)\rangle + b_c - y_i]\boldsymbol{E}_{2,j} \\ &= [\langle \boldsymbol{w}_c,\phi(\boldsymbol{x}_i)\rangle + b_c - y_i][\boldsymbol{E}_{1,j} - \boldsymbol{E}_{2,j}] \end{aligned} \tag{4-27}$$

相应于式(4－26)的对偶问题为

$$\begin{aligned} \min_{\boldsymbol{w},\boldsymbol{b},\boldsymbol{e},\alpha} L(\boldsymbol{w},\boldsymbol{b},\boldsymbol{e},\alpha) = J(\boldsymbol{w},\boldsymbol{e}) - \sum_{j=1}^{ND}\sum_{i=1}^{Ntr}\alpha_{i,j}\{e_{i,j} - \\ [y_i - \langle \boldsymbol{w},\phi(\boldsymbol{x}_i)\rangle - \boldsymbol{b}][\boldsymbol{E}_{1,j} - \boldsymbol{E}_{2,j}]\} \end{aligned} \tag{4-28}$$

其最优 KKT 条件为

$$\begin{cases} \dfrac{\partial L}{\partial w} = 0 \Rightarrow \boldsymbol{w} = \sum\limits_{j=1}^{ND}\sum\limits_{i=1}^{Ntr}\alpha_{i,j}\phi(\boldsymbol{x}_i)[\boldsymbol{E}_{2,j} - \boldsymbol{E}_{1,j}] \\ \dfrac{\partial L}{\partial b} = 0 \Rightarrow \sum\limits_{j=1}^{ND}\sum\limits_{i=1}^{Ntr}\alpha_{i,j}[\boldsymbol{E}_{1,j} - \boldsymbol{E}_{2,j}] = 0 \\ \dfrac{\partial L}{\partial e_{i,j}} = 0 \Rightarrow \alpha_{i,j} = \gamma e_{i,j} \quad (i = 1,2,\cdots,Ntr; j = 1,2,\cdots,ND) \\ \dfrac{\partial L}{\partial \alpha_{i,j}} = 0 \Rightarrow e_{i,j} - [y_i - \langle \boldsymbol{w},\phi(\boldsymbol{x}_i)\rangle - \\ \boldsymbol{b}][\boldsymbol{E}_{1,j} - \boldsymbol{E}_{2,j}] = 0 \quad (i = 1,2,\cdots,Ntr; j = 1,2,\cdots,ND) \end{cases} \tag{4-29}$$

利用消元法消去 $\boldsymbol{w}$ 和 $\boldsymbol{e}$ 后，得

$$\begin{aligned} &\sum_{j=1}^{ND}\sum_{i=1}^{Ntr}\alpha_{i,j}K(\boldsymbol{x}_i,\boldsymbol{x}_{i_0})(\boldsymbol{E}_{1,j} - \boldsymbol{E}_{2,j})(\boldsymbol{E}_{1,j_0} - \boldsymbol{E}_{2,j_0}) + \boldsymbol{b}(\boldsymbol{E}_{1,j_0} - \boldsymbol{E}_{2,j_0}) - \alpha_{i_0,j_0}/\gamma \\ &\quad = y_{i_0}(\boldsymbol{E}_{1,j_0} - \boldsymbol{E}_{2,j_0}) \quad (i = 1,2,\cdots,Ntr; j = 1,2,\cdots,ND) \end{aligned} \tag{4-30}$$

其相应的矩阵方程可表示为

$$\begin{aligned} &\begin{bmatrix} 0 & \vec{\boldsymbol{S}}_{1,Ntr\times ND} \\ \vec{\boldsymbol{S}}_{Ntr\times ND,1} & (\boldsymbol{K}_{Ntr\times Ntr})_{ND\times ND} \otimes (\vec{\boldsymbol{S}}_{Ntr\times ND,1} \times \vec{\boldsymbol{S}}_{1,Ntr\times ND}) + \boldsymbol{I}/\gamma \end{bmatrix} \begin{bmatrix} \boldsymbol{b} \\ \vec{\boldsymbol{\alpha}}_{Ntr\times ND,1} \end{bmatrix} \\ &\quad = \begin{bmatrix} 0 \\ (\vec{\boldsymbol{y}}_{Ntr\times 1})_{ND\times 1} \otimes \vec{\boldsymbol{S}}_{Ntr\times ND,1} \end{bmatrix} \end{aligned} \tag{4-31}$$

式中：向量 $\vec{\boldsymbol{S}}_{1,Ntr\times ND}$、$\vec{\boldsymbol{\alpha}}_{Ntr\times ND,1}$ 分别如式(4－32)、式(4－33)所示；向量 $\boldsymbol{1}_{1\times Ntr}$ 为元素全为 1 的 $1\times Ntr$ 行向量；$\vec{\boldsymbol{S}}_{Ntr\times ND,1}$ 为 $\vec{\boldsymbol{S}}_{1,Ntr\times ND}$ 的转置；$\boldsymbol{I}$ 为阶数为 $Ntr\times ND$ 阶单

位矩阵；$(\vec{y}_{Ntr\times1})_{N_D\times1}$ 为以 ND 个列向量 $\vec{y}_{Ntr\times1}=[y_1,y_2,\cdots,y_{Ntr}]^{\mathrm{T}}$ 顺次连接形成的 $Ntr\times ND\times1$ 列向量；算子 $\otimes$ 表示两个相同维度的向量或矩阵对应位置元素相乘以获得维度不变的向量或矩阵；$\boldsymbol{K}_{Ntr\times ND}$ 为 $Ntr\times ND$ 的核矩阵，即 $\boldsymbol{K}(\boldsymbol{x}_m,\boldsymbol{x}_n)=\langle\phi(\boldsymbol{x}_m),\phi(\boldsymbol{x}_n)\rangle$；$(\boldsymbol{K}_{Ntr\times Ntr})_{ND\times ND}$ 则为以 $\boldsymbol{K}_{Ntr\times Ntr}$ 为子块进行 $ND\times ND$ 重复获得的 $Ntr\times ND$ 阶方矩阵。

$$\begin{aligned}\vec{\boldsymbol{S}}_{1,Ntr\times ND}=[&(\boldsymbol{E}_{1,1}-\boldsymbol{E}_{2,1})\boldsymbol{1}_{1\times Ntr},(\boldsymbol{E}_{1,1}-\boldsymbol{E}_{2,2})\boldsymbol{1}_{1\times Ntr},\cdots,\\&(\boldsymbol{E}_{1,ND}-\boldsymbol{E}_{2,ND})\boldsymbol{1}_{1\times Ntr}]\end{aligned}\tag{4-32}$$

$$\begin{aligned}\vec{\boldsymbol{\alpha}}_{Ntr\times ND,1}=[&\alpha_{1,1},\alpha_{2,1}\cdots,\alpha_{Ntr,1},\alpha_{1,2},\alpha_{2,2}\cdots,\alpha_{Ntr,2},\cdots,\\&\alpha_{1,ND},\alpha_{2,ND}\cdots,\alpha_{Ntr,ND}]^{\mathrm{T}}\end{aligned}\tag{4-33}$$

定义 (a^*,b^*) 为式(4－31)的解，则相应的软分类判别函数为

$$f(\boldsymbol{x})=\sum_{i=1}^{Ntr}\alpha_i^*\boldsymbol{K}(\boldsymbol{x}_i,\boldsymbol{x})+b^*\tag{4-34}$$

$\phi(\boldsymbol{x})=\boldsymbol{x}$ 对应于线性情形，此时上面的判别函数可以取得如下形式：

$$f(\boldsymbol{x})=\langle\boldsymbol{w}^*,\boldsymbol{x}\rangle+b^*\tag{4-35}$$

这里 $\boldsymbol{w}^*$ 可以通过求解式(4－29)获得。利用函数式(4－35)求解解混分量值的复杂性明显远小于传统 LSMA。

4.5.3 新模型中单端元替换为多端元的方法

传统 LSMA 解混误差之所以不尽人意，主要因为 LSMM 用单一的端元光谱来作为一个类别的代表，而这种方式对于类内光谱变化较大的高光谱图像来说很不准确。原始 SVM 模型用多个纯样本来刻画一个类别，克服了 LSMM 模型的缺陷。上面的 SVM 新模型对约束条件进行了改进，但式(4－27)中却再次引入了这种僵化表示。为此，需要再次利用训练纯样本来替换固定端元。

由于每个混合样本都是利用已知的纯像元并根据已知的比例合成的，相对于传统 LSMM 模型中的固定端元，这些纯像元可以作为变化端元，用以全面刻画高光谱数据的类内变化。这样，对于每个混合训练样本 $\boldsymbol{x}_i$，总有与之相关的特有的端元组合 $\{\boldsymbol{E}_1^i,\boldsymbol{E}_2^i\}$，将它们引入 SVM 新模型中将会完全传承 SVM 解混模型的优势、避免端元僵化而带来的问题。

对于多类解混问题，事实上并不能像式(4－23)那样将 Nc 类问题的 Nc 个子分类模型作联合考虑。理论和实验表明，上面的过程将导致式(4－31)中矩阵的欠定而无法准确求解。因此，须按经典的 1－a－r 方式将其分解为 Nc 个两类问题加以解决。此时，需要为每个子解混模型中的每个样本确定其特有的端元组合 $\{\boldsymbol{E}_1^i,\boldsymbol{E}_2^i\}$。在混合数据的合成过程中，与样本 $\boldsymbol{x}_i$ 相关的纯像元(即端元)有 Nc 个：$\{\boldsymbol{E}_1^i,\boldsymbol{E}_2^i,\cdots,\boldsymbol{E}_{Nc}^i\}$，相应的合成比例为 $\{\lambda_1^i,\lambda_2^i,\cdots,\lambda_{Nc}^i\}$，于是有 x_i =

$\sum_{j=1}^{Nc}\lambda_j^i \boldsymbol{E}_j^i$。对于第 $k(1\leqslant k\leqslant Nc)$ 个子解混模型,第 k 类为正类,故 $\boldsymbol{E}_k^i$ 为其第一个对应端元,其混合比例为 λ_k^i,若将其余成分作为一个整体看待,则其混合比例为 $\lambda_{\bar{k}}^i = 1-\lambda_k^i$,由此可求得 x_i 的另一个对应端元 $\boldsymbol{E}_{\bar{k}}^i$:$\boldsymbol{E}_{\bar{k}}^i=(x_i-\lambda_k^i \boldsymbol{E}_k^i)/(1-\lambda_k^i)$,满足关系式 $x_i=\lambda_k^i \boldsymbol{E}_k^i+\lambda_{\bar{k}}^i \boldsymbol{E}_{\bar{k}}^i$。

4.6 性能评价

4.6.1 基本 SVM 光谱解混性能评价

光谱解混结果的评价通常有解混精度、光谱解混分量图、信度曲线等,应用之前先将其加以描述。

(1) 解混精度:设像元点总数为 Ne,混合类别总数为 Nc,第 j 类别成分在第 i 个像元中所占的真实比例和解混比例分别为 P_i^j、$\hat{P}_i^j$,则解混精度 $\mathrm{Acc}=\sum_{i=1}^{Ne}\sum_{j=1}^{Nc}(P_i^j-\hat{P}_i^j)^2$。它是一种客观评价指标,也是最方便、最常用的评价指标。

(2) 光谱解混分量图:是某类别成分在图像各像元中所占比例的二维灰度显示,每个类别对应一幅解混分量图。

(3) 信度曲线:为二维平面曲线,表示在不同容许解混误差(横坐标)下相应的样本解混的正确率(纵坐标)。

选取印第安农林高光谱数据中的二类数据各 500 个(对应类别标号分别为 14,11),平均化后获得两类代表光谱,如图 4-9 所示。将每类数据等分为 10 组,并渐增地赋予对应系数。第 k 组中,第一类数据的光谱乘以权值系数 $0.05+(k-1)\times 0.1$,第二类数据的光谱乘以权值系数 $0.95-(k-1)\times 0.1$,然后通过

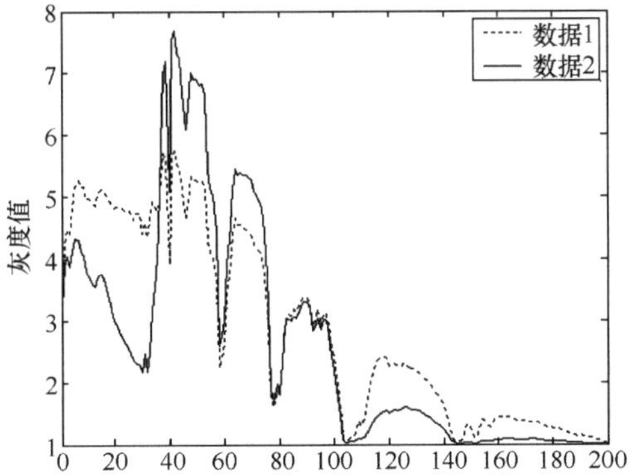

图 4-9 两类代表光谱

对应求和来获得第 k 组合成数据。通过这样的方式,两类数据按照先后顺序合成为500个混合数据。这种数据混合状态可由图4-10(a)直观地表示(第1类对应白色,第2类对应黑色)。实验中,选取上述两个类别中余下的各500个数据点作为SVM学习的训练样本,同时应用它们求得两类代表光谱作为LSMA解混过程的光谱端元。图4-10(b)、(c)与表4-1分别给出了解混结果的分量图对比和数据对比。易见,基于SVM的光谱解混方法有着更加良好的解混效果。图4-11中的光谱解混信度曲线也直观地显示了这种对比效果。

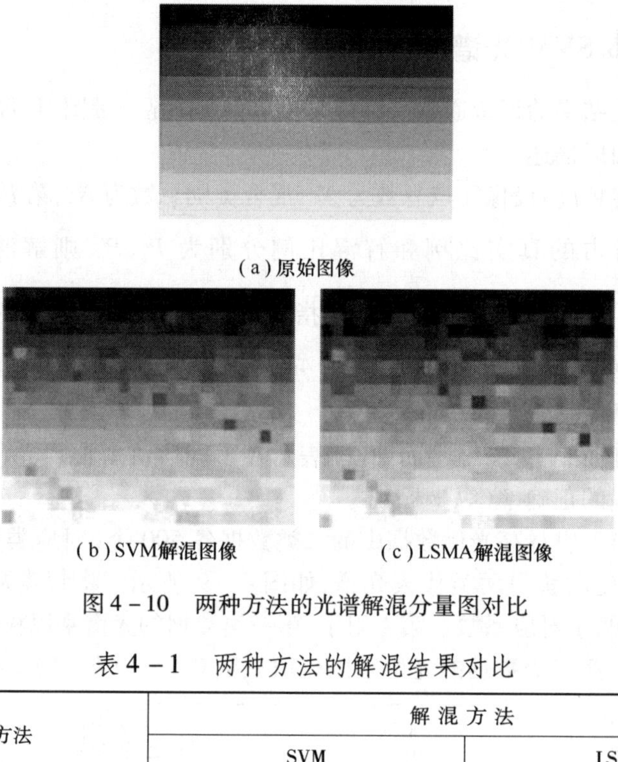

(a)原始图像

(b)SVM解混图像　　(c)LSMA解混图像

图4-10　两种方法的光谱解混分量图对比

表4-1　两种方法的解混结果对比　(单位:%)

评价方法	解混方法	
	SVM	LSMA
解混精度	93.12	90.92
绝对误差均值	0.0329	0.0471

另一组实验同样有力地说明了SVM解混的优势。如图4-12所示,上排为印第安农林高光谱图像中的子图像及其在两种方法下的光谱解混分量图,图像大小为15×15。手动选取训练样本40个(每类20个)。可以看出,在SVM解混结果中两类地物得到了更好的体现。下排实验图像来源于圣迭戈军事高光谱图像的子图像及其相关解混分量图,图像大小为40×50。实验中,目标光谱和背景光谱均为手动选取(每类100个)。在LSMA的解混结果中,左上角的背景解混误差较大,而在SVM的解混结果中,目标和背景都得到了较为准确的显示。

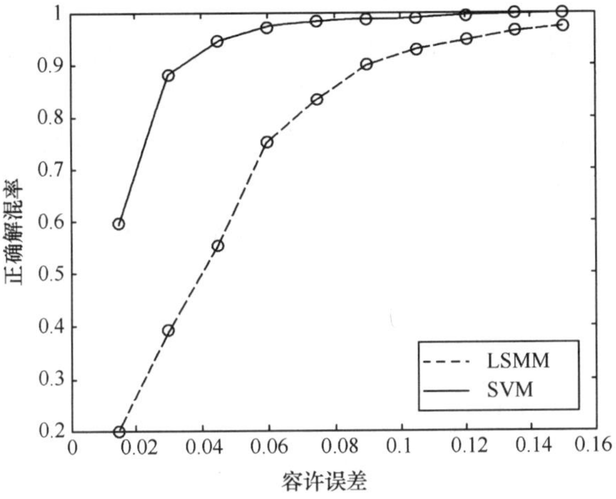

图 4－11　两种方法的解混信度曲线对比

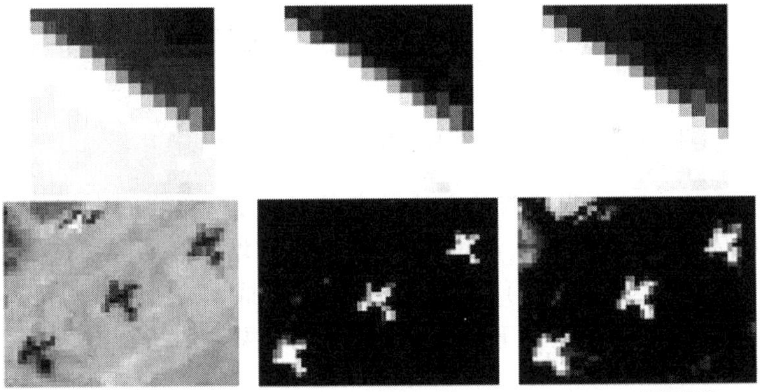

(a) 原始图像　(b) SVM解混图像　(c) LSMA解混图像

图 4－12　两种方法的光谱解混分量图对比

4.6.2　鲁棒性加权 SVM 解混评价

这里的鲁棒性加权解混方法本章并未详细给出，它是指利用第 3 章 SVM 全面加权分类中的样本加权方法，从而在 SVM 解混过程中用以获得对于非典型样本的鲁棒性。下面通过与传统基于训练误差的最小二乘 SVM 加权（以下简记为 E－WLSSVM）方法的对比来表明所提出的基于距离的加权方法（以下简记为D－WLSSVM）的效率。继续采用农林高光谱数据。3 组不同的类别对、SMO 算法和 MSE（Mean Square Error）评价准则应用于本实验。MSE 准则定义如下：

$$\text{MSE} = \frac{1}{Nte}\sum_{k=1}^{Nte}[y(k) - f(\boldsymbol{x}_k)]^2 \tag{4-36}$$

式中：Nte 为测试样本总数；$f(\boldsymbol{x}_k)$ 为解混方法所对应的模糊判决函数。

首先，在实验 1 中，应用印第安农林高光谱数据中大豆与林地两种类别（训练样本各 500，测试样本各 500）和线性核函数对两种方法的推广能力进行对比。对比的结果如图 4－13 所示。参数 γ 的值通过 2^k 来表示，整数 k 由 －10 连续变动到 10。由图 4－13 可见，D－WLSSVM 较 E－WLSSVM 有着更好的推广能力。

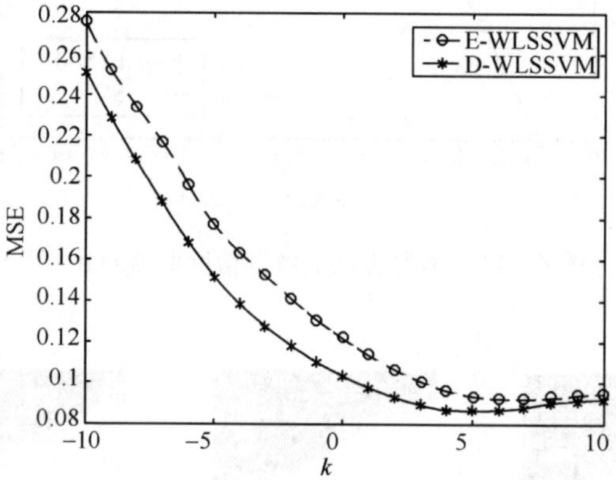

图 4－13　推广能力对比（线性核）

实验 2 旨在对比测试两种方法的鲁棒特性，为此我们在实验 1 数据的部分数据（训练样本各 100，测试样本各 100）中增加高斯噪声（均值为 0，方差 σ^2 分别为 0.1，0.2，0.3），并将测试数据合成 100 个有监督混合数据。表 4－2 所示为在这种条件下的解混结果，该结果显示了新方法具有更好的鲁棒特性。

表 4－2　鲁棒性能对比　（单位：%）

解混方法	不同参数 σ^2 下的解混精度		
	$\sigma^2=0.1$	$\sigma^2=0.2$	$\sigma^2=0.3$
E－WLSSVM	81.71	81.69	81.43
D－WLSSVM	84.61	84.37	84.47

这两组实验的加权平均计算时间如表 4－3 所列。在训练样本数目较少（少于 200）时，D－WLSSVM 算法用时约为 E－WLSSVM 算法的 1/3；而当训练样本数目增加到 1000 时，D－WLSSVM 算法用时不足 E－WLSSVM 算法的 1/15。由前面的权值计算公式不难看出，D－WLSSVM 算法计算权值的复杂度只随训练样本数目的增加而线性增加，而 E－WLSSVM 则随训练样本数目的增加

呈现二次增加的趋势。因此,对于海量训练样本的加权问题,D - WLSSVM 有着更高的效率。对于非线性核函数的情形,D - WLSSVM 算法的相对效率更高,这里不再详细列举实验结果。

表 4 - 3 计算时间对比 （单位:s）

解混方法	计算时间/s	
	实验 1	实验 2
E - WLSSVM	156.0	6.960
D - WLSSVM	10.32	2.460

在最后的实验中,应用草地—林地类别对两种方法的稀疏近似能力进行了对比。由于 LSSVM 算法所得到的支持向量具有稠密性,不能进行不同参数 γ 下支持向量数目的对比,因此来进行相同支持向量数目下的解混效果对比。采用前面所说的稀疏近似方法,每次迭代中 95% 的当前训练样本被选作支持向量。实验选用 0,5,10,…,60 次迭代所对应的支持向量数目。图 4 - 14 表明 D - WLSSVM有着更好的稀疏近似能力。当支持向量数目降至 10 时, D - WLSSVM解混效果依然较好,而 E - WLSSVM 的解混效果已经严重恶化。

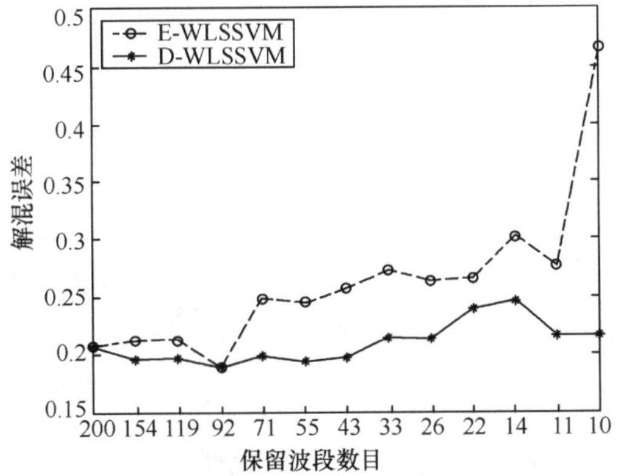

图 4 - 14 稀疏近似能力对比

4.6.3 结合空谱信息的解混方法评价

由于高光谱图像很难获得地面真实监督数据,因此光谱解混的评价问题变得极为困难。针对该问题,Hassan Emami 提出一种基于硬监督指标的评价方法,为我们的实验分析提供了一种评价标准。现将该评价方法描述如下:

为了计算校正系数 CC,首先需要得到地面真实图的每类地物的二值图像,若用 B_i表示第 i 类地物的二值图像,则有

$$B_i(j,k)=\begin{cases}1 & (\text{若地面真实图}(j,k)\text{处所对应地物为第}\ i\ \text{类别})\\ 0 & (\text{其他})\end{cases}\quad (i=1,2,\cdots,N)\tag{4-37}$$

再记 AM_i,F_i 分别为第 i 类地物的解混精度图和解混分量图,则有

$$AM_i(i,j)=B_i(j,k)\cdot F_i(j,k)\qquad (i=1,2,\cdots,N)\tag{4-38}$$

记

$$S_i=\sum_{j=1}^{r}\sum_{k=1}^{c}Am_i(j,k)\tag{4-39}$$

那么,校正系数 CC 可由下式求出:

$$CC=(\sum_{i=1}^{N}S_i)/Ng\tag{4-40}$$

校正系数 CC 也可逐类求出:

$$CC_i=S_i/Ng_i\tag{4-41}$$

式中:Ng_i 为第 i 类地物像元总数。

实验依然利用印第安农林高光谱图像。选取真实图中的 4 类地物(大豆、林地、草、苜蓿)作为实验数据(如图 4-15 所示,图中 4 个不同的亮度代表 4 个不同的地物类别)。图 4-15 中亮区为所提出方法下提取的混合像元区域。表 4-4 所列为所提出方法与传统 LSMA 方法的解混精度对比。本节所提出的结合空间信息的光谱解混方法较传统光谱解混方法在解混精度上平均提高了约 10 个百分点。图 4-16 所示为两种方法下的 4 类地物光谱解混分量图的对比。易见,所提出方法较之传统解混方法有着明显的优势。

图 4-15　原始图像及其混合区域提取

表 4-4　解混精度对比　(单位:%)

解混方法	各类解混精度				平均解混精度
传统方法	78.26	68.50	91.96	83.69	80.62
提出方法	90.03	83.69	97.61	88.68	90.00

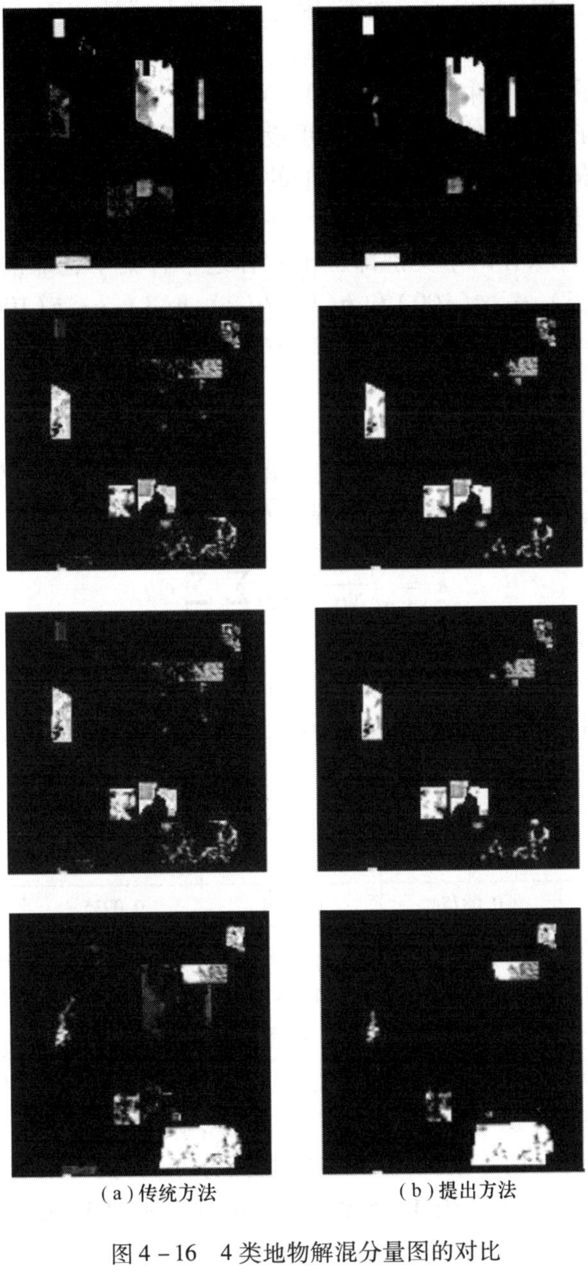

(a)传统方法　　　　(b)提出方法

图4－16　4类地物解混分量图的对比

4.6.4　带有解混误差约束的新型SVM解混模型的性能评价

为简便起见,简记各种解混模型如下:原始硬约束线性SVM记为LSVM;解混残差约束、固定端元的线性SVM记为FLSVM;解混残差约束、变化端元的线性 SVM 记为 VLSVM；解混残差约束、固定端元的非线性 SVM 记为 FNLSVM；解混残差约束、变化端元的非线性 SVM 记为 VNLSVM。再次说明，“F”和“V”都是本章提出的解混残差约束方法，只是“V”又增加了“变化端元”的改进手段。将它们分开是为了更好地体现不同改进手段的解混性能提升情况。

仍然采用农林遥感图像来验证我们的模型。我们应用 Wang L 等(2009)的波段选择方法，选择 5 个波段用于对比实验。这 5 个波段是 17、29、41、97、200。

第 1 组实验中，在两个类别即玉米和林地中各集中选取前 100 个纯像元 $\boldsymbol{a}(1),\boldsymbol{a}(2),\boldsymbol{a}(3),\cdots,\boldsymbol{a}(100)$ 和 $\boldsymbol{b}(1),\boldsymbol{b}(2),\boldsymbol{b}(3),\cdots,\boldsymbol{b}(100)$。混合比例设置为 $\alpha_k = k\times 0.01 - 0.005, k=1,2,\cdots,100$。然后 100 个混合像元依下式得出：

$$\boldsymbol{m}(k) = \alpha_k \boldsymbol{a}(k) + (1-\alpha_k)\boldsymbol{b}(k), k=1,2,\cdots,100 \tag{4-42}$$

同样地，由每类各取 1000 个纯像元，可以得到 1000 个测试混合数据。各种解混模型的解混误差如表 4-5 所列。解混误差公式为

$$e = \sqrt{\frac{1}{Ntr \times ND}\sum_{i=1}^{Ntr}\sum_{j=1}^{ND} e_{i,j}^2} \tag{4-43}$$

式中：$e_{i,j}$为单次解混误差。

LSMA 的训练误差是指该模型实施在训练样本集上的解混误差。由表 4-5 可见，各种方法的效果由好到差依次为：VLSVM、FLSVM、LSVM、LSMA。

表 4-5　训练误差和测试误差对比(训练样本集中选取)

方法	VLSVM	FLSVM	LSVM	LSMA
训练误差	0.0730	0.0737	0.0832	0.0879
测试误差	0.0875	0.0894	0.0935	0.1276

第 2 组实验中，两个类别各均匀抽取 100 个纯像元，然后按照前面的方式合成混合数据的训练样本和测试样本。4 种方法所获得的解混误差如表 4-6 所列。如同实验 1 一样，VLSVM 再次取得最佳解混效果，LSMA 则仍然最差。比较表 4-5 和表 4-6 中训练误差变化情况可以发现，不同的纯像元抽取方式对于 LSVM 的训练误差影响较小，而对于 LSMA 影响很大，因为后者不能体现类内像元分布状态，当训练数据均匀选取时，其分布更为分散，导致 LSMA 取得很差的训练效果。再比较表 4-5 和表 4-6 中 3 种 SVM 模型的测试表现可以发现，良好地选择训练样本充分地体现了整个类别分布，可以提高该模型的泛化能力。

表 4-6　训练误差和测试误差对比(训练样本均匀选取)

方法	VLSVM	FLSVM	LSVM	LSMA
训练误差	0.0781	0.0852	0.0896	0.1335
测试误差	0.0839	0.0858	0.0909	0.1276

第 3 组实验中,解混的类别总数也增加到 3 类(玉米、林地、初生大豆),带有高斯核函数的非线性 SVM 也参加到对比实验中。表 4－7 的结果表明,非线性 SVM 模型的效果好于线性 SVM 模型,这与传统硬分类中的比较情况一致,这是由于虽然软分类和硬分类不完全相同,但二者之间仍有着密切的联系。将本组实验与前两组实验相比较不难看出,随着类别数目的增加,SVM 相对于 LSMM 的优势更为明显。

表 4－7　训练误差和测试误差对比(训练样本均匀选取)

方法	VNSVM	FNSVM	VLSVM	FLSVM	LSMA
测试误差	0.0677	0.0716	0.0784	0.0791	0.1858

最后,对第 2 组、第 3 组实验中的两种解混问题,将所提出方法与 3 种高效的多端元光谱解混方法,即蒙特卡罗方法(u_MC)、簇解混方法(u_Bundle)、基于 ViperTools 多端元光谱混合分析(u_VT)进行效果比较。图 4－17 中的结果表明,所提出的方法效果好于其他对比方法。通过分析可以知道,u_Bundle 和 u_VT 优于传统 LSMA 方法的地方就在于将传统每类固定的端元自动扩展到一个合理范围。但此类方法由于选用较少训练样本,考虑类别分布状态的能力会略差。u_MC 虽然考虑大量的训练样本,但仅属于简单模型的统计平均,缺乏合理性和智能性。SVM 方法考虑更多的训练样本,而其智能性克服了 u_MC 的不足,最充分地考虑了类别分布状态,也不存在理论结果不唯一的问题。

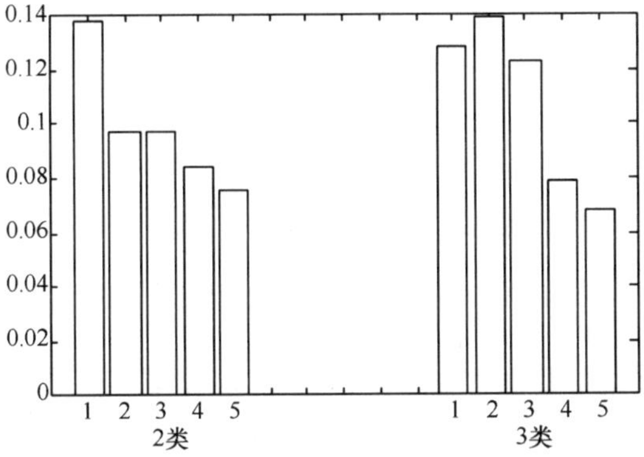

图 4－17　几种多端元解混方法的效果比较

1—u_MC; 2—u_Bundle;3—u_VT; 4—VLSVM; 5—VNSVM。

4.7　光谱解混的模糊精度评价方法

4.7.1　模糊精度评价方法

解混性能评价一般采用均方根误差:

$$\text{error} = \frac{1}{IK}\sum_{i=1}^{Nc}\sum_{k=1}^{Ne}(\beta_k(\omega_i)^* - \beta_k(\omega_i)) \tag{4-44}$$

式中：$\beta_k(\omega_i)^*$，$\beta_k(\omega_i)$为第 k 个像元的解混结果和真实监督结果；Nc 为类别总数，Ne 为像元总数。

确定性评价(Crisp/deterministic assessment)假定光谱数据绝对正确，但由于人工误差、配准误差以及类内变化的存在，这种假定是不现实的。光谱解混模型的发展进化已经考虑了这一问题，同样地，相应的评价准则也应对其有所考虑。为此，针对各种不确定性下面提出一种模糊评价方法。

对于连续变化的类别硬分类问题，已有学者为其建立了模糊评价方法，即通过扩展相应的混淆矩阵的主对角元素来完成的(Strahler A 等，2006)。在传统确定性评价中，只有混淆矩阵的主对角上的元素被认为分类正确，而在模糊评价准则中，次对角元素的分类结果也被认为是可以接受的。我们将这一方式推广应用至软分类评价中，建立像元水平的模糊精度和解混分量水平的模糊均值误差。

以 T_u 表示解混估计误差的容许阈值，相应的模糊均值误差准则建立如下：

$$\begin{aligned}
&\textit{if}\ (\beta_k(\omega_i)^* - \beta_k(\omega_i)) < T_u \\
&\textit{then}\ e_k^{(f)}(\omega_i) = 0 \\
&\textit{else}\ e_k^{(f)}(\omega_i) = (\beta_k(\omega_i)^* - \beta_k(\omega_i)) - T_u \\
&\textit{end}
\end{aligned} \tag{4-45}$$

总体模糊均值误差为

$$e^{(f)} = \frac{1}{Cn}\sum_{i=1}^{C}\sum_{k=1}^{n} e_k^{(f)}(\omega_i) \tag{4-46}$$

下面建立解混误差矩阵以建立像元水平的模糊精度准则。设解混分量的地面真实分辨率为 $r_g\%$，则对于每个类别来说就有$(100/r_g)+1(=M)$个级别的连续变化层次。这些变化层次类似于上面硬分类中的连续变化的各个类别，而这里的“类别”连续性更强，因此更适合于建立如上的模糊规则。再设解混分量的计算分辨率为 $r_u\%$，则有$(100/r_u)+1=(=N)$个级别的连续变化层次。由此可以得到一个 N 行 M 列的解混误差矩阵。当 $r_u=r_g$时，解混误差矩阵为方阵。表 4-8 所列为 $M=6, N=6$，即 $r_u=r_g=20$ 的情形。当 $r_u<r_g$时，解混误差矩阵为矩形阵。表 4-9 所列为 $M=6, N=11$，即 $r_u=10$、$r_g=20$ ($r_g=2r_u$) 的情形。

确定性评价准则只认为表 4-8 和表 4-9 中黑色的元素为正确分类的像元。而在模糊准则中，灰色的元素的“分类”结果也认为是可以接受的。

理想情况下，地面真实分辨率和解混分量的计算分辨率均无限高，即 r_u 和

表 4 -8　误差矩阵说明($r_u = r_g$)

误差矩阵		地面真实值/%					
		0	20	40	60	80	100
专题制图值/%	0						
	20						
	40						
	60						
	80						
	100						

表 4 -9　误差矩阵说明($r_g = 2r_u$)

误差矩阵		地面真实值/%					
		0	20	40	60	80	100
专题制图值/%	0						
	10						
	20						
	30						
	40						
	50						
	60						
	70						
	80						
	90						
	100						

r_g均为 0,此时的解混误差矩阵变为一个方形空间,如表 4 - 10 所列。某像元的解混情况确定了该像元落在解混误差矩阵的空间位置。例如,该像元关于某类别的计算分量为 a,真实分量为 b,则该像元在解混误差矩阵的空间坐标为(a,b)。如果按照确定性评价准则,只有严格落在具有“零面积”的对角线上的像元才是正确“分类”的,而从概率上讲这种精度一般为零。而在模糊规则下,落在以对角线上为中心,上下一定阈值扩展的带状区域内的像元均视为“分类”正确。

同硬分类的模糊评价一样,此处同样可以建立生产者精度和使用者精度。

当类别数为 2 时,在归一化约束下,每个像元关于第一类的解混绝对误差完全等同于关于第二类的解混绝对误差,因此只需计算一组模糊精度。当类别数大于 2 时,则可为每个类别计算一组模糊精度。

表 4-10 误差矩阵说明($r_u = r_g = 1$)

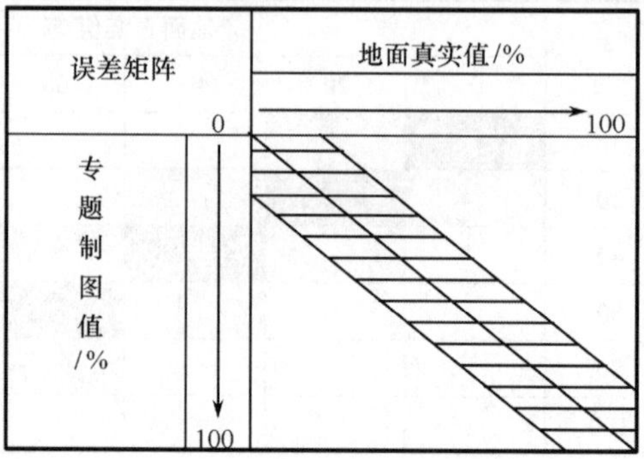

4.7.2 模糊精度评价方法在具体实验中的应用

再次选用 4.5.1 节中的 500 个纯数据,用它们合成混合数据。

1. 实验 1

第一组实验使用合成高光谱数据,监督分量分辨率为 10%。

记原始 1000 个 200 维的高光谱纯像元为 $\boldsymbol{a}(1), \boldsymbol{a}(2), \boldsymbol{a}(3), \cdots, \boldsymbol{a}(500)$ 及 $\boldsymbol{b}(1), \boldsymbol{b}(2), \boldsymbol{b}(3), \cdots, \boldsymbol{b}(500)$,他们均源自印第安农林遥感数据。混合数据合成如下。

取混合分量为 $\alpha_j = 0.1 \times j, j = 1, 2, \cdots, 10$。对于每个 α_j,生成 100 对 1 至 500 间的随机整数 p_k 和 q_k, $k = 1, 2, \cdots, 100$。混合光谱依下式合成:

$$\boldsymbol{m}_j(k) = \alpha_j \boldsymbol{a}(p_k) + (1 - \alpha_j)\boldsymbol{b}(q_k), \quad (k = 1, 2, \cdots, 100; j = 1, 2, \cdots, 10) \tag{4-47}$$

纯像元的随机组合模拟了噪声环境下的光谱不确定性变化。

500 个纯像元中,300 个用于训练,其余的 200 个与混合数据一同用于测试。进行了 6 种解混方法的比较,即基于均值的全约束最小二乘线性光谱解混模型(u_FCLS)、蒙特卡罗方法(u_MC)、簇解混方法(u_Bundle)、基于 ViperTool 的多端元光谱混合分析(u_VT)、线性 SVM 解混方法(u_LSVM)、非线性 SVM 解混方法(u_NSVM)。非线性 SVM 中采用的是高斯核函数,u_FCLS 采用纯训练像元的均值作为端元。其他方法利用整个纯训练像元集合作为参考光谱库。

可视化起见,测试数据及其解混结果以 56×25 的图像形式进行显示,如图 4-18 所示。图 4-18(a)所示为测试数据。前 8 行黑色像元为第二类纯类像元,接下来的 8 行白像元为第一类纯类像元。余下的为混合像元,关于第一类的混合比例由 90% 降至 0%,递减步长为 10%,每 4 行递减一次。不同方法关于第一类的解混结果分别由图 4-18(b)~(g)给出。

解混结果的绝对分量误差如表 4-11 所列。由表 4-11 可见,u_NLSVM 方法取得了最好的结果。

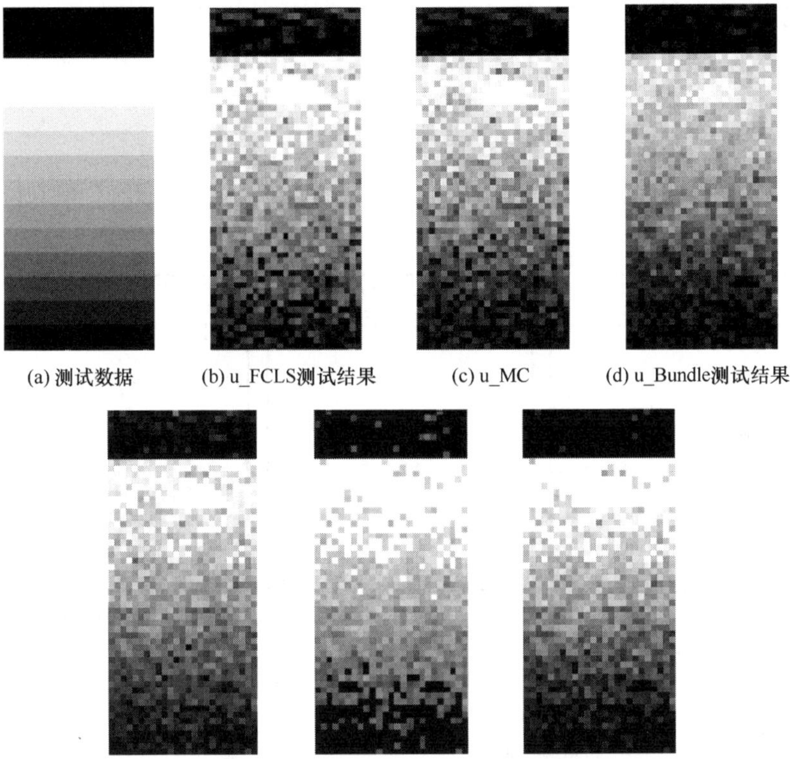

(a) 测试数据　(b) u_FCLS测试结果　(c) u_MC　(d) u_Bundle测试结果

(e) u_VT测试结果　(f) u_LSVM测试结果　(g) u_NLSVM测试结果

图 4－18　测试数据及不同方法的解混结果

表 4－11　合成数据解混误差

方法	确定性分量误差	模糊(10%)分量误差
u_FCLS	0.0942	0.0286
u_MC	0.0883	0.0217
u_Bundle	0.0796	0.0178
u_VT	0.0712	0.0135
u_LSVM	0.0690	0.0129
u_NLSVM	0.0673	0.0121

为了获得像元水平的评价，图 4－19 给出各种方法的误差矩阵图。像元水平的确定性分类精度用主对角单元格中的像元总数计算得出。在模糊评价准则中，次对角单元格中的像元也视为是可接受的正确分类像元，因此模糊精度必定高于确定性精度，如图 4－20 所示。

2. 实验 2

第二组实验仍然采用合成数据，此时选取地面分量分辨率为 1%。混合监督数据合成方式同前一组实验。

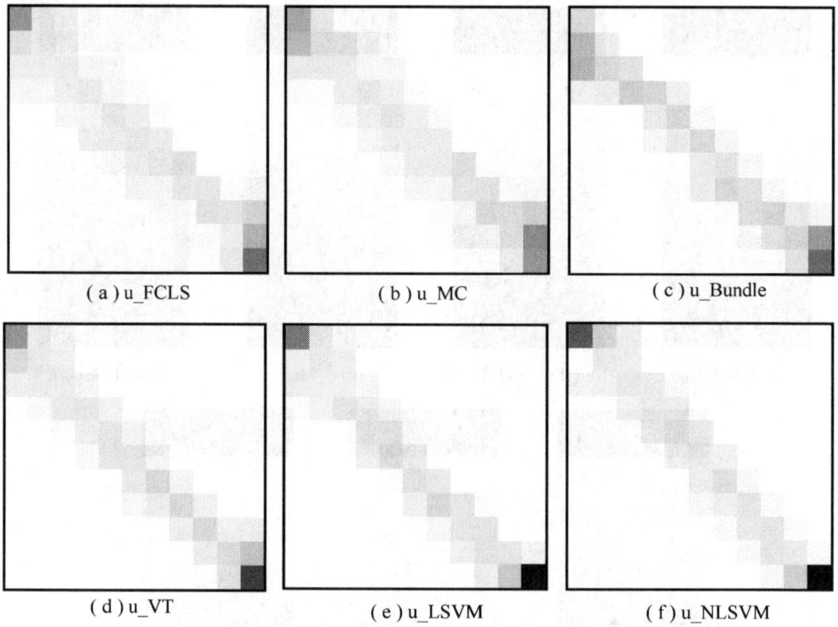

图 4-19　10% 分辨率下各种方法的模糊误差矩阵比较

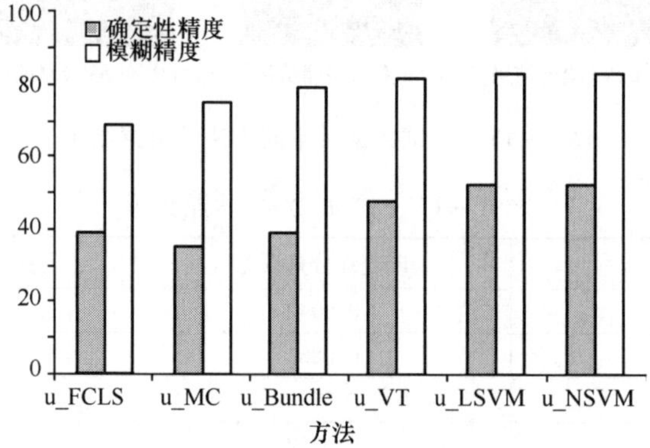

图 4-20　基于确定性方法和模糊方法的像元级精度评价

图 4-21 所示为给定容许误差下的解混分量误差比较，纵轴为解混绝对误差，横轴为从 0%（确定性评价）到 10% 变化的容许误差。可以看出，u_LSVM 和 u_NSVM 取得了更好的结果。

图 4-22 所示为计算分辨率 1% 时的模糊矩阵比较，其中大部分像元分布在对角线附近，表明各种方法的总体上均取得了可接受的效果。依据这些误差矩阵，像元水平的模糊精度可以算出，相应的结果如图 4-23 所示。当计算分辨率较高时，确定性分类精度非常低，不足 10%；而模糊精度显著提高，当容许误差为 10% 时，u_Bundle、u_VT、u_LSVM 和 u_NSVM 的分类精度均在 90% 以上，

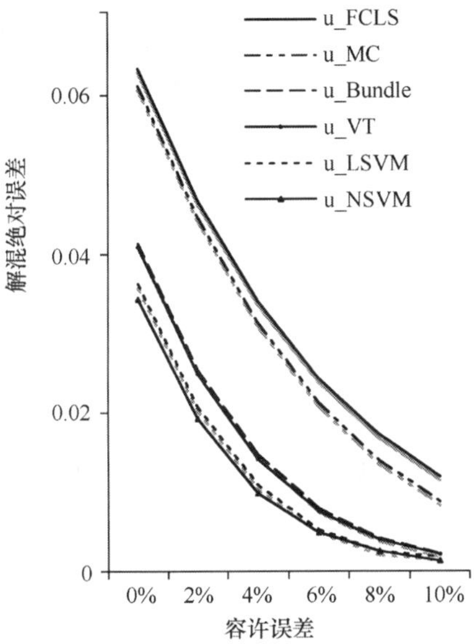

图 4-21　给定容许误差下的解混分量误差比较

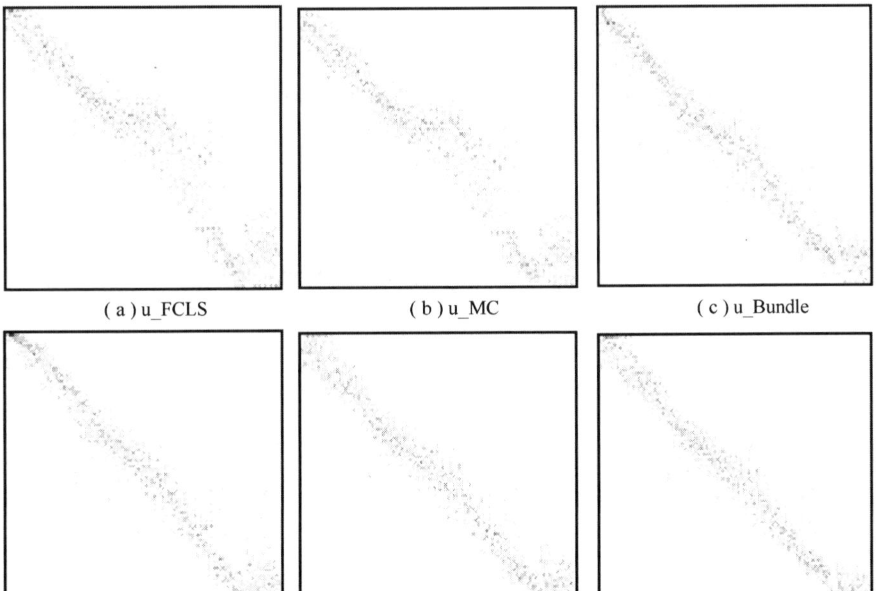

(a) u_FCLS　(b) u_MC　(c) u_Bundle

(d) u_VT　(e) u_LSVM　(f) u_NLSVM(1%分辨率)

图 4-22　1% 分辨率下各种方法的模糊误差矩阵比较

其中 u_NSVM 精度最高。

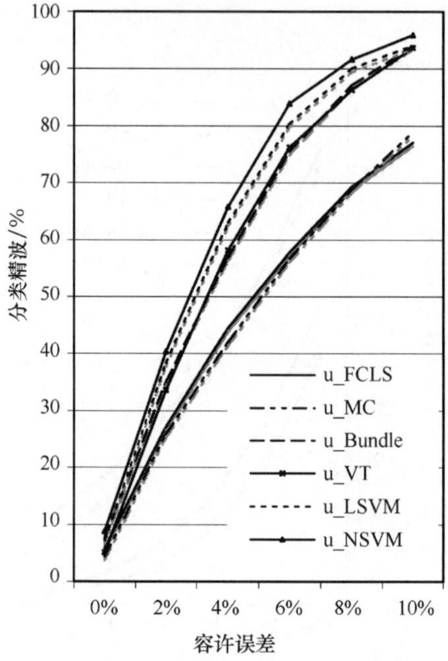

图 4－23　给定容许误差下的像元级解混分量误差比较

3. 实验 3

第三组实验中，Soybeans－min 也加入到实验类别中，即类别数目增加到 3 类。图 4－24 中的信度曲线给出了各种方法在容许误差分别为 5%，10%，15%，20%，25%，30% 时所取得的模糊精度的比较。同样，SVM 方法取得了最好的效果。

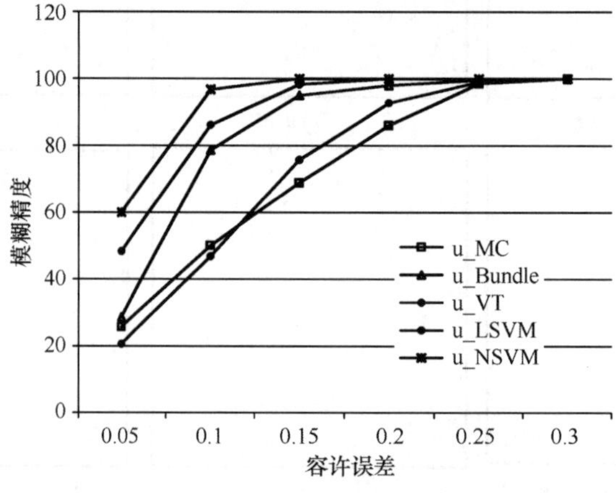

图 4－24　不同解混方法的信度曲线比较

就运行时间而言，u_LSVM 最快；u_FCLS 和 u_NLSVM 用时相当，为 u_LS-

VM 的几十倍,较快;其他方法用时在 u_LSVM 的千倍以上。除了解混,Viper-Tools 的端元选择过程也很费时。

4.8 本章小结

基于 SVM 的光谱解混方法具有自动选择光谱端元、灵活处理光谱端元线性不可分的解混问题、解混精度高等优点。

本章的主要内容之一,即所提出的结合空间信息的光谱解混方法,突破了传统方法单纯利用光谱信息并且利用全部先验类别进行解混的缺陷,获得了良好的解混效果。空间信息的有效利用有助于相关类别的选择,从而能减小由于引入无关类别所带来的解混误差。

本章的主要内容之二,即所提出的带有解混误差约束的 LSSVM 解混新模型,并推导了它的闭式解;进一步,将新模型中的固定端元替换为可变端元来提高其性能。总体来讲,SVM 解混模型优于 LSMA,解混误差约束优于类别信息误差约束,变化端元优于固定端元,非线性模型优于线性模型。需要指出的是,由于新模型中的约束条件增加为原模型的波段数目倍,获得显性求解公式将面临矩阵维数过高的问题,因此需要结合有效的降维方法来使用。

此外,针对光谱获取及定量分析的不确定性,或者说针对设备误差和人类误差的必然存在,本章还研究了光谱解混的两种模糊精度评价方法:解混分量层面的模糊误差和像元层面的模糊精度,旨在为各种解混方法和分析人员提供一种更为合理的解混评价准则。

参考文献

Asner G P, Lobell D B. 2000. A Biogeophysical approach for automated SWIR unmixing of soils and vegetation. Remote Sensing of Environment, 74: 99 - 112.

Bateson C A, Asner G P, Wessman C A. 2000. Endmember bundles: A new approach to incorporating endmember variability into spectral mixture analysis. IEEE Trans. Geosci. Remote Sens, 38: 1083 - 1094.

Brown M, Lewis H, Gunn S. 2000. Linear spectral mixture models and Support Vector Machine for remote sensing. IEEE Trans. Geosci. Remote Sens, 38: 2346 - 2360.

Du Q, Chang Chein - I. 2004. Linear Mixture Analysis - Based Compression for Hyperspectal Image Analysis. IEEE transactions on geoscience and remote sensing, 42(4): 875 - 891.

Emami H. Introducing correctness coefficient as an accuracy measure for sub pixel classification results. http://www.ncc.org.ir/articles/poster83/ H. Emami. pdf.

Fletcher R. 1987. Practical Methods of Optimization. Chichester. UK: Wiley.

Keshava N, Mustard J F. 2002. Spectral unmixing. IEEE Trans. on Signal Processing Magazine, 19(1): 44 - 57.

Luo Junwu, Roger L K, Nicolas Y. 2002. An Unmixing Algorithm Based on Vicinal Information. Geoscience and Remote Sensing Symposium, 3: 1453 – 1455.

Qing H, Zhen X. 1999. Neighbor Field – based Mixed Pixel Interpretation. Journal of Northern Jiaotong University, 23(4): 118 – 121.

Strahler A H, Boschetti L, Foody G M, et al. 2006. Global land cover validation: Recommendations for evaluation and accuracy assessment of global land cover maps. http://nofc. cfs. nrcan. gc. ca/gofc – gold/Report%20Series/GOLD_25. pdf.

Wang L G, Jia X P. 2009. Integration of Soft and Hard Classification using Extended Support Vector Machine. IEEE transaction on Geoscience and Remote Sensing Letters, 6(3): 544 – 547.

Wang L, Jia X, Zhang Y. 2007 A novel geometry – based feature – selection technique for hyperspectral imagery. IEEE Geoscience and Remote Sensing Letters, v 4, n 1, January, 171 – 175

Winter M E, Lucey P G, Steuter D. 2003. Examining Hyperspectral Unmixing Error Reduction Due to Stepwise Unmixing. Proceedings of SPIE – The International Society for Optical Engineering, 5093: 380 – 389.

Vapnik V N. 1995. The Nature of Statistical Learning Theory, New York, Springer Press, NY,1995.

第5章 高光谱图像亚像元定位技术

空间分辨率是指传感器所能分辨的最小的目标大小,或指影像中一个像元点所表示的地面面积,它是评价传感器性能和遥感信息的重要指标之一,也是识别地物形状大小的重要依据。高光谱图像尽管光谱分辨率很高,但其空间分辨率相对较低,混合像元普遍存在,从而只能展示出模糊的地物分布信息,这给相应的应用带来了较大的困难。准确的地物分布信息在军事智能、工业开采、农业规划、环境管理等方面有着重要意义。高光谱图像空间分辨率的提高,从硬件途径上可以通过减小感光元件尺寸,增加像元密度和采样频率,但由于昂贵的造价使得这一途径难以实现。研究采用图像处理技术来提高高光谱图像空间分辨率已成为遥感领域一个非常活跃的课题。

事实上,提高空间分辨率的最终目的是为了获得在更高空间分辨率下各类地物的具体分布情况,而亚像元定位(Sub-pixel Mapping)正是一种这样的技术。光谱解混(或称软分类)技术获得了混合像元内各类地物的比例,然而它们的空间分布仍然未知。亚像元定位技术将混合像元按尺度 S 分割,即一个像元分割为 S^2 个亚像元,再确定属于各类地物的亚像元,使地物分布在更高尺度显示。例如,混合像元内有3种地物,即 A,B 和 C,所占比例分别为24%,36%和40%。若进行 $S=5$ 的分割,则有6,9和10个亚像元分别属于类 A,B 和 C。亚像元定位的最终目的是确定哪些亚像元分别属于它们。亚像元定位实质是一种更高尺度下的硬分类技术,已在土地覆盖制图(Tatem A 等,2003)、湖泊边界提取、变化检测等多方面得到了成功的应用。

近年来,许多学者致力于亚像元定位的研究。Atkinson P(1997)提出了亚像元定位的理论基础,即空间相关性。该理论假定地物类别的分布在像元内和像元之间具有空间相关性,即距离较近的像元和较远的像元相比,更可能属于同一类型。其以最大化像元之间和像元内部的空间相关性为基本原则。

为便于理解,用一个简单的例子来说明像元分布空间相关性的含义。图5-1为一个简单的示意图,其中包括两种不同的地物 A 和 B,分别用黑色和白色像元表示。图(a)是一个 3×3 像元的原始低分辨率栅格图像,它可由光谱解混后的分量图获得。其中每个像元上标明的数字表示类 A 在该像元中的百分含量即分量值。若将每个原始低分辨率像元分割为 2×2(即放大比例为2)个亚像元,则通过图(a)中 A 和 B 在原始像元中的百分含量就可以计算出两种类别分别占有的亚像元数目。例如 A 占75%的原始像元分解为 2×2 个亚像元后，应该有 3 个亚像元属于 A，而剩下 1 个则属于 B。图(b)和图(c)均表示对原始像元进行超分辨分割后，两类地物可能的空间分布状态。大自然的地物分布具有连续性，相同类别的地物更可能聚集在一起。与图(b)相比，图(c)的分布状态下的像元内以及像元之间空间分布相关性更大，因此可以认为，在空间相关性的理论下，图(c)所示的亚像元分布状态可能性明显大于图(b)，为更加合理的亚像元定位结果。

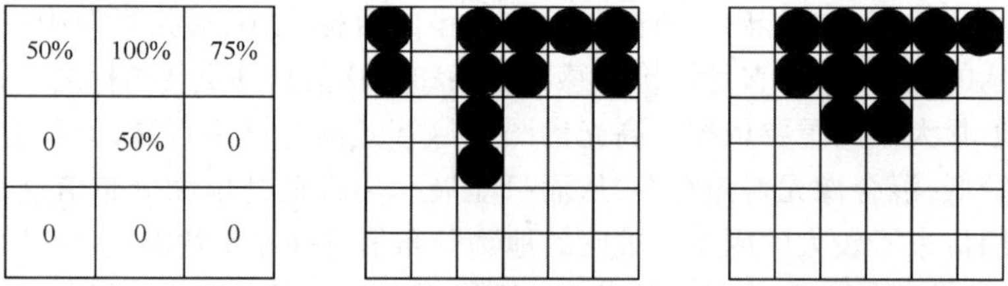

(a)类A分量值　　(b)类A可能分布1　　(c)类A可能分布2

图 5－1　空间相关性原理

以空间相关性理论为基石，许多亚像元定位技术相继发展起来。Verhoeye J 等(2002)提取出了空间相关性理论的数学模型，将亚像元定位转化为一个线性优化问题，使得邻域像元与中心混合像元内各亚像元之间的空间相关性最大。Mertens K 等(2006)利用亚像元/像元空间引力模型(Sub-pixel/Pixel Spatial Attraction Model，SPSAM)计算邻域像元与中心混合像元内各亚像元间的引力大小，来确定各个亚像元的类别，该方法对 Verhoeye J 等(2002)提出的数学模型进行了简单有效的求解。Ge Y 等(2009)根据邻域像元中各类地物分量来直接画出各类地物在中心混合像元内的边界线。Mertens K 等(2003a)，Wang L 等(2006)和 Zhang L(2008)则通过先验信息即高分辨率图像来学习混合像元内各个亚像元的类别值与邻域率像元内各类分量值之间的对应关系，从而来训练 BP 神经网络(BP Neural Network，BPNN)，训练好的 BPNN 便可用于实现低分辨率遥感图像的亚像元定位。Tatem A 等(2001，2002)和 Nguyen M 等(2005)以 Hopfield 神经网络(Hopfield Neural Network，HNN)作为能量工具，将每个亚像元当作一个神经元，以混合像元内各类地物分量为约束项，对输出的神经元采用约束能量最小的原则进行求解亚像元定位的结果。Mertens K 等(2003b)则提出了体现空间相关性的一个目标函数，在混合像元内统计与各亚像元类别相同的邻域亚像元总个数，并借助遗传算法对目标函数求解，搜索混合像元内各个类别最可能的空间分布。Atkinson P(2005)之后又提出了像元交换技术(Pixel Swapping Algorithm，PSA)，每次迭代过程中，在混合像元内选择最需要交换类别的两个亚像元，迭代进行至得到稳定的定位结果。Teerasit K 等(2005)和 Tolpekin V 等(2008，2009)采用马尔可夫随机场(Markov Random Field，MRF)模型，求解亚像元属于各个类别的概率。

本章介绍几种新的亚像元定位技术：基于最小二乘支持向量机（Least Square Support Vector Machine，LSSVM）的线性特征地物亚像元定位技术；基于修正空间引力模型和基于混合引力模型的亚像元定位技术；结合 MRF 和亚像元位移遥感影像的亚像元定位技术。

5.1 基于 LSSVM 的线性特征地物亚像元定位技术

现有的一些亚像元定位方法，如 Hopfield 神经网络（HNN）模型、像元交换技术、遗传算法及马尔可夫随机场模型等，需通过一定的迭代次数进行求解，计算量偏大，耗时较长。Mertens K 等（2003a）提出了利用 BPNN 的方法，通过先验信息即高分辨率图像来学习混合像元内各个亚像元的类别值与邻域率像元内各类分量值之间的对应关系，训练好的 BPNN 便可用于实现低分辨率遥感图像的亚像元定位。然而，BPNN 最大的不足在于：①由于 BPNN 模型的预测准确度与初始化网络权值有关，而随机的初始化使得输出具有不确定性；②BPNN 收敛速度偏慢，而且极易陷入局部最优；③BPNN 的训练效果依赖于大量的训练样本，而这些样本在实际应用中很难充分获取。这一系列缺陷导致 BPNN 在亚像元定位技术中的应用价值大打折扣。

不可否认的是，对于建筑物、农林地物及道路等这些大规模地物而言，有着规则的空间分布特征，呈现明显的线性分布状态。如建筑物的地物边界平行或垂直于主轴；为便于管理与生长，农林地物的种植都是极具几何规律的，基本以方形为主；道路的建设通常都是直线或者十字型的，等等。因此，根据这些特点，对线性特征地物的亚像元定位，可以人工合成训练样本，从而摆脱对先验信息的完全依赖。此外，鉴于 BPNN 的学习上的缺陷，本节提出了基于 LSSVM 的亚像元定位方法。LSSVM 能够有效处理高维度、小样本和非线性等模式识别问题，同时其训练过程时间极短，这些优势使得 LSSVM 在亚像元定位上的应用成为可能。

5.1.1 基于 LSSVM 的亚像元定位技术

在一般的 SVM 学习过程中，并没有包含关于问题的几何结构的知识。但事实上，在 SVM 理论的著作中已经指出，学习过程中可以反映出对问题几何性质的认识，即重要的特征可以由相互连接的像元形成，并且可以大大降低特征空间的维数。由于混合像元内各个亚像元类别值与该像元的邻域像元有着密切对应关系。如果高分辨率下的地物分布情况已知，那么这些对应关系便可以用来训练一个智能学习机，从而获得一种基于训练方式的亚像元定位方法。

先对 LSSVM 作简单回顾，设有 n 个点构成的数据集$(\boldsymbol{x}_i, y_i)$，$i=1,\cdots,n$，其中 $\boldsymbol{x}_i \in R^d$为输入样本数据，$y_i \in \{1,0\}$ 为相应的类别标号即输出，d 为输入数据

维数。LSSVM 的训练过程是为了获取最优分类超平面,训练结束后得到判决函数:

$$f(\boldsymbol{x}) = \sum_{i=1}^{n} \alpha_i K(\boldsymbol{x}_i, \boldsymbol{x}) + b \tag{5-1}$$

式中:$\boldsymbol{\alpha}_i$ 为拉格朗日系数;b 为一常数;$\boldsymbol{x}$ 为测试样本集;K 为核函数。

LSSVM 模型中,$\boldsymbol{\alpha} = [\alpha_1, \alpha_2, \cdots, \alpha_n]^{\mathrm{T}}$和 b 通过求解一方程组得到,因而整个训练过程非常快速。

设局域窗内类别数 C 为 2,一个像元 $p_{i,j}$被分割为 2 ×2 个亚像元。在此情形下构造 4 个子分类器。单元素亚像元定位表达式如下:

$$p_{i,j} \longrightarrow \begin{bmatrix} p_{i,j}^1 p_{i,j}^2 \\ p_{i,j}^3 p_{i,j}^4 \end{bmatrix} \tag{5-2}$$

其中的中心任务是构造训练样本。设 $\boldsymbol{x}_{i,j}$和 $y_{i,j}^k$分别为第 k 个子分类器的输入向量和输出值,则它们可由下式给出:

$$y_{i,j}^k = \begin{cases} 1 & (\text{如果像元 } p_{i,j}^k \text{属于目标类}) \\ 0 & (\text{其他}) \end{cases} \quad (k=1,2,3,4) \tag{5-3}$$

$$\boldsymbol{x}_{i,j} = \frac{[F_{i-1,j-1}, F_{i-1,j}, F_{i-1,j+1}, F_{i,j-1}, F_{i,j}, F_{i,j+1}, F_{i+1,j-1}, F_{i+1,j}, F_{i+1,j+1}]^{\mathrm{T}}}{\| [F_{i-1,j-1}, F_{i-1,j}, F_{i-1,j+1}, F_{i,j-1}, F_{i,j}, F_{i,j+1}, F_{i+1,j-1}, F_{i+1,j}, F_{i+1,j+1}]^{\mathrm{T}} \|} \tag{5-4}$$

式中:$F_{i,j}$为 $p_{i,j}$内目标类的分量值。

每类地物依次当作目标类,使得每类地物的空间分布都能表示为训练样本,用于 LSSVM 的学习。这样,每个子分类器都得到一对训练样本,其中输入样本相同,而其输出各自对应分割后的 2 ×2 单元空间中具有相同空间位置的亚像元。一旦得到足够多的训练样本,便可用它们对每个 LSSVM 进行训练。局域分析的方法和式(5 -4)中的归一化处理这两种特殊的训练样本创建方式将会使得不同图像对应相似的训练样本,因此,这种训练算法在一定程度上将会具有通用性。若 $Z = S \times S$ ($S > 2$,S 为放大比例),需构造 $S \times S$ 个 LSSVM。下面用一个简单的例子来阐述训练样本的构造过程。

若存在一高分辨率图像,类别数为 Nc。由其可获得 Nc 幅二值图,在第 $k(k=1,2,\cdots, Nc)$幅图中,按照每个像元属于 k 类和非 k 类,灰度值标为 1 和 0。对 Nc 幅二值图进行重采样模糊处理。如图 5 -2 所示,将已知高分辨率图中的每2 ×2个像元模糊为一个像低分辨率像元,其灰度值为这 4 个像元灰度值的均值。这样,经过降采样,得到 Nc 幅低分辨率图像,这些图像每个像元灰度值均在[0,1]之间,可以将它们当作分量图,且图中每个像元内的 4 个亚像元的空间分布状态是已知的。利用这些合成的分量图,便可得到训练样本的输入和 4 个输出,继而训练 LSSVM。

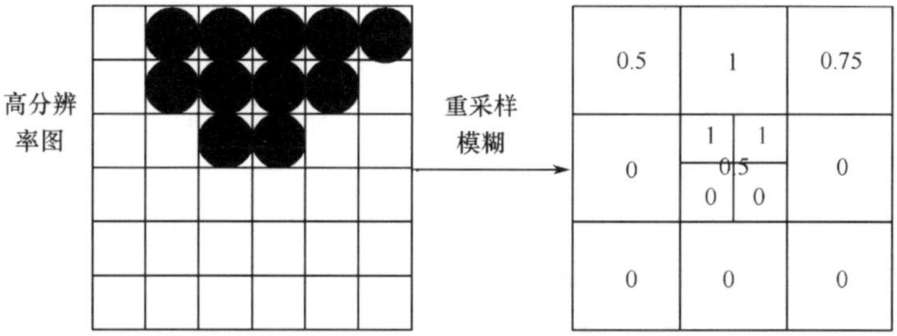

图 5-2　训练样本的获取方法

在训练结束后,式(5-1)中的 α_i 和 b 便可求得。然后根据从低分辨率图中提取的各类测试样本中的输入,估计亚像元类别值即输出。需要注意的是,对于每类,这个过程所得输出并不一定为整数 1 或 0,但表征了属于该类的可能性,可以将每个亚像元判定为对应输出最大那一类。

5.1.2 人工合成训练样本的方法

从前面叙述中可以看到,基于 LSSVM 的亚像元定位方法需要训练样本信息。在实际应用中,很多时候这些先验信息是不已知或者是难以获取的。但是对于建筑物、农林地物及道路等这些大规模地物而言,有着规则的空间分布特征,整体视觉上呈现极为明显与规律的线性分布状态。下面我们从两幅高光谱遥感地物图片的空间分布来进行分析与验证。

第一幅图片(图 5-3)为一农林地物高光谱图像的监督分类信息。该高光谱数据除背景外包含 16 个类别。从图 5-3 中可以看出,16 类农林地物的分布中,直线形态占据绝大多数,包括水平、垂直和斜线方向,另外还有部分直角折线形态及其他极少数不规则的形状。

图 5-3　印第安农林地物分布图

第二幅图片(图 5-4)为圣迭戈军事图像第 28,19 和 10 波段的伪彩色图像,图 5-4 为其中间某区域的局部放大图。从图 5-4 能观察到,该图中的建筑物及道路等大部分大尺度地物均呈现明显的线性和直角分布状态。

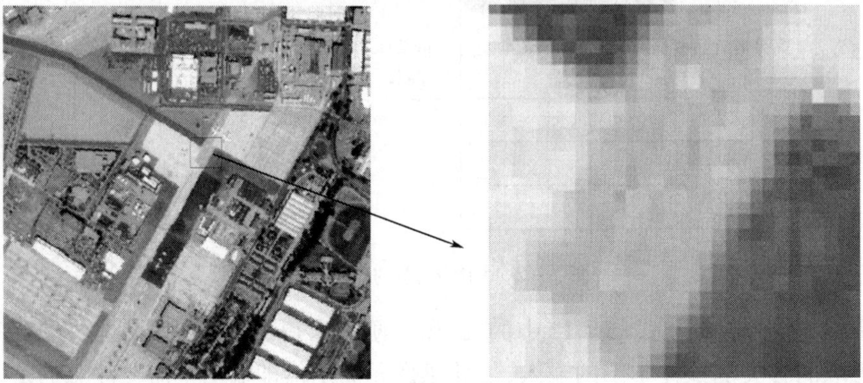

(a)原始完整图　　　　(b)局部图

图 5－4　圣迭戈军事图像地物分布

针对这些几何特征,下面提出一种合成训练样本的几何方法,整个过程无需任何先验信息。图 5－5(a)所示为直线形状的样本合成方式。在 3×3 局域窗内,一条直线(表达式为:$y=\tan\theta\cdot x+b$)通过中心像元,假设直线下方覆盖的是类 1,而上方覆盖类 0,中心像元被分割成 S^2 个亚像元。$S_1,S_2,\cdots,S_9$ 分别表示 9 个低分辨率像元中所含类 1 的比例,类似于光谱解混后所获得的分量值,其通过计算各个像元中阴影部分的多边形面积来获得。这 9 个分量值归一化后用以构成训练样本的输入向量,中心像元内被量化的 S^2 个亚像元的类别值(对于每个亚像元,所含 1 比例超过 50% 时标类为类 1)构成训练样本的输出。当角度 $\theta(\theta\in[0,360°))$ 和截距 b 变化时,可获得更多的训练样本。需要注意的是,对每个 θ 而言,b 均需设置在一区间内,以保证直线经过中心像元。直角状的样本合成方法如图 5－5(b)所示,其原理同直线法,不作赘述。

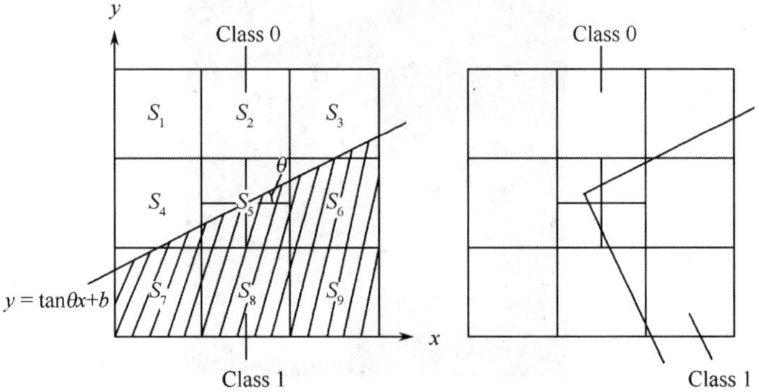

(a)直线状　　　　(b)直角状

图 5－5　训练样本的人工合成方法

5.2 基于空间引力模型的亚像元定位方法

亚像元/像元空间引力模型(Sub-pixel/Pixel Spatial Attraction Model, SPSAM)(Mertens K 等,2006)假设同类地物之间相互吸引,有着明确的物理意义,对空间相关性理论进行了简单而有效的实现。SPSAM 直接计算每个亚像元和其邻域低分辨率像元之间的空间引力,根据引力大小为亚像元分配地物类别,是一种无需先验信息且简单易实现的亚像元定位方法。最重要的是,该模型为空间相关性的表达提供了一种强有力的工具,即空间引力。

然而,SPSAM 存在两点不足:①该方法将每一个邻域低分辨率像元当成一个整体,而未考虑邻域像元内亚像元的具体空间分布情况,这种引力描述存在着不准确性;②该模型只考虑了像元之间的相关性,而忽略了像元内部各亚像元之间的相关性。这两点都导致亚像元定位的结果中存在较多噪声像元,总体精度偏低。

为此,本节以空间引力为理论工具,先提出一种基于修正的亚像元—像元空间引力模型(Modified SPSAM, MSPSAM)的亚像元定位方法,考虑邻域低分辨率像元内各个亚像元与中心像元内的亚像元间的空间相关性。然后融合像元内部引力模型,提出一种同时考虑像元间和像元内相关性的混合空间引力模型(Mixed Spatial Attraction Model, MSAM),充分描述空间相关性,提高亚像元定位精度。

5.2.1 基于修正的亚像元/像元空间引力模型的亚像元定位

1. 亚像元/像元空间引力模型(SPSAM)

在 2002 年,Verhoeye J 提出了空间相关性理论的数学模型,模型将亚像元定位问题公式化为一个线性优化问题。设低分辨图像中的像元数目为 L,放大比例为 S(即每个像元被分割为 S^2 个亚像元)。再设类别数目为 Nc,属于第 c 类的亚像元数目为 C_c。定义 x_{cf}为

$$x_{cf} = \begin{cases} 1 & (\text{如果亚像元 } p_f \text{ 属于类 } c) \\ 0 & (\text{其他}) \end{cases} \tag{5-5}$$

该问题数学模型为

$$\begin{aligned} \max J &= \sum_{Nc=1}^{Nc} \sum_{f=1}^{LS^2} x_{cf} SD_{cf} \\ \text{s.t.} \sum_{Nc=1}^{Nc} x_{cf} &= 1 \quad (f = 1,2,\cdots,LS^2) \\ \sum_{f=1}^{LS^2} x_{cf} &= C_c \quad (c = 1,2,\cdots,C) \end{aligned} \tag{5-6}$$

此处，SD_{cf}为 x_{cf}中第 c 类地物与亚像元 p_f间的相关性量度，可表示为该亚像元的邻域像元关于第 c 类地物的解混分量值的加权线性合成：

$$SD_{cf} = \sum_{k=1}^{N_A} w_k F_c(P_k) \tag{5-7}$$

式中：N_A为邻域像元个数；w_k为各个邻域像元的空间相关性权值；$F_c(P_k)$为第 k 个邻域像元 P_k中第 c 类的分量值。

此模型表征的含义为：求解的亚像元定位结果需使得混合像元内各个亚像元和邻域像元中同类分量的相关性总体上达到最大。

Mertens K 等(2006)利用 SPSAM，对上述模型进行了简单有效的求解。在 SPSAM 中，通过计算像元内各个亚像元和其对应的邻域像元之间的空间引力的大小来确定亚像元的类别的空间分布。记 $p_{ij}(i,j=1,2,\cdots,S)$为像元 $P_{ab}(a=1,2,\cdots,L_a;b=1,2,\cdots,L_b$，$L_a$和 L_b分别为低分辨图像栅格行和列数目)内的一个亚像元。则亚像元 p_{ij}受到其邻域像元中类 c 分量的引力之和为

$$D_{c,ij} = \sum_{k=1}^{N_A} w_k F_c(P_k) = \sum_{k=1}^{N_A} \frac{F_c(P_k)}{d_k h} \tag{5-8}$$

式中：h 为一参数；d_k为亚像元 p_{ij}的几何中心和像元 P_k的几何中心的欧几里得距离。

图 5-6 所示为放大比例 $S=4$ 时 SPSAM 方法的距离计算示意图。

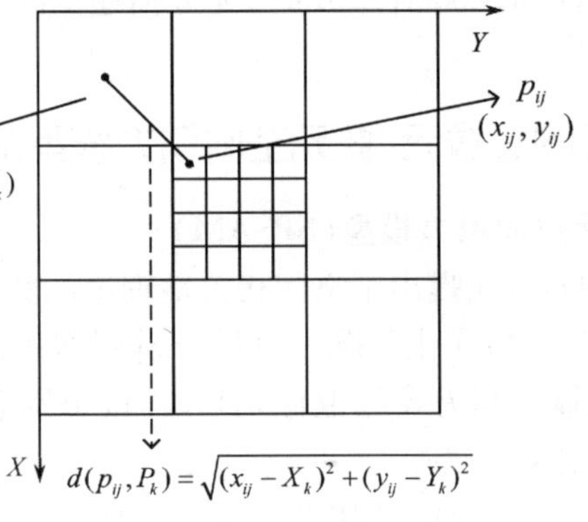

图 5-6　SPSAM 方法距离计算示意图

最后，根据 $D_{c,ij}$的大小来确定像元 P_{ab}内属于类 c 的亚像元：若 $F_c(P_{ab})$为 P_{ab}内类 c 的分量值，则对应引力值 $D_{c,ij}$最大的 $F_c(P_{ab}) \cdot S^2$个亚像元属于类 c。这样，便能保证混合像元内各个亚像元和邻域像元中同类分量的空间引力总和即式(5-6)中的 J 达到最大。

2. 修正的亚像元/像元空间引力模型(MSPSAM)

从前面描述可以看到，SPSAM 方法在求解引力时，未考虑邻域像元内各类亚像元的具体空间分布情况，这种引力描述存在着不准确性。如图 5-6 所示，

SPSAM 将每个邻域像元中属于类 c 的所有亚像元当成一没有体积，只有质量（对应类别分量值）且位于该像元中心的质心。在求解对中心像元内某亚像元的引力时，直接计算质心和该亚像元的引力。然而，一方面，质心的体积（对应像元的面积，为 S^2）相比另一物体的体积（对应亚像元的面积，为 1）明显要大得多，是不能忽略的；另一方面，大物体的分布很可能不是均匀的，如内部类 c 的所有亚像元都分布在方形像元的某个边附近或直角角落，因而当作质心的处理欠妥。在物理学中求解这样的体积不可忽略的问题时，用到了微积分的方法，即先将物体微分成许多微小单元（简称为微元），求解每一微元对另一物体的引力，然后累加求和。物理学中关于这种微积分方法的合理性，已不乏相关理论论述和实验验证。MSPSAM 正是根据这个原理而提出的。由于数字图像是以栅格的形式存在的，在进行亚像元定位时，超分辨分割后的每个亚像元存储一个灰度值，对应应属类别标号。但若考虑尺寸小于亚像元的微元，引力的计算将涉及大量数学的微积分变化，计算量增大，而且这种增大并不能给引力的描述增加多少准确性。因此，我们可以简单地将每一个亚像元看成一个微元用于计算空间引力。

记 p_m 为 P_{ab} 的邻域像元 P_k 内的亚像元，d_m 为亚像元 p_{ij} 的几何中心和 p_m 的几何中心之间的欧几里得距离。MSPSAM 中，式(5－8)中的 SD_{cf} 变为：

$$\begin{aligned} SD_{cf} &= \sum_{k=1}^{N_A} w_k F_c(P_k) = \sum_{k=1}^{N_A} w_k \frac{F_c(P_k) S^2}{S^2} \\ &= \frac{1}{S^2}\sum_{m=1}^{N_A S^2} w_k x_{cm} = \frac{1}{S^2}\sum_{m=1}^{N_A S^2} \frac{x_{cm}}{d_m} \end{aligned} \tag{5-9}$$

进而，式(5－6)可等价转化为对低分辨图像中每个像元求解如下问题：

$$\max J_{\text{between}} = \sum_{i=1}^{S}\sum_{i=1}^{S} A_{ij} \tag{5-10}$$

式中

$$A_{ij} = \sum_{m=1}^{N_A S^2} \frac{Z(p_m, p_{ij})}{d_m}$$

$$Z(p_m, p_{ij}) = \begin{cases} 1 & (\text{如果亚像元 } p_m \text{ 和 } p_{ij} \text{ 属于同一类}) \\ 0 & (\text{其他}) \end{cases} \tag{5-11}$$

约束条件同式(5－6)。

基于 MSPSAM 的空间引力求解步骤如下。

（1）初始化。由于 SPSAM 方法无需迭代便能获得各类别亚像元的空间分布，是一种快速的亚像元定位方法，因而可用来作为 MSPSAM 方法的初始化步骤。

（2）求解空间引力过程。按顺序选取某一混合像元 P_{ab}，计算亚像元 p_{ij} 受到其邻域像元中属于类 c 的亚像元的引力之和，即

$$A_{c,ij} = \frac{1}{S^2}\sum_{m=1}^{N_A S^2}\frac{x_{cm}}{d_m} \qquad (5-12)$$

所求得的 $A_{c,ij}$ 用于确定混合像元 P_{ab} 内各个亚像元所属类别，具体步骤同 SPSAM。

(3) 对低分辨率图中每个混合像元进行步骤(2)。

(4) 重复步骤(2)和步骤(3)，迭代多次，直至前后两次的亚像元定位结果差距非常小或一定的迭代次数为止。

图 5-7 所示为运用 MSPSAM 方法时，亚像元 p_{ij} 受某一邻域像元 P_k 空间引力的描述示意图，黑点部分为各个亚像元的中心，MSPSAM 根据邻域像元中各类亚像元的具体分布求解空间引力，相当于将原始低分辨率像元进行了一定程度的"微分化"来求解空间引力。

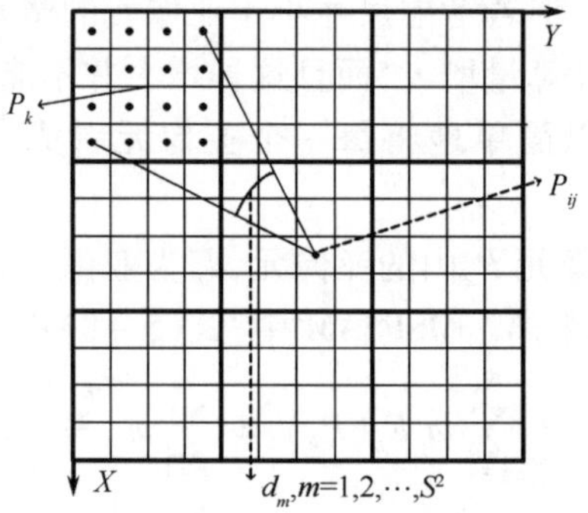

图 5-7 MSPSAM 求解空间引力原理

5.2.2 基于混合空间引力模型的亚像元定位

MSPSAM 尽管对 SPSAM 的空间引力描述方法进行了一定程度的改进，但其依然只考虑了像元间的空间相关性，而未考虑像元内部亚像元之间的空间相关性，这主要体现在式(5-6)中并未包含对像元内亚像元相互间相关性的描述。本节先在深入分析像元交换技术的基础之上，提取一种描述像元内亚像元间相关性的空间引力模型，接着提出一种同时考虑像元间与像元内部亚像元间的空间相关性的混合引力模型(Mixed Spatial Attraction Model, MSAM)。

1. 像元交换技术

像元交换技术(Pixel Swapping Algorithm, PSA)通过改变像元内各类亚像元的空间分布，使得亚像元和其邻域亚像元之间的空间相关性达到最大(Atkinson P, 2005)。作为一种经典的亚像元定位技术，PSA 已广泛应用于景观指数计算、农地制图等多方面。原始的 PSA 根据混合像元中各类的分量值，随机分配属于各类的亚像元。Shen Z 等(2009)提出了一种修正的 PSA(Modified PSA, MPS)，即将 SPSAM 的亚像元定位结果作为 PSA 的初始化状态，并用大量的实验证明了 MPS 相比原 PSA，在定位精度和效率上都明显提高。

在进行初始化获得各类别亚像元的初始空间分布之后，若考虑第 $c(c=1,2,\cdots,Nc)$ 类，对于每个亚像元 p_{ij}，其受到邻域中亚像元所有 p_k 引力之和为（为叙述方便，这里不妨先假定异类之间也存在引力，即无论 p_{ij} 是否属于第 c 类，都受到这类的引力）

$$B_{c,ij} = \sum_{k=1}^{N_B} \lambda_k x_{ck} \tag{5-13}$$

式中：N_B 为邻域亚像元个数；λ_k 为亚像元间的空间相关性权值，表达式为

$$\lambda_k = \exp\left(\frac{-d_k}{a_0}\right) \tag{5-14}$$

式中：a_0 为一参数；d_k 为亚像元 p_{ij} 的几何中心和 p_k 的几何中心之间的欧几里得距离。

图 5-8 所示为 PSA 求解空间引力时，亚像元 p_{ij} 受邻域亚像元 p_k（灰色部分）引力的描述示意图。

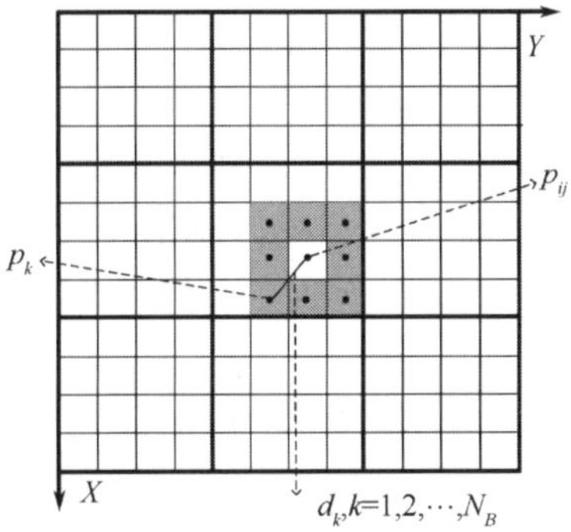

图 5-8 PSA 引力描述

在求得各个亚像元 p_{ij} 的 $B_{c,ij}$ 之后，以像元为单位进行操作。具体步骤如下。

（1）选取像元 P_{ab}，找出所有属于第 c 类的亚像元中最小引力值的空间位置和属于非 c 类的亚像元中最大引力值的空间位置。若最小引力值小于最大引力值，则将两处的亚像元类别进行交换；否则，不作改变。

（2）对每个像元重复步骤（1）。

（3）重复上述过程至一定的迭代次数或者前后两次迭代的结果相差非常小为止。

实际上，上述步骤（1）可等价为：将 P_{ab} 内的每个 p_{ij} 按 $B_{c,ij}$ 从大到小的顺序进行排列，得到一序列 sequence_0，其有 S^2 个元素，各元素为每个 p_{ij} 的类别属性，由元素"1"和"0"组成，分别对应第 c 类和非 c 类。在 sequence_0 中，从左到右，找出第一个"0"，从右到左，找出第一个"1"。若"0"排在"1"的前面，则将两者进行

互换;否则,不作改变。下面通过一个简单的例子解释 PSA 迭代交换过程,如图 5-9 所示,为放大比例 $S=3$ 时一序列的迭代交换过程。通过该图不难看出,PSA 的最终目的是为了使得到的最终 sequence_0 中,"1"全部排在前面,而"0"全部排在后面。此时在 P_{ab} 内,属于第 c 类即"1"的 p_{ij} 受到邻域同类的引力 $B_{c,ij}$ 的总和即 $\sum_{i=1}^{S}\sum_{i=1}^{S}x_{c,ij}\cdot B_{c,ij}$ 达到最大,而非 c 类即"0"也是如此。

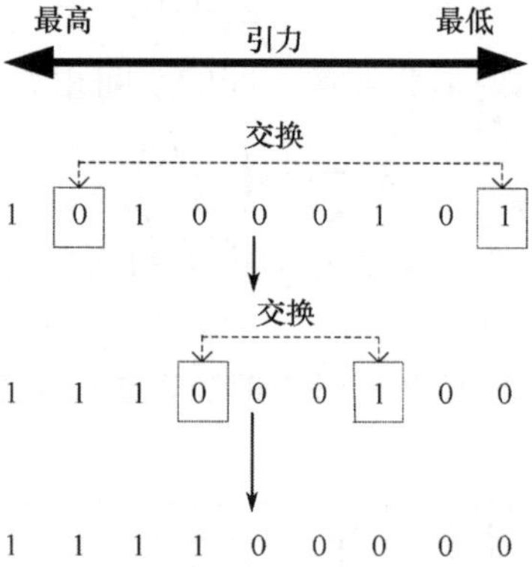

图 5-9　PSA 迭代交换过程

综合考虑所有 Nc 个类别,可得到描述像元内空间相关性的空间引力模型,其使得像元内部亚像元间的空间引力总和达到最大:

$$\max J_{\text{within}} = \sum_{i=1}^{S}\sum_{i=1}^{S}B_{ij} \tag{5-15}$$

式中

$$B_{ij} = \sum_{k=1}^{N_B}Z(p_k,p_{ij})\exp\left(\frac{-d_k}{a_0}\right) \tag{5-16}$$

2. 混合空间引力模型(MSAM)

根据空间相关性理论假定的地表类别分布在像元内和像元之间具有空间相关性,及前两部分分别描述的两种空间引力模型,可得融合像元间和像元内空间引力的混合空间引力模型 MSAM。MSAM 为对低分辨图像中每个像元求解如下问题:

$$\begin{aligned}\max J_{\text{intergration}} &= \alpha_1 J_{\text{between}} + \alpha_2 J_{\text{within}}\\ &= \sum_{i=1}^{S}\sum_{i=1}^{S}(\alpha_1 A_{ij} + \alpha_2 B_{ij})\end{aligned} \tag{5-17}$$

式中:α_1 和 α_2 为两权值系数。

图 5-10 为新模型中亚像元 p_{ij} 受邻域像元 P_k 和邻域亚像元 p_k 空间引力的描述示意图。式(5-17)在 S 较小时可以通过"枚举法"求得使 $J_{\text{intergration}}$ 最大的亚像元分布,然而在 S 较大时,需借助智能优化算法来搜索该式的最优解。

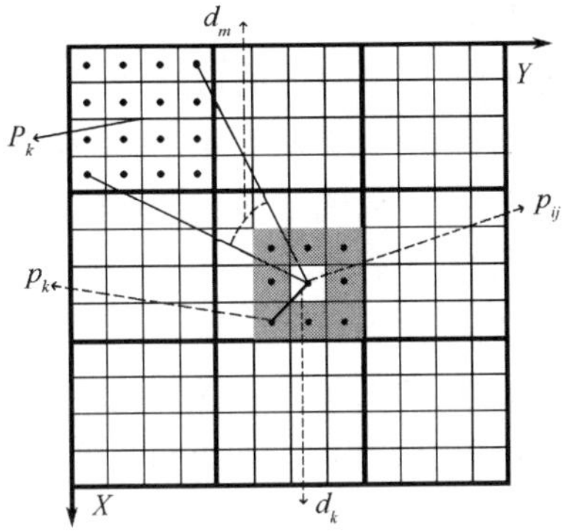

图 5-10　MSAM 引力描述

遗传算法是基于遗传选择和自然淘汰的生物进化理论而提出的一种优化算法,通过模拟自然进化过程搜索出问题的近似最优解。该算法自提出以来,关于它的理论和应用研究从未停止过。目前,该算法在模式识别、图像处理、机器学习等方面均得到了广泛应用。其基本思想是:对一个问题随机生成多种可能解,每个解视为一个染色体,染色体上有基因,而这些染色体构成了一个种群。根据优化问题的表达式计算每个染色体的适应度,采用选择算子保留适应度大的,淘汰适应度小的,并用交叉变异遗传算子更新种群,使得种群向适应度大的方向进化。经过多代进化后,末代种群中的最优个体作为问题的最优解。为使得历代的最优个体被保留,这里采用"精英保留策略",保证算法逐渐向适应度大的方向收敛。

首先说明染色体与问题的解之间的对应关系。设染色体表示为:$\boldsymbol{g}=[g_1, g_2, \cdots, g_{S^2}]$,其 S^2 个基因值为像元内 S^2 个亚像元的类别值。现将 MSAM 的求解步骤描述如下。

(1) 初始化。同 MSPSAM 和 MPS 方法,这里也使用 SPSAM 获得初始的亚像元类别分布状态。

(2) 为低分辨率图中每个混合像元 $P_m(m=1,2,\cdots,M)$ 均生成一个精英个体 $\boldsymbol{G}_m$,其为 SPSAM 结果中对应 P_m 内各亚像元类别分布所表示的染色体。

(3) 从低分辨率图中选取混合像元 P_m,进行以下几个步骤。

① 随机生成一含有 R 个染色体的种群。每个染色体中属于各类的基因数按 P_m 内各类分量值分配。

② 按式(5-17)计算种群中各个染色体的适应度,找出最优个体,若其适应度大于 $\boldsymbol{G}_m$ 的适应度,则其取代 $\boldsymbol{G}_m$ 成为精英个体;否则 $\boldsymbol{G}_m$ 不作改变。$\boldsymbol{G}_m$ 以比例 σ 覆盖适应度最小的 σR 个个体。

③ 对种群中每个染色体进行交叉变异。由于染色体中属于各类的基因数按各类分量值严格限定,因而传统的变异算子不可取,这里采用交叉算子,随机

交换一个染色体上自身的基因。

a. 计算交叉后的种群中每个染色体的适应度。对于每个个体，若交叉后的适应度大于交叉前的适应度，则交叉允许，否则原个体保留不变。

b. 从交叉后的种群中挑选出最优个体，若其适应度大于 G_m 的适应度，则其取代 G_m 成为精英个体；否则 G_m 不作改变。

④ 按照步骤③进行 T 次进化。

⑤ 经历 T 次进化后，用 G_m 来更新混合像元 P_m 内亚像元类别分布。

(4) 对低分辨率图中每个混合像元，均进行步骤(3)。

(5) 在所有混合像元均进行一次步骤(3)的更新后，邻域像元内的亚像元会重新分布，即 $J_{\text{intergration}}$ 会发生变化。因而需要重复步骤(3)、步骤(4)，迭代 H 次。最终获得新模型下的亚像元定位结果。图 5－11 所示为算法整个流程图。

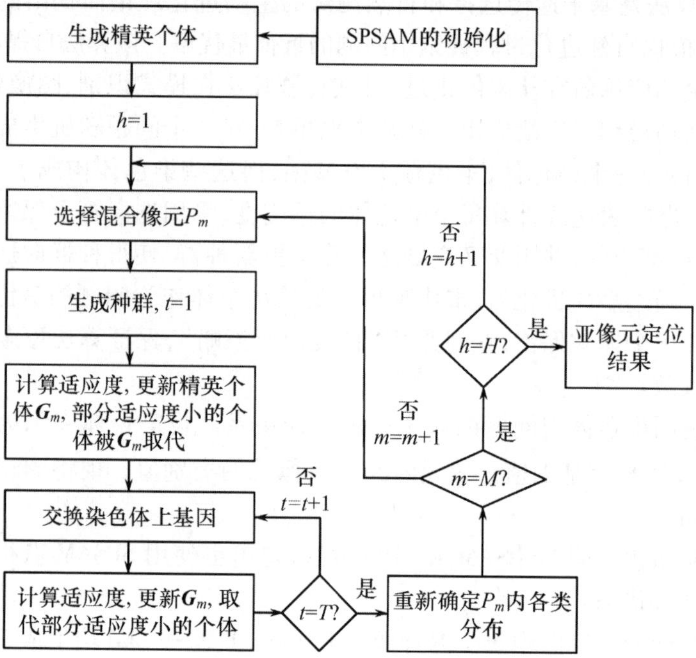

图 5－11　MSAM 求解流程图

5.3　结合 MRF 和亚像元位移遥感影像的亚像元定位

5.3.1　基于 MRF 的亚像元定位

现有的大多数亚像元定位方法均是作为对光谱解混技术的后续处理，也就是说，这些方法根据光谱解混得到的各类分量值，严格限定属于各类的亚像元。这就对光谱解混的精度提出了非常高的要求，而事实上，就目前光谱解混技术的发展来看，各种技术的精度还尚未达到可充分依赖的程度。这样一来，光谱解混的误差便不可避免地传递到后续的亚像元定位过程当中。下面以一个简单的例子来说明此问题。假定图 5－13(a)为一 3×3 大小图像中各个像元内某类地物的真实分量，图(b)为 4×4 分割后对应的该类地物真实分布(阴影部分)。若通过光谱解混技术得到的该类地物分量在 9 个像元内大小如图(c)所示，其对应的亚像元定位结果显示为图(d)。可以看到，图(d)中的第一行 3 个像元内的灰色亚像元为光谱解混所引入的误差，这些误差并不能被那些完全依赖光谱解混结果的亚像元定位技术所消除。

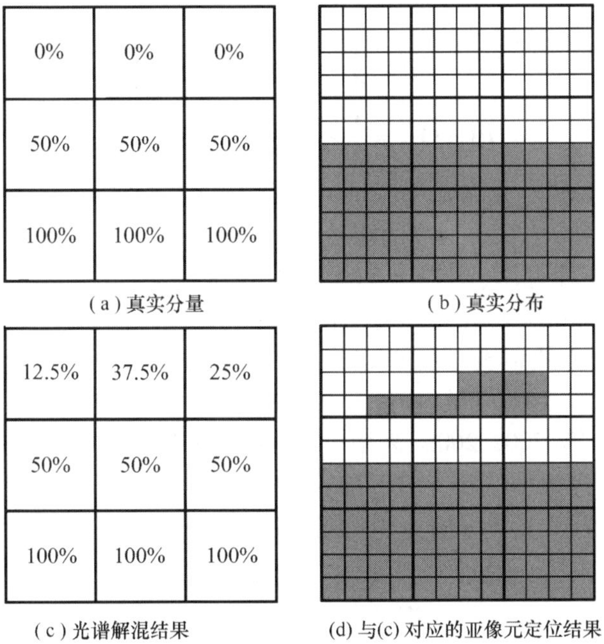

图 5－12　光谱解混误差传递至亚像元定位的过程

Teerasit K 等(2005)提出了基于 MRF 的亚像元定位方法，该方法具有以下特点和优势。

(1) 直接用于多波段遥感数据，不依赖光谱解混的结果(或者光谱解混只是为了获得初始的亚像元随机分布状态，而其结果会在 MRF 的处理过程中被修正)。

(2) 同时考虑空间信息和待定位多波段遥感数据的光谱信息，实现二者的约束。

(3) 光谱约束项借助协方差矩阵考虑了类内光谱差异，对光谱信息的挖掘相比一般的光谱解混技术更为充分。

现将基于 MRF 的亚像元定位原理介绍如下(Teerasit K 等,2005;Tolpekin V 等,2008;Tolpekin V 等,2009)。

先令:

Y—原始低分辨率观测图像,大小为 $M \times N$;

X—高分辨率图像,大小为 $SM \times SN$;

$P(X)$—先验概率;

$P(Y|X)$—条件概率,给定 X 时 Y 的概率;

$P(X|Y)$—后验概率,给定 Y 时 X 的概率。

且:

$$P(X) = \frac{1}{Z_p}\exp(-U(X)/M) \tag{5-18}$$

$$P(Y|X) = \frac{1}{Z_l}\exp(-U(Y|X)/M) \tag{5-19}$$

$$P(X|Y) = \frac{1}{Z}\exp(-U(X|Y)/M) \tag{5-20}$$

式中:Z_p, Z_l, Z 为归一化常数;M 为一参数;$U(X)$,$U(Y|X)$,$U(X|Y)$ 分别为 $P(X)$,$P(Y|X)$ 和 $P(X|Y)$ 对应的能量函数。

根据贝叶斯理论,$U(X|Y) = U(X) + U(Y|X)$。

Teerasit K 等(2005)在将 MRF 用于亚像元定位时,$U(X)$ 用 Gibbs 能量函数来表达,但这种方式需要从先验信息中(如高分辨率下的地物分类图)提取 Gibbs 能量函数的参数。而这些信息在实际情况中一般较难获取。

Tolpekin V 等(2008,2009)采用一种空间各向同性算子来描述 $U(X)$,该方法无需先验信息。设 $Q_j(j=1,2,\cdots,B,B$ 是 Y 图像中像元总数)是观测图像 Y 中一低分辨率像元,其被分割为 S^2 个亚像元 $q_{ij}(i=1,2,\cdots,S^2)$。$U(X)$ 可表示为

$$U(X) = \sum_{j=1}^{B}\sum_{i=1}^{S^2}\frac{\alpha}{A_0}\sum_{k=1}^{n}\frac{\delta[c(q_{ij}),c(q_k)]}{d_k} \tag{5-21}$$

$$\delta[c(q_{ij}),c(q_k)] = \begin{cases}0 & (\text{类别属性值 } c(q_{ij}) = c(q_k)) \\ 1 & (\text{其他})\end{cases} \tag{5-22}$$

式中:$\alpha \in (0,+\infty)$ 是一权值系数;n 为邻域亚像元个数;d_k 为 q_{ij} 和其邻域亚像元 q_k 几何中心之间的欧几里得距离;A_0 为一归一化常数:

$$A_0 = \sum_{k=1}^{n}\frac{1}{d_k} \tag{5-23}$$

每个像元 Q_j 均对应一光谱向量 $\boldsymbol{y}_j$,其由多波段遥感数据各波段下 Q_j 的灰度值所组成。通常假定 $\boldsymbol{y}_j$ 服从均值向量为 $\boldsymbol{\mu}_j$,协方差为 $\boldsymbol{C}_j$ 的正态分布。$\boldsymbol{\mu}_j$ 和 $\boldsymbol{C}_j$ 表达式为

$$\boldsymbol{\mu}_j = \sum_{l=1}^{L} e_{lj}\boldsymbol{\mu}_l \tag{5-24}$$

$$\boldsymbol{C}_j = \frac{1}{S^2}\sum_{l=1}^{L} e_{lj}\boldsymbol{C}_l \tag{5-25}$$

式中：e_{lj}为 Q_j内类 l 的分量值；$\boldsymbol{\mu}_l$和 $\boldsymbol{C}_l$分别为类 l 的均值向量和协方差矩阵。

$c(q_{ij})$的改变会导致 e_{lj}的改变，进而得到不同的$\boldsymbol{\mu}_j$和 $\boldsymbol{C}_j$。$U(Y|X)$表达式为

$$U(Y|X) = \sum_{j=1}^{B}\left[\frac{1}{2}(\boldsymbol{y}_j-\boldsymbol{\mu}_j)^{\mathrm{T}}\boldsymbol{C}_j^{-1}(\boldsymbol{y}_j-\boldsymbol{\mu}_j)+\frac{1}{2}\ln|\boldsymbol{C}_j|\right] \tag{5-26}$$

可以看到，类内光谱差异可由 $\boldsymbol{C}_j$来描述，这对挖掘多波段遥感数据光谱信息有着重要的意义。由式(5－20)可得 $U(X|Y)$：

$$\begin{aligned}U(X|Y) &= U(X)+U(Y|X)\\ &= \sum_{j=1}^{B}\sum_{i=1}^{S^2}\frac{\alpha}{A_0}\sum_{k=1}^{n}\frac{\delta[c(q_{ij}),c(q_k)]}{d_k}+U(Y|X)\\ &= (1+\alpha)\left[\frac{\alpha}{1+\alpha}\sum_{j=1}^{B}\sum_{i=1}^{S^2}\frac{1}{A_0}\sum_{k=1}^{n}\frac{\delta[c(q_{ij}),c(q_k)]}{d_k}+\frac{1}{1+\alpha}[U(Y|X)]\right]\end{aligned} \tag{5-27}$$

根据最大后验概率理论，最优解 X^{opt}需使得后验概率 $P(X|Y)$最大，即能量函数 $U(X|Y)$最小：

$$\begin{aligned}X^{\mathrm{opt}} &= \arg\{\max_X[P(X|Y)]\} = \arg\{\min_X[U(X|Y)]\}\\ &= \arg\left\{\min_X\left[\beta\sum_{j=1}^{B}\sum_{i=1}^{S^2}\frac{1}{A_0}\sum_{k=1}^{n}\frac{\delta[c(q_{ij}),c(q_k)]}{d_k}+\right.\right.\\ &\qquad \left.\left.(1-\beta)[U(Y|X)]\right]\right\}\\ &= \arg\{\min_X[\beta U_{\mathrm{spatial}}+(1-\beta)U_{\mathrm{spectral}}]\}\end{aligned} \tag{5-28}$$

式中：$\beta=\frac{\alpha}{1+\alpha}\in(0,1)$为一权值系数，它控制着空间和光谱约束项之间的平衡。可见，MRF 可直接用于多波段遥感数据的处理。

5.3.2　结合 MRF 和亚像元位移遥感影像的亚像元定位

从 5.3.1 节可以看到，原 MRF 模型的亚像元定位方法中，仅利用了待定位的低分辨率图像的光谱信息。而事实上，亚像元定位是一个欠约束问题，仅利用单幅图像的光谱信息，约束条件偏少，这样会产生同时满足现有约束条件的多个解。利用附加信息增加约束条件，是一种解决这类问题的有效方式。

目前，已有部分技术利用附加信息来增加约束条件，提高亚像元定位的精度。这些技术大致分为两类：一类是融合附加的多波段遥感图像；另一类是利用其他形式下的数据，将从融合图像得到的光谱解混结果即分量值嵌入到 HNN 的比例约束项中，提供多约束条件。然而，HNN 效果的好坏严重依赖于光谱解混的结果，分量值的误差不可避免地传入到亚像元定位中。

本节提出一种利用 SSRSI 光谱信息以增加 MRF 光谱约束条件的方法。SSRSI 为观测卫星对同一场景进行不同时间多次拍摄所获得。但由于轨道偏

移，SSRSI 之间不可避免地存在亚像元级的位移。因而，SSRSI 的光谱信息可嵌入到 MRF 模型的光谱约束项中提供多个光谱约束。和 Ling F 等(2010)不同的是，其方法利用的是对 SSRSI 进行光谱解混后的分量值信息，以提供 HNN 模型的多比例约束，而本节方法无需对 SSRSI 进行光谱解混，直接利用多波段下 SSRSI 的光谱信息。

该方法的描述如下。

利用 SSRSI 光谱信息，式(5-28)变为

$$X^{\text{opt}} = \arg\{\min_X[\beta U_{\text{spatial}} + \frac{1}{T}\sum_{t=1}^{T}(1-\beta)U^t_{\text{spectral}}]\} \tag{5-29}$$

$$U^t_{\text{spectral}} = \sum_{j=1}^{B}[\frac{1}{2}(\boldsymbol{y}^t_j - \boldsymbol{\mu}^t_j)'(\boldsymbol{C}^t_j)^{-1}(\boldsymbol{y}^t_j - \boldsymbol{\mu}^t_j) + \frac{1}{2}\ln|\boldsymbol{C}^t_j|] \tag{5-30}$$

式中：T 为 SSRSI 图像的幅数(包括待定位的观测图像 Y)；Q^t_j是第 t 幅 SSRSI 中的像元；$\boldsymbol{y}^t_j$是 Q^t_j对应的光谱向量，服从均值向量为$\boldsymbol{\mu}^t_j$，协方差矩阵为 $\boldsymbol{C}^t_j$的高斯分布。

下面用一个简单的例子来阐述 SSRSI 是如何提供多个光谱约束条件的。现假定有 4 幅 2×2 大小的低分辨率 SSRSI。图 5-13 以二维形式(即单波段)显

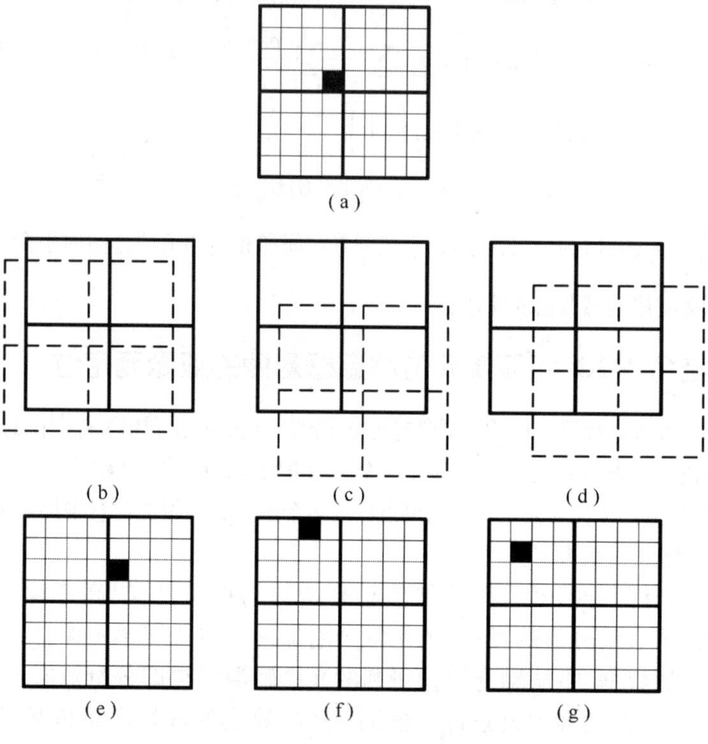

图 5-13　4 幅 2×2 大小的 SSRSI(单波段显示)

(a) 观测图像；(b)～(d) 带有(-1,1)，(1,3)和(2,2)亚像元位移的 SSRSI；(e)～(g)为(b)～(d)中的黑色亚像元的位置显示图。

示这 4 幅图像。图(a)显示了观测图像中每个低分辨率像元被分割为 4×4 个亚像元。图(b)~图(d)与图(a)之间带有亚像元位移,位移大小分别为(-1,1),(1,3)和(2,2)。此处,(f_a,f_b)表示右移f_a个亚像元和下移f_b个亚像元。图(a)中黑色亚像元位于像元 $Q^1_{(1,1)}$ 内,在图(b)~图(d)3 幅 SSRSI 中,该黑色亚像元分别位于像元 $Q^2_{(1,2)}$,$Q^3_{(1,1)}$ 和 $Q^4_{(1,1)}$ 内,如图(e)~图(g)所示。于是,在利用 SSRSI 时,黑色亚像元不仅需要满足 $\boldsymbol{y}^1_{(1,1)}$ 的光谱约束,还需同时满足 $\boldsymbol{y}^2_{(1,2)}$,$\boldsymbol{y}^3_{(1,1)}$ 和 $\boldsymbol{y}^4_{(1,1)}$ 的光谱约束。

设(f_c,f_d)为 X 中某亚像元的坐标,已知第 t 幅 SSRSI 的亚像元位移为(f_{at},f_{bt})。则亚像元(f_c,f_d)在第 t 幅 SSRSI 中所对应的低分辨率像元的坐标(F_e,F_f)为

$$\begin{cases} F_e = \text{floor}((f_c - f_{at} - 1)/S) + 1 \\ F_f = \text{floor}((f_d - f_{bt} - 1)/S) + 1 \end{cases} \tag{5-31}$$

式中:floor(·)为一取整函数,其取值为最接近“·”且不大于它的整数。也就是说,(f_c,f_d)处的亚像元需满足来自第 t 幅 SSRSI 中像元 $Q^t_{(F_e,F_f)}$ 的光谱约束。

结合 SSRSI 与 MRF 的亚像元定位的实施步骤描述如下。

(1) 对观测图像进行光谱解混,获得各类地物的分量值。

(2) 初始化:不同于 Teerasit K 等(2005)和 Tolpekin V 等(2008,2009)中的随机初始化,这里使用 SPSAM 获得初始的亚像元分布状态。这样,便能消除随机初始化所引入的不确定性,且这种合理的初始状态更能加速 MRF 模型的收敛(Teerasit K 等,2005)。

(3) 从观测图中选取像元 Q_j,对于在其内的亚像元 q_{ij},属于类别 c_r($r=1,2,\cdots,R$,R 是地物类别总数)的概率为

$$P[c(q_{ij}) = c_r] = \frac{1}{Z}\exp(-\frac{1}{M}U_r) \tag{5-32}$$

$$U_r = \frac{\beta}{A_0}\sum_{k=1}^{n}\frac{\delta[c_r,c(q_k)]}{d_k} + \frac{1-\beta}{T}\sum_{t=1}^{T}U^t_{\text{spectral}} \tag{5-33}$$

不同的 c_r对应 U^t_{spectral}中不同的$\boldsymbol{\mu}^t_j$和 $\boldsymbol{C}^t_j$。根据所得概率进行亚像元 q_{ij}的标类。

(4) 对观测图中每个像元,均进行步骤(3)。

(5) 重复步骤(3)、步骤(4)。如果在一次迭代后,更新的亚像元个数占图像中总像元个数的比例值 Ra 小于某设定值 D,就可以确定算法已经收敛。同时,为防止收敛过慢而消耗大量时间,也可以设定一定的迭代次数 H。图 5-14 所示为算法整个流程图。

需要注意的是,步骤(1)中的光谱解混步骤并不是必须的,这里将它和 SPSAM 联合使用,只是为了获得初始状态下的亚像元分布状态。对于 MRF 来说,光谱信息的挖掘是通过式(5-33)来完成的。换句话说,最终亚像元定位结果中所对应的各类地物分量将很有可能不同于初始状态下有光谱解混得到的分量值。

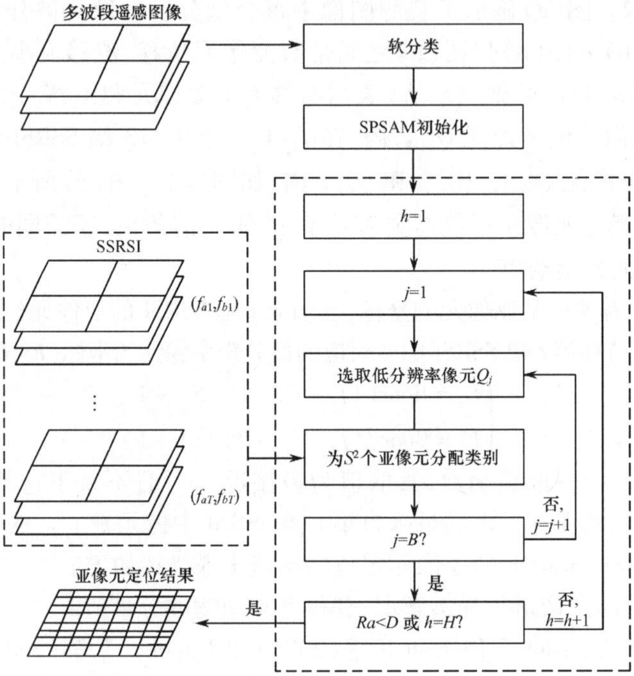

图 5-14 结合 SSRSI 与 MRF 的亚像元定位流程图

5.4 性能评价

5.4.1 基于 LSSVM 的线性特征地物亚像元定位

为排除配准和光谱解混过程所引入的误差，对提出的基于 LSSVM 的线性特征地物亚像元定位方法有一个更客观的验证与评价，这里的实验对合成分量图进行，其源于对高分辨率图的重采样模糊处理，可通过均值滤波器实现，采样比例取为 2，即低分辨率分量图中每个像元包含高分辨率中的 2×2 个像元，同样亚像元定位时放大比例取 $S=2$。这样，可以参照已知真实图，对各种方法的结果进行比较和评价。本节共进行了两组实验。在每组实验中，比较了硬分类方法(Hard Classification，HC)、BPNN 和 LSSVM 方法。硬分类方法将每个像元判定为最大混合比例值所对应的类别。BPNN 方法的训练样本同 LSSVM 方法，亦源于人工合成。LSSVM 采用高斯核函数。测试样本的输入从低分辨率图即分量图中提取，构造方式同式(5-4)。

1. 两类实验

该组实验挑选印第安农林地物图中的 3 个类别各自进行了一次实验：类 2、类 12 和类 14。每次实验均包含两个类别，即目标和背景。现将 3 类农林地物图片合在一幅图中,3 种类别的原始真实分布情形如图 5 - 15(a)所示。其中,黑色为背景,深灰色为类 2,浅灰色为类 12,白色为类 14。图 5 - 15(b)为 HC 方法的结果,从图中非常明显地看到,相比原始真实图,边缘十分粗糙,分辨率非常低。图 5 - 15(c)为 BPNN 方法的亚像元定位结果,图中许多边缘部分出现了“锯齿”状。图 5 - 15(d)展示了本文提出的基于 LSSVM 的亚像元定位的结果,相比 BPNN 和 HC,绝大多数的直线和直角边缘细节进行了有效和理想的恢复,结果也更接近原始真实图,效果更优。

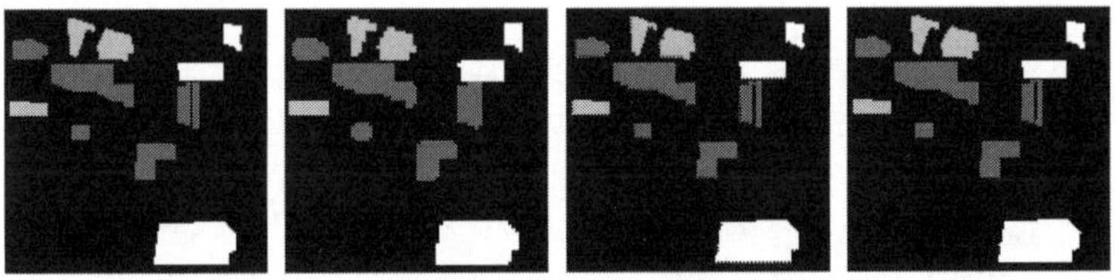
(a)真实高分辨率图　(b)HC结果　(c)BPNN结果　(d)LSSVM结果

图 5 - 15　3 种农林地物各种方法实验结果

对于两类地物亚像元定位的定量评价较为常用的一种指标为均方根误差(Root Mean Square Error,RMSE),其表达式为

$$\mathrm{RMSE} = \sqrt{\frac{\sum_{q=1}^{Np}(y_q - x_q)^2}{Np}} \tag{5-34}$$

式中:Np 为高分辨图像元总数;y_q为真实图中像元的灰度值;x_q为亚像元定位结果中像元的灰度值。

RMSE 是两幅图之间差异的衡量,其值越小,表明两幅图越接近,亚像元定位效果越好。表 5 - 1 列出了各种方法的 RMSE 比较。从表中数据可知,BPNN 和 LSSVM 方法的 RMSE 均明显低于 HC 方法,表明了人工合成的训练样本用于训练学习的可靠性。同时,在几种方法中,LSSVM 的 RMSE 最低(黑色加粗数据),相比 BPNN,3 类别的 RMSE 分别降低了 0.030、0.016 和 0.035,从定量分析的角度证明了 LSSVM 的效果最佳。

表 5 - 1　3 类农林地物各种方法的 RMSE 比较

RMSE	HC	BP	SVM
类 2	0.108	0.064	0.034
类 12	0.062	0.034	0.018
类 14	0.087	0.044	0.009

2. 多类实验

第二组实验中，对 Tolpekin V 等(2009)中的地物分布图进行了模拟的实验。该地物分布图如图 5－16(a)所示。图 5－16(b)～(d)分别展示了 HC、BPNN 和 LSSVM 方法的亚像元定位结果。同样，可观察到，HC 方法丢失了几乎所有的边缘细节信息，效果最差。在 BPNN 方法的结果中，各个类别的部分交界处出现了误判现象，因而呈现较为明显的噪声。LSSVM 方法虽然也存在较少的误判情况，但相对而言却很大程度改善了 BPNN 方法所存在的噪声现象，其结果也更接近原始真实图。

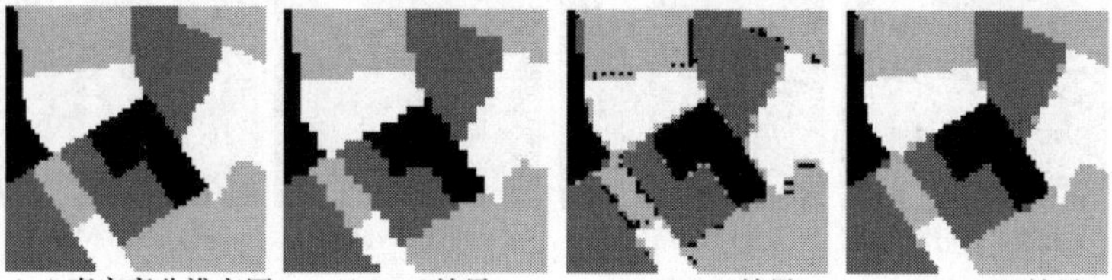

(a)真实高分辨率图　(b)HC结果　(c)BPNN结果　(d)LSSVM结果

图 5－16　多类地物图各种方法实验结果

对于多类地物亚像元定位的精度评价一般采用 Kappa 和 PCC(Percentage of Correctly Classified pixels)系数，系数值越大表明效果越佳。但是，原始低分辨率图中的大量纯像元(即非混合像元)的存在，会使得这两个系数值偏大，而这种变大对亚像元定位精度的评价不能提供任何有用的信息。为排除这些纯像元的影响，另外还采用了 Kappa′和 PCC′系数来进行评价，这两个系数只统计低分辨率图中混合像元的亚像元定位精度。

表 5－2 所列为各种方法的 Kappa、PCC、Kappa′和 PCC′4 个系数的比较。通过对比分析可知，BPNN 和 LSSVM 的效果均优于 HC 方法，且 LSSVM 的 4 个系数均为最高。特别是对于 Kappa′和 PCC′系数，几种方法之间的差距体现得更为明显。

表 5－2　多类地物各种方法的 4 个系数比较

系数	HC	BPNN	LSSVM
Kappa	0.596	0.583	0.626
PCC	0.705	0.694	0.726
Kappa′	0.310	0.220	0.524
PCC′	0.491	0.415	0.647

此外，在两组亚像元定位的实验中，除了对结果的误差和精度进行评价外，耗时也是两种学习方法 BPNN 和 LSSVM 评价的一个重要因素。由于学习算法的测试即亚像元类别的判决过程耗时极短，此处只比较训练时间。BPNN 消耗了约为 2min 时间来获取网络权值，而 LSSVM 却用了不足 10s 时间来计算式(5－1)中的 $\boldsymbol{\alpha}$ 和 b。因此，基于 LSSVM 的亚像元定位方法具有一定的实时性。

5.4.2 MSPSAM 和 MSAM

同样,为消除配准和光谱解混过程所引入的误差,本节也对合成分量图进行实验。共进行了 3 组实验。在每组实验中,比较了 SPSAM、MSPSAM、MPS 和 MSAM 这 4 种方法。

1. 实验一

第一组实验对 3 幅模拟图片进行:圆环、交叉线和字母图。3 幅图如图 5-17(a)所示。每幅图含有 112×112 个像元,包括白色目标和黑色背景两类。进行 4 倍的重采样处理,即每 4×4 个高分辨率像元模糊为一个低分辨率像元。则图(b)中的模糊图片含有 28×28 个像元。

为便于视觉比较,亚像元定位结果以误差图显示。其中,灰色表示正确定位的像元,白色表示目标被错分为背景,黑色表示背景错分为目标。SPSAM、MSPSAM、MPS 和 MSAM 四种方法的误差图分别如图 5-17(c)~(f)所示。当采用 SPSAM 进行定位时,在目标和背景的交界处产生了较多的误差,尤其是在字母图中。MSPSAM 和 MPS 的误差均要小于 SPSAM,但仍大于 MSAM。

我们也可以通过定量分析来比较各种方法。这里我们直接统计亚像元定位结果和真实图之间的误差像元个数(Error Mapping Pixels,EMP)。3 幅图在 4 种方法下的 EMP 如表 5-3 所列。可以看到,3 幅图的 EMP 差距较大,这是由目标的空间结构所决定的。3 种形状中,圆环的结构最符合空间相关性。因而,对于圆环,各种方法的 EMP 比其他两种形状都要小。另外,3 幅模拟图片在使用 MSPSAM 进行亚像元定位时,相比 SPSAM,EMP 分别减小了 4,4 和 28,表明提出的 MSPSAM 是可行的。然而,在 4 种方法中,MSAM 的 EMP 最小(黑色描粗的数据)。通过数据评价,可得知,提出的 MSAM 相比其他 3 种方法,能产生更高精度的亚像元定位结果。

表 5-3 3 幅图在 4 种方法下的 EMP

EMP	SPSAM	MSPSAM	MPS	MSAM
圆环	36	32	8	4
交叉线	26	22	24	14
字母图	146	118	80	72

2. 实验二

第二组实验选取 Tolpekin V 等(2009)文章中的地物分布图。该图大小为 60×60 像元,显示了荷兰弗莱福兰某农业区域 4 类地物的分布。为简便起见,这里将原图中的两类地物类 1 和类 2 合并。这样处理后,所得新的地物图中覆盖 3 类地物,如图 5-18(a)所示。将它们记为 C_0、C_1 和 C_2,分别对应图中的黑色、灰色和白色部分。分别进行 4 倍和 6 倍的重采样,得到低分辨率图像分别如

(a) 真实高分辨率图

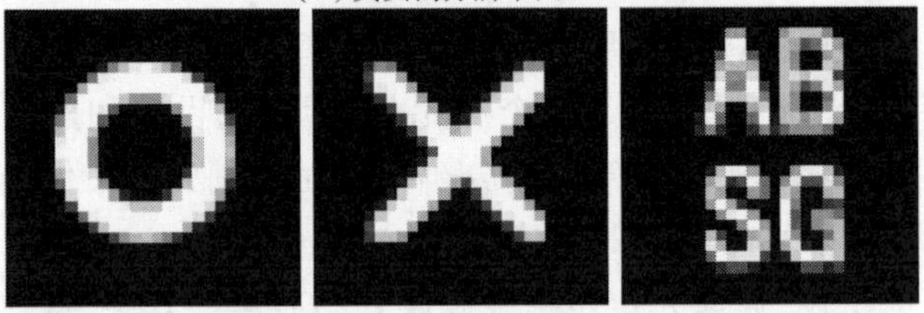

(b) 模糊图片

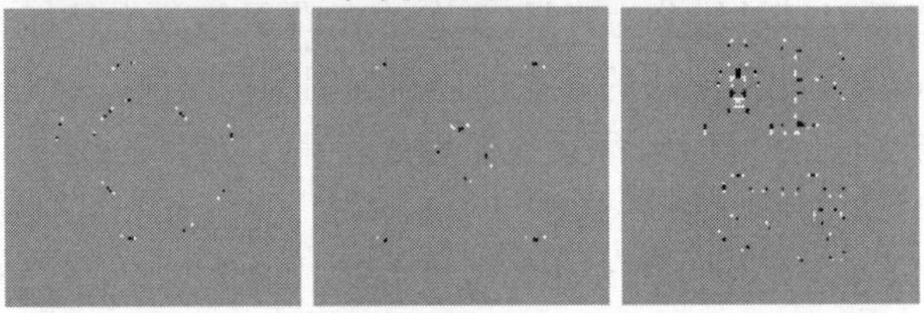

(c) SPSAM误差

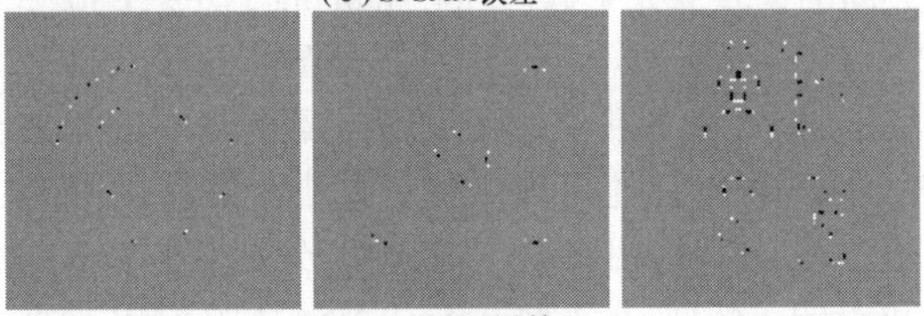

(d) MSPSAM误差

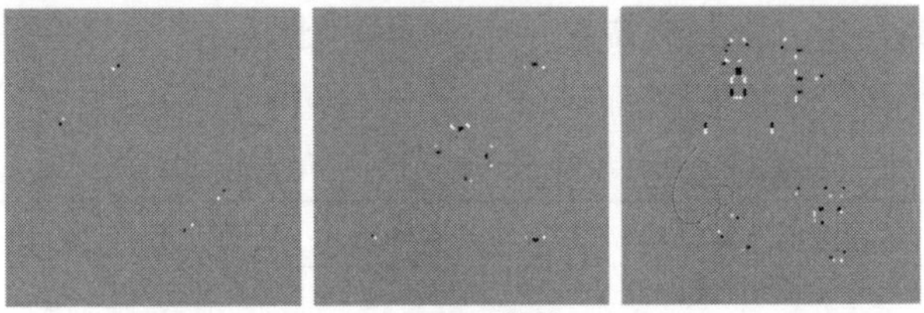

(e) MPS误差

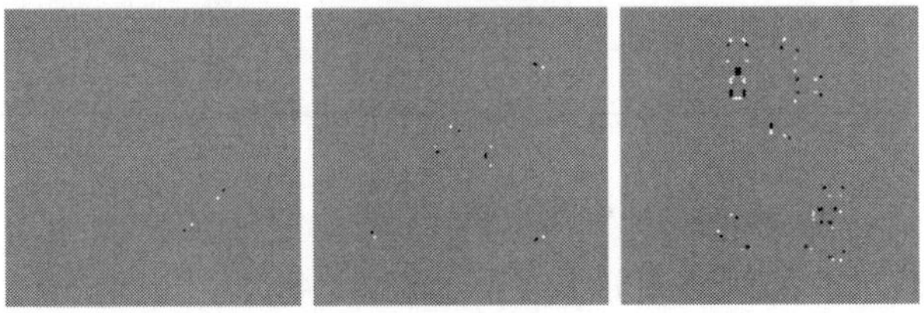

(f) MSAM误差

图 5－17　3 幅模拟图片 4 种方法的亚像元定位误差

第一列:同心圆; 第二列:交叉线; 第三列:字母图。

图 5 - 18(b)和(c)所示。图(d) ~ (g)分别展示了 4 倍放大下 SPSAM,MSPSAM,MPS 和 MSAM 的亚像元定位结果。图(h) ~ (k)分别展示了 6 倍放大时 SPSAM,MSPSAM,MPS 和 MSAM 的亚像元定位结果。

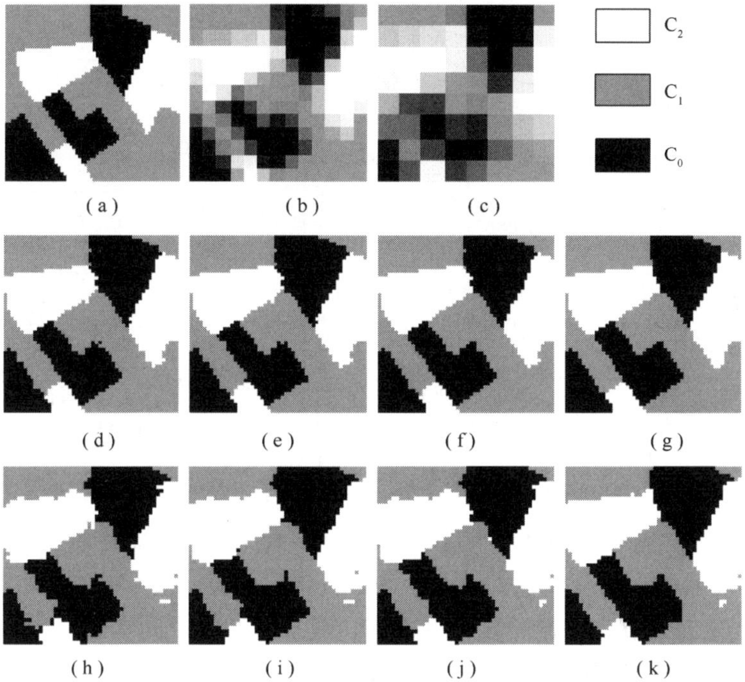

图 5 - 18　实验二的亚像元定位结果

参照 5 - 18(a)中的真实图,SPSAM 方法结果中存在许多错误分类像元,这种情况在 MSPSAM 和 MPS 方法的结果中稍微减弱,但对比真实图,不难发现这两种方法,仍存在较多误差,尤其是在 6 倍比例放大时。然而,在 MSAM 方法的结果中,两种尺度下绝大部分地物边界均得到了令人满意的恢复,所得地物分布图在 4 种方法中最接近真实图。

除视觉对比之外,图 5 - 19 给出了两种尺度下各种亚像元定位方法的 Kappa,PCC,Kappa′和 PCC′。当比较 Kappa′和 PCC′系数时,几种方法之间的差距体现得更为明显。在进行 6 倍比例的亚像元定位时,4 种方法的精度均有降低,这是由于亚像元定位过程随着尺度的增大变得更为复杂,在每个低分辨率像元内需要对更多(S^2 = 36)数量的亚像元进行分类,不确定性也随之增加。比较两幅图中的数据,不难看出,相比 SPSAM,MSPSAM 在一定程度上提高了定位的精度,再次证明了提出的 MSPSAM 是合理可行的,所提出的 MSAM 在 4 种亚像元定位方法中具有最高的精度。

3. 实验三

为更进一步验证提出方法的优势,第三组实验中选取一幅真实的遥感图像

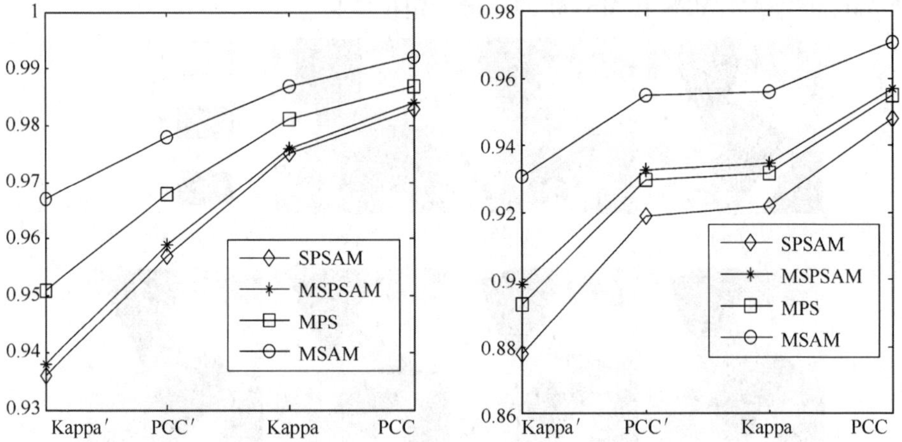

(a) $S=4$　　　　(b) $S=6$

图 5-19　实验二各种亚像元定位方法的定量评价

进行分析。该地物图为南京市区一部分，其彩色原图可见网站 http://www.ceode.cas.cn/txzs/dxyy/。图 5-20(a)所示为该区域的地物分布图。该图大小为 80×80 像元，覆盖三类地物：植被、湖水和城区。同实验二，分别进行 4 倍和 6 倍的重采样，得到低分辨率图像分别如图 5-20(b)和(c)所示。4 倍放大下，SPSAM，MSPSAM，MPS 和 MSAM 的亚像元定位结果分别如图(d)～(g)所示。6 倍放大下，SPSAM，MSPSAM，MPS 和 MSAM 的亚像元定位结果分别如图(h)～(k)所示。

从图(d)和图(h)的对比之中可得到和前面相似的结论，即 SPSAM 效果较差，较多像元被错误分类。尽管 MSPSAM 一定程度上改善了这种现象，但效果有限。在真实遥感图像中，地物分布情况较为复杂，随着距离的增加，像元间的相关性迅速减小。也就是说，对于真实遥感图像来而言，地物在低分辨率像元间的空间相关性可能不如前两组实验中的强。在这样的情况下，MPS 相比 MSPSAM 会有较大优势，因为 MPS 考虑和其最接近的邻域亚像元间的相关性。这也是图(f)和图(j)的效果要优于图(e)和图(i)的原因。然而，低分辨率像元间的空间相关性仍然存在且不能忽略，即便这种相关性较弱。通过对 MPS 和 MSAM 的结果进行观察对比，可知 MSAM 能产生更优的亚像元定位结果，尤其是在观察植被类地物分布时，两种方法的差异体现得较为明显。

图 5-21 所示两种尺度下各种亚像元定位方法的 Kappa，PCC，Kappa′和 PCC′。通过定量评价，可看到 MSPSAM 精度高于 SPSAM，且 MSAM 精度最高。

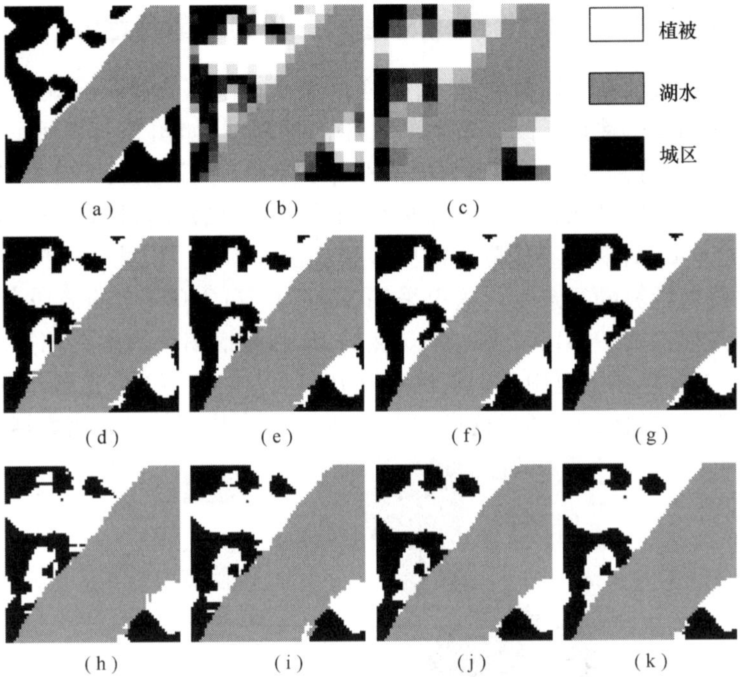

图 5－20　实验三的亚像元定位结果

(a) 原始参考图;(b) 4 倍重采样后低分辨率图;(c) 6 倍重采样后低分辨率图;

(d) ~ (g) $S=4$ 时 SPSAM,MSPSAM,MPS 和 MSAM 方法的结果;

(h) ~ (k) $S=6$ 时 SPSAM,MSPSAM,MPS 和 MSAM 方法的结果。

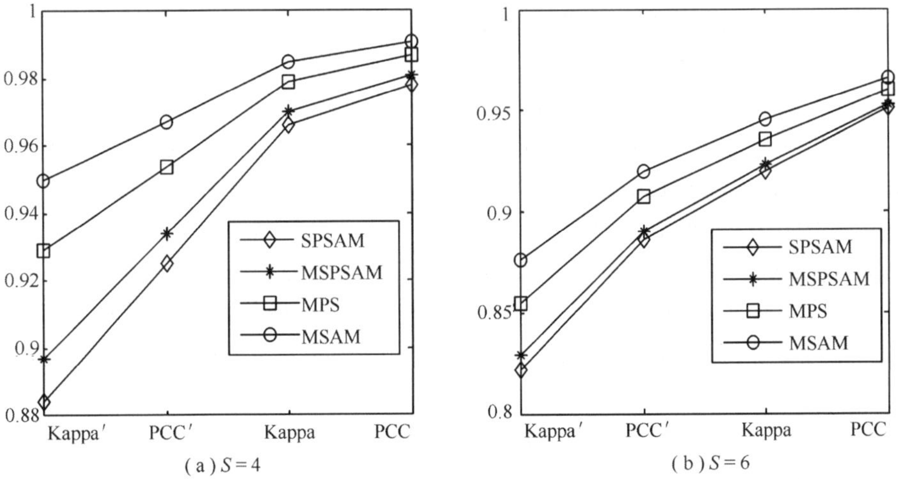

图 5－21　实验三各种亚像元定位方法的定量评价

5.4.3 结合 MRF 和亚像元位移遥感影像的亚像元定位

实验对模拟的高光谱数据进行，这样便于对提出算法进行客观地评价与分析。地物分布图仍使用 5.4.2 节实验二中的地物图，如图 5－22 所示。3 类地物 C_0、C_1 和 C_2 分别覆盖 1011，1710 和 879 个像元。光谱数据选自 1992 年 6 月拍摄的美国印第安纳州西北部印第安农林高光谱遥感实验区的一部分。从式(5－30)可推知，计算复杂度随着波段数呈二次方增长。因此，需进行相应的波段选择来降低运算的复杂度。这里采用 Wang L 等(2007)中的波段选择方法，选出 5 个波段：17，29，41，97 和 200。然后，从高光谱图像的 3 类地物即免耕玉米、初生大豆和免耕大豆中分别随机选取 1011，1710 和 879 个光谱样本，分别对应 C_0、C_1 和 C_2 的像元。通过这样的方式，便合成了模拟的高光谱数据。

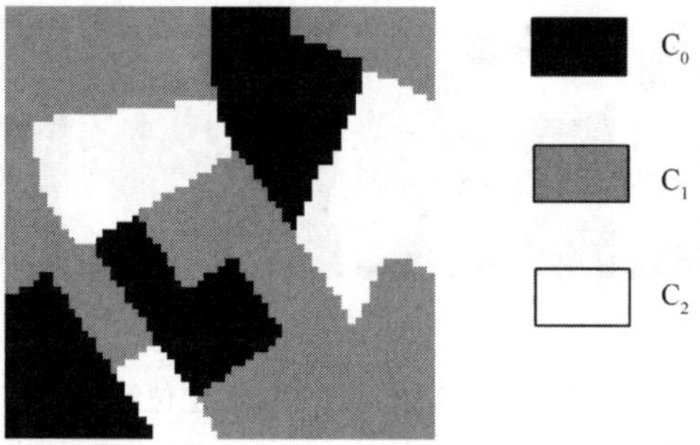

图 5－22　3 类地物分布图

采用均值滤波器对原高分辨率模拟高光谱图像进行逐波段重采样，获得低分辨率下的高光谱图像。这里讨论 4 种尺度：$S=4,5,6$ 和 10。原高分辨率地物分布图便可用于评价亚像元定位方法的性能。SSRSI 为对原高分辨率高光谱图像进行人工设定的亚像元位移获得。

实验中比较 5 种亚像元定位方法：SPSAM，HNN，HNN 结合 SSRSI，传统 MRF 和 MRF 结合 SSRSI。T 设定为 4，即选择 4 幅 SSRSI，对应的亚像元位移分别设定为(0，0)，(floor($S/2$)，0)，(0，floor($S/2$))和(floor($S/2$)，floor($S/2$))。首先，进行光谱解混获得各类地物分量。线性光谱混合分析方法(Linear Spectral Mixture Analysis，LSMA)因其明确的物理意义和操作的方便性得到广泛使用。我们采用 LSMA 进行光谱解混。所得 4 种尺度下 3 类地物的分量图如图 5－23 所示。其中纯白色对应 100% 分量，纯黑色对应 0% 分量。从这些分量图中可以观察到，低分辨率下的比例信息远不能描述地物空间分布，这也显示了亚像元定位技术的必要性。在软分类之后，运用各种亚像元定位所得地物分布图如图 5－24 所示。

对比图 5－22 中的地物分布参考图，可发现 SPASM 结果中存在许多错分像元，这些像元呈现为噪声和坑槽状，各类地物之间的交界线不易识别，尤其当

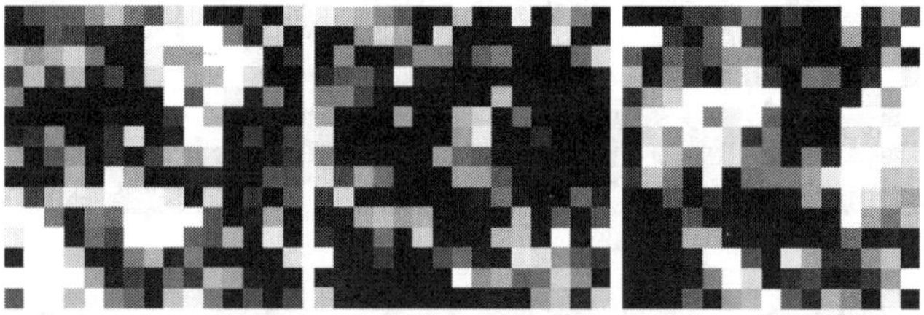

(a) S=4

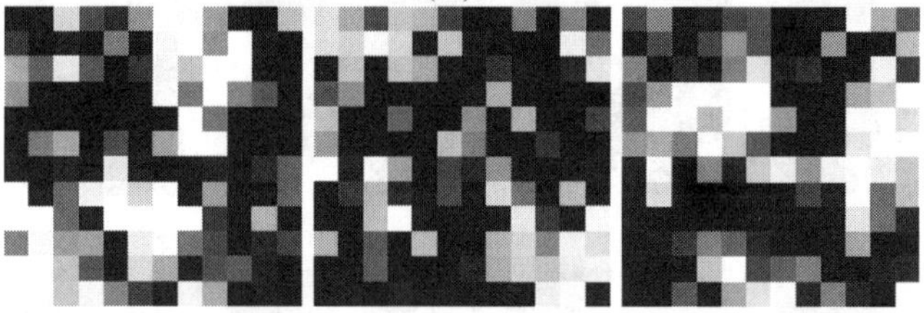

(b) S=5

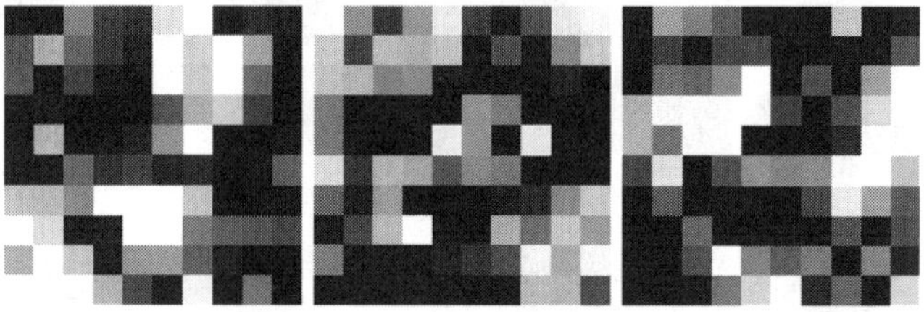

(c) S=6

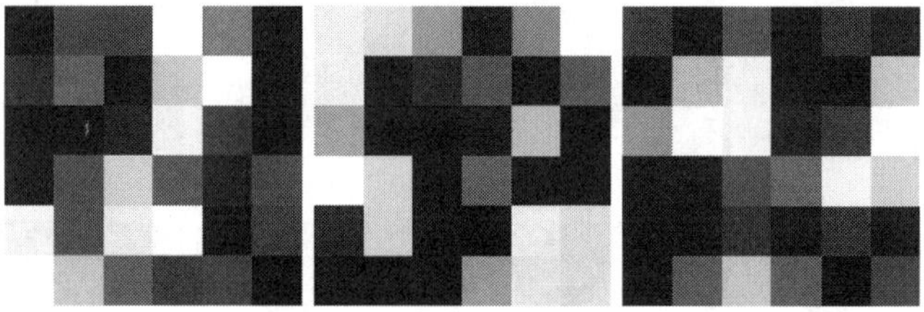

(d) S=10

图 5－23　LSMA 光谱解混结果

从左到右：C_0，C_1 和 C_2。

S 增加时，边界信息几乎丢失（如 $S=10$ 时）。这是因为 SPSAM 严格依赖软分类的结果，使得软分类产生的误差直接传递至亚像元定位而无法消除。和 SPSAM 略有不同的是，HNN 方法的结果中噪声像元有所减少。HNN 本质是一种优化工具。在基于 HNN 的亚像元定位模型中，各类分量值作为约束项，用来限制属于各类地物的亚像元个数。迭代过程中，每类的属性值（在 0 到 1 之间）不断变化，HNN 能量函数不断变小并逐渐达到稳定。最终，对各类属性值进行量化，得到高分辨率下的地物硬分类图，即亚像元定位结果。在该结果中，由软分类所提供的比例约束条件会较大程度但并不严格地满足。因而，会有部分明显的噪声和坑槽状消失。但通过与参照图进行对比，HNN 方法结果中仍有许多错分之

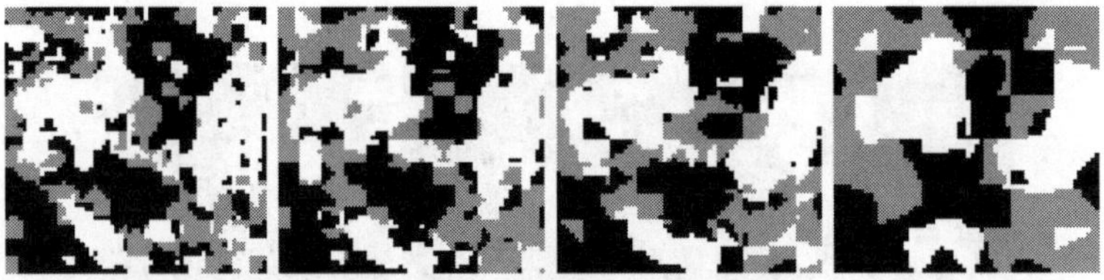

(a) SPSAM

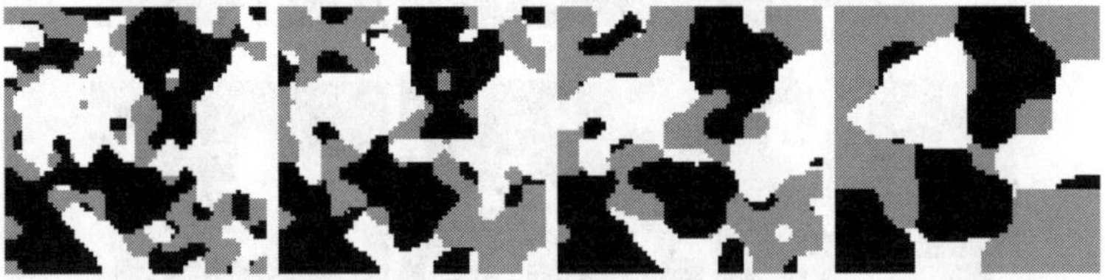

(b) HNN

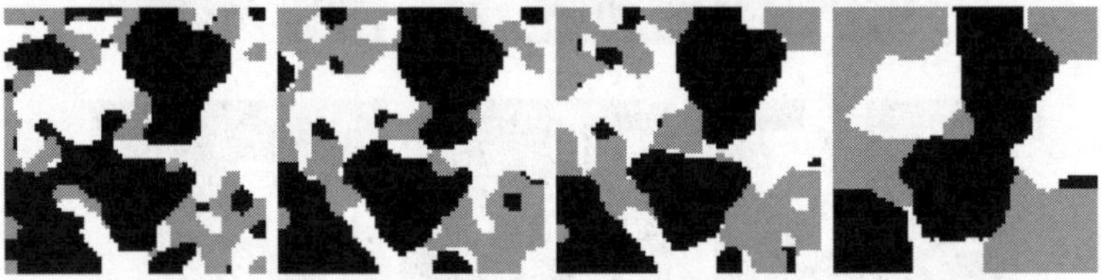

(c) HNN结合SSRSI

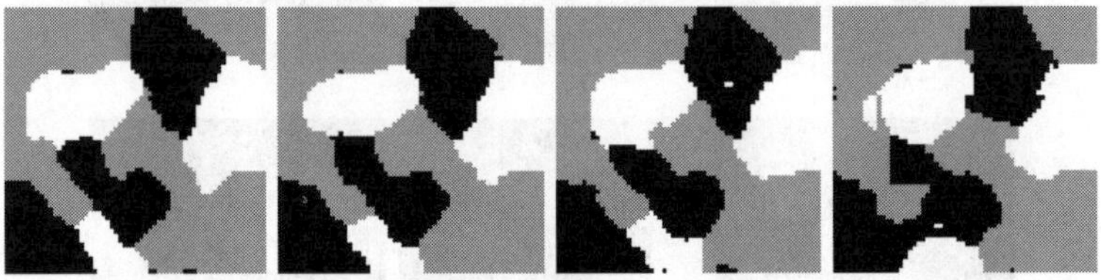

(d) 传统MRF

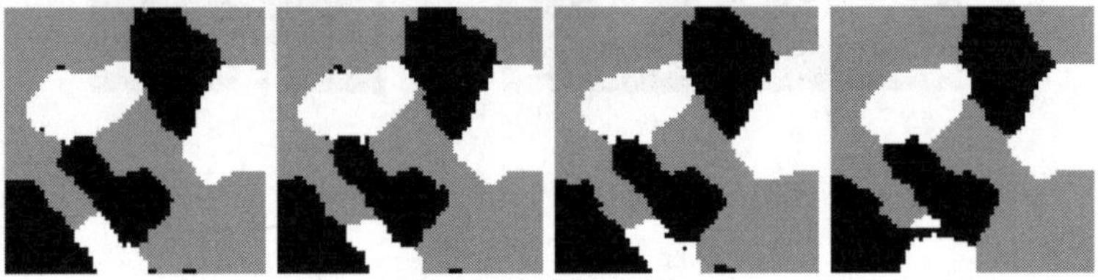

(e) MRF结合SSRSI

图 5-24　4 种模糊比例下的 5 种亚像元定位方法所得结果
从左到右：$S = 4,5,6,10$。

处。毕竟，HNN 仍以软分类的比例信息作为约束条件。另外，观察 HNN 结合 SSRSI 的结果，发现利用 SSRSI 时，能产生更加满意的结果，这也意味着 SSRSI 对亚像元定位技术的重要性。基于 MRF 模型的亚像元定位方法消除了大多数孤立像元。所得地物图相比 SPSAM，HNN 和 HNN 结合 SSRSI 方法更加合理和精确。然而，在传统 MRF 模型结果中，仍存在部分坑槽状和孤立像元。尤其是当 $S = 10$ 时，左下角部分本由 C_0 和 C_2 地物覆盖的区域现分为 C_1。这是因为随

着 S 的变大,亚像元定位过程变得更为复杂,每个低分辨率像元中有更多亚像元需要被分类而使得不确定性增加。显然在这种情况下,传统 MRF 模型效果受限于单一光谱约束。观察 MRF 结合 SSRSI 方法所产生的定位结果,发现该方法效果非常显著。对比传统 MRF,更多地物交界线得到了有效的恢复。在 $S=10$ 时,这种改进效果最为突出。5 种方法中提出方法的结果最接近地物真实分布图,效果最佳。

下面通过定量评价来对比 5 种方法。表 5-4 和表 5-5 分别列出了 4 种比例下 5 种方法的 Kappa 系数和 PCC。SPSAM,HNN 和 HNN 结合 SSRSI 三种方法的 Kappa 在 4 种比例下均低于 0.700,PCC 均低于 80.0%,明显小于两种 MRF 方法。具体来说,SPSAM 方法的精度在 5 种方法中最低。通过利用 SSRSI,HNN 模型的精度有所提高,但仍有限。相比传统 MRF 方法,MRF 结合 SSRSI 有着更高的 Kappa 和 PCC。例如,通过加入 SSRSI,在 $S=5$ 时,Kappa 从传统 MRF 方法的 0.865 提高到 0.875,PCC 从 91.4% 提高到 92.1%;在 $S=10$ 时,Kappa 提高了 0.051,PCC 提高了 3.2%。

表 5-4　5 种亚像元定位方法结果的 Kappa 系数评价

比例	SPSAM	HNN	HNN + SSRSI	MRF	MRF + SSRSI
$S=4$	0.434	0.494	0.490	0.887	**0.889**
$S=5$	0.491	0.568	0.571	0.865	**0.875**
$S=6$	0.524	0.589	0.609	0.854	**0.873**
$S=10$	0.537	0.635	0.690	0.772	**0.823**

表 5-5　5 种亚像元定位方法结果的 PCC(%)评价

比例	SPSAM	HNN	HNN + SSRSI	MRF	MRF + SSRSI
$S=4$	60.9	65.0	64.5	92.8	**92.9**
$S=5$	65.4	70.7	70.9	91.4	**92.1**
$S=6$	68.0	72.4	73.7	90.7	**91.9**
$S=10$	69.4	76.1	79.6	85.6	**88.8**

5.5 本章小结

针对 BPNN 学习算法自身存在的几点不足,本章提出了基于 LSSVM 的亚像元定位方法。同时,根据建筑物、农林地物及道路等地物的线性分布特征,提出了一种人工合成训练样本的方法,无需先验信息。

SPSAM 有着明确的物理意义且具有无需迭代的优点,但此模型描述空间引力的方式并不精确。本章借鉴物理学中求解物体间引力时的微积分思想,提出了 MSPSAM。然而,尽管 MSPSAM 比 SPSAM 的引力描述更为精确,但还是忽略了像元内的亚像元之间的引力。进而在 MSPSAM 的基础上提出了 MSAM。

MRF 不依赖光谱解混的结果,同时考虑空间信息和待定位多波段遥感数据的光谱信息,可直接用于多波段遥感数据。但是,亚像元定位是一个欠约束问题,往往会产生同时满足现有约束条件的多个解。针对这一问题,提出了利用 SSRSI 的光谱信息,增加 MRF 模型光谱约束项的方法。

实验对提出的几种方法均进行了充分的验证,表明提出方法的合理性及在亚像元定位精度上的优势所在。

参 考 文 献

Atkinson P M. 1997. Mapping sub-pixel boundaries from remotely sensed images. Innovations in GIS, 4: 166 – 180.

Atkinson P M. 2005. Sub-pixel target mapping from soft-classified, remotely sensed imagery. Photogrammetric Engineering &Remote Sensing, 71(7): 839 – 846.

Ge Y, Li S, Lakhan V C. 2009. Development and testing of a subpixel mapping algorithm. IEEE Transactions on Geoscience and Remote Sensing, 47(7): 2155 – 2164.

Ling F, Du Y, Xiao F, et al. 2010. Super-resolution land-cover mapping using multiple sub-pixel shifted remotely sensed images. International Journal of Remote Sensing, 31(19): 5023 – 5040.

Mertens K C, Verbeke L P C, De Wulf R R. 2003a. Sub-pixel mapping with neural networks: Real-world spatial configurations learned from artificial shapes. Proceedings of 4th International Symposium on Remote Sensing of Urban Areas, Regensburg, Germany: 117 – 121.

Mertens K C, Verbeke L P C, Ducheyne E I, et al. 2003b. Using genetic algorithms in sub-pixel mapping. International Journal of Remote Sensing, 24(21): 4241 – 4247.

Mertens K C, Basets B D, Verbeke L P C et al. 2006. A sub-pixel mapping algorithm based on sub-pixel/pixel spatial attraction models. International Journal of Remote Sensing, 27(15): 3293 – 3310.

Nguyen M Q, Atkinson P M, Lewis H G. 2005. Superresolution mapping using a Hopfield neural network with LIDAR data. IEEE Geoscience and Remote Sensing Letters, 2(3): 366 – 370.

Shen Z, Qi J, Wang K. 2009. Modification of pixel-swapping algorithm with initialization from a sub-pixel/pixel spatial attraction model. Photogrammetric Engineering &Remote Sensing,75: 557 – 567.

Tatem A J, Lewis H G, Atkinson P M, et al. 2001. Super-resolution target identification from remotely sensed images using a Hopfield neural network. IEEE Transactions on Geoscience and Remote Sensing, 39(4): 781 – 796.

Tatem A J, Lewis H G, Atkinson P M, et al. 2002. Super-resolution land cover pattern prediction using a Hopfield neural network. Remote Sensing of Environment, 79(1): 1 – 14.

Tatem A J, Lewis H G, Atkinson P M, et al. 2003. Increasing the spatial resolution of agricultural land cover maps using a Hopfield neural network. International Journal of Geographical Information Science, 17(7): 647 – 672.

Teerasit K, Arora M K, Varshney P K. 2005. Super-resolution land-cover mapping using a Markov random field based approach. Remote Sensing of Environment, 96(3 – 4): 302 – 314.

Tolpekin V A, Hamm N A S. 2008. Fuzzy super resolution mapping based on Markov random fields. Proceedings of International Geoscience and Remote Sensing Symposium, 875 – 878.

Tolpekin V A, Stein A. 2009. Quantification of the effects of land-cover-class spectral separability on the accuracy of markov-random-field based superresolution mapping. IEEE Transactions on Geoscience and remote sensing, 47(9): 3283 – 3297.

Verhoeye J, De Wulf R R. 2002. Land-cover mapping at sub-pixel scales using linear optimization techniques. Remote Sensing of Environment, 79(1): 96 – 104.

Wang L, Zhang Y, Li J. 2006. BP neural network based sub-pixel mapping method. International Conference on Intelligent Computing, 755 – 760.

Wang L, Jia X, Zhang Y. 2007. A novel geometry-based feature-selection technique for hyperspectral imagery. IEEE Geoscience and Remote Sensing Letters, 4(4): 171 – 175.

Zhang L, Wu K, Zhong Y et al. 2008. A new sub-pixel mapping algorithm based on a BP neural network with an observation model. Neurocomputing, 71(10 – 12): 2046 – 2054.

第6章 高光谱图像超分辨率技术

高光谱图像得到了越来越广泛的应用,但较低的空间分辨率严重地影响着它的应用效果。如何提高其空间分辨率受到学术界的高度重视,但一直没有得到很好的解决。为此,本章从经典理论出发,通过建立新模型、新方法来提高其空间分辨率,从而进一步提高高光谱图像的应用效果。

6.1 基于POCS算法的超分辨率复原

6.1.1 POCS基本理论

POCS算法将超分辨率问题用一组空域代数方程组来表示。定义反映未知图像先验信息或约束的封闭凸集,通过投影算子的逐次投影迭代来重建高分辨率图像。高分辨率图像与低分辨率图像之间的关系模型如下:

$$g_i(m_1,m_2) = \sum_{n_1,n_2} f(n_1,n_2)h(m_1,m_2;n_1,n_2) + v(m_1,m_2) \quad (6-1)$$

式中:$g_i(m_1,m_2)$为第i帧低分辨率图像;$f(n_1,n_2)$为原始高分辨率图像;$v(m_1,m_2)$为加性噪声;$h(m_1,m_2;n_1,n_2)$为第i个空变点扩散函数。

低分辨率传感器的欠采样和成像系统与景物之间的运动模糊造成实测图像的退化。

POCS算法将待重建图像$f(n_1,n_2)$看作希尔伯特空间中的一个元素,有关$f(n_1,n_2)$的先验信息或约束限制了希尔伯特空间中的一个闭凸集的解。m个信息就对应着m个封闭的凸集C_i,封闭凸集C_i与它们各自的投影算子P_i产生如下投影序列:

$$\hat{f}_{k+1} = P_m P_{m-1} \cdots P_1 \hat{f}_k \quad (k=1,2,\cdots,m) \quad (6-2)$$

假设退化函数H和噪声过程的统计特性是已知的,对于退化图像的每个像元可以定义下列的封闭凸集限制条件:

$$C_{n_1,n_2,i,k} = \{f_i(m_1,m_2): |r_k^{(f_i)}(n_1,n_2) \leqslant \delta_0\} \quad (0 \leqslant n_1 \leqslant N-1, 0 \leqslant n_2 \leqslant N-1, k=1,2,\cdots,L) \quad (6-3)$$

式中

$$r_k^{(f_i)}(n_1,n_2) = g_k(n_1,n_2) - \sum_{m_1=0}^{M-1}\sum_{m_2=0}^{M-1} f_i(m_1,m_2)h_{ik}(m_1,m_2;n_1,n_2) \quad (6-4)$$

参数 δ_0 是反映统计置信水平的先验边界，被设置为 $c\sigma_v$。其中，σ_v 是噪声的标准偏差，$c \geqslant 0$ 确定一个适当的统计置信水平范围。这些设置用来定义高分辨率图像。在每一次迭代时限制其估算值，使得每个像元由低分辨率到高分辨率图像之间的投影误差小于一个预定的边界。定义 $f_i(m_1, m_2)$ 向 $C_{n_1,n_2,i,k}$ 上的投影 $P_{n_1,n_2;i,k}[f_i(m_1,m_2)]$ 为

$$P_{n_1,n_2;i,k}[f_i(m_1,m_2)] = \begin{cases} f_i(m_1,m_2) + \dfrac{r_k^{(f_i)}(n_1,n_2) - \delta_0}{\sum\limits_o \sum\limits_p h_{ik}^2(o,p,n_1,n_2)} \\ h_{ik}(m_1,m_2;n_1,n_2)\,(r_k^{(f_i)}(n_1,n_2) > \delta_0) \\ f_i(m_1,m_2)\,(\delta_0 < r_k^{(f_i)}(n_1,n_2) < -\delta_0) \\ f_i(m_1,m_2) + \dfrac{r_k^{(f_i)}(n_1,n_2) + \delta_0}{\sum\limits_o \sum\limits_p h_{ik}^2(o,p,n_1,n_2)} \\ h_{ik}(m_1,m_2;n_1,n_2),\,(r_k^{(f_i)}(n_1,n_2) < -\delta_0) \end{cases} \tag{6-5}$$

幅值约束可以定义为

$$C_A = \{f_i(m_1,m_2) : \alpha \leqslant f_i(m_1,m_2) \leqslant \beta, 0 \leqslant m_1, m_2 \leqslant M-1\} \tag{6-6}$$

在幅值约束 C_A 上的投影 P_A 为

$$P_A[f_i(m_1,m_2)] = \begin{cases} \alpha & (f_i(m_1,m_2) < \alpha) \\ f_i(m_1,m_2) & (\alpha \leqslant f_i(m_1,m_2) \leqslant \beta) \\ \beta & (f_i(m_1,m_2) > \beta) \end{cases} \tag{6-7}$$

POCS 算法的实质是从几何空间学的角度去解释和实现超分辨率处理问题的代数迭代。下面对该算法作进一步分析。设待估计的未知高分辨率图像 $\boldsymbol{f}(x,y)$ 与低分辨率图像 $\boldsymbol{g}(x,y)$ 组成如下代数方程组：

$$\begin{cases} h_{11}f_1 + h_{12}f_2 + \cdots + h_{1N}f_N = g_1 \\ h_{21}f_1 + h_{22}f_2 + \cdots + h_{2N}f_N = g_2 \\ \vdots \\ h_{M1}f_1 + h_{M2}f_2 + \cdots + h_{MN}f_N = g_M \end{cases} \tag{6-8}$$

图像 $\boldsymbol{f}(x, y)$ 与 $\boldsymbol{g}(x, y)$ 的采样数据分别为 N 和 M，$h_{i,j}$ 为常数。$\boldsymbol{f} = [f_1, f_2, \cdots, f_N]$ 可以看作 N 维空间中的一个向量，式(6-8)中的每一个方程则代表一个超平面。选取迭代初始值为 $\boldsymbol{f}^{(0)}$，下一个估计值 $\boldsymbol{f}^{(1)}$ 取 $\boldsymbol{f}^{(0)}$ 在第一个超平面 $h_{11}f_1 + h_{12}f_2 + \cdots + h_{1N}f_N = \boldsymbol{g}_1$ 上的投影，即

$$\boldsymbol{f}^{(1)} = \boldsymbol{f}^{(0)} + \frac{\boldsymbol{g}_1 - \sum \boldsymbol{H}_1 \boldsymbol{f}^{(0)}}{\sum \boldsymbol{H}_1^2} \sum \boldsymbol{H}_1 \tag{6-9}$$

式中：$\boldsymbol{H}_1 = [h_{11}, h_{12}, \cdots, h_{1N}]^{\mathrm{T}}$。

而后，再取 $\boldsymbol{f}^{(1)}$ 在第二个超平面上的投影作为估计值 $\boldsymbol{f}^{(2)}$，依此类推，直至

$\boldsymbol{f}^{(M)}$满足式(6-8)中的最后一个超平面方程,完成迭代的第一个循环。如此循环迭代下去,得到一系列向量$\boldsymbol{f}^{(0)}$,$\boldsymbol{f}^{(M)}$,$\boldsymbol{f}^{(2M)}$,…。对于任意给定的$N,M,h_{i,j}$,向量$\boldsymbol{f}^{(kM)}$都将收敛于$\boldsymbol{f}$。如果式(6-8)有唯一解,则$\boldsymbol{f}$就是这个解;如果式(6-8)有无穷多个解,则$\boldsymbol{f}$是使下式取得最小值的解:

$$\|\boldsymbol{f}-\boldsymbol{f}^{(0)}\|^2=\sum_{i=1}^{N}(\boldsymbol{f}-\boldsymbol{f}_i^{(0)})^2 \tag{6-10}$$

POCS算法将超分辨率问题表示为空域的一组代数方程组,用投影迭代方法寻求与低分辨率图像一致的可行解,同时可以很方便地引入先验信息和附加约束条件。

6.1.2 基于POCS算法的超分辨率复原

设$\boldsymbol{f}[n_1,n_2,\lambda_0]$为波长为$\lambda_0$的高分辨率目标图像,且高分辨率图像空间采样满足奈奎斯特采样定律,则可由此恢复空间连续重建图像$\boldsymbol{f}(x_1,x_2,\lambda_0)$。记恢复空间连续重建图像过程中的采样冲激阵列$\boldsymbol{f}_s(x_1,x_2,\lambda_0)$为

$$\boldsymbol{f}_s(x_1,x_2,\lambda_0)=\sum_{n_1=0}^{N_1-1}\sum_{n_2=0}^{N_2-1}\boldsymbol{f}_j[n_1,n_2,\lambda_0]\times\delta\left(x_1-\frac{n_1}{L_1},x_2-\frac{n_2}{L_2}\right) \tag{6-11}$$

式中:L_1,L_2为低分辨率图像与高分辨率图像之间的采样密度关系。若低分辨率图像单位面积采样数量为1,则高分辨率图像单位面积采样数量为$L_1\times L_2$。由此恢复的空间连续重建图像$\boldsymbol{f}(x_1,x_2,\lambda_0)$可以表示为

$$\begin{aligned}\boldsymbol{f}(x_1,x_2,\lambda_0)&=\iint\boldsymbol{f}_s(x_1-u_1,x_2-u_2,\lambda_0)\boldsymbol{h}_r(u_1,u_2)\mathrm{d}u_1\mathrm{d}u_2\\&=\iint\sum_{n_1=0}^{N_1-1}\sum_{n_2=0}^{N_2-1}\boldsymbol{f}[n_1,n_2,\lambda_0]\times\delta\left(x_1-\frac{n_1}{L_1},x_2-\frac{n_2}{L_2}\right)\boldsymbol{h}_r(u_1,u_2)\mathrm{d}u_1\mathrm{d}u_2\\&=\sum_{n_1=0}^{N_1-1}\sum_{n_2=0}^{N_2-1}\boldsymbol{f}[n_1,n_2,\lambda_0]\times\iint\delta\left(x_1-\frac{n_1}{L_1},x_2-\frac{n_2}{L_2}\right)\boldsymbol{h}_r(u_1,u_2)\mathrm{d}u_1\mathrm{d}u_2\\&=\sum_{n_1=0}^{N_1-1}\sum_{n_2=0}^{N_2-1}\boldsymbol{f}[n_1,n_2,\lambda_0]\times\boldsymbol{h}_r\left(x_1-\frac{n_1}{L_1},x_2-\frac{n_2}{L_2}\right)\end{aligned} \tag{6-12}$$

进一步,重建图像$\boldsymbol{f}(x_1,x_2,\lambda_0)$经空域滤波成为图像$\boldsymbol{f}_c(x_1,x_2,\lambda_0)$:

$$\begin{aligned}\boldsymbol{f}_c(x_1,x_2,\lambda_0)&=\iint\boldsymbol{f}(v_1,v_2,\lambda_0)\times\boldsymbol{h}(x_1-v_1,x_2-v_2)\mathrm{d}v_1v_2\\&=\sum_{n_1=0}^{N_1-1}\sum_{n_2=0}^{N_2-1}\boldsymbol{f}[n_1,n_2,\lambda_0]\times\\&\quad\iint\boldsymbol{h}_r\left(x_1-\frac{n_1}{L_1},x_2-\frac{n_2}{L_2}\right)\boldsymbol{h}(x_1-v_1,x_2-v_2)\mathrm{d}v_1v_2\end{aligned} \tag{6-13}$$

$$= \sum_{n_1=0}^{N_1-1}\sum_{n_2=0}^{N_2-1} \boldsymbol{f}[n_1,n_2,\boldsymbol{\lambda}_0] \times \boldsymbol{h}_b(x_1,x_2,n_1,n_2)$$

前面的描述中我们一直固定图像波长为 $\boldsymbol{\lambda}_0$,若将其视为连续变化的变量 $\boldsymbol{\lambda}$,则对于任何空间位置固定的(x_1,x_2)或(n_1,n_2)来说,空域滤波结果$\boldsymbol{f}_c(x_1,x_2,\boldsymbol{\lambda}_0)$再经谱域滤波成为$\boldsymbol{g}_c(x_1,x_2,\boldsymbol{\lambda}_i)$:

$$\begin{aligned} \boldsymbol{g}_c(x_1,x_2,\boldsymbol{\lambda}_i) &= \int_0^{\infty} \boldsymbol{f}_c(x_1,x_2,\boldsymbol{\lambda})\, r_i(\boldsymbol{\lambda})\mathrm{d}\boldsymbol{\lambda} \\ &= \boldsymbol{h}_b(x_1,x_2,n_1,n_2) \times \sum_{n_1=0}^{N_1-1}\sum_{n_2=0}^{N_2-1}\int_0^{\infty} \boldsymbol{f}[n_1,n_2,\boldsymbol{\lambda}]r_i(\boldsymbol{\lambda})\mathrm{d}\boldsymbol{\lambda} \\ &= \sum_{n_1=0}^{N_1-1}\sum_{n_2=0}^{N_2-1} \boldsymbol{\Psi}_{i,n_1,n_2}\{\boldsymbol{f}[n_1,n_2,\boldsymbol{\lambda}]\} \times \boldsymbol{h}_b(x_1,x_2,n_1,n_2) \end{aligned} \quad (6-14)$$

式中:$r_i(\boldsymbol{\lambda})$为获取波长 $\boldsymbol{\lambda}$ 处资源图像时的谱域滤波光谱响应函数。

将图像波长以及空间位置有时视为定值有时视为变量只是为了分析和理解的方便,事实上将它们始终同时视为参变量也是可以的,此时的单点 $\boldsymbol{g}_c(x_1,x_2,\boldsymbol{\lambda}_i)$便可视为二维连续图像。利用上面的结果,低分辨率离散观察图像 $\boldsymbol{g}(m_1,m_2,\boldsymbol{\lambda}_i)$与谱域滤波结果图像 $\boldsymbol{g}_c(x_1,x_2,\boldsymbol{\lambda}_i)$之间可建立如下关系:

$$\begin{aligned} \boldsymbol{g}(m_1,m_2,\boldsymbol{\lambda}_i) &= \boldsymbol{g}_c(x_1,x_2,\boldsymbol{\lambda}_i)\,|_{x_1=m_1,x_2=m_2} \\ &= \sum_{n_1=0}^{N_1-1}\sum_{n_2=0}^{N_2-1} \boldsymbol{\Psi}_{i,n_1,n_2}\{\boldsymbol{f}[n_1,n_2,\boldsymbol{\lambda}]\} \times \boldsymbol{h}_b(m_1,m_2,n_1,n_2) \end{aligned} \quad (6-15)$$

对于算子 $\boldsymbol{\Psi}_{i,n_1,n_2}$,在实际操作中可由 $\boldsymbol{\lambda}$ 的离散化转换为一个与$\boldsymbol{f}[n_1,n_2,\boldsymbol{\lambda}]$点乘的矩阵。

式(6-15)即为高光谱图像成像模型。而在操作过程中,若利用光谱端元将原始高维数据映射到低维变换空间,而后再实施如上所述的超分辨率过程将大大降低算法的复杂度和保护感兴趣类别。这样,在上面的成像模型中,我们可以附加实施由原始高维数据到低维数据的映射算子和由低维数据到原始高维数据的映射算子来达到这一目的。下面将此模型重新简记。

分别记空域滤波算子、谱域滤波算子、由原始高维数据到低维数据的映射算子、由低维数据到原始高维数据的映射算子为 H_{spa}、H_{spe}、$\boldsymbol{\Phi}_{\mathrm{inv}}$、$\boldsymbol{\Phi}$($\boldsymbol{\Phi}$ 以光谱端元为列向量形成,而 $\boldsymbol{\Phi}_{\mathrm{inv}} = (\boldsymbol{\Phi}^{\mathrm{T}}\boldsymbol{\Phi})^{-1}\boldsymbol{\Phi}^{\mathrm{T}}$,算子 $\boldsymbol{\Phi}_{\mathrm{inv}}$、$\boldsymbol{\Phi}$ 的作用等同于相应的矩阵左乘运算),则高分辨率目标图像 f 与低分辨率观察图像 $\boldsymbol{g}$ 之间的关系可以简记为

$$\boldsymbol{g} = \boldsymbol{\Phi}_{\mathrm{inv}} H_{\mathrm{spe}} H_{\mathrm{spa}} \boldsymbol{\Phi} f \quad (6-16)$$

进一步将 $\boldsymbol{\Phi}_{\mathrm{inv}} H_{\mathrm{spe}} H_{\mathrm{spa}} \boldsymbol{\Phi}$ 记为综合算子 H,即

$$g = Hf \quad (6-17)$$

以上模型便是分辨率提高过程中所需要的计算模型。需要说明的是,4 种算子的作用顺序有些可以交换,有些则不可以。例如,空域滤波算子 H_{spa} 和谱域滤波算子 H_{spe} 可以交换;Φ 与 H_{spa} 可以交换;而 Φ 与 H_{spe} 则不可以交换,因为 H_{spe} 不可以直接应用到不具有谱域连续性的低维变换空间中。以上交换只属于原理上的可行性而并不是严格等价的,具体效果要根据理论和实验来确定。一般来讲,在 POCS 算法优化过程中,目标图像与观察图像在变换域内的复原误差与原始域内的复原误差不一定同步收敛,但从总体上可以一致趋于收敛。进一步讲,以变换域内复原误差为准则的代价函数与原始域内复原误差为准则的代价函数在一定程度上会有所不同。前一个准则能够使得算法复杂度降低,而后一个准则是直接建立在实际要解决的问题上。具体应用中,可以折中二者,即建立由变换域到原始域图像之间的对应关系。

如果超分辨率算法在滑动局域窗内实施,则由时不变特性,空域滤波算子和谱域滤波算子不随局域窗滑动而变化。

关于综合算子 H 的确定,可由各级算子 H_{spa}、H_{spe}、Φ_{inv}、Φ 推导确定,但这一过程较为繁琐。由于各级算子对于输入数据的操作均为线性,结果数据便可表达为全部离散数据的加权和。由此,可令输入数据中每个元素依次为 1,其余所有元素为 0,代入超分辨方程后所求得的结果便为该位置元素的相应权值。获得全部权值后,便可方便地形成与输入数据尺寸相同的算子 H_0,该算子作用于输入数据时相当于逐点元素对应相乘,再复合求和运算即获得综合算子 H。如前所述,综合算子 H 不随空间位置而变化,故可以应用在整个算法迭代过程中,这种方式必将大大提高算法执行速度。

依据上面的成像模型,我们便可以利用 POCS 算法对高光谱图像进行超分辨率处理。这一过程可以简述如下。

(1) 模型的建立。首先根据采样定理利用脉冲函数将低分辨率离散资源图像(观察图像)恢复为空域连续图像。通过模拟实际成像过程和原理可以建立由连续图像到低分辨率离散资源图像的关系模型,包括空域滤波、光谱采样、空域采样以及噪声附加等过程。除了设定合理的各级滤波算子,还应力求算子的整合与简化以获得简明的超分辨率模型。不同于传统的处理方案,在建立由连续图像到低分辨率离散资源图像的关系模型过程中,我们并不直接应用所得到的连续图像,而是利用所得到的感兴趣光谱端元由采样定理恢复为连续光谱基函数,将其表示为变换域内的空—谱均连续的图像。进一步建立合理的积分滤波器进行光谱信息融合采样,并将这一采样过程转化到光谱基函数的合理加权上来。这样的转换不仅可以降低模型反演时的计算量,更为重要是还可以实现保护感兴趣类别的目的。

(2) 模型的反演。应用高效的超分辨率复原算法求取高分辨率目标图像的最优估计。在模型的建立中,由低分辨率离散资源图像恢复空域连续图像的过程中需要用到成像系统的冲击响应,即点扩散函数;建立由连续图像到低分辨率离散资源图像(即观察图像)的关系模型过程中则涉及表征降质过程的空域不变模糊算子,而在反演过程中需要对其级联算子作出处理,同时还要考虑关联光谱端元的变化。综合算子的计算极为复杂,考虑到高光谱成像过程综合算子的空间不变性,从而可以通过局域分析和如上述的离散计算方法来降低算法的复杂度。

6.2 基于 MAP 算法的超分辨率复原

6.2.1 MAP 基本理论

在超分辨率处理的空域算法中,MAP 算法是目前最为流行的算法之一。它具有很强的包含空域先验约束的能力,在实际处理中取得了较好的应用效果。该算法把加性噪声 N、被测量图像 Y 和要求的理想图像 Z 看作是平稳随机场,依据贝叶斯准则,通过最大化条件概率函数 $P(Z/Y)$ 得到未知图像 Z 的 MAP 估计 $\hat{Z}$。

MAP 算法同时考虑了图像位移、模糊、欠采样和噪声污染等图像退化问题。高分辨率的原始图像经过平移、模糊以及欠采样和噪声污染后得到几帧低分辨率退化图像:

$$\boldsymbol{Y}_k = \boldsymbol{D}_k \boldsymbol{C}_k \boldsymbol{F}_k \boldsymbol{Z} + \boldsymbol{\eta}_k, k = 1, 2, \cdots, p \tag{6-18}$$

式中:p 为欠采样低分辨率退化图像的帧数;$\boldsymbol{Y}_k$ 为排列成 $N \times 1$ 的第 k 帧低分辨率图像;N 为像元总数;L 为处理后在每个方向上分辨率提高的倍数;$\boldsymbol{Z}$ 为一帧排列成 $L^2N \times 1$ 的高分辨率图像;$\boldsymbol{F}_k$ 为大小为 $L^2N \times L^2N$ 的平移矩阵,用于描述第 k 帧与参考帧之间的相对运动;$\boldsymbol{C}_k$ 为大小为 $L^2N \times L^2N$ 的模糊矩阵;$\boldsymbol{D}_k$ 为 $N \times L^2N$ 的均匀欠采样矩阵;$\boldsymbol{\eta}_k$ 为 $N \times 1$ 的加性噪声矢量。

每帧低分辨率退化图像都提供了关于原高分辨率图像的不同信息。式(6-18)构成了由 p 个代数方程组成的方程组,把这 p 个方程结合起来,就可以得到:

$$\begin{bmatrix} \boldsymbol{Y}_1 \\ \boldsymbol{Y}_2 \\ \vdots \\ \boldsymbol{Y}_p \end{bmatrix} = \begin{bmatrix} \boldsymbol{D}_1\boldsymbol{C}_1\boldsymbol{F}_1 \\ \boldsymbol{D}_2\boldsymbol{C}_2\boldsymbol{F}_2 \\ \vdots \\ \boldsymbol{D}_p\boldsymbol{C}_p\boldsymbol{F}_p \end{bmatrix} \boldsymbol{Z} + \begin{bmatrix} \boldsymbol{N}_1 \\ \boldsymbol{N}_2 \\ \vdots \\ \boldsymbol{N}_p \end{bmatrix} = \begin{bmatrix} \boldsymbol{W}_1 \\ \boldsymbol{W}_2 \\ \vdots \\ \boldsymbol{W}_p \end{bmatrix} \boldsymbol{Z} + \boldsymbol{\eta} \tag{6-19}$$

$$\boldsymbol{Y} = \boldsymbol{W}\boldsymbol{Z} + \boldsymbol{\eta} \tag{6-20}$$

p 帧低分辨率图像 $\boldsymbol{y} = [\boldsymbol{y}_1^{\mathrm{T}}, \boldsymbol{y}_2^{\mathrm{T}}, \cdots, \boldsymbol{y}_p^{\mathrm{T}}]^{\mathrm{T}} = [\boldsymbol{y}_1, \boldsymbol{y}_2, \cdots, \boldsymbol{y}_{pM}]^{\mathrm{T}}$,其中 $M = N_1N_2$。假设待重构的高分辨率图像为 $\boldsymbol{z} = [z_1, z_2, \cdots, z_N]^{\mathrm{T}}$,其中 $N = L_1N_2L_1N_2$。第 k 帧低分辨率图像与高分辨率图像之间的关系用下面的数学模型表示:

$$y_{k,m} = \sum_{r=1}^{N} w_{k,m,r}(s_k) z_r + \boldsymbol{\eta}_{k,m} \tag{6-21}$$

式中:$m=1,2,\cdots,M$;$k=1,2,\cdots,p$;$w_{k,m,r}(s_k)$为高分辨率图像 z 的第 r 个像元与第 k 帧低分辨率图像 y_k的第 m 个像元之间的关系;向量 $\boldsymbol{s}_k=[s_{k,1},s_{k,2},\cdots,s_{k,K}]^{\mathrm{T}}$ 包含第 k 帧低分辨率图像的位移参数;$\boldsymbol{\eta}_{k,m}$为方差为 $\boldsymbol{\sigma}_\eta^2$的加性高斯噪声,其多元概率密度函数表示为

$$\begin{aligned}\Pr(n) &= \frac{1}{(2\pi)^{pM/2}\boldsymbol{\sigma}_\eta^{pM}}\exp\left\{-\frac{1}{2\boldsymbol{\sigma}_\eta^2}\boldsymbol{n}^{\mathrm{T}}\boldsymbol{n}\right\} \\ &= \frac{1}{(2\pi)^{pM/2}\boldsymbol{\sigma}_\eta^{pM}}\exp\left\{-\frac{1}{2\boldsymbol{\sigma}_\eta^2}\sum_{m=1}^{pM}\boldsymbol{\eta}_m^2\right\}\end{aligned} \tag{6-22}$$

由低分辨率退化图像 $\boldsymbol{y}$ 直接估计高分辨率图像 z 通常是病态的反问题,导致噪声过度放大。适当地选择概率密度函数 $Pr(z)$可以起到正则化的作用。用高斯模型反映随机场 z 的统计特征,其概率密度函数为

$$Pr(z) = \frac{1}{(2\pi)^{N/2}|\boldsymbol{C}_z|^{1/2}}\exp\left\{-\frac{1}{2}z^{\mathrm{T}}\boldsymbol{C}_z^{-1}z\right\} \tag{6-23}$$

式中:$\boldsymbol{C}_z$为 z 的 $N\times N$ 协方差矩阵。

给定低分辨率图像 $\boldsymbol{y}$ 的情况下,对高分辨率图像 z 和位移 s 同时作出估计,可以用下式表示:

$$\hat{z}.\hat{s} = \underset{z,s}{\operatorname{argmax}} Pr(z,s|\boldsymbol{y}) \tag{6-24}$$

由贝叶斯准则,有

$$\hat{z}.\hat{s} = \underset{z,s}{\operatorname{argmax}} \frac{Pr(\boldsymbol{y}|z,s)Pr(z,s)}{Pr(\boldsymbol{y})} \tag{6-25}$$

分母 $Pr(\boldsymbol{y})$不是 z 或位移 s 的函数,且 z 与 s 相互独立,故高分辨率图像 z 的 MAP 估计可以改写为

$$\hat{z}.\hat{s} = \underset{z,s}{\operatorname{argmax}} Pr(\boldsymbol{y}|z,s)Pr(z)Pr(s) \tag{6-26}$$

上式等价于下式:

$$\begin{aligned}\hat{z}.\hat{s} &= \underset{z,s}{\operatorname{argmax}}\{L(z,s)\} \\ &= \underset{z,s}{\operatorname{argmax}}\{-\log[Pr(\boldsymbol{y}|z,s)] - \log[Pr(z)] - \log[Pr(s)]\}\end{aligned} \tag{6-27}$$

根据数学模型和噪声概率密度函数可以写出条件概率密度函数如下:

$$Pr(\boldsymbol{y}|z,s) = \frac{1}{(2\pi)^{pM/2}\boldsymbol{\sigma}_\eta^{pM}}\exp\left\{-\frac{1}{2\boldsymbol{\sigma}_\eta^2}\sum_{m=1}^{pM}(\boldsymbol{y}_m - \sum_{r=1}^{N}w_{m,r}(s)z_r)^2\right\} \tag{6-28}$$

考虑先验密度模型并忽略与 z 或 s 无关的项,上述估计可以改写为

$$\hat{z}.\hat{\boldsymbol{s}} = \underset{z,s}{\operatorname{argmax}}\{L(z,s)\}$$

$$= \underset{z,s}{\operatorname{argmax}} \left\{ -\frac{1}{2\sigma_\eta^2} \sum_{m=1}^{pM} (y_m - \sum_{r=1}^{N} w_{m,r}(s) z_r)^2 + \frac{1}{2\lambda} \sum_{i=1}^{N} (\sum_{j=1}^{N} d_{i,j} z_j)^2 \right\} \tag{6-29}$$

在第 n 次迭代中，估计出运动参数当前值后，可依下式求出图像估计的下降梯度：

$$\begin{aligned} g_k(z,s) &= \frac{\partial L(z,s)}{\partial z_k} \\ &= -\frac{1}{2\sigma_\eta^2} \sum_{m=1}^{pM} w_{m,k}(s) \left[\sum_{r=1}^{N} w_{m,r}(s_k) z_r - y_m \right] + \frac{1}{\lambda} \sum_{i=1}^{N} d_{i,k} \left(\sum_{j=1}^{N} d_{i,j} z_j \right) \end{aligned} \tag{6-30}$$

则第 $n+1$ 次高分辨率图像估计为

$$\hat{z}^{n+1} = \hat{z}^n - \mu^n \ \nabla_z L(z,s) \mid_{z=\hat{z}^n} \tag{6-31}$$

其中，步长参数公式如下：

$$\mu^n = \frac{\frac{1}{\sigma_\eta^2} \sum_{m=1}^{pM} \sum_{r=1}^{N} w_{m,r}(\hat{s}^n) g_r(\hat{z}^n, \hat{s}^n) (\sum_{r=1}^{N} w_{m,r}(\hat{s}^n) \hat{z}_r^n - y_m) + \frac{1}{\lambda} \sum_{i=1}^{N} \sum_{j=1}^{N} d_{i,j} g_j(\hat{z}^n, \hat{s}^n) (\sum_{j=1}^{N} d_{i,j} \hat{z}_j^n)}{\frac{1}{\sigma_\eta^2} \sum_{m=1}^{pM} (\sum_{r=1}^{N} w_{m,r}(\hat{s}^n) g_r(\hat{z}^n, \hat{s}^n))^2 + \frac{1}{\lambda} \sum_{i=1}^{N} (\sum_{j=1}^{N} d_{i,j} g_j(\hat{z}^n, \hat{s}^n))^2} \tag{6-32}$$

式中：$\hat{z}^n$，$\hat{s}^n$，μ^n 分别为第 n 次的图像估计、运动参数估计和迭代步长。

至此，MAP 算法的超分辨率迭代公式全部得到。

由上可知，高分辨率图像的 MAP 估计转化为求解代价函数 $L(z,s)$ 的极值问题。$L(z,s)$ 由低分辨率图像与高分辨率图像之间的投影误差以及图像先验误差共同决定：

$$L(z,s) = \frac{1}{2\sigma_\eta^2} (\boldsymbol{y} - \boldsymbol{W}_s \boldsymbol{z})^{\mathrm{T}} (\boldsymbol{y} - \boldsymbol{W}_s \boldsymbol{z}) + \frac{1}{2} \boldsymbol{z}^{\mathrm{T}} \boldsymbol{C}_z^{-1} \boldsymbol{z} \tag{6-33}$$

如果给定运动参数，$L(z,s)$ 构成关于 z 的二次函数，可以比较容易地对 z 极小化。迭代求解过程中，计算代价函数 $L(z,s)$ 关于 z 的梯度 $\nabla_z L(z,s)$ 为关键内容，其计算公式如下：

$$\nabla_z L(z,s) = \left[\frac{\partial L(z,s)}{\partial z_1}, \frac{\partial L(z,s)}{\partial z_2}, \cdots, \frac{\partial L(z,s)}{\partial z_N} \right]^{\mathrm{T}} \tag{6-34}$$

置 $\nabla_z L(z,s) = 0$，解出 z 的最优估计 $\hat{z}$ 为

$$\hat{\boldsymbol{z}} = [\boldsymbol{W}^{\mathrm{T}} \boldsymbol{W} + \sigma_\eta^2 \boldsymbol{C}_z^{-1}]^{-1} \boldsymbol{W}^{\mathrm{T}} \boldsymbol{y} \tag{6-35}$$

经过反复迭代直至相邻两次估计之差的范数小于规定门限,或是迭代达到规定次数为止。以上两部分基本理论的描述重点参考了孟庆武(2004)的博士后出站报告。

6.2.2 基于 MAP 算法的超分辨率复原

如前所述,利用光谱端元将原始高光谱数据进行低维投影,而后对变换域上的数据空间进行超分辨率处理,将会降低运算复杂度和保护感兴趣类别。利用这一前提和前面描述的成像模型,便可利用传统的 MAP 算法构造本章重点提出的超分辨率算法,具体描述如下:

再次应用前面设定的由原始高维数据到低维数据的映射算子 $\boldsymbol{\Phi}_{\text{inv}}$ 和由低维数据到原始高维数据的映射算子 $\boldsymbol{\Phi}$,它们可以将原始高维空间高光谱数据 g^G 与变换域内的低维空间高光谱数据 g^D 通过下式联系起来:

$$g^G = \boldsymbol{\Phi} g^D, \boldsymbol{\Phi}_{\text{inv}} g^G = g^D \tag{6-36}$$

记输入数据为 $\boldsymbol{a}$,估计输出为 $\hat{\boldsymbol{a}}$,相应的估计误差为 $\boldsymbol{v}$,空—谱综合滤波算子为 H,则成立关系式:

$$\hat{\boldsymbol{a}} = H\boldsymbol{\Phi}\boldsymbol{a} + \boldsymbol{v} \tag{6-37}$$

此时误差 $\boldsymbol{v}$ 的先验概率 $p(\boldsymbol{v})$ 为

$$p(\boldsymbol{v}) = \frac{1}{Z}\exp(-\boldsymbol{v}^{\text{T}}\boldsymbol{K}^{-1}\boldsymbol{v}) \tag{6-38}$$

以及 $\boldsymbol{v}$ 的条件概率 $p(\boldsymbol{v}|\boldsymbol{a})$ 为

$$p(\boldsymbol{v}|\boldsymbol{a}) = \frac{1}{\boldsymbol{Z}}\exp(-(\hat{\boldsymbol{a}} - H\boldsymbol{\Phi}\boldsymbol{a})^{\text{T}}\boldsymbol{K}^{-1}(\hat{\boldsymbol{a}} - H\boldsymbol{\Phi}\boldsymbol{a})) \tag{6-39}$$

由于图像中任何位置处的像元只与相邻的像元关系较大,而随着距离的增加这种相关性迅速降低乃至完全消失,因此在实际的超分辨率处理中,往往采用局部分析来代替全局分析,其好处在于可避免大尺度矩阵操作从而降低算法复杂度。设与高分辨率目标图像中的像元 $\boldsymbol{a}_{n_1,n_2}$ 相关的全部低分辨率观察图像局域像元为 $\boldsymbol{a}^{(i)}, i=1,2,\cdots,M$。将空域综合滤波算子描述为输入向量的相应权值 $\alpha_i, i=1,2,\cdots,M$,则可导出 $\boldsymbol{a}_{n_1,n_2}$ 与 $\boldsymbol{a}^{(i)}$ 的关系如下:

$$\boldsymbol{a}_{n_1,n_2} = \sum_{i=1}^{M} \alpha_i H_{\text{spe}} \boldsymbol{\Phi} \boldsymbol{a}^{(i)} \tag{6-40}$$

上面是以高分辨率目标图像中的像元(及其相关输入)为基本分析单元导出的关系式。同样,可以以高分辨率目标图像中的像元分量为基本分析单元导出类似的关系式,而此时相关输入未发生变化。容易分析,前一方式将具有更小的计算复杂度,因此我们这里采用像元为基本分析单元。另一方面的分析是关于在输出端返回低维变换空间数据还是原始高维数据的问题。在输入端可以看出,低维变换空间输入数据大大降低了谱域滤波的运算复杂度,如式(6-40)所示。而将其输出返回到高维变换数据空间则增加了不必要的计算。因此，我们采用返回原始高维数据的超分辨率方式进行。

根据前面的概率密度函数表达式和输入输出关系式，可以推导出基于 MAP 的超分辨率复原算法的最优估计 $\hat{\boldsymbol{a}}$ 满足下面的优化表达式：

$$\hat{\boldsymbol{a}} = \underset{s}{\operatorname{argmin}}\Big(-\Big(\hat{\boldsymbol{a}} - \sum_{i=1}^{M}\alpha_i H_{\text{spe}}\boldsymbol{\Phi}\boldsymbol{a}^{(i)}\Big)^{\mathrm{T}}\boldsymbol{K}^{-1}\Big(\hat{\boldsymbol{a}} - \sum_{i=1}^{M}\alpha_i H_{\text{spe}}\boldsymbol{\Phi}\boldsymbol{a}^{(i)}\Big) + \sum_{i=1}^{M}\alpha_i(\boldsymbol{a}^{(i)})^{\mathrm{T}}\boldsymbol{\Lambda}^{-1}(\boldsymbol{a}^{(i)})\Big) \tag{6-41}$$

这里假定谱域滤波算子 H_{spe} 不随空间位置而变化。这一优化过程将通过迭代方式来完成。为此，设定最优估计过程的代价函数 $E(\boldsymbol{a})$ 为

$$E(\boldsymbol{a}) = \frac{1-\lambda}{2}\Big(\hat{\boldsymbol{a}} - \sum_{i=1}^{M}\alpha_i H_{\text{spe}}\boldsymbol{\Phi}\boldsymbol{a}^{(i)}\Big)^{\mathrm{T}}\boldsymbol{K}^{-1}\Big(\hat{\boldsymbol{a}} - \sum_{i=1}^{M}\alpha_i H_{\text{spe}}\boldsymbol{\Phi}\boldsymbol{a}^{(i)}\Big) + \frac{\lambda}{2}\sum_{i=1}^{M}\alpha_i(\boldsymbol{a}^{(i)})^{\mathrm{T}}\boldsymbol{\Lambda}^{-1}(\boldsymbol{a}^{(i)}) \tag{6-42}$$

则由第 $(n-1)$ 次最优估计 $\boldsymbol{a}_{n-1}$ 到第 n 次最优估计 $\boldsymbol{a}_n$ 的迭代公式为

$$\boldsymbol{a}_n = \boldsymbol{a}_{n-1} - \alpha\ \nabla E(\boldsymbol{a}_{n-1}) \tag{6-43}$$

其中：代价函数 $E(\boldsymbol{a})$ 的梯度估计 $\nabla E(\boldsymbol{a}_{n-1})$ 和步长参数 α 的计算公式可推知如下：

$$\nabla E(\boldsymbol{a}^{(i)}) = (\lambda-1)\Big(\sum_{i=1}^{M}\alpha_i H_{\text{spe}}\boldsymbol{\Phi}\boldsymbol{a}^{(i)}\Big)^{\mathrm{T}}\boldsymbol{K}^{-1}\Big(\hat{\boldsymbol{a}} - \sum_{i=1}^{M}\alpha_i H_{\text{spe}}\boldsymbol{\Phi}\boldsymbol{a}^{(i)}\Big) + \lambda\alpha_i\boldsymbol{\Lambda}^{-1}\boldsymbol{a}^{(i)} \tag{6-44}$$

$$\alpha_i = \frac{(\nabla E(\boldsymbol{a}_{n-1}^{(i)}))^{\mathrm{T}}(\nabla E(\boldsymbol{a}_{n-1}^{(i)}))}{(\nabla E(\boldsymbol{a}_{n-1}^{(i)}))^{\mathrm{T}}[(1-\lambda)(H_{\text{spe}}\boldsymbol{\Phi})^{\mathrm{T}}\boldsymbol{K}^{-1}H_{\text{spe}}\boldsymbol{\Phi} + \lambda\alpha_i\boldsymbol{\Lambda}^{-1}\boldsymbol{a}^{(i)}](\nabla E(\boldsymbol{a}_{n-1}^{(i)}))} \tag{6-45}$$

6.3 单谱段图像的分辨率提高方法

插值作为一种重要的提高空间分辨率方法，一直受到众多学者的关注。通常传统的插值方法如双线性插值、立方插值等方法侧重于图像的平滑，从而取得更好的视觉效果。但这类方法存在着明显的缺陷，即保持图像平滑的同时常常导致图像边缘的模糊。而图像的边缘信息是影响视觉效果的重要因素，同时也是目标识别与跟踪、图像匹配、图像配准等图像处理问题中的关键因素。因此，基于边缘特性的插值技术成为近年来研究的热点。本章重点研究基于几何对偶模型的、保持边缘特性的单谱段图像插值方法。

6.3.1 几何对偶模型的建立与插值方法

Rodrigues L 等(2002)提出一种局域自适应非线性插值算法(Locally Adaptive Nonlinear interpolation,LAI)。对于一个待插值点,通过计算其局域标准偏差,将其结果与预先设定的阈值相比较,从而决定采用何种方式完成该点的插值计算。算法包含以下 4 个步骤,即图像扩张(即上采样)、边缘保持、图像平滑、图像填充。该方法实现了图像平滑和边缘保持的兼顾。Li X 等(2001)提出一种基于局域协方差的边缘插值方法(Edge-Directed Interpolation technique based on Local Covariance,EDILC)。该方法根据低分辨率协方差和高分辨率协方差之间的几何对偶特性,对原始低分辨率图像进行局域协方差估计,利用所得到的低分辨率局域协方差估计进行高分辨率自适应插值。

Li X 等(2001)文章的贡献之一是创造性地提出用低分辨率统计替代高分辨统计,从而解决了插值问题中的一个难题。现将 EDILC 算法概括如下。

设定二维光学图像 $\boldsymbol{X}$,记其全体像元点为 $X(i),i=1,2,\cdots,M$。我们用 N 个与 $X(n)$ 邻近的点 $\{X(n-k)\},k=1,2,\cdots,N$ 的灰度值去预测点 $X(n)$ 的灰度值,则线性预测公式可写为

$$\hat{X}(n) = \sum_{k=1}^{N} \alpha(k)X(n-k) \tag{6-46}$$

利用最小平方自适应预测方法,定义一个 $M\times1$ 的训练窗:

$$\boldsymbol{y}=[X(n-1),\cdots,X(n-M)]^{\mathrm{T}} \tag{6-47}$$

则 y 的预测邻域为一 $M\times N$ 矩阵:

$$\boldsymbol{C}=\begin{bmatrix} X(n-1-1)\cdots X(n-1-N) \\ \vdots \qquad\qquad \vdots \\ X(n-M-1)\cdots X(n-M-N) \end{bmatrix} \tag{6-48}$$

根据传统的线性预测理论,稳态随机过程的最小均方误差(Minimum Mean Square Error,MMSE)估计可由二阶统计决定,即所求的权系数向量 $\boldsymbol{\alpha}=[\alpha(1)\cdots\alpha(N)]^{\mathrm{T}}$ 可表示为

$$\boldsymbol{\alpha}=\boldsymbol{R}_{XX}^{-1}\boldsymbol{r}_X \tag{6-49}$$

式中

$$\begin{cases}\boldsymbol{r}_X=[r_1\cdots r_k\cdots r_N],r_k=\mathrm{Cov}\{X(n)X(n-k)\}(1\leqslant k\leqslant N)\\ \boldsymbol{R}_{XX}=[R_{kl}],R_{kl}=\mathrm{Cov}\{X(n-k)X(n-l)\}(1\leqslant k,l\leqslant N)\end{cases} \tag{6-50}$$

若用前面提到的预测邻域矩阵 $\boldsymbol{C}$ 来表示 $\boldsymbol{r}_X$、$\boldsymbol{R}_{XX}$,则有 $\boldsymbol{R}_{XX}=\boldsymbol{C}^{\mathrm{T}}\boldsymbol{C}/M^2$,$\boldsymbol{r}_X=\boldsymbol{C}^{\mathrm{T}}\boldsymbol{y}/M^2$。这样我们可以得到式(6-49)的另一种表达形式:

$$\boldsymbol{\alpha}=(\boldsymbol{C}^{\mathrm{T}}\boldsymbol{C})^{-1}(\boldsymbol{C}^{\mathrm{T}}\boldsymbol{y}) \tag{6-51}$$

该方法实际上是一种线性插值,即通过统计理论求解各方向插值像元的合成权值。在具体的插值过程中,若以二维空间坐标标记像元点,则算法先对坐标均为偶数的点利用对角方向的 4 个近邻点进行插值,然后再对坐标为一奇一偶的点利用水平和垂直方向的 4 个近邻点进行插值。EDILC 插值方法在边缘保持上取得了较好的效果。算法在实现时采用了与线性插值方法相混合的插值方

式，但计算量依然较大。

在 EDILC 插值思想的启发下，本章介绍一种新的基于线性预测模型的自适应边缘插值方法，采用一种基于边缘检测的自适应图像插值算法。它的主要想法来源于数字化图像由各个像元灰度、颜色值有序排列组成，图像所描述对象及其光照效果主要通过灰度值的变化表达。图像中大部分区域的像元灰度值在相邻像元间具有连续过渡的特性，反映了图像中大部分客观对象外表面几何形状和光照条件具有连续的属性。在图像插值中，采用双线性或高阶插值，可以使插值生成的像元灰度值延续原图像灰度变化的连续性，从而使放大图像浓淡变化自然平滑。但是在图像中有些像元与相邻像元间灰度值存在突变，即存在灰度不连续性。这些具有灰度值突变的像元就是图像中描述对象的轮廓或纹理图像的边缘像元，在图像插值中，如果对这些具有不连续灰度特性的像元采用常规的插值算法生成新增加的像元，势必会使放大图像的轮廓和纹理模糊，降低图像质量。

低分辨率图像和它相应的高分辨率图像之间对应位置处有着相似的边缘特性，因此它们之间存在着相似的线性预测模型，我们把这种特性称为低分辨率线性预测模型和高分辨率线性预测模型的几何对偶特性。现将该算法描述如下：

将一幅大小为 $H\times V$ 的低分辨率图像 $X_{i,j}$ 拟插值为 $2H\times 2V$ 的高分辨率图像 $Y_{i,j}$，满足：$Y_{2i-1,2j-1}=X_{i,j}, 1\leqslant i\leqslant H, 1\leqslant j\leqslant V$，则插值的任务是去完成 $Y_{i,j}$ 中其他点的赋值。

首先考虑利用对角方向的 4 个最近邻点，由已知的隔行点阵 $Y_{2i+1,2j+1}$ 去插值未知的隔行点阵 $Y_{2i,2j}$。图 6－1(a)所示为该情况下的几何对偶。此时的高分辨线性预测模型为

$$Y_{2i,2j}=\sum_{k=0}^{1}\sum_{l=0}^{1}\alpha_h^{2k+l+1}Y_{2(i+k)-1,2(j+l)-1} \tag{6-52}$$

一旦高分辨率插值系数向量 $\boldsymbol{\alpha}_h=[\alpha_h^1,\alpha_h^2,\alpha_h^3,\alpha_h^4]^{\mathrm{T}}$ 计算出来，$Y_{2i,2j}$ 的值就可以确定了。

显然，我们无法由高分辨率线性预测模型式(6－52)来求解高分辨率插值系数向量 $\boldsymbol{\alpha}_h$。根据前面所讲的几何对偶特性，我们的思路是将问题转化为由低分辨率线性预测模型来求解低分辨率插值系数向量 $\boldsymbol{\alpha}_l=[\alpha_l^1,\alpha_l^2,\alpha_l^3,\alpha_l^4]^{\mathrm{T}}$，再由 $\boldsymbol{\alpha}_l$ 来替换 $\boldsymbol{\alpha}_h$。从图 6－1(a)中可以看出，此时并没有与高分辨率模型中心完全重合的低分辨率模型，所以我们选择与之中心相差只有半像元的低分辨率模型近似替代。虽然在低分辨模型中只有低分辨率插值系数向量未知，但它只是一个欠定的方程，无法解出唯一的低分辨率插值系数向量。解决欠定问题至少需要联立 4 个低分辨率模型，为此，选取距离高分辨率模型最近的 4 个低分辨率模型(其中心分别为用来插值的 4 个点)联立而成下面的求解 $\boldsymbol{\alpha}_l$ 的公式：

$$\boldsymbol{R}_l\boldsymbol{\alpha}_l=\boldsymbol{r}_l \tag{6-53}$$

式中：$\boldsymbol{r}_l=[r_1,r_2,r_3,r_4]^{\mathrm{T}}$ 为包含用于插值 $Y_{2i,2j}$ 的 4 个沿对角方向的最近邻点，我们不妨假设它们是按顺时针方向排列的。$\boldsymbol{R}_l=[\boldsymbol{R}_1,\boldsymbol{R}_2,\boldsymbol{R}_3,\boldsymbol{R}_4]^{\mathrm{T}}$ 是一个 4×4 的方阵，其列向量 $\boldsymbol{R}_k,k=1,2,3,4$ 为以 r_k 为中心的沿对角方向的 4 个最近邻点形成的列向量。当低分辨率插值系数 $\boldsymbol{\alpha}_l$ 求出后，用它替换高分辨率插值系数 $\boldsymbol{\alpha}_h$ 即可完成待插值点 $Y_{2i,2j}$ 的求值。

前面所描述的是由隔行点阵 $Y_{2i+1,2j+1}$ 去插值隔行点阵 $Y_{2i,2j}$ 的情形，而当我们用隔行点阵 $Y_{i,j}(i+j=\mathrm{even})$ 去插值隔行点阵 $Y_{i,j}(i+j=\mathrm{odd})$ 时，可以采用和前面相似的处理技术，所不同的是把对角操作变为水平和垂直方向的操作（45°旋转变换）。图 6-1(b) 描述了该情况下的几何对偶。

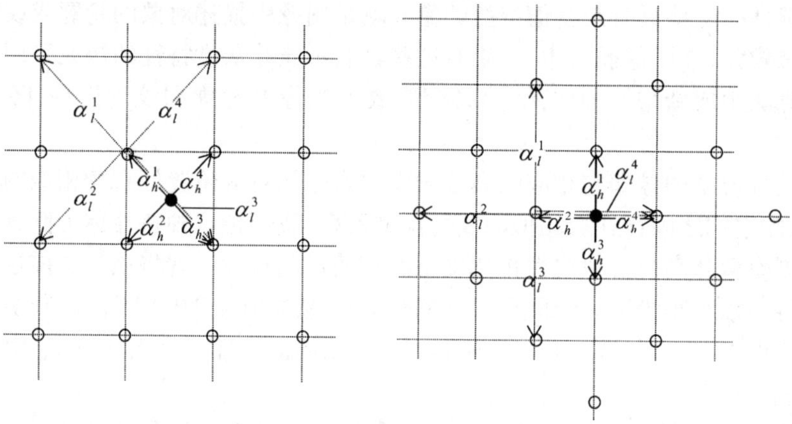

（a）由隔行点阵 $Y_{2i+1,2j+1}$ 插值隔行点阵 $Y_{2i,2j}$

（b）用隔行点阵 $Y_{i,j}(i+j=\mathrm{even})$ 插值隔行点阵 $Y_{i,j}(i+j=\mathrm{odd})$

图 6-1　几何对偶

6.3.2　混合插值方法

1. 混合插值方法的使用

在图像中较为平滑的区域，4 个低分辨率线性插值模型中容易出现相同模型的重复，此时式(6-53)又将成为欠定方程组。因此，上述方法只在边缘特性较为明显的区域效果明显，而对于平滑区域，其效果不够理想。混合插值方法能有效地解决这一问题。具体地说，就是在边缘特性较为明显的区域采用本章提出的方法，而在平滑区域仍采用双线性插值的方法。这样的操作是逐点进行的。局域标准方差能够反映出局域灰度变化的程度，因此能够较好地反映出该处的平滑程度。对于每一个待插值像元点 $Y(i,j)$，判断它是否为边缘点的方法为：计算像元 $Y(i,j)$ 的 4 个近邻点的标准方差，同时计算 $\boldsymbol{R}_l$ 的秩，当且仅当得到的标准方差值超过预先设定的阈值并且 $\boldsymbol{R}_l$ 为满秩时，则认为 $Y(i,j)$ 为边缘像元点。增加"满秩"的限制更好地保证了插值模型解的存在性。混合插值方法不但克服了方程组的欠定问题，而且减小了计算的复杂度。

2. 边缘保持的有效性

我们提出的方法在原理上与 EDIULC 方法相似，因此它们有着相似的作用和效果。现举一简单的例子来说明它们对于边缘保持具有相同的有效性。

如图 6－2 所示，待预测的像元 $X(n)$ 处于一条竖直的边缘上（$(|p-q|>>0)$）。为了简单起见，我们只考虑图中箭头所示两个方向的二阶预测模型：

$$\begin{aligned}\hat{X}(n) &= \alpha(1)X(n-1)+\alpha(2)X(n-2)\\ &= \alpha(1)p+\alpha(2)q\end{aligned} \tag{6-54}$$

应用 EDIULC 法，我们可得到协方差 $\hat{\boldsymbol{R}}$ 和 $\hat{\boldsymbol{r}}$：

$$\begin{cases}\hat{\boldsymbol{R}}=\begin{bmatrix}8p^2+4q^2 & 6p^2+2pq+4q^2\\ 6p^2+2pq+4q^2 & 6p^2+6q^2\end{bmatrix}\\ \hat{\boldsymbol{r}}=\begin{bmatrix}6p^2+2pq+4q^2\\ 6p^2+6q^2\end{bmatrix}\end{cases} \tag{6-55}$$

通过计算可以得到最优的预测系数向量：$\boldsymbol{\alpha}=\begin{bmatrix}\alpha_1\\ \alpha_2\end{bmatrix}=\begin{bmatrix}0\\ 1\end{bmatrix}$。

对于相同的问题，应用我们提出的方法易知：

$$\boldsymbol{R}_l=\begin{bmatrix}q & p\\ p & p\end{bmatrix},\boldsymbol{r}_l=\begin{bmatrix}q\\ p\end{bmatrix} \tag{6-56}$$

我们只需较小的计算量（对于同一个待插值点，后者比前者要减少约 80 次的乘法运算和若干加法运算）便可得到与前面相同的解向量。显然，得出的结果能够反映图像的边缘特性，同时这也是传统插值方法无法做到的。

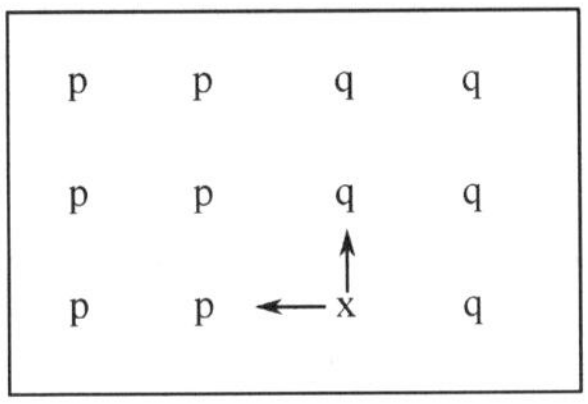

图 6－2 垂直边缘预测

3. 插值系数的限定与插值算法的过程

由于像元点的值在某一范围［a,b］内，所以应用上述方法求得的 $Y_{2i,2j}$ 值应在［a,b］之间。而由图像像元点组成的矩阵中存在着一些奇异矩阵，这些矩阵通过数值解法求出的解通常是发散的，由此计算出的像元值超出［a,b］的范围。为了解决这个问题，应该限定插值系数在［0,1］之间，即 $0<\alpha_i<1, i=1,2,3,4$；且 $\sum_{i=1}^{4}\alpha_i=1$，即通过求解带约束条件的线性方程来确定插值系数：

$$R_l\boldsymbol{\alpha}_l = \boldsymbol{r}_l \text{且} 0 < \alpha_i < 1, i = 1,2,3,4, \sum_{i=1}^{4}\alpha_i = 1 \tag{6-57}$$

可以利用最小二乘法来求解以上带约束条件的线性方程。求解出的系数替代高分辨率插值系数 $\boldsymbol{\alpha}_h$,代入方程:

$$Y_{2i,2j} = \sum_{k=0}^{1}\sum_{l=0}^{1}\alpha_h^{2k+l+1}Y_{2(i+k)-1,2(j+l)-1} \tag{6-58}$$

求得的像元值满足在[0,255]的范围内,图像中不会出现因为线性方程数值求解发散而出现的奇异点。

该图像插值算法主要过程可以总结如下。

(1)将原图像像元分为与邻域像元间灰度变化是连续或不连续两种类型,即通过某种算法提取图像的边缘。

(2)对于没有处在图像边缘的点的插值采用线性插值,这样既可以较少运算复杂度,又可以使图像变得平滑。

(3)对于处在图像边缘的待插值点,利用周围像元的相似性,采用一种自适应系数的插值算法。该插值算法实现流程如图6-3所示。

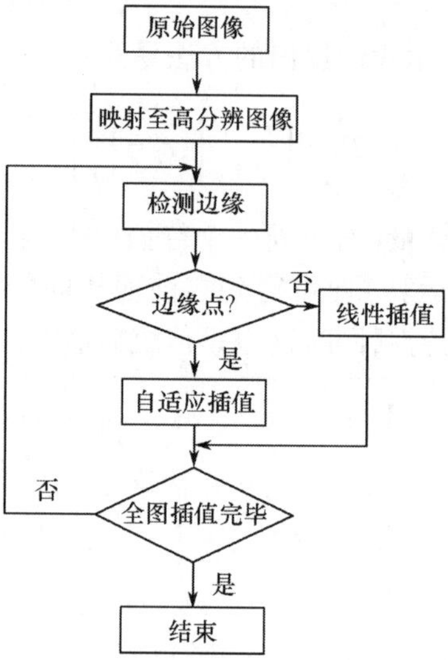

图6-3　自适应图像插值算法实现框图

6.4　性能评价

6.4.1　POCS和MAP超分辨率方法

实验首先采用印第安农林高光谱遥感图像。我们分别比较线性插值、基于

POCS 的超分辨率重建方法、基于 MAP 的超分辨率重建方法的处理效果，对于后两种方法，我们还将分别以原始数据和变换数据为输入数据。为了获得监督评价，将原始图像降采样作为低分辨率观察图像，而原始图像作为高分辨率目标图像的参考图像。利用下面的公式进行下采样：

$$x_l[n_1,n_2] = \frac{1}{N_1 N_2} \sum_{m_1=N_1 n_1}^{N_1(n_1+1)-1} \sum_{m_2=N_2 n_2}^{N_2(n_2+1)-1} x_h[m_1,m_2] \tag{6-59}$$

所获得的低分辨率图像如图 6 –4(a)所示。图 6 –4 (b)所示为线性插值获得的分辨率提高效果，用来与本章所提出算法进行比较。需要说明的是，本章方法均为全谱段同时处理，而为了便于显示和比较，以下均为第 10 谱段的处理效果比较，对此后文不再特别说明。统计结果表明，线性插值效果与参考图像之间的相对误差为 2. 29% 。相对误差的计算公式为全部像元绝对误差之和与原始图像全部像元之和的比值。

(a) 低分辨率图像　　(b) 线性插值图像

图 6 –4　原始低分辨率图像与其线性插值结果

第一组实验中，我们实施基于 POCS 的超分辨率复原方法，输入、输出均应用原始数据。所获得的高分辨率目标图像如图 6 –5(a)所示，这一结果图像与参考图像之间的相对误差为 2. 25% 。

第二组实验采用变换域到变换域的输入—输出形式，仍然利用 POCS 算法。所获得的高分辨率目标图像如图 6 –5(b)所示，这一结果图像与参考图像之间的相对误差为 2. 13% ，较之第一组实验在运算速度提高数十倍的条件下误差有所降低。这一结果说明，基于变换域的数据输入具有降低算法计算量和更强的图像复原能力。两组实验中对误差图像进行逐类别统计，结果如表 6 –1 所列。通过比较可以看出，基于变换域的数据输入还具有保护感兴趣类别的处理效果的作用。

（a）原始域到原始域　　（b）变换域到变换域

图 6－5　基于 POCS 的图像复原结果

表 6－1　不同类别的复原误差

	类别 2	类别 3	类别 10	类别 11	类别 14	背景	其余类
原始域输入	1.73%	1.97%	1.57%	1.66%	2.20%	2.66%	2.01%
变换域输入	1.47%	1.72%	1.28%	1.37%	1.81%	2.60%	2.11%

第三组实验中，我们实施基于 MAP 的超分辨率复原方法，输入、输出均应用原始数据。所获得的高分辨率目标图像如图 6－6(a) 所示，这一结果图像与参考图像之间的相对误差为 2.50%。

第四组实验采用变换域到变换域的输入—输出形式，仍然利用 MAP 算法。所获得的高分辨率目标图像如图 6－6(b) 所示，这一结果图像与参考图像之间的相对误差为 2.22%。与前两组实验对比情况相似，第四组实验较之第三组实验在运算速度提高数十倍的条件下误差有所降低。结果再次说明，基于变换域的数据具有降低算法计算量和更强的图像复原能力。两组试验中对误差图像进行逐类别统计，结果如表 6－2 所列。比较结果表明，基于变换域的数据输入的确具有保护感兴趣类别的处理效果的作用。

（a）原始域到原始域　　（b）变换域到变换域

图 6－6　两种方式下的分辨率提高效果比较

表 6-2 不同类别的复原误差

	类别 2	类别 3	类别 10	类别 11	类别 14	背景	其余类
原始域输入	1.97%	2.18%	1.82%	1.91%	2.47%	2.91%	2.27%
变换域输入	1.67%	2.10%	1.47%	1.55%	2.10%	3.00%	2.39%

此外，本部分也对圣迭戈军事高光谱图像进行了实验论证。图 6-7 中对比显示了第 10 谱段所对应的原始图像、降采样图像、线性插值图像、MAP 变换域复原图像，视觉效果（尤其是左上角的 3 个小飞机的处理效果）进一步表明所提出算法的有效性。

这些结果虽然在主观评价上差别较小，但局部放大图像以及客观评价指标可以反映出各种方法的不同效果。总的来讲，以原始数据作为输入的处理效果明显不及以变换数据作为输入的处理效果；而 POCS 方法与 MAP 方法的效果差别不大，二者一致优于线性插值效果；以变换数据作为输入时算法可以有效地保护感兴趣类别的超分辨率效果；当以变换数据作为输入时，以原始数据还是变换数据作为输出对于算处理效果影响不大，但对于计算量往往影响很大，因此需作合理选择。

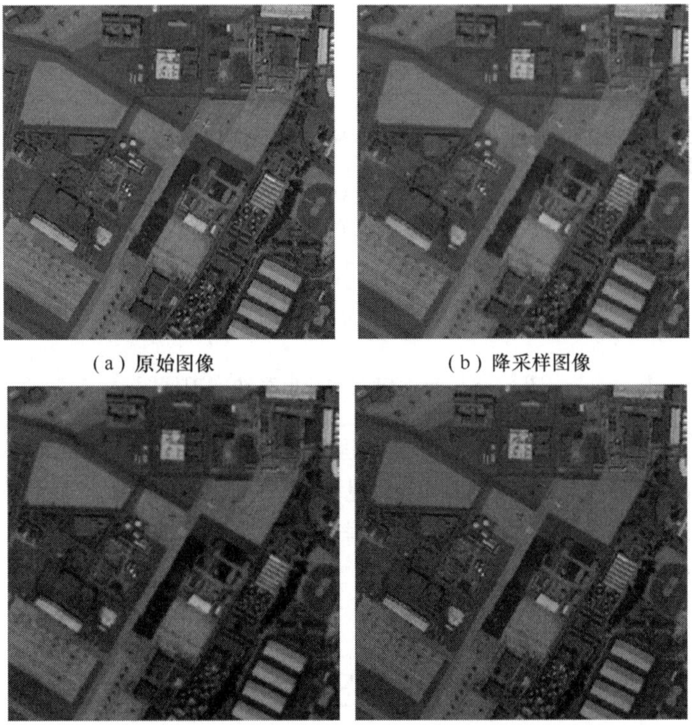

(a) 原始图像　(b) 降采样图像　(c) 线性插值图像　(d) MAP 变换域复原图像

图 6-7 军事图像的分辨率提高效果比较

6.4.2 对偶性插值方法

一方面将所提出的算法作为核心技术应用于图像压缩系统来进行效果评价,另一方面也将其直接应用于遥感图像的处理中进行主、客观评价。

1. 在图像压缩系统中的应用

本部分实验内容由哈尔滨工业大学图像所研究生陈刚协助完成。为了在有限的信道上传输高质量的图像,本章采用了一种下采样压缩的方法来提高压缩比。这种方法需要在压缩端将信源图像下采样,在解压缩端通过图像超分辨还原成原始大小的图像。通过这种方法可以改善压缩比增大对图像质量的影响,实现这种方法的关键是图像超分辨算法。

(1) 视频图像下采样的实现(图 6-8)

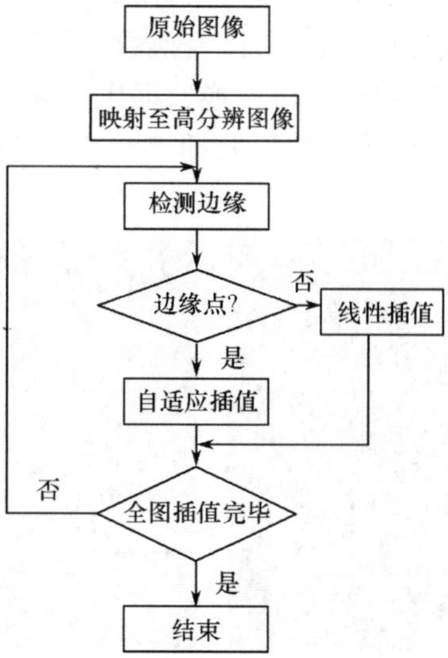

图 6-8　自适应图像插值算法实现框图

为了增大压缩比,减少处理器处理的数据量,在压缩端视频 A/D 变换之后进行图像下采样。本章讨论的电视制导系统的信道带宽为 400kb/s,这就要求将信源图像压缩 53 倍以上,根据 Alfred M 等(2003)的文章,这里选择先对原图像下采样至 1/4,再利用 H. 26L 算法压缩 14 倍。采用式(6-60)对图像下采样:

$$x_l[n_1,n_2] = \frac{1}{N_1N_2}\sum_{m_1=N_1n_1}^{N_1(n_1+1)-1}\sum_{m_2=N_2n_2}^{N_2(n_2+1)-1} x_h[m_1,m_2] \qquad (6-60)$$

这里,N_1,N_2取 2,即将原图像水平和垂直方向各下采样至原来的 1/2。这样,需要压缩的数据量减少至原来的 1/4,降低了对处理器的要求,保证了系统实时压缩信源视频图像。

(2) 插值算法的具体应用

压缩端将原始信源图像下采样至 1/4 后进行压缩传输,解压缩端解压出原图像 1/4 大小的图像。为能够在监视器上显示,需要对解压缩图像进行超分辨运算,恢复为原始尺寸的图像。根据前面的分析,现有的图像超分辨算法一般对边缘保持得不是很好,插值后的图像模糊;有的采用数学工具过于复杂,算法很难实时实现。这里采用了本章介绍的图像超分辨算法。

为了降低 DSP 处理器的计算量,该算法在 FPGA 内实现。DSP 将解压后的数据放入双端口 RAM 中,FPGA 从双口 RAM 中读出图像数据,并对其进行超分辨处理,送至视频 D/A 显示。

对一幅图像的超分辨过程如图 6-9 所示,首先判断是否为图像内容的边缘,对于非边缘点,采用计算量很小的线性插值;对于处于边缘的点则采用本章讨论的基于空间对偶性的自适应图像超分辨算法。在算法的实现过程中,首先在低分辨率空间中计算出插值系数,然后将这组系数映射到高分辨空间,计算出待插点的像元值。

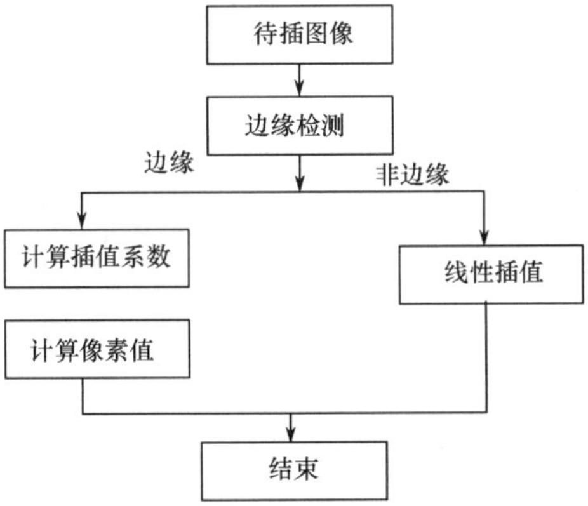

图 6-9　图像超分辨算法实现流程图

(3) 插值对图像显示质量的改善

将本章的图像超分辨算法应用于图像下采样压缩过程中,不仅减少了压缩算法的计算量,还使恢复出的显示图像质量有明显提高。本章选取 3 个比较有代表性的场景,比较它们分别在直接压缩和下采样压缩时显示图像的质量。表 6-3 中列举了 3 幅遥感图像直接压缩 50 倍以上时解压缩图像的各个评价指标,以及先将图像下采样 1/4,然后再压缩 14 倍时解压缩图像的各个指标。比较表中数据可以看出:压缩相同倍数时,采用下采样压缩方法传输的图像质量要好于直接压缩方法的图像质量。

表 6－3　直接压缩与下采样压缩图像质量比较

图像	压缩方法	压缩比	SNR/dB	PSNR/dB	MSE
飞机	直接压缩	53.05	28.76	32.46	6.08
	下采样压缩	52.10	31.75	35.45	4.30
舰艇	直接压缩	54.86	19.56	33.47	5.41
	下采样压缩	55.61	20.44	34.34	4.89
坦克	直接压缩	55.04	23.47	29.17	8.87
	下采样压缩	54.21	32.50	38.20	3.14

从图 6－10～图 6－12 可以直观地看到采用了本章图像超分辨算法的下采样压缩对图像质量的改善。其中图(a)是直接压缩 52 倍后，恢复出的图像，从中可以看到由于压缩比过大产生的块效应；图(b)中是采用下采样压缩 52 倍后，恢复出的图像，相比于图(a)，图(b)中的图像细腻，物体轮廓清晰。

(a) 直接压缩　　(b) 下采样压缩

图 6－10　飞机遥感图像不同压缩方法比较

(a) 直接压缩　　(b) 下采样压缩

图 6－11　舰艇遥感图像不同压缩方法比较

2. 插值效果的其他实验评价

在第一组实验中，利用所提出的算法对圣迭戈机场的军事高光谱图像的一个谱段进行插值处理以获得该算法的主观评价。实验结果及其局部区域显示在

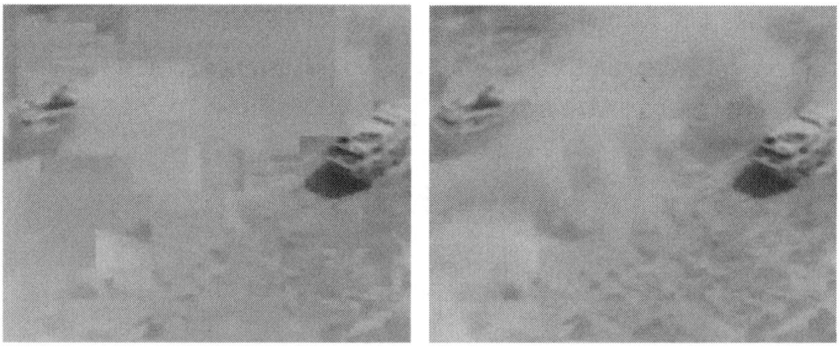

(a) 直接压缩　　(b) 下采样压缩

图 6－12　坦克遥感图像不同压缩方法比较

图 6－13 中，该图体现了所提出方法良好的插值效果。

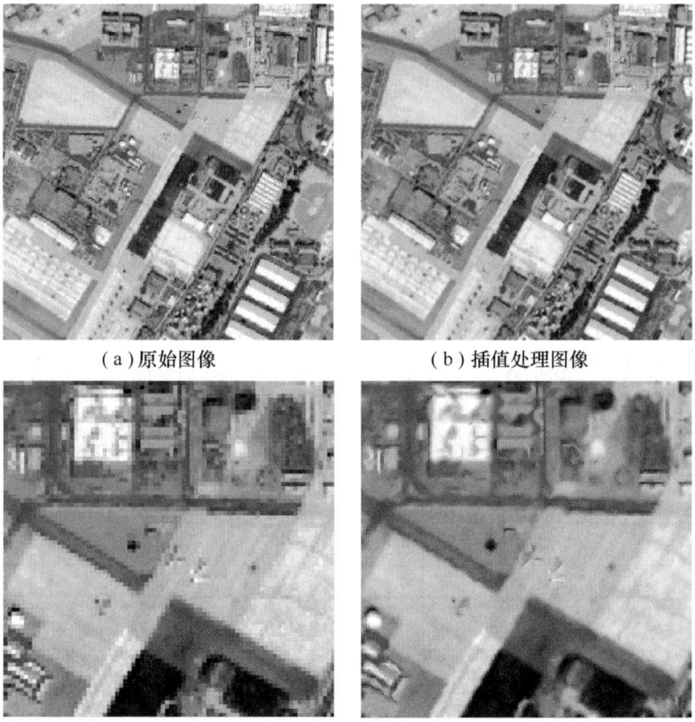

(a) 原始图像　　(b) 插值处理图像

(c) 原始图像(局部)　　(d) 插值处理图像(局部)

图 6－13　基于边缘的自适应超分辨结果图

高光谱单谱段图像为类似于普通光学图像的二维图像，因此本章插值方法可以应用于普通光学图像的处理。在第二组实验中，我们也应用该方法对文献广泛使用的 Lena 光学图像进行了处理以便同领域学者进行对比论证。选择 4 种算法和 3 种评价准则进行比较。这 4 种算法分别为线性插值、EDIULC 法、LAI 法和我们提出的新方法。3 种评价准则分别为峰值信噪比（PSNR）、交叉相关(cross - correlation,CC)系数和联合因子(the combination of three different factors:loss of correlation,mean distortion and variance distortion,CCMV)(Wang Z 等,2002)。下面首先将3种评价准则加以介绍。

设大小相等的两幅待比较图像分别为 $\boldsymbol{X}$,$\boldsymbol{Y}$,x_i 和 y_i 分别为 $\boldsymbol{X}$,$\boldsymbol{Y}$ 中相对应的像元点,总数为 N。则3种评价准则计算公式为

$$\mathrm{PSNR} = -10\lg\left[\left(\sum_{i=1}^{N}\left(\frac{(X(i)-Y(i))}{255}\right)^2\right)/N\right] \tag{6-61}$$

$$\mathrm{CC} = \left|\frac{\sum_{i=1}^{N} x_i y_i - N\bar{x}\bar{y}}{\sqrt{\left(\sum_{i=1}^{N} x_i^2 - N\bar{x}^2\right)\left(\sum_{i=1}^{N} y_i^2 - N\bar{y}^2\right)}}\right| \tag{6-62}$$

$$\mathrm{CCMV} = \frac{4\sigma_{xy}\bar{x}\bar{y}}{(\sigma_x^2 + \sigma_y^2)[(\bar{x})^2 + (\bar{y})^2]} \tag{6-63}$$

其中,$\bar{x} = \frac{1}{N}\sum_{i=1}^{N} x_i$,$\bar{y} = \frac{1}{N}\sum_{i=1}^{N} y_i$,$\sigma_{xy} = \frac{1}{N-1}\sum_{i=1}^{N}(x_i - \bar{x})(y_i - \bar{y})$,$\sigma_x^2 = \frac{1}{N-1}\sum_{i=1}^{N}(x_i - \bar{x})^2$,$\sigma_y^2 = \frac{1}{N-1}\sum_{i=1}^{N}(y_i - \bar{y})^2$。

选择标准光学图像Lena,截取原图像的一部分子区域,利用式(6-60)进行下采样,对下采样图像利用各种方法进行插值,得到的图像的各种指标表述在表6-4中。实验结果表明,本章提出的方法不但有着较好的视觉效果,而且3种衡量指标均取得最好的结果。

表6-4 几种插值方法的评价比较

Lena	Linear	LAI	EDIULC	New
PSNR	29.8931	29.4604	28.0456	29.9098
CC	0.9884	0.9872	0.9839	0.9884
CCMV	0.9882	0.9870	0.9838	0.9882

6.5 本章小结

本章根据高光谱图像的成像特殊性和谱间信息补偿性,研究并建立低分辨率资源图像与高分辨率目标图像之间的关系模型。根据地物类别的有限性和高光谱图像应用的特殊性,将超分辨率模型中的像元表征为感兴趣光谱端元的加权线性组合,从而降低算法复杂度,同时重点保护感兴趣类别的超分辨率效果;为保证超分辨率算法的有效实施,研究高效率低复杂性的综合算子离线计算方

法以及模型反演算法。所提出的超分辨率方法利用高光谱图像谱间信息互补性而不依赖于辅助信息，通过关联感兴趣光谱端元来实现具有感兴趣类别保持特性的超分辨率方法。该研究对于精确处理混合像元解译、目标检测与识别以及图像匹配等问题有借鉴意义，也容易与高光谱图像的压缩/解压缩过程相结合，形成一体化算法。

本章所提出的应用线性预测模型的边缘插值方法是根据模型的几何对偶性用低分辨图像的线性预测模型来近似相应的高分辨线性预测模型，具有自适应性、边缘保持特性和简单高效等优点。采用混合插值的方式不但是必要的，而且能够减少计算量、提高插值效果，能够容易地应用于多光谱和高光谱图像的超分辨处理上。

参考文献

孟庆武. 2004. 卫星图像复原及超分辨率处理 MAP 估计算法研究[D]. 哈尔滨工业大学博士后研究工作报告.

Alfred M Bruckstein, Michael Elad, Ron Kimmel. 2003. Down – Scaling for Better Transform Compression. IEEE Transactions on image processing, 12(9): 66 – 81.

Li X, Orchard M T. 2001. Edge – directed prediction for lossless compression of natural images. IEEE Transactions on Image Processing, 10(6): 813 – 817.

Li X, Orchard M T. 2001. New edge – directed interpolation. IEEE Transactions on Image Processing, 10(10): 1521 – 1527.

Rodrigues L, Borges D L, Goncalves L M. 2002. A Locally Adaptive Edge – preserving Algorithm for Image Interpolation. Proceedings, Brazilian Symposium on Computer Graphics and Image Processing, (XV): 7 – 10.

Wang Zhou, Bovik A C, Lu L. 2002. Why is image quality assessment so difficult. IEEE International Conference On Volume, 4: 13 – 17.

第7章 高光谱图像异常检测技术

遥感图像的检测以其重要的军事和民用价值，在近20年来得到了飞速发展。异常检测，即在无目标先验信息的条件下，检测图像中与周围背景像元具有显著不同的异常点。在实际的遥感图像目标检测中，获取目标本身的信息有时会十分困难，而目标又由于大气传输，背景以及成像设备等方面的影响，先验信息缺乏，此时异常检测便引起了广泛关注。

7.1 基于形态学理论的核检测算法

为了准确、稳定地进行高光谱遥感图像的分析，综合考虑高光谱数据提供的光谱、空间信息是十分必要的。本节将介绍一种基于数学形态学理论的核RX算法的目标异常检测算法。该算法首先采用扩展形态学的闭运算对高光谱图像进行波段特征提取，以达到降维的目的。通过闭变换进行波段选择在去除冗余的同时，还能够平滑光谱数据，避免了波段信息的不连续，有效地结合了地物的空间信息与精细光谱和空间相关性的信息。再对降维后的高光谱图像信息进行异常检测，采用KRX算子对图像进行异常检测得到检测结果的灰度图像，再运用灰度形态学的面积闭开运算ACO，对检测结果进行滤波处理得到最后的检测结果。KRX算子能够很好地利用图像数据的光谱特性的信息挖掘出波段间的非线性统计特性，灰度形态学的面积闭开运算则能够兼备到图像数据的空间特性，有效地抑制背景和噪声干扰，填补图像中的小洞，以达到降低虚警概率提高检测概率的作用。将KRX算子与灰度形态学的面积闭开运算ACO两者相结合以达到优良的检测结果。

7.1.1 基于形态学的波段选择

数学形态学是一种特殊的图像处理技术，它的描述语言是集合论，它设计一整套的基于集合运算的概念和方法，提供了统一而强大的工具来处理图像中遇到的问题。它通过研究图像中对象的几何特征等来描述图像中各个研究对象的特征和对象之间的相互关系。因此，利用数学形态学的几个基本概念和运算，将结构元灵活的组合、分解，应用形态变换序列达到处理和分析的目的。数学形态学进行图像处理的基本思想是：用结构元素对原图像进行位移、交、并等运算，然后输出处理后图像。数学形态学算法的思想简单直观并且几何描述的特点非常适合和视觉信息相关的信息处理与分析。数学形态学中两个基本的操作,即腐蚀和膨胀,这两个操作最初均是定义于二值图像,但是目前已经扩展到了灰度图像中。在灰度形态学中,图像被作为连续值集合处理。设 $f(x,y)$ 是输入图像,$b(x,y)$ 是结构元素,且是子图像函数。用结构元素 b 对图像 f 进行的灰度膨胀和腐蚀如式(7-1)和式(7-2)所示。

$$\begin{aligned} d(x,y) &= f \oplus b \\ &= \max\{f(x-s,y-t)+b(s,t) \mid x-s,y-t \in D_f; s,t \in D_b\} \end{aligned} \tag{7-1}$$

$$\begin{aligned} e(x,y) &= f \otimes b \\ &= \min\{f(x+s,y+t)-b(s,t) \mid x+s,y+t \in D_f; s,t \in D_b\} \end{aligned} \tag{7-2}$$

式中:D_f 和 D_b 分别为 f 和 b 的定义域;$x-s$,$x+s$,$y-t$ 和 $y+t$ 必须在 f 的定义域内,而且 s 和 t 必须在 b 的定义域内。

灰度形态学运算中最主要的任务是如何在图像中每个像元的邻域内计算出最大或最小值,这与定义的结构元素的大小和形状密切相关。为了算法简便,易实现,一般只考虑符合凸函数的结构元素,通常设 b 为正方形且 $b(s,t)=0$ 其中 $s,t \in D_b$。

A 被 B 作开运算的结果实质是集合 A 先被结构元 B 腐蚀结果再被 B 膨胀。由膨胀和腐蚀的定义可知:开运算可以平滑图像轮廓,除去图像中不能包含结构元的部分即是除去图像中的细小突出,图像中的某些狭长部分或两个对象之间连接的小桥。A 被 B 开后的边界就是 B 在 A 内平移所能达到的 B 的边界的集合。设 A 是输入图像,B 是结构元图像,则集合 A 被集合 B 作开运算记为

$$A \circ B = (A \otimes B) \oplus B \tag{7-3}$$

A 被 B 作闭运算的实质就是 A 被 B 膨胀结果再被 B 腐蚀。闭运算也能平滑图像,它能去掉原图像中的小洞,填补轮廓上的小缝隙并能融合图像上狭窄的缺口和细长的弯口。设 A 是输入图像,B 是结构元图像,则集合 A 被集合 B 作闭运算记为

$$A \cdot B = (A \oplus B) \otimes B \tag{7-4}$$

由于膨胀和腐蚀的对偶性,开运算和闭运算也可得到相应对偶性。故而,A 被 B 闭后的边界就是 B 在 A^c 内平移所能达到的 B 的边界的集合。

以下将数学形态学扩展到高光谱图像的处理之中。

在灰度形态学中,将像元的数值大小作为排序关系进行最大或最小灰度值的计算,而在高光谱图像中,每个像元都是多维的,不能简单直观地比较它们的大小。因此,将数学形态学扩展到高光谱图像中最大的挑战就是定义一个合适的排序关系对 N 维向量空间中的元素进行排序,确定最大最小元素。目前,扩

展数学形态学方法已经受到高光谱数据端元提取与分类等研究领域的关注。

高光谱图像处理中，为了确定目标与背景差异的多维向量的排序关系，引入一个多维向量的度量算子，该度量算子由结构元素内各个像元累加距离计算得到，数学表达式如式(7-5)所示。

$$D(f(x,y),b) = \sum_{s}\sum_{t} \mathrm{Dist}\{f(x,y),b(s,t)\} \tag{7-5}$$

式中：$x,y \in D_f$，$s,t \in D_b$；Dist 为测量 N 维向量的逐点线性距离。

为了有效地利用高光谱数据提供的光谱和空间信息，累加距离 D 能够根据目标与背景的差异大小排序结构元素中的向量。根据以上定义和叙述，高光谱数据中膨胀和腐蚀操作定义如下：

$$f \oplus b = \underset{s,t \in D_f}{\mathrm{arg\_max}}\{D[f(x-s,y-t),b]\} \tag{7-6}$$

$$f \otimes b = \underset{s,t \in D_f}{\mathrm{arg\_min}}\{D[f(x+s,y+t),b]\} \tag{7-7}$$

式中：arg_max、arg_min 分别表示使得累加距离 D 达到最大和最小的像元向量算子。

通过以上的分析表明，扩展到高光谱图像的膨胀结果得到的是在结构元素内与背景差异性较大的像元，腐蚀结果得到的是在结构元素内与背景相似的像元，如图 7-1 所示。

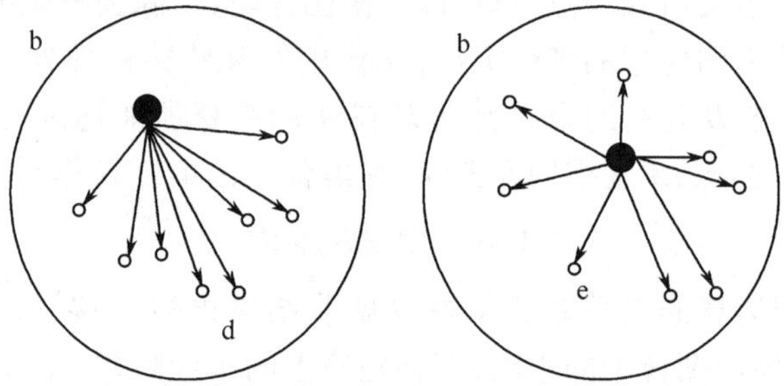

(a) 扩展膨胀　　(b) 扩展腐蚀

图 7-1　结构元素内扩展膨胀和扩展腐蚀

下面利用扩展的数学形态学构建波段选择方法。

对于计算机处理和分析高光谱遥感影像数据而言，如果直接用原始的所有波段，那么在光谱特征维上维数相当高，波段数高达 224 个的 AVIRIS 数据是 224 维的高维数据。对于高维数据的处理和分析，传统的多元数据分析的方法（如主成分分析等）采用的是线性变换降低维数的方法。这种方法一般也不需要所有的波段数据，而是先对原始所有波段数据通过某种数学变换的方法进行处理。一方面，这种方法虽然降低了高光谱遥感数据的维数，但是对原始所有波段数据通过某种数学变换时输出的降低维数后的波段数据是原始波段数据的线性或非线性的组合,改变了原始波段的物理意义。另一方面,当高维数据维数较高时,即使实测样本量非常大,但与维数相比,样本量总是很少,高维空间中的数据点往往是非常稀疏的,高维空间的有些区域仍然是空的,会产生“维数灾难”问题。使得在低维空间中运用得很好的一些统计学方法,推广到高维空间时稳健性就变得差了,并不能取得在低维空间处理和分析一样好的效果。

传统的高光谱遥感数据最佳波段选择主要有基于信息量的最佳波段选择方法和基于类间可分性的最佳波段选择方法。这些方法往往直接对各个波段间的相关性,各波段数据的联合熵和最佳指数等进行比较。容易造成波段信息不连续,影响目标检测效果。而数学形态学闭运算有平滑数据,去掉原图像中的小洞,填补轮廓上的小缝隙并能融合图像上狭窄的缺口和细长的弯口的作用。因此,结合闭运算来选择最佳波段既能达到平滑数据的作用,又能更有效地用样本空间反映整体数据。

互相关系数被广泛用来描述两个向量之间的相似程度。光谱向量 $\boldsymbol{x},\boldsymbol{y}$ 的互相关系数可表示为

$$\rho=\frac{(\boldsymbol{x}-\boldsymbol{\mu}_x)^{\mathrm{T}}(\boldsymbol{y}-\boldsymbol{\mu}_y)}{[(\boldsymbol{x}-\boldsymbol{\mu}_x)^{\mathrm{T}}(\boldsymbol{x}-\boldsymbol{\mu}_x)(\boldsymbol{y}-\boldsymbol{\mu}_y)^{\mathrm{T}}(\boldsymbol{y}-\boldsymbol{\mu}_y)]^{-\frac{1}{2}}} \tag{7-8}$$

式中:$\boldsymbol{\mu}_x,\boldsymbol{\mu}_y$分别为光谱向量 $\boldsymbol{x},\boldsymbol{y}$ 的平均值。$\rho\in[-1,1]$,ρ 越接近 1 则两光谱向量的线性相关度越高,也可以说两光谱向量的形状越相似。用互相关系数 ρ 代替形态学运算中的累加距离 D 进行形态学闭运算,可以有效地去除冗余并达到平滑数据填补数据漏洞的作用。具体步骤如下。

(1) 绘制出高光谱图像的互相关曲线。

(2) 以将互相关系数的极小值点以及 ρ 为阈值 T 的点为界值点,进行分区处理,达到波段区域膨胀的目的。

(3) 对相邻两波段区域的均值计算其互相关系数,互相关系数大于阈值则合并两相邻波段区域,进行波段区域腐蚀。

(4) 对重新划分的每个波段区域内的各个波段计算其互相关系数,选取组内其他波段的平均相关系数最大的波段作为该波段组的代表提取出来。

7.1.2 基于形态学的核 RX 算法

RX 算法是应用最为广泛的一种异常检测算法,而将原采样数据通过非线性映射函数 ϕ 映射到高维(可能是无限维)的特征空间中,就形成了核空间中的 KRX 算法,其算子可表示为

$$\mathrm{RX}(\boldsymbol{\phi}(\boldsymbol{x}))=(\boldsymbol{\phi}(\boldsymbol{x})-\boldsymbol{\mu}_{b\phi})^{\mathrm{T}}C_{bf}^{-1}(\boldsymbol{\phi}(\boldsymbol{x})-\boldsymbol{\mu}_{b\phi}) \tag{7-9}$$

式中:$\boldsymbol{C}_{b\phi},\boldsymbol{\mu}_{b\phi}$分别为特征空间中背景协方差矩阵和均值的估计。

经过特征值分解后得到核空间 RX 算法的表达式为

$$RX(\boldsymbol{\phi}(\boldsymbol{r})) = (\boldsymbol{\phi}(\boldsymbol{r}) - \boldsymbol{\mu}_{b\phi})^{\mathrm{T}} \boldsymbol{X}_{b\phi} \boldsymbol{\beta} \boldsymbol{\Lambda}_{\phi}^{-1} \boldsymbol{\beta}^{\mathrm{T}} \boldsymbol{X}_{b\phi}^{\mathrm{T}} (\boldsymbol{\phi}(\boldsymbol{r}) - \boldsymbol{\mu}_{b\phi}) \quad (7-10)$$

式中：$\boldsymbol{\beta} = (\boldsymbol{\beta}^1, \boldsymbol{\beta}^2, \cdots, \boldsymbol{\beta}^N)^{\mathrm{T}}$为经过核函数矩阵 $\boldsymbol{K}$ 相应特征值的平方根归一化之后的特征向量。但是由于数据的维数很高(甚至是无限维的)，不能直接通过非线性映射函数 ϕ 将原始数据映射到高维特征空间中来实现该算法。为了避免直接计算式(7-9)，因此有必要采用核学习方法理论，用原始数据空间中的核函数来间接地实现高维特征空间中的内积，即由 $K(\boldsymbol{x}_i, \boldsymbol{x}_j) = \langle \boldsymbol{\phi}(\boldsymbol{x}_i) \cdot \boldsymbol{\phi}(\boldsymbol{x}_j) \rangle$ 来间接地计算式(7-10)。由此，得到 KRX 算法最后的检测算子为

$$RX_K(\boldsymbol{r}) = (\boldsymbol{K}_r^{\mathrm{T}} - \boldsymbol{K}_{\mu b}^{\mathrm{T}})^{\mathrm{T}} \boldsymbol{K}_b^{-1} (\boldsymbol{K}_r^{\mathrm{T}} - \boldsymbol{K}_{\mu b}^{\mathrm{T}}) \quad (7-11)$$

式中

$$\begin{cases} \boldsymbol{K}_r^{\mathrm{T}} \equiv K(\boldsymbol{X}_b, \boldsymbol{r}) - \dfrac{1}{N} \sum\limits_{i=1}^{N} K(\boldsymbol{x}_i, \boldsymbol{r}) \\ \boldsymbol{K}_{\mu b}^{\mathrm{T}} \equiv \dfrac{1}{N} \sum\limits_{i=1}^{N} K(\boldsymbol{x}_i, \boldsymbol{X}_b) - \dfrac{1}{N^2} \sum\limits_{i=1}^{N} \sum\limits_{j=1}^{N} K(\boldsymbol{x}_i, \boldsymbol{x}_j) \end{cases} \quad (7-12)$$

KRX 算子将原始高光谱数据映射到高维特征空间后进行异常点的检测，挖掘了高光谱图像波段间的非线性统计特性，提高了检测性能，取得了较好的效果。但该算法是从数据光谱信息和特征空间分析的角度出发进行处理的，忽略了像元之间存在的空间相关性。因此，对 KRX 算子检测后灰度图像进行灰度面积形态学开闭运算(AOC)，能够综合考虑高光谱数据提供的光谱、空间信息，准确全面地进行高光谱遥感图像的分析。

面积形态学是建立在两个代数学算子，即面积形态学开运算和面积形态学闭运算上的，这些算子都建立在灰度集的理论上。与传统的形态学滤波相比较，面积开和面积闭滤波器没有用任何结构元素。这些算子对图像的操作是没有形状改变的。我们可以这样认为，面积开操作是去除不满足最小面积的高亮度的目标物体。同样地，面积闭运算操作去除那些不满足最小面积的低亮度的目标物体。这里的目标物体是指图像的灰度集中连通区域，一个灰度集是通过对灰度图像进行灰度分解得到的一个个的二值图像。对于在离散域 D 和图像点 p 我们定义一个灰度集 S_l，其灰度为 $l \in [0, L-1]$。L 为灰度图像中最大的灰度级。

$$S_l = \begin{cases} 1 & (l(p) \geqslant l) \\ 0 & (\text{其他}) \end{cases} \quad (7-13)$$

在灰度集 S_l，连通区域定义为

$$C_{S_l}(p) = \{q : \exists P_{l \geqslant 1}(p, q)\} \quad (7-14)$$

定义中的 $P_{l \geqslant 1}(p, q)$是从点 p 到 q 的一条连通的路径，对于路径上的点 $S_l(\cdot) = 1$。这里可以用四邻域也可以用八邻域。对于灰度集 S_l，面积开运算如下：

$$S_l \circ(a) = \{p: \exists \mid C_{S_l}(p) \mid \geq a\} \tag{7-15}$$

式中：a 为最小面积参数（也就是相关像元的个数）；$C_{S_l}(p)$ 是由点 p 决定的连通区域；$|C_{S_l}(p)|$ 表示连通区域的面积。面积闭运算是对 S_l 的补集做的一个类似的运算。

对于灰度图像，我们可以对所有的灰度集通过堆栈操作来对它们进行面积开运算和闭运算，下面给出用尺度 a 对图像 I 进行面积开运算的定义：

$$I \circ (a) = \sum_{l=1}^{L-1} S_l \circ (a) \tag{7-16}$$

面积闭运算的定义：

$$I \cdot (a) = \sum_{l=1}^{L-1} S_l \cdot (a) \tag{7-17}$$

将开和闭级联起来就可以构成形态滤波器，它可以滤除目标图像中比结构元素小的噪声块，先利用开变换来切断细长的搭接，消除突刺，再利用闭变换来连接短的间断，填充小孔。形态闭开滤波器的滤波过程与此相反，但可以得到相似的效果。以面积开运算和面积闭运算为基础，可以衍生出一系列面积算子，如 AOC（Area Open-Close）表示面积开闭运算，ACO（Area Close-Open）表示面积闭开运算，显然，AOC 和 ACO 就是面积数学形态学的滤波器。

把 ACO 运算运用到高光谱异常检测中能够有效地去除白噪声的影响，降低虚警概率以达到良好的检测效果。将面积形态学 ACO 运算与 KRX 算子结合形成一种基于数学形态学的高光谱目标检测的新算法即 ACO－KRX 算法具体步骤如下。

（1）用扩展数学形态学闭运算对原始的高光谱图像进行降维处理。

（2）利用 KRX 算子对降维后的图像数据，进行异常检测得到检测后的灰度图像。

（3）利用 ACO 运算对检测后的灰度图像进行滤波处理得到去噪后的灰度图像。

（4）设定检测阈值对灰度图像进行二值化处理，得到检测后的最终结果。

7.2 自适应核异常检测算法

通过核方法的引入，构造的非线性高光谱异常检测算法在充分挖掘高光谱数据大量波段间存在的非线性信息的基础上，大大提高了原线性算法的检测性能。在众多的基于核方法的高光谱异常检测算法中（如核 RX 算法，KPCA 算法，核 Fisher 分离算法等），核函数大多选择了高斯径向基核函数（RBF），这是由高斯径向基核函数的良好通用性以及其函数的转移不变性所决定的。高斯径向基核函数的宽度决定因子即核参数选择恰当与否是决定算法性能的重要因素，而在众多的核方法的检测算法中，该参数大多以大量实验的方式进行人为的选择，这不仅降低了算法的通用性也增加了检测的工作量。而且由于异常检测采用局部检测模型，统一的全局检测参数很难适应复杂多变的背景环境，表现为复杂背景下的检测性能下降。下面将通过构造高斯径向基核函数的宽度因子的计算模型，对核参数进行自适应估计，以形成基于核方法的自适应高光谱异常检测算法。选用 Banerjee 提出的基于支持向量数据描述(Support Vector Data Description, SVDD)的异常目标检测算法，该方法避免了检测过程中协方差矩阵的求逆运算，相对于核 RX 算法来讲在算法的运算速度上有所提高。本章将根据高光谱数据和局部异常检测模型的特点，通过局部背景分波段二阶分布统计，分析核参数与局部背景总体标准差的变化关系，构造随检测背景变化的局部检测核参数，使得检测算法针对不同背景分布自适应地调整检测核参数。克服传统支持向量描述算法由于采用固定核参数带来的复杂背景下检测性能下降的问题。

7.2.1 支持向量数据描述方法

给定一个具有共同特性的样本集 $T=\{\boldsymbol{x}_i: i=1,\cdots,M\}$，对该数据集进行描述，先定义一个包含该数据集的由中心 $\boldsymbol{a}$ 和半径 $R>0$ 确定的超球体，通过最小化 R^2 来找到体积最小的超球体，以对该数据集进行描述，并使全部(或尽可能多)的样本点都包含在该球体内。能够将该类样本包围的超球体为

$$S=\{\boldsymbol{x}: \|\boldsymbol{x}-\boldsymbol{a}\|^2<R^2\} \tag{7-18}$$

并寻找满足该要求的最小封闭超球面，即

$$\min(R) \quad 使得\ \boldsymbol{x}_i \in S, \quad i=1,2,\cdots,M \tag{7-19}$$

将该约束优化过程通过拉格朗日展开，得

$$L(R,\boldsymbol{a},\alpha_i) = R^2 - \sum_i \alpha_i(R^2 - \langle \boldsymbol{x}_i,\boldsymbol{x}_i\rangle + 2\langle \boldsymbol{a},\boldsymbol{x}_i\rangle - \langle \boldsymbol{a},\boldsymbol{a}\rangle) \tag{7-20}$$

式中：$\boldsymbol{a}$ 为超球中心；R 为超球面半径。

求 L 对于 R 和 $\boldsymbol{a}$ 的偏导，并令其等于 0，得

$$\frac{\partial L}{\partial R} = 0 \Rightarrow \sum_i \alpha_i = 1 \tag{7-21}$$

$$\frac{\partial L}{\partial \boldsymbol{a}} = 0 \Rightarrow \boldsymbol{a} = \frac{\sum_i \alpha_i \boldsymbol{x}_i}{\sum_i \alpha_i} \tag{7-22}$$

据式(7-21)，式(7-22)可得超球中心为

$$\boldsymbol{a} = \sum_i \alpha_i \boldsymbol{x}_i \tag{7-23}$$

将式(7－21),式(7－23)代入式(7－20)得到优化表达式为

$$L = \sum_i \alpha_i \langle \boldsymbol{x}_i, \boldsymbol{x}_i \rangle - \sum_{i,j} \alpha_i \alpha_j \langle \boldsymbol{x}_i, \boldsymbol{x}_j \rangle \tag{7-24}$$

将 L 对 $\boldsymbol{a}$ 进行最大优化可得大量 α_i 为 0,而非零 α_i 对应的 $\boldsymbol{x}_i$ 为支持向量,这些向量分布于超球分界面上,利用这些支持向量 SVDD 得到了对于输入样本的稀疏表示。

求得最小封闭超球面后,就可以通过判断一个检测点是存在于该超球体内部还是外面来判断其是与样本属于同一分布还是异常数据。设测试向量为 $\boldsymbol{y}$,判决式可以表示为

$$\begin{aligned} \mathrm{SVDD}(\boldsymbol{y}) &= \| \boldsymbol{y} - \boldsymbol{a} \|^2 \\ &= (\boldsymbol{y} - \sum_i \alpha_i \boldsymbol{x}_i)^{\mathrm{T}} (\boldsymbol{y} - \sum_i \alpha_i \boldsymbol{x}_i) \\ &= \langle \boldsymbol{y}, \boldsymbol{y} \rangle - 2 \sum_i \alpha_i \langle \boldsymbol{y}, \boldsymbol{x}_i \rangle + \sum_{i,j} \alpha_i \alpha_j \langle \boldsymbol{x}_i, \boldsymbol{x}_j \rangle \underset{H_0}{\overset{H_1}{\gtrless}} R^2 \end{aligned} \tag{7-25}$$

当 H_0 成立时为同类,当 H_1 成立时为异类。

在大多数情况下,由于数据分布的非线性特性(例如典型的高光谱数据分布),在原始数据空间内,超球体并不能提供一个给定数据集的紧致描述。因此,需要将线性 SVDD 方法通过非线性函数 ϕ 映射到高维特征空间,在特征空间寻找特征向量支撑的最小封闭超球体,以获得对数据分布的更好描述。在特征空间中求取最小封闭超球面,对应为输入空间的非线性超球面,构成非线性 SVDD。

特征空间的样本数据表示为 $T_\phi = \{\phi(\boldsymbol{x}_i): i = 1, \cdots, M\}$,在特征空间寻找最小封闭超球面,有

$$S_\phi = \{\phi(\boldsymbol{x}): \| \phi(\boldsymbol{x}) - \boldsymbol{a}_\phi \|^2 < R^2\} \tag{7-26}$$

式中:$\boldsymbol{a}_\phi$ 为特征空间的超球中心。

需要解如下的特种空间约束优化问题:

$$\min(R) \quad \text{使得}\ \phi(\boldsymbol{x}_i) \in S_\phi, \quad i = 1, 2, \cdots, M \tag{7-27}$$

相应的约束优化过程拉格朗日展开为

$$\begin{aligned} L(R, \boldsymbol{a}_\phi, \alpha_i) = R^2 - \sum_i \alpha_i (R^2 - \langle \phi(\boldsymbol{x}_i), \phi(\boldsymbol{x}_i) \rangle + \\ 2\langle \boldsymbol{a}_\phi, \phi(\boldsymbol{x}_i) \rangle - \langle \boldsymbol{a}_\phi, \boldsymbol{a}_\phi \rangle) \end{aligned} \tag{7-28}$$

求 L 对于 R 和 $\boldsymbol{a}_\phi$ 的偏导,并令其等于 0,将结果代入式(7－24)得到特征空间优

化表达式为

$$L = \sum_{i} \alpha_i \langle \boldsymbol{\phi}(\boldsymbol{x}_i), \boldsymbol{\phi}(\boldsymbol{x}_i) \rangle - \sum_{i,j} \alpha_i \alpha_j \langle \boldsymbol{\phi}(\boldsymbol{x}_i), \boldsymbol{\phi}(\boldsymbol{x}_j) \rangle \tag{7-29}$$

上式中由于 $\alpha_i \geqslant 0$ 且 $\sum_{i} \alpha_i = 1$，得到特征空间的超球中心为

$$\boldsymbol{a}_{\Phi} = \sum_{i} \alpha_i \boldsymbol{\phi}(\boldsymbol{x}_i) \tag{7-30}$$

将 L 对 α 进行最大优化，由于非支持向量对应的 α 为 0，而支持向量对应的 $\alpha > 0$，这说明特征空间的超球中心是由支持向量所决定的。设测试向量为 $\boldsymbol{y}$，在特征空间中映射为 $\boldsymbol{\phi}(\boldsymbol{y})$，判决式可以表示为

$$\begin{aligned} \mathrm{SVDD}(\boldsymbol{\phi}(\boldsymbol{y})) &= \| \boldsymbol{\phi}(\boldsymbol{y}) - \boldsymbol{a}_{\phi} \|^2 \\ &= (\boldsymbol{\phi}(\boldsymbol{y}) - \sum_{i} \alpha_i \boldsymbol{\phi}(\boldsymbol{x}_i))^{\mathrm{T}} (\boldsymbol{\phi}(\boldsymbol{y}) - \sum_{i} \alpha_i \boldsymbol{\phi}(\boldsymbol{x}_i)) \\ &= \langle \boldsymbol{\phi}(\boldsymbol{y}), \boldsymbol{\phi}(\boldsymbol{y}) \rangle - 2 \sum_{i} \alpha_i \langle \boldsymbol{\phi}(\boldsymbol{y}), \boldsymbol{\phi}(\boldsymbol{x}_i) \rangle + \\ &\quad \sum_{i,j} \alpha_i \alpha_j \langle \boldsymbol{\phi}(\boldsymbol{x}_i), \boldsymbol{\phi}(\boldsymbol{x}_j) \rangle \end{aligned} \tag{7-31}$$

由于特征空间的高维数，直接在特征空间进行计算不容易实现，但由于式(7-29)、式(7-31)中包含内积，通过核技巧可以将特征空间的内积转换为输入空间的核函数进行计算。特征空间的点积的核表达形式如下：

$$K(\boldsymbol{x}_i, \boldsymbol{x}_j) = \langle \boldsymbol{\phi}(\boldsymbol{x}_i), \boldsymbol{\phi}(\boldsymbol{x}_j) \rangle \tag{7-32}$$

根据式(7-32)，可以将式(7-29)、式(7-31)改写为

$$L = \sum_{i} \alpha_i K(\boldsymbol{x}_i, \boldsymbol{x}_i) - \sum_{i,j} \alpha_i \alpha_j K(\boldsymbol{x}_i, \boldsymbol{x}_j) \tag{7-33}$$

$$\mathrm{SVDD}(\boldsymbol{\phi}(\boldsymbol{y})) = K(\boldsymbol{y}, \boldsymbol{y}) - 2 \sum_{i} \alpha_i K(\boldsymbol{y}, \boldsymbol{x}_i) + \sum_{i,j} \alpha_i \alpha_j K(\boldsymbol{x}_i, \boldsymbol{x}_j) \tag{7-34}$$

可以看出，不需要知道具体的非线性映射函数 $\boldsymbol{\phi}$，也不需要在高维的特征空间进行相应的点积运算，通过核函数将高维特征空间的点积转换为低维输入空间的核函数表示，则很容易地将线性 SVDD 扩展为非线性的 SVDD，关键是需要寻找一个合适的核函数。

7.2.2 自适应核异常检测算法

影响非线性 SVDD 性能的关键是核函数的选择，从某种意义上说，核函数的选择决定了映射函数以及生成的高维特征空间。大多数基于核方法的异常检测

算子采用高斯径向基核函数(RBF),因为 RBF 核是转移不变核,只依赖于向量 $\boldsymbol{x}$ 和 $\boldsymbol{y}$ 之间的变化量 $\boldsymbol{x}-\boldsymbol{y}$,而与各光谱向量的绝对位置无关,其表达式为

$$K(\boldsymbol{x},\boldsymbol{y}) = \exp\left(\frac{-\|\boldsymbol{x}-\boldsymbol{y}\|^2}{c}\right) \tag{7-35}$$

式中的径向基核函数的宽度 c 的选择至关重要,参数选择得当可以使数据的所有变化都体现在核函数中,获得较为理想的分界面。在多数的基于核技巧的算法中,核参数 c 的选择都是通过大量的实验测试,最终凭借实验者的经验来进行选取的,这使得检测算子的检测性能受到影响。另外,由于多数异常检测算法采用局部检测模型,而采用全局性的核参数,但实际高光谱数据的分布复杂多变,也使得采用全局核参数的检测算法的局部适应性受到影响。Banerjee 采用支持向量占总的训练样本个数的期望最小化的方法来决定 c 的取值。其优化表达式为

$$\tilde{c} = \min_c P_{fa} \approx \min_c E\left[\frac{\#SV}{N_{\text{tr}}}\right] \tag{7-36}$$

式中:$E[\cdot]$为数学期望;$\#SV$ 为支持向量个数;N_{tr}为训练样本的个数。

采用径向基核函数后,SVDD 的判决表达式可以简化为

$$\text{SVDD}(\boldsymbol{y}) = 1 - 2\sum_i \alpha_i K(\boldsymbol{y},\boldsymbol{x}_i) + \sum_{i,j} \alpha_i \alpha_j K(\boldsymbol{x}_i,\boldsymbol{x}_j) \tag{7-37}$$

采用一组模拟数据进行实验。如图 7-2 所示,图中用圆圈(∘)表示共 50 个样本点,显然这是一个非线性分布的数据集。采用 SVDD 算法对该数据进行描述,其中非线性 SVDD 采用高斯径向基核函数。

图 7-2(a)所示为基于高斯分布假设的线性 SVDD 给出的分界曲线,很显然该决策界面不能有效地表征该数据集的分布特点,而采用核方法的非线性 SVDD 则能给出比较理想的决策界面,如图 7-2(b)、(c)、(d)所示。但 c 的取值对于决策界面的形状影响较大,在图 7-2(b)中,由于 c 的取值比较小而出现了过分割的情形,使得同类元素可能被判为异类;而在图 7-2(d)中由于 c 的取值比较大而使得决策界面过于松弛,容易出现异类点被判为同类的情况。只有选择合适的 c,才能得到较为理想的决策界面如图 7-2(c)所示。这同时也说明,c 的选取与数据本身的分布特点是相关的。

根据 Banerjee 采用的核参数选择方法,下面给出了该模拟数据在不同 c 取值下的特性分析如表 7-1 所列。从表中可以看出随着 c 的增大,得到的支持向量的个数在减少,支持向量占总的训练样本的百分比也在减小,但从图 7-2 的模拟数据实验中可以看见随着 c 的增大而得到的分界面并不能更好地描述数据的分布,因此不能简单的采用支持向量个数最小化的方法进行核参数 c 的优化估计。

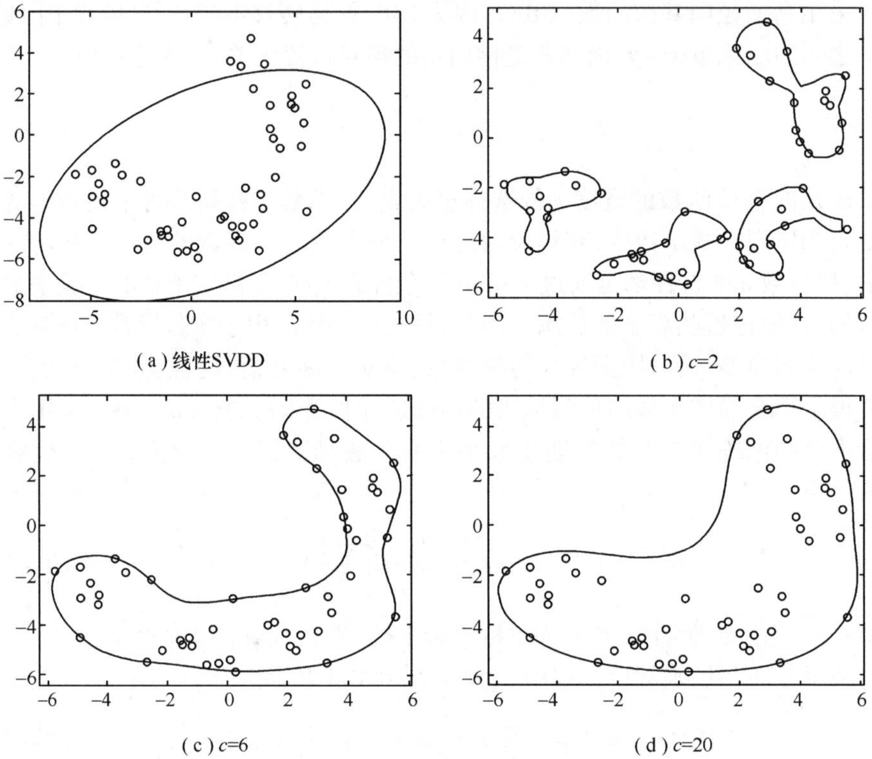

图 7-2 SVDD 给出的模拟数据的分界面

表 7-1 c 取值与支持向量的关系

c	2	6	10	15	20	30
#SV	28	15	14	12	11	9
#SV/N	56%	30%	28%	24%	22%	18%

将分类检测的虚警概率分为两类,一种是将同类判决为异类的情况,简称为虚负概率(false negative rate,P_{fn}),一种是将异类判决为同类的情况,简称为虚正概率(false positive rate,P_{fp})。通过交叉检验的方式寻求最佳的 c 值。模拟数据分为三部分,训练样本 200 个用(◦)表示,与训练样本具有相同分布的同类检验数据 200 个用(+)表示,而异类检验数据 200 个采用(*)表示,其分布如图 7-3 所示(为了便于观察仅对各个样本集各选择 50 个样本点绘制在图中)。

定义代价函数 P_{loss} 为虚正概率与虚负概率的加权和,即

$$P_{loss} = \beta P_{fn} + (1-\beta) P_{fp} \tag{7-38}$$

上式中 $0<\beta\leqslant 1$,此处采用 $\beta=0.5$。在不同的核参数 c 取值的情况下,先通过训

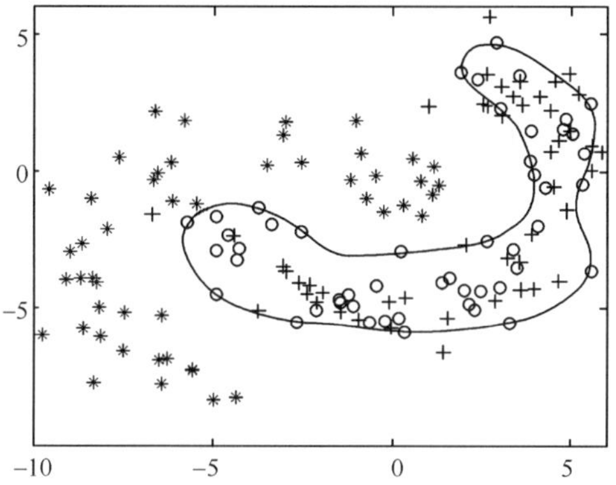

图 7－3　交叉检验的模拟数据分布

练样本得到支持向量描述,然后分别用同类数据和异类数据进行检验。

最终得到虚负概率曲线(短点线),虚正概率曲线(虚线)以及代价函数曲线(实线)如图 7－4 所示,可以明显的看见随着 c 的增大,虚负概率在减小而虚正概率在增加,代价函数在 $c\in[6,8]$ 的区间范围内取得较小的值,在该区间范围内所获得的决策曲面是较为合理的。可见 c 的取值是与给出的样本数据分布相关的。当然,针对不同的要求,可以在虚负概率和虚正概率之间权衡,调整 β 的取值得到所需要的代价函数。

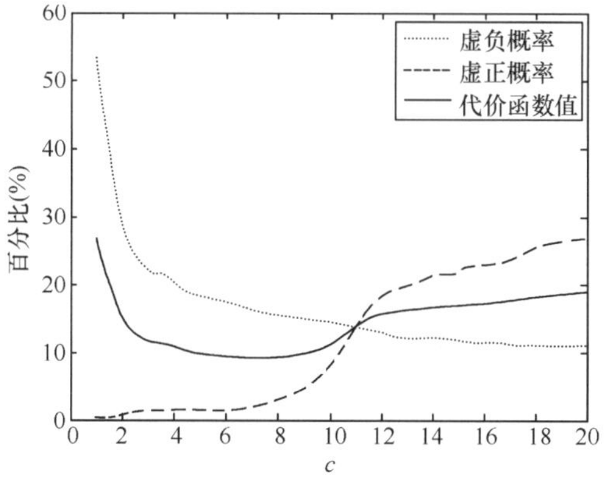

图 7－4　交叉检验结果曲线

高光谱异常检测采用局部检测模型,由于地物分布的复杂性决定了高光谱数据分布的复杂性,在不同的空间位置,检测背景的数据分布是不同的。因而对于一个局部检测算子采用一个全局的检测参数是不适宜的。为了在不同的背景中将潜在目标检测出来,核参数 c 应该随着背景的变化而改变。

高斯径向基核函数是基于两向量 $\boldsymbol{x}=[x_1,x_2,\cdots,x_J]$,$\boldsymbol{y}=[y_1,y_2,\cdots,y_J]$ 的欧几里得距离的向量关系描述,即

$$\| \boldsymbol{x} - \boldsymbol{y} \| = \sqrt{\sum_{i=1}^{ND} (x_i - y_i)^2} \qquad (7-39)$$

将具有 ND 个波段的高光谱数据检测背景窗中的 M 个像元表示为 $\boldsymbol{P}_b = [\boldsymbol{p}_1, \boldsymbol{p}_2, \cdots, \boldsymbol{p}_M]$,定义每个波段的局部背景标准差为 $\boldsymbol{\sigma}_i (i = 1, 2, \cdots, ND)$,有

$$\boldsymbol{\sigma}_i = \sqrt{\frac{\sum_{k=1}^{M} (p_{ik} - \boldsymbol{\mu}_{bk})^2}{ND - 1}} \qquad (7-40)$$

式中:ND 为总的波段数;$p_{ik} \in \boldsymbol{p}_k$;$\boldsymbol{\mu}_{bk}$为局部背景均值。

然后定义该背景窗内各波段标准差的和为该背景窗的局部总标准差,即

$$\boldsymbol{\sigma}_{\text{sum}} = \sum_{i=1}^{J} \boldsymbol{\sigma}_i \qquad (7-41)$$

由于 c 的取值与给出的样本数据分布相关,在模拟数据实验中,得到的模拟样本数据的 $\boldsymbol{\sigma}_{\text{sum}} = 6.7098$,而实验得到的较为理想的 $c \in [6,8]$ 区间。因此样本的局部分波段标准差之和能够提供一个较为简洁合理的数据分布离散程度的度量,此处认为 c 与 $\boldsymbol{\sigma}_{\text{sum}}$存在正比关系,即

$$c = f(\boldsymbol{\sigma}_{\text{sum}}) \propto \boldsymbol{\sigma}_{\text{sum}} \qquad (7-42)$$

这里采用线性函数来描述这一关系

$$c = f(\boldsymbol{\sigma}_{\text{sum}}) = a\boldsymbol{\sigma}_{\text{sum}} + b \qquad (7-43)$$

式中:$a > 0, b \geqslant 0$。

在异常检测过程中,事先并不能知道异常点的先验信息,因而进行交叉检验不能有效地实现,但通过推导和实验分析,得到了 c 的一个较好的自适应求解方式。在光谱曲线起伏比较大,光谱间距离较大的背景中,得到的局部背景总标准差比较大,相应的检测核参数也比较大,以防止虚负概率的上升;而在光谱曲线起伏较小,光谱间距离较小的背景中,得到的局部背景总标准差也比较小,相应的检测核参数也比较小,以提高检测概率,降低虚正概率。这样,$\boldsymbol{\sigma}_{\text{sum}}$提供了背景光谱间距的检测临界距离的有效度量,使得不同的背景条件下的检测结果优于恒定的核参数方法的检测结果。当检测窗口在高光谱图像上滑动时,相应的背景总标准差就计算出来,从而自适应地调整核参数。该过程计算复杂度低,既可以提前计算也可以在检测过程中计算而不会大量增加计算量。基于自适应核参数估计的支持向量数据描述算法(ASVDD)的高光谱异常检测流程如图 7-5 所示。

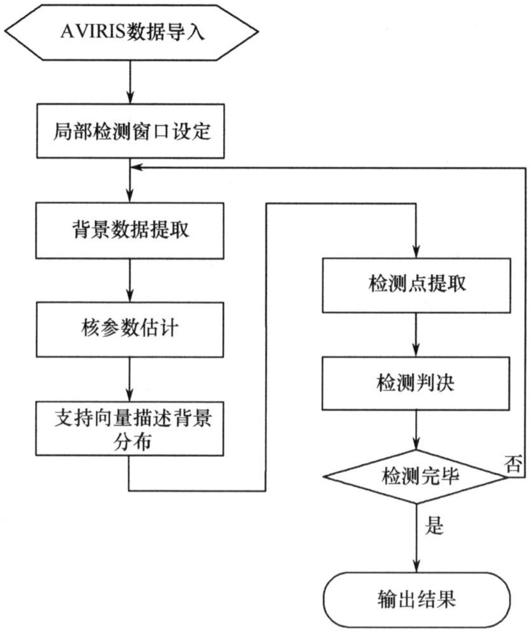

图 7－5　ASVDD 高光谱异常检测算法流程图

7.3　核异常检测中光谱相似度量核的构造

核机器学习方法在高光谱大量波段间挖掘非线性信息上取得了良好的效果,核函数的选择是影响算法性能的关键因素。但长期以来,大多数的基于核方法的高光谱处理算法均选择高斯径向基核函数,在核函数的选择上显得过于单调,而且从核函数本身的特性来讲,高斯径向基核是基于 L_2 距离度量的,其本身存在一定的局限性。另外,就高光谱数据本身而言,不同地物的差别主要体现在光谱的变化上,尽管由于空间分辨率不高导致的混合像元问题使得不同地物的光谱与纯净光谱之间存在差异,但不同地物的光谱之间还是存在相当大的差异。因此,充分考虑高光谱数据的分布特点,尤其是光谱曲线特点,构造新的适合高光谱数据处理的核函数,就显得十分重要。

7.3.1　高斯径向基核的局限性

高斯径向基核是转移不变核,即

$$K(\boldsymbol{x},\boldsymbol{y}) = \exp\left(\frac{-\|\boldsymbol{x}-\boldsymbol{y}\|^2}{c}\right) \tag{7-44}$$

转移不变核只与两个数据点之间的相对位置有关,因此,有

$$K(\boldsymbol{x},\boldsymbol{y}) = K(\boldsymbol{x}+\boldsymbol{z},\boldsymbol{y}+\boldsymbol{z}) \tag{7-45}$$

其中,$z \in \boldsymbol{X}$,转移不变核可以用另外一种形式来表示,即

$$K(\boldsymbol{x},\boldsymbol{y}) = f(d(\boldsymbol{x},\boldsymbol{y})) \tag{7-46}$$

这里 $d(\cdot)$ 表示一种距离度量,在高斯径向基核函数中,有

$$d(\boldsymbol{x},\boldsymbol{y}) = \|\boldsymbol{x}-\boldsymbol{y}\| = \sqrt{(\boldsymbol{x}-\boldsymbol{y})^{\mathrm{T}}(\boldsymbol{x}-\boldsymbol{y})} \tag{7-47}$$

高斯径向基核作为转移不变核的典型代表,其优点主要体现在抓取局部信息的能力很强,但是从另一方面看,它也有一定的局限性,主要表现在以下两点:

(1) 高斯径向基核的全局性较差。从低维空间到特征空间,核映射传递全局信息的能力差,信息传递过程是有损的。

举例说明:假定有 3 个二维样本 $\boldsymbol{x} = [a,b]^{\mathrm{T}}$,$\boldsymbol{y} = [a+c,b+d]^{\mathrm{T}}$,$\boldsymbol{z} = [a-c,b-d]^{\mathrm{T}}$,由于 $d(\boldsymbol{x},\boldsymbol{y}) = d(\boldsymbol{x},\boldsymbol{z})$,所以对于高斯径向基核而言 $K(\boldsymbol{x},\boldsymbol{y}) = K(\boldsymbol{x},\boldsymbol{z})$。这说明 $K(\boldsymbol{x},\boldsymbol{y})$ 和 $K(\boldsymbol{x},\boldsymbol{z})$ 提供的信息对于区分样本 $\boldsymbol{y}$ 和 $\boldsymbol{z}$ 没有任何帮助,区分样本 $\boldsymbol{y}$ 和 $\boldsymbol{z}$ 不能依靠 $\boldsymbol{x}$,只能靠别的样本来弥补,这样就存在信息损失。所以,称高斯径向基核为局部核。

通过内积核 $K(\boldsymbol{x},\boldsymbol{y})$ 则可以区分上述 3 个样本,内积核是两个向量内积的函数,因此传递信息时,能够携带样本绝对位置的信息,所以全局性强。

(2) 高斯径向基核恒定的核宽度存在问题。由于空间分布的不均匀,会在稀疏区域产生欠学习现象,在稠密区域产生过学习现象,也就是不变核仍然存在局部风险,而这正是上一章所讨论的内容,通过局部化的自适应核宽度选择较好地解决了这个问题。

7.3.2 光谱相似度量核函数

光谱相似度量方法对于光谱形状相似性的描述使得其广泛应用于高光谱地物分类,光谱解混等,但由于其线性特性使得分辨能力不理想。采用光谱相似度量构造新型核函数,并将之应用到高光谱异常检测中。

1. 光谱相似度量核的提出

光谱向量(或光谱曲线)可以用来描述高光谱数据中的一个像元或一种地物的特征。从分类的角度讲,相似度量(Similarity Measure)可以用来描述两个光谱曲线之间的相似程度。下面介绍两种最为常见的相似度量方式。

光谱夹角度量把光谱看成多维向量,计算两光谱向量的广义夹角,夹角越小,光谱越相似,即

$$\cos\alpha = \frac{\boldsymbol{x}\cdot\boldsymbol{y}}{\|\boldsymbol{x}\|\cdot\|\boldsymbol{y}\|},\quad \alpha \in \left[0,\frac{\pi}{2}\right] \tag{7-48}$$

式中:α 为广义光谱夹角。

以此为度量方式产生的光谱角度制图(Spectral Angle Mapper,SAM)在高光谱地物分类上得到应用。但从光谱区分能力上来讲,光谱夹角存在一定得局限性。

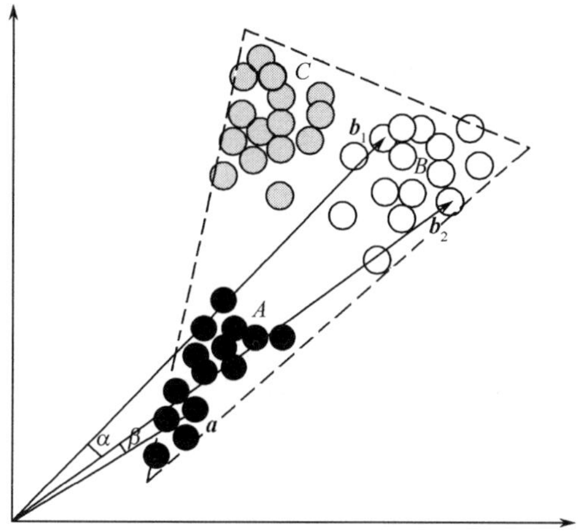

图 7－6　光谱向量夹角

以图 7－6 中的 3 类地物类型为例，为了方便表示，仅用二维向量来进行说明。计算 A 类样本与 B 类样本之间的光谱夹角，如图所示，$\cos\alpha = \boldsymbol{b}_1 \cdot \boldsymbol{b}_2 / (\|\boldsymbol{b}_1\| \cdot \|\boldsymbol{b}_2\|)$，$\cos\beta = \boldsymbol{a} \cdot \boldsymbol{b}_2 / (\|\boldsymbol{a}\| \cdot \|\boldsymbol{b}_2\|)$，从结果来看有 $\alpha > \beta$，说明光谱向量 $\boldsymbol{a}$ 与 $\boldsymbol{b}_2$ 的相似程度要高于 $\boldsymbol{b}_1$ 与 $\boldsymbol{b}_2$ 的相似程度，这显然是不合适的。要解决这个问题，就要对所有的光谱向量进行中心化，而这对于有些方法而言是比较困难的，例如在异常检测中，每次只能得到局部的部分光谱向量，而在以核方法为基础的算法中，原始数据需要映射到高维特征空间，这又为中心化带来了困难。

互相关系数广泛用来描述两个向量之间的相似程度。光谱向量 $\boldsymbol{x}, \boldsymbol{y}$ 的互相关系数可表示为

$$\rho(\boldsymbol{x},\boldsymbol{y}) = \frac{(\boldsymbol{x}-\bar{\boldsymbol{x}})^{\mathrm{T}}(\boldsymbol{y}-\bar{\boldsymbol{y}})}{[(\boldsymbol{x}-\bar{\boldsymbol{x}})^{\mathrm{T}}(\boldsymbol{x}-\bar{\boldsymbol{x}})(\boldsymbol{y}-\bar{\boldsymbol{y}})^{\mathrm{T}}(\boldsymbol{y}-\bar{\boldsymbol{y}})]^{\frac{1}{2}}} \tag{7-49}$$

式中：$\bar{\boldsymbol{x}}, \bar{\boldsymbol{y}}$ 分别为 $\boldsymbol{x}, \boldsymbol{y}$ 的均值，$\rho \in [-1, 1]$，ρ 越接近 1 则两光谱向量的线性相关度越高，也可以说两光谱向量的形状越相似。

利用互相关系数，定义光谱相似核 k_s 如下：

$$K_s(\boldsymbol{x},\boldsymbol{y}) = \begin{cases} \exp\left(\dfrac{-\cot[\pi(\rho+1)/4]}{\theta}\right) & (\rho \in (-1, 1]) \\ 0 & (\rho = -1) \end{cases} \tag{7-50}$$

式中：θ 定义为光谱相似度量核的相似临界因子。

式(7－50)是一个核函数。

下面证明 Gram 矩阵和正定矩阵符合核函数定义。为了证明方便，将定义描述如下。

Gram 矩阵：给定一个函数 $\varphi: X^2 \to \boldsymbol{K}$，($\boldsymbol{K}(i,j) \in \mathbf{R}$ 或 $\mathbf{C}$，$\mathbf{R}$ 为实数集，$\mathbf{C}$ 为复

数集)，以及样本 $\boldsymbol{x}_1,\cdots,\boldsymbol{x}_m \in X$，那么，大小为 $m \times m$ 的矩阵 $\boldsymbol{K}:\boldsymbol{K}(i,j)=K(\boldsymbol{x}_i,\boldsymbol{x}_j)$ 称为函数 φ 关于 $\boldsymbol{x}_1,\cdots,\boldsymbol{x}_m$ 的 Gram 矩阵。

正定矩阵：对于该 $m \times m$ 的复矩阵 $\boldsymbol{K}$，若对于任意 $c_i \in C$ 都有 $\sum_{i,j} c_i c_j \boldsymbol{K}(i,j) \geqslant 0$ 成立，则称该矩阵 $\boldsymbol{K}$ 为正定矩阵。

核函数：令 X 为一非空集合，一个定义在 $X \times X$ 的函数 k，如果满足对所有的 $m \in \mathbf{N}$($\mathbf{N}$ 为自然数集)和 $\boldsymbol{x}_1,\cdots,\boldsymbol{x}_m \in X$ 都产生一个正定的 Gram 矩阵，则称 k 为正定核，简称为核。

下面给出光谱相似度量核的证明过程。

命题 1 K_s 是对称函数。

证明 由 K_s 的定义可以得到对于任意的向量 $\boldsymbol{x},\boldsymbol{y}$ 来说

$$\rho(\boldsymbol{x},\boldsymbol{y})=\rho(\boldsymbol{y},\boldsymbol{x})$$

所以有 $K_s(\boldsymbol{x},\boldsymbol{y})=K_s(\boldsymbol{y},\boldsymbol{x})$ 成立。

因此，K_s 是对称函数。

命题 2 由函数 K_s 生成的矩阵 $\boldsymbol{K}(i,j)=K_s(\boldsymbol{x}_i,\boldsymbol{x}_j)$ 是正定矩阵。

证明 由命题 1 可以得知，$K_s(\boldsymbol{x},\boldsymbol{y})$ 是对称函数，则有 $\boldsymbol{K}(i,j)=\boldsymbol{K}(j,i)$，所以矩阵 $\boldsymbol{K}$ 是对称的。

由于 $K_s \in \mathbf{R}$ 且 $K_s(\boldsymbol{x},\boldsymbol{y}) \geqslant 0$，因此 $\boldsymbol{K}$ 是一个实对称阵，所以矩阵 $\boldsymbol{K}$ 是正定的。

根据核函数定义，可以确定 K_s 为正定核，称为光谱相似度量核(Spectral Similarity Measurement Kernel，SSM－Kernel)。

2. 光谱相似度量核的性质

下面对光谱相似度量核函数的性质做简要说明。

命题 3 光谱相似度量核 K_s 具有平移不变性。

令 $\boldsymbol{x},\boldsymbol{y} \in X, a,b \in \mathbf{R}, \boldsymbol{I} \in X$ 单位向量，则有下式成立

$$K_s(\boldsymbol{x},\boldsymbol{y})=K_s(\boldsymbol{x}+a\boldsymbol{I},\boldsymbol{y}+b\boldsymbol{I}) \tag{7-51}$$

证明 根据光谱相似度量核的定义可知：

$$\rho(\boldsymbol{x},\boldsymbol{y})=\frac{(\boldsymbol{x}-\bar{\boldsymbol{x}})^{\mathrm{T}}(\boldsymbol{y}-\bar{\boldsymbol{y}})}{[(\boldsymbol{x}-\bar{\boldsymbol{x}})^{\mathrm{T}}(\boldsymbol{x}-\bar{\boldsymbol{x}})(\boldsymbol{y}-\bar{\boldsymbol{y}})^{\mathrm{T}}(\boldsymbol{y}-\bar{\boldsymbol{y}})]^{\frac{1}{2}}}$$

$$K_s(\boldsymbol{x},\boldsymbol{y})=\begin{cases}\exp\left(\dfrac{-\cot[\pi(\rho+1)/4]}{\theta}\right) & (\rho \in (-1,1]) \\ 0 & (\rho=-1)\end{cases}$$

令：$\boldsymbol{x}'=\boldsymbol{x}+a\boldsymbol{I}, \boldsymbol{y}'=\boldsymbol{y}+b\boldsymbol{I}$

则有 $\overline{\boldsymbol{x}'}=\overline{\boldsymbol{x}+a\boldsymbol{I}}=\bar{\boldsymbol{x}}+a\boldsymbol{I}$，同理有 $\overline{\boldsymbol{y}'}=\overline{\boldsymbol{y}+b\boldsymbol{I}}=\bar{\boldsymbol{y}}+b\boldsymbol{I}$

所以，$\boldsymbol{x}'-\overline{\boldsymbol{x}'}=\boldsymbol{x}+a\boldsymbol{I}-\bar{\boldsymbol{x}}+a\boldsymbol{I}=\boldsymbol{x}-\bar{\boldsymbol{x}}$，同理可得 $\boldsymbol{y}'-\overline{\boldsymbol{y}'}=\boldsymbol{y}-\bar{\boldsymbol{y}}$，

则有

$$\rho(\boldsymbol{x}+a\boldsymbol{I},\boldsymbol{y}+b\boldsymbol{I})=\rho(\boldsymbol{x}',\boldsymbol{y}')$$
$$=\frac{(\boldsymbol{x}'-\overline{\boldsymbol{x}'})^{\mathrm{T}}(\boldsymbol{y}'-\overline{\boldsymbol{y}'})}{[(\boldsymbol{x}'-\overline{\boldsymbol{x}'})^{\mathrm{T}}(\boldsymbol{x}'-\overline{\boldsymbol{x}'})(\boldsymbol{y}'-\overline{\boldsymbol{y}'})^{\mathrm{T}}(\boldsymbol{y}'-\overline{\boldsymbol{y}'})]^{\frac{1}{2}}} \tag{7-52}$$
$$=\frac{(\boldsymbol{x}-\bar{\boldsymbol{x}})^{\mathrm{T}}(\boldsymbol{y}-\bar{\boldsymbol{y}})}{[(\boldsymbol{x}-\bar{\boldsymbol{x}})^{\mathrm{T}}(\boldsymbol{x}-\bar{\boldsymbol{x}})(\boldsymbol{y}-\bar{\boldsymbol{y}})^{\mathrm{T}}(\boldsymbol{y}-\bar{\boldsymbol{y}})]^{\frac{1}{2}}}$$
$$=\rho(\boldsymbol{x},\boldsymbol{y})$$

所以得 $K_s(\boldsymbol{x},\boldsymbol{y})=K_s(\boldsymbol{x}',\boldsymbol{y}')=K_s(\boldsymbol{x}+a\boldsymbol{I},\boldsymbol{y}+b\boldsymbol{I})$。

光谱相似度量核的平移不变性说明两光谱向量间的核函数值与相对距离的变化没有关系而与光谱的形状关系密切。这对于高光谱数据由于阴影、遮挡等原因引起的同种地物光谱曲线幅值水平发生变化的识别能力增强了。

7.4 性能评价

7.4.1 基于形态学的核检测算法效果验证

实验中先采用圣迭戈机场真实 AVIRIS 高光谱数据的一部分进行仿真实验来验证 ACO-KRX 算法的有效性。该子图像大小为 100×100，其中包含的目标数目较多(4 架飞机)，每个目标所占的像元数较少，为了更清晰地说明 ACO-KRX 算法的有效性，选取其中一架飞机作为目标进行检测。选取的图像大小为 30×30。其第 10 个波段整体图像及所选取的图像如图 7-7 所示。

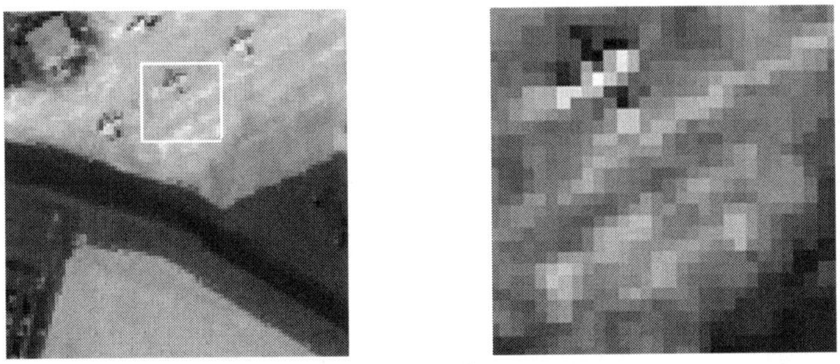

图 7-7 第 10 波段及地面目标分布图

实验中，最先进行的是数据源的自适应子空间划分，用式(7-8)计算出各相邻波段间的相关系数。各波段的相关系数曲线如图 7-8 所示，数据波段之间有很强的相关性，数据存在冗余。为了消除冗余，利用上面提到的基于扩展数学形态学的波段选择算法对图像进行波段选择，为后续的目标检测算法提供条件。以极小值以及所选定的互相关系数阈值为界值，添加的阈值点界值相当于对高光谱数据进行数据膨胀,将整个126波段的高光谱数据空间划分为连续的12个子空间,如表7-2所列。再对相邻两波段区域的均值计算其互相关系数,互相关系数大于阈值则合并两相邻波段区域,相当于对波段区域进行腐蚀操作。最终将高光谱数据空间划分为连续的9个波段区域,如表7-3所列。整个过程相当于对高光谱数据做了闭运算,可以达到平滑数据的作用避免造成波段信息不连续。对每个波段区域计算其内的各个波段计算其互相关系数,选取组内其他波段的平均相关系数最大的波段作为该波段组的代表提取出来,得到降维后的高光谱图像数据用于后续的检测。

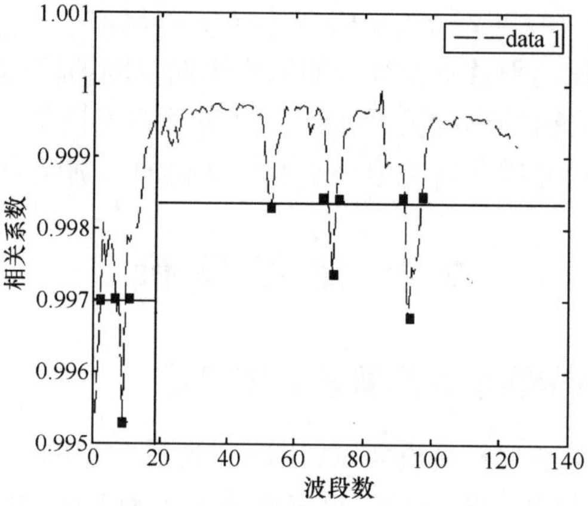

图7-8 各波段的相关系数曲线

表7-2 图像基于形态学膨胀的波段分组

组别	组1	组2	组3	组4	组5	组6
波段数	1~2	8~7	8~9	10~14	18~53	58~69
组别	组7	组8	组9	组10	组11	组12
波段数	70~71	72~73	78~91	92~93	98~97	98~126

表7-3 图像基于形态学腐蚀的波段分组

组别	组1	组2	组3	组4	组5	组6
波段数	1~2	8~7	8~9	10~14	18~53	58~73
组别	组7	组8	组9			
波段数	78~93	98~97	98~126			

根据图像的空间大小和分辨率以及检测异常目标的大小,将ACO-KRX算法的外窗口大小设为11×11像元,中窗口大小设为9×9像元,内窗口大小设为3×3像元。该算法中采用的核函数为高斯径向基核函数,高斯径向基核函数中的参数只有一个,即径向基核函数的宽度σ,该参数的选取对实验结果比较敏感,文中最优参数σ的选取是通过大量的仿真实验比较其最终的检测效果来确

定的,最终将该参数设定为40。

分析的算法ACO-KRX应用于实际的高光谱图像中所得到的最终目标检测结果如图7-9(a)、(b)所示。为了便于分析比较,图像分别还采用了传统的RX算法,基于核空间的RX算法(KRX)进行异常目标检测的仿真实验。检测结果二值化后的图像,它们在最优阈值下最终检测效果如图7-9(c)、(d)所示。由图可以看出,传统RX算法的检测效果非常不理想,这是因为传统RX算法起源于多光谱图像异常检测,将它直接用于高光谱图像则忽略了高光谱图像波段间很强的相关性,产生较多虚警,这也是将RX算法用于高光谱图像目标检测时需进行降维处理的原因之一。而将图7-9(b)和图7-9(d)比较可以看出,ACO-KRX算法所获得的检测结果要明显优于KRX算法,虽然KRX算法和ACO-KRX算法都利用了光谱波段间蕴含的非线性信息,但ACO-KRX算法在充分利用了光谱特性的同时,更好地兼顾到高光谱图像的空间特性。因而在检测目标数目相同的情况下,ACO-KRX算法具有更低的虚警率。用面积数学形态学的滤波器滤除目标图像中比结构元素小的噪声块,先对图像进行灰度闭运算处理来连接短的间断,填充小孔。再进行开运算来切断细长的搭接,消除突刺。达到整体上去除噪声干扰平滑图像的检测效果。

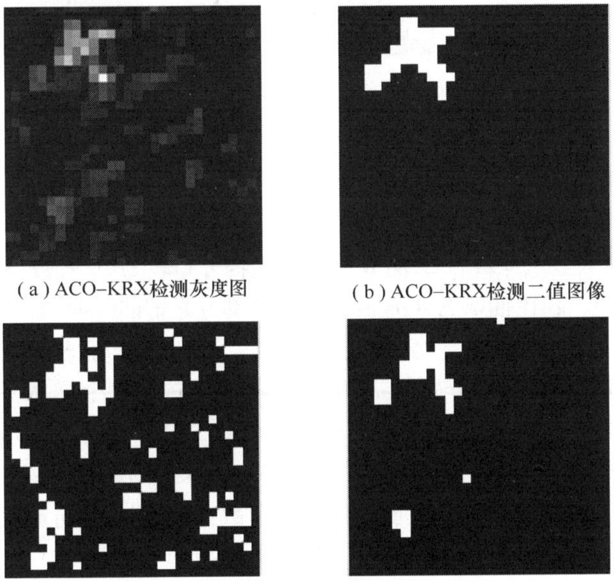

(a) ACO-KRX检测灰度图　(b) ACO-KRX检测二值图像

(c) RX检测二值图像　(d) KRX检测二值图像

图7-9　不同算法在最优阈值下的检测结果

为了更具体地说明该算法的优越性,在相同的检测阈值下,以高光谱图像检测到的目标个数、目标所占像元数、虚警所占像元数为指标对上述算法的检测结果进行比较,其比较结果如表7-4所列。

表 7－4　算法性能比较

检测方法	目标所占像元数	虚警所占像元数
ACO－KRX	39	1
KRX	31	9
RX	28	12

从表 7－4 的数据中可以明显地比较出，这里提出的算法可检测到较多的目标，且具有较多的目标像元数和较少的虚警像元数，这充分证明了该算法的优越性能。

7.4.2　自适应核异常检测算法效果验证

为了验证所介绍的 ASVDD 算法的有效性，利用了圣迭戈机场 AVIRIS 高光谱数据源进行了仿真实验。所用实验图像和地面目标分布真实图像如图 7－10(a)(b)所示，该图像中共包含 38 个异常目标。

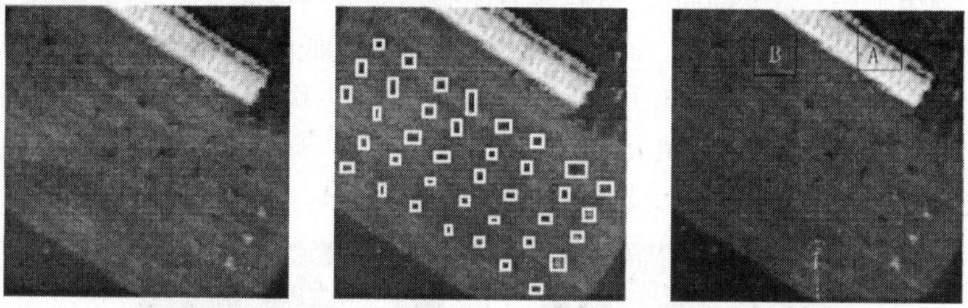

(a)第一波段图像　　(b)目标分布　　(c)两个区域

图 7－10　实验用高光谱第 1 波段图像

在进行检测之前选用实际高光谱数据进行一次交叉检验实验。分别采用两个不同地物分布的区域 A 和 B，如图 7－10(c)所示。其中 A 区域的地物较为复杂，数据分布离散程度大 $\sigma_{\text{sum}}=21.372$，而 B 区域的地物分布较为单一，数据分布的离散程度小 $\sigma_{\text{sum}}=9.775$。随机抽取的 A，B 两个区域的部分光谱曲线如图 7－11 所示，从图中可以明显的看出，A 区域的光谱的离散程度要大于 B 区域光谱的离散程度。

在交叉检验实验中，先分别从 A，B 区域随机挑选 300 个样本数据，紧接着从每个区域选择的样本数据点中各随机挑选出 150 个样本数据点分别作为 A，B 两个区域的训练样本，而每个区域剩下的(共 300 个)样本合二为一作为检验数据集。通过设定不同的核参数，分别对 A，B 样本数据进行支持向量优化，然后用检验数据集对每个优化结果得到的支持向量描述进行交叉检验。代价函数 P_{loss} 取为虚正概率与虚负概率的平均值。检验结果分别如图 7－12 和图 7－13 所示。

从图 7－12 和图 7－13 的交叉检验结果可以看出，A 区域由于地物分布复杂，其光谱间离散程度较大，各光谱向量间距较宽，在核参数 c 较小的时候其虚负概率很高，可见如果在 A 区域采用较小的核参数 c 将导致大量背景被当成异常点被检测出来；而 B 区域由于数据离散程度较小，各光谱向量间距较窄，在核参数 c 较大的情况下其虚正概率较高，因而如果在 B 区域背景下采用较大的核参数 c 则有可

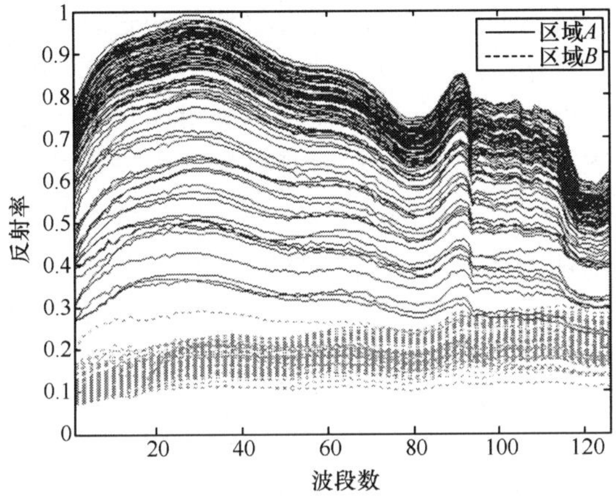

图 7－11　区域 A 与区域 B 的样本光谱比较

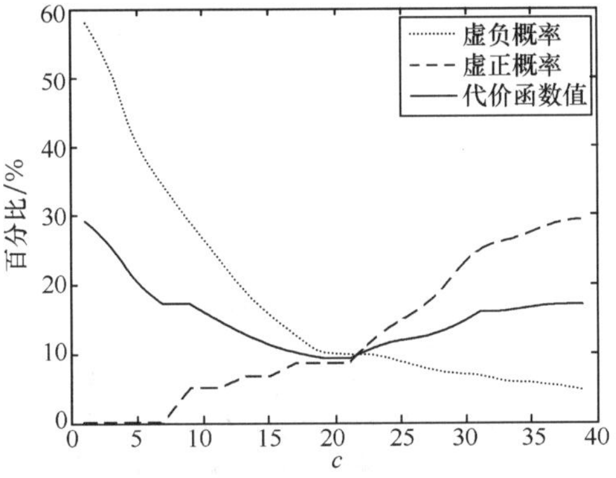

图 7－12　A 区域作为训练样本的交叉检验结果

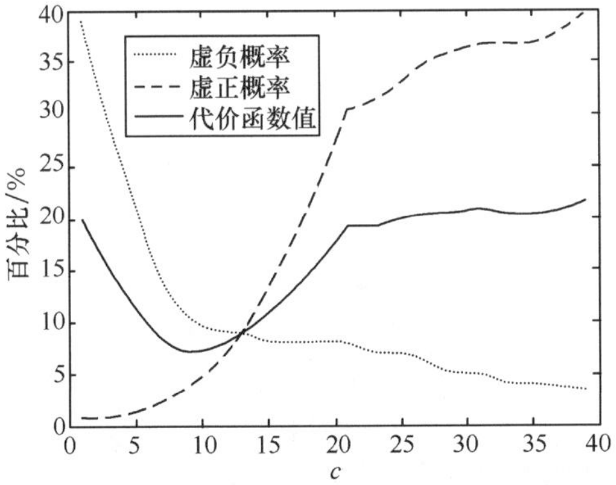

图 7－13　B 区域数据作为训练样本的交叉检验结果

能将异常点当成背景而不能正常检测出来。还可以看出，A 区域在 $c \in [18,22]$ 的区间具有较小的代价函数值，而 B 区域在 $c \in [9,11]$ 的区间具有较小的代价函数值，而两区域的总标准差均落在各自的最优核参数 c 取值区。

将所提的基于支持向量描述的自适应检测算法进行高光谱异常目标检测，采用全局核参数的 SVDD 检测算法作为对比算法，简记为 SVDD。采用局部检测模型，如图 7－14 所示，检测同心双窗在高光谱图像上滑动，外窗中为背景向量，当前检测点在内窗中。实验中，在对高光谱数据进行归一化后，根据图像的空间分辨率和目标大小，背景检测窗口大小设为 11×11 像元以包含检测所需足够的背景向量，目标检测窗口设为 3×3 像元。ASVDD 中，将 c 取值为 σ_{sum}，（即变换 $c = a\sigma_{\text{sum}} + b$ 中 $a = 1, b = 0$）。而在对比的固定核参数 SVDD 算法中，经过多次实验后将核参数 c 取值为 40。ASVDD 检测结果的三维表述如图 7－15 所示。从图 7－14 和图 7－15 的检测结果可以很明显地看出，基于径向基核函数核参数自适应估计的 ASVDD 算法在虚警目标的抑制上要好于全局固定核参数的 SVDD 算法。这是由于采用自适应核参数后，随着检测窗口的移动，对于不同的检测背景生成了不同的检测核参数，使得检测算法对于复杂高光谱背景的适应能力增强了，因而检测性能要比传统 SVDD 算法效果好。

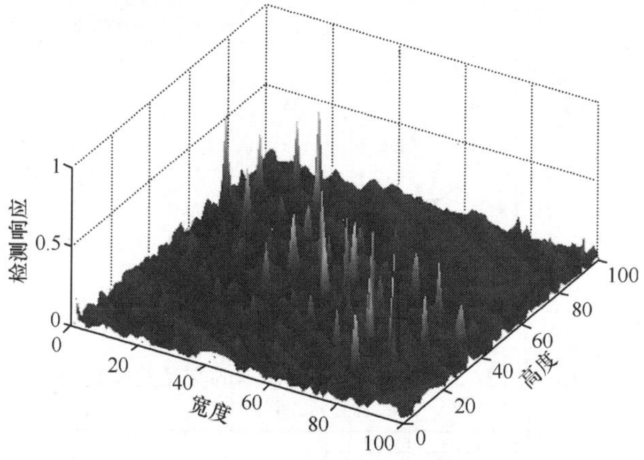

图 7－14　SVDD 检测结果

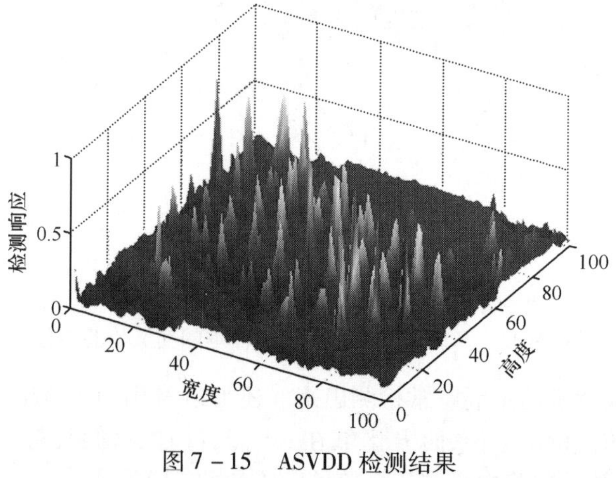

图 7－15　ASVDD 检测结果

接收机操作特性(ROC)曲线用于描述检测概率 P_d 与虚警概率 P_f 之间的变化关系,能够提供算法检测性能的定量分析。将检测结果通过不同的阈值分割得到不同条件下的虚警概率和检测概率数据,图 7-16 所示为 ASVDD 算法和 SVDD 算法 ROC 特性的比较,可以看出,由于 ASVDD 采用了自适应的核参数选择,增强了不同背景下检测算子的局部适应性,提高了变化背景下的检测能力,对于复杂的高光谱数据分布有着很强的适应性,相对 SVDD 更加有效地降低了虚警概率并提高了检测概率,相同虚警概率下 ASVDD 的检测概率要比固定核参数的 SVDD 算法的检测概率高 10 个百分点。

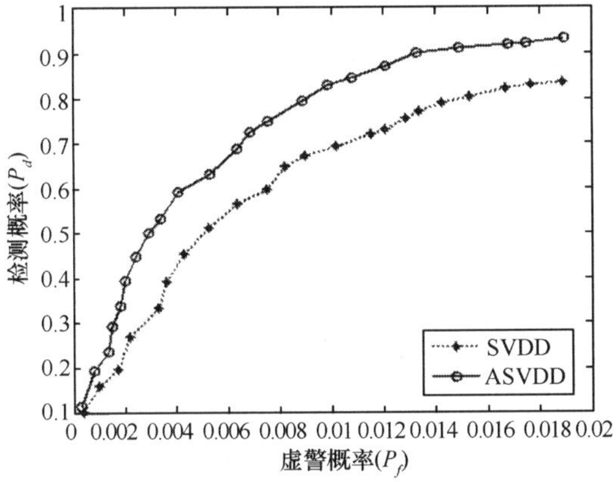

图 7-16　SVDD 与 ASVDD 检测结果 ROC 曲线

7.4.3　基于光谱相似度量核的异常检测算法效果验证

以下采用真实高光谱数据的光谱向量来说明所提出的光谱相似度量核(SSM-Kernel,简记为 SSM,K_s)对比高斯径向基核(RBF,K_r)的特点,高斯径向基核 K_r 表达式如下:

$$K_r(\boldsymbol{x},\boldsymbol{y}) = \exp(-\|\boldsymbol{x}-\boldsymbol{y}\|^2/c) \tag{7-53}$$

采用真实高光谱数据的光谱向量曲线进行实验。

如图 7-17 所示,简便起见,在两种地物光谱中选取 3 条光谱向量曲线,分别简记为光谱向量 $\boldsymbol{a}_1$,光谱向量 $\boldsymbol{a}_2$ 和光谱向量 $\boldsymbol{b}$。其中 $\boldsymbol{a}_1$ 与 $\boldsymbol{a}_2$ 属于同一地物类型 A,但 $\boldsymbol{a}_2$ 由于受到光照强度变化以及阴影影响而使得其绝对值要低于 $\boldsymbol{a}_2$,但从光谱曲线形状上来看还是可以很明显地看出二者的相似性;而光谱 $\boldsymbol{b}$ 则取自另一地物 B,从光谱形状上来看,与光谱向量 $\boldsymbol{a}_1$ 和 $\boldsymbol{a}_2$ 还是有着比较明显的差别的。分别计算光谱 $\boldsymbol{a}_1$ 与 $\boldsymbol{b}$,$\boldsymbol{a}_2$ 与 $\boldsymbol{b}$,$\boldsymbol{a}_1$ 与 $\boldsymbol{a}_2$ 在高斯径向基核以及光谱相似度量核下的核函数值,其中 RBF 的宽度因子 c 取值为 40,而 SSM 中的相似临界因子 θ 取为 0.1,计算结果如表 7-5 所列。

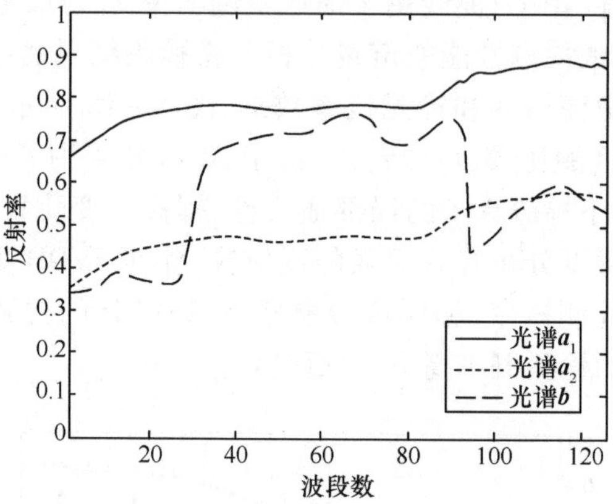

图 7-17 光谱曲线示意图

表 7-5 高斯径向基核与光谱相似度量核对比

光谱向量对	$(\boldsymbol{a}_1,\boldsymbol{b})$	$(\boldsymbol{a}_2,\boldsymbol{b})$	$(\boldsymbol{a}_1,\boldsymbol{a}_2)$
K_r(RBF)	0.7616	0.8801	0.6691
K_s(SSM)	0.0008	0.0009	0.9954

两向量的高斯径向基核取值或光谱相似度量核取值都是越接近于1表明二者的相似程度越高，二者被归为一类的可能性越大。从表7-5的结果可以看出，向量$\boldsymbol{a}_1$，$\boldsymbol{a}_2$与$\boldsymbol{b}$的RBF核(K_r)计算结果要大于$\boldsymbol{a}_1$，$\boldsymbol{a}_2$之间的RBF核计算结果，若以光谱向量$\boldsymbol{a}_1$为参考对象，该计算结果说明相对于光谱向量$\boldsymbol{a}_2$而言，光谱向量$\boldsymbol{b}$与光谱向量$\boldsymbol{a}_1$具有更多的相似性，则光谱向量$\boldsymbol{b}$要比光谱向量$\boldsymbol{a}_2$更有可能判断为$\boldsymbol{a}_1$的同类，但实际情况并不是如此。相反SSM核(K_s)的计算结果则认为$\boldsymbol{a}_1$与$\boldsymbol{a}_2$的相似程度更高，且$\boldsymbol{a}_1$，$\boldsymbol{a}_2$与$\boldsymbol{b}$不是同一类地物($K_s(\boldsymbol{a}_1,\boldsymbol{a}_2)\gg K_s(\boldsymbol{a}_1,\boldsymbol{b})$，$K_s(\boldsymbol{a}_1,\boldsymbol{a}_2)\gg K_s(\boldsymbol{a}_2,\boldsymbol{b})$)。尽管从表7-5中还可以发现同一向量对的SSM核(K_s)计算结果相对于RBF核(K_r)的计算结果要更接近于实际情况，但由于二者的参数并未纳入一个统一的框架下，所以此处不做同一向量对条件下K_s与K_r的横向比较。

光谱相似度量核对于因光照强度变化、阴影、遮挡等原因引起的同种地物光谱变化的适应性要好于高斯径向基核。接下来通过具体的高光谱异常检测进行实验。

异常检测算法采用核RX算子，检测算法表示为

$$\mathrm{KRX}(\phi(\boldsymbol{x}))=(\phi(\boldsymbol{x})-\widehat{\boldsymbol{\mu}}_{b\phi})^{\mathrm{T}}\widehat{\boldsymbol{C}}_{b\phi}^{-1}(\phi(\boldsymbol{x})-\widehat{\boldsymbol{\mu}}_{b\phi}) \tag{7-54}$$

通过特征空间核化之后，表达式可以改写为

$$\mathrm{KRX}(\phi(\boldsymbol{x}))=(K_{\boldsymbol{r}}^{\mathrm{T}}-K_{\widehat{\boldsymbol{\mu}}_b}^{\mathrm{T}})\boldsymbol{K}_c^{-1}(K_{\boldsymbol{r}}-K_{\widehat{\boldsymbol{\mu}}_b}) \tag{7-55}$$

为了检验光谱相似度量核的有效性，利用真实 AVIRIS 高光谱数据进行仿真实验。所用实验图像和地面目标分布真实图像如图 7－18 所示，该图像中共包含 38 个异常目标。

该区域的部分目标空间尺寸较大，受光谱混合、阴影等影响较小，如图 7－18 中的 *A* 区域所示，而在左侧部分的目标空间尺寸普遍较小，受混合像元以及阴影的影响较为严重，如图 7－18 中的 *B* 区域所示。

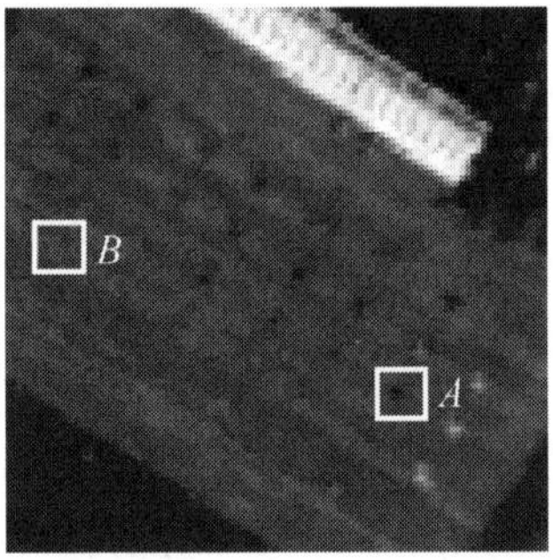

图 7－18　实验高光谱数据不同区域目标显示

分别将 *A* 区域与 *B* 区域的背景光谱和目标光谱展示在图 7－19 与图 7－20 中。从两图中可以很明显的看见，由于 *A* 区域目标尺寸较大，目标光谱受周围背景的影响较小，且阴影影响较小，目标光谱与背景光谱在距离和形状上有较大差异，可以比较容易地探测，而区域 *B* 的目标尺寸较小，而且受阴影和混合像元影响较严重，从而使得该类区域目标淹没于背景之中，除了光谱曲线的细微差别，很难从光谱的相互距离上将背景与目标区分出来。

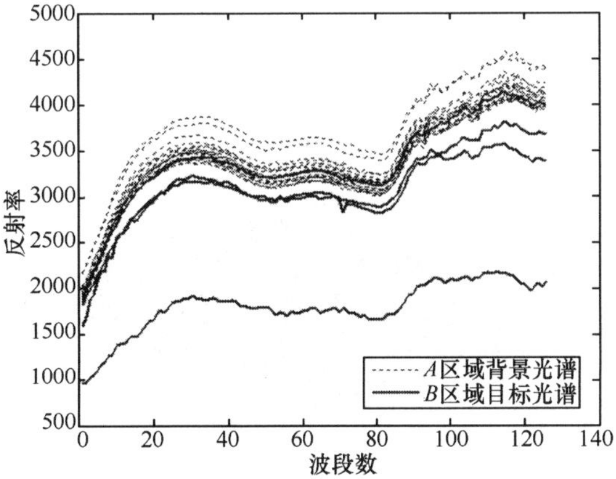

图 7－19　区域 *A* 中的背景与目标光谱

局部检测模型的背景检测外窗尺寸设为 11×11 像元，内窗尺寸设为 3×3 像元。高斯径向基核函数的宽度 *c* 的选择至关重要，参数选择得当可以使数据

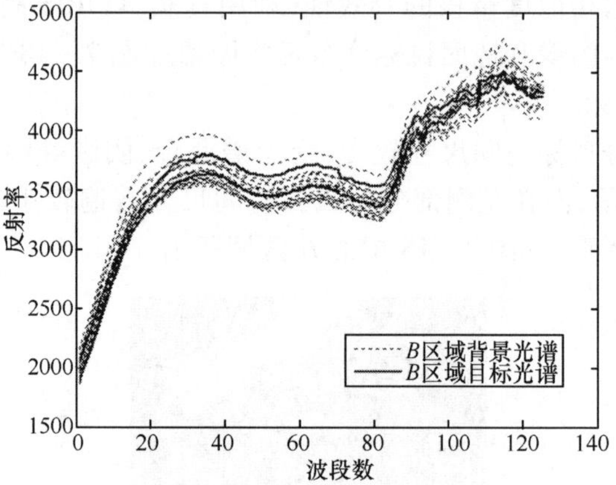

图 7-20　区域 B 中的背景与目标光谱

的所有变化都体现在核函数中。通过多次实验，将高斯径向基核函数宽度 c 定为 40。利用高斯径向基核函数的 KRX 算法记为 RBF-KRX，而将采用光谱相似度量核的 KRX 算法记为 SSM-KRX。通过试验比较，将光谱相似度量核的相似临界因子 θ 设定为 0.08，详细的相似临界因子讨论在后面给出。

检测结果如图 7-21 和图 7-22 所示，从检测结果可以看出，由于高斯径向基核是基于光谱向量间距离的，因此，对于光谱形状的细微差别不能有效地区分，这使得基于 RBF 的 KRX 算法在受混合像元影响和阴影影响较为严重的区域目标检测效果下降。而基于光谱相似度量核的 KRX 算法的检测效果由于光谱形状分辨能力的提高，能够对光谱间的细微变化产生较好区分能力，从而使得 SSM-KRX 算法的检测性能较 RBF-KRX 要好。

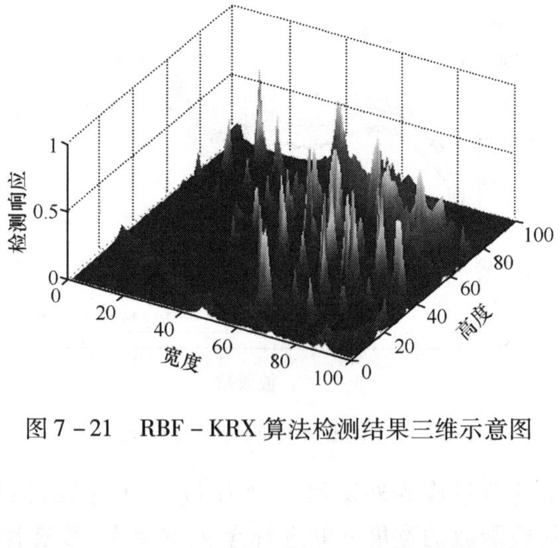

图 7-21　RBF-KRX 算法检测结果三维示意图

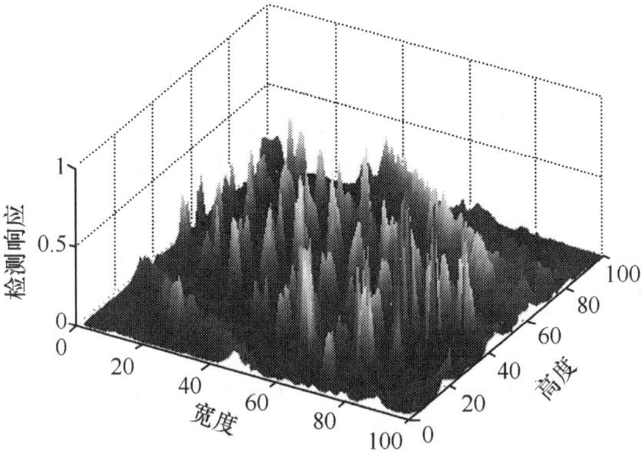

图 7-22　SSM-KRX 算法检测结果三维示意图

7.5　其他异常检测算法简介

7.5.1　基于空域滤波的核 RX 高光谱异常检测算法

KRX 算法采用局部双窗模型,如图 7-23 所示,背景处于外窗,检测点处于内窗中,被检测点光谱与周围背景光谱存在差异时被认为是异常目标。通过将高维特征空间的点积转换为输入空间的核函数表示可以很方便地实现异常检测。由于是在高维的特征空间进行 RX 检测,该算法相当于输入空间的非线性检测。

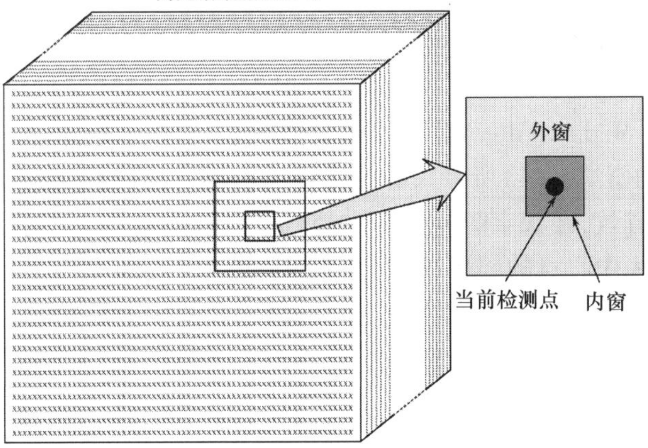

图 7-23　高光谱异常检测同心双窗模型

为说明其非线性分辨能力进行了模拟数据实验,图 7-24(a)所示为实验模拟数据,为了便于区分,用右侧圆圈代表需要检测的目标,而用左侧圆点表示背景数据。从图中可以明显的看到这里不存在一个超平面(在此处为一直线)能够将这两组数据线性分开。图7-24(b)即为RX算法所给出的检测结果与决策面等高线,为方便显示,此处用左侧的圆点来代表背景数据,图中虚线表示决策分界等高线,可以看出RX算法不能有效将这两组数据分开,即不能有效检测目标。图7-24(c)所示为KRX的检测结果,可见KRX算法有很强的非线性分辨能力,能够将目标数据与背景数据区分开来,而且生成的决策面与数据的分布形状十分吻合。

通常情况下,高光谱数据中的异常点数目较少而且背景是统计均一的,因此可近似认为外窗数据的协方差矩阵 $\widehat{\boldsymbol{C}}_{b\Phi}$ 就是背景的协方差矩阵。在实际情况中由于目标分布的未知性以及地物分布的复杂性,同时由于检测窗口尺寸选择可变,使得外窗中的数据并不一定代表实际的背景分布,很有可能混入异常数据,而且在目标分布比较密集而背景窗口选择比较大的时候这种情况就不可避免了。由于KRX算法有很强的非线性分辨能力,使得其对异常数据非常敏感。当背景数据中混入异常数据后其漏检率上升。在此也给出了模拟背景数据中掺入目标点(噪声)后的实验结果。图7-24(d)即为背景中混入目标点的实验数据。从图7-24(e)所示的检测结果可以看出,尽管混入的目标点只是极少数几个点,但决策面形状发生了很大的改变,在这种情况下,最终的漏检率和虚警概率将会上升。

高光谱数据是图谱合一的数据,不仅在光谱上存在邻近相关性,而且在空间上也有很强的相关性。由于检测的异常目标在整个的检测数据集中是极少数,因此完全可以在构造背景数据的过程中减小甚至消除异常数据对背景数据产生的影响。在此提出一种利用高光谱数据空间相关性进行分波段空间滤波的方式来减小异常数据对背景数据的影响。这里选择中值滤波来实现背景数据的优化。

中值滤波(Median Filter)是一种非线性滤波,它在一定条件下,可以克服线性滤波器(如均值滤波等)所带来的图像细节模糊,而且对滤除脉冲干扰及图像扫描噪声最为有效,在数字图像处理中得到了广泛的应用。中值滤波首先确定一个以某像元为中心点的邻域,然后将邻域中的各个像元的灰度值进行排序,取其中间值作为中心点像元灰度的新值。当窗口在图像上移动时,利用中值滤波可以很好地对图像进行平滑处理。

二维中值滤波算法定义如下:

$$Y(m,n)=\text{median}[X(m\pm i,n\pm j);(i,j)\in W]\quad (m,n)\in Z^2 \tag{7-56}$$

式中:W 为平面窗口;$2i+1$ 为窗口水平尺寸;$2j+1$ 为窗口垂直尺寸;$X(m,n)$ 为待处理图像中的一个像元,坐标为 (m,n);$Y(m,n)$ 为以 $X(m,n)$ 为中心,在 $(2i+1)\times(2j+1)$ 窗口范围内像元点灰度值的中值,它是中值滤波的输出值。

由于高光谱数据是一种高维数据,从图像空间上看,可以看成是“一沓”关于地物在不同波长条件下的辐射值图像,用矩阵 $\boldsymbol{D}^i_{W\times H}$($W$ 和 H 分别表示高光谱图像的宽度和高度)表示第 i 个波段($i=1,2,\cdots,ND$)的高光谱图像,A 为滤波窗口,像元点 $d^i_{l,k}\in\boldsymbol{D}^i_{W\times H}(l=1,2,\cdots,W,k=1,2,\cdots,H)$,$y^i_{l,k}$为窗口 A 在 $d^i_{l,k}$时的滤波结果,有

$$y^i_{l,k}=\mathrm{med}\{d^i_{l+r,k+s};d^i_{l,k}\in\boldsymbol{D}^i_{W\times H},(r,s)\in A\} \tag{7-57}$$

滤波后背景数据得到优化,相应的背景矩阵表示为 $\boldsymbol{X}^m_{\phi c}$,用$\widehat{\boldsymbol{\mu}}^m_{b\phi}$和 $\boldsymbol{K}^m_c$ 分别表示滤波后的背景均值向量和背景核矩阵,而检测点依然采用原始数据,这样滤波后 KRX 算法可以改写为式(7-58),将该算法简记为 MKRX 算法,有

$$\mathrm{MKRX}(\phi(\boldsymbol{x}))=(\phi(\boldsymbol{x})-\widehat{\boldsymbol{\mu}}^m_{b\phi})^{\mathrm{T}}\boldsymbol{X}^m_{\phi c}\boldsymbol{K}^{m-1}_c\boldsymbol{X}^{m\mathrm{T}}_{\phi c}(\phi(\boldsymbol{x})-\widehat{\boldsymbol{\mu}}^m_{b\phi}) \tag{7-58}$$

利用核函数性质将特征空间点积转换为输入空间核函数后式(7-58)简化为

$$\mathrm{MKRX}(\phi(\boldsymbol{x}))=(\boldsymbol{K}^m_{\boldsymbol{r}}-\boldsymbol{K}^m_{\widehat{\boldsymbol{\mu}}_b})^{\mathrm{T}}\boldsymbol{K}^{m-1}_c(\boldsymbol{K}^m_{\boldsymbol{r}}-\boldsymbol{K}^m_{\widehat{\boldsymbol{\mu}}_b}) \tag{7-59}$$

下面就滤波器选择做简单分析。首先,由于异常点会在大部分波段中也表现为空间分布上的异常,因此单从某一个波段上看,异常点类似于图像中的椒盐噪声,中值滤波在滤除椒盐噪声上有很好的效果;其次,由于滤波的结果将会作为背景数据来进行异常目标的检测,因此如果背景数据发生了变化将对检测结果产生较大影响,高光谱数据的空间分辨率较低,单个波段数据分布有较强空间相关性,采用中值滤波只是将异常“噪声”除掉,并没有改变其他数据的分布,这样保持了背景数据分布与原始数据的一致性。图 7-24(f) 中给出的就是模拟背景混入目标数据经过中值滤波之后的一个检测结果,尽管决策面形状有一些改变,但相对于未滤波的结果有了很大改善。同时由于模拟数据是随机产生的,相邻数据点之间并不存在类似高光谱数据的空间相关性,因此未能取得理想的效果,在接下来的真实高光谱数据检测中将会看见中值滤波会对检测结果带来很大的改善。

7.5.2 基于多层窗口分析的核检测算法

在双窗口检测模型中往往忽略了噪声对检测的影响,只是直接运用检测算子对目标像元进行异常检测,使得检测受到噪声影响很大,达不到良好的检测结果。为了提高检测效率,抑制由未知或不感兴趣的信号源发出的干扰或白噪声,本节介绍一种基于多窗口特征分析的 KRX 算法。

传统 KRX 算法是基于双窗口检测理论的。如图 7-25 所示,检测背景分布于外窗,而检测点位于内窗,内窗中其他部分则作为缓冲区域。这种方法受到白噪声影响比较大。为了减少白噪声对检测效果的影响,应用 3 层窗口来检测,检测点位于内窗,内窗中其他部分则作为缓冲区域。检测背景分布于中窗,而外窗中的像元则用来消除白噪声。这类算法的设计原理基于匹配滤波器,通常它们

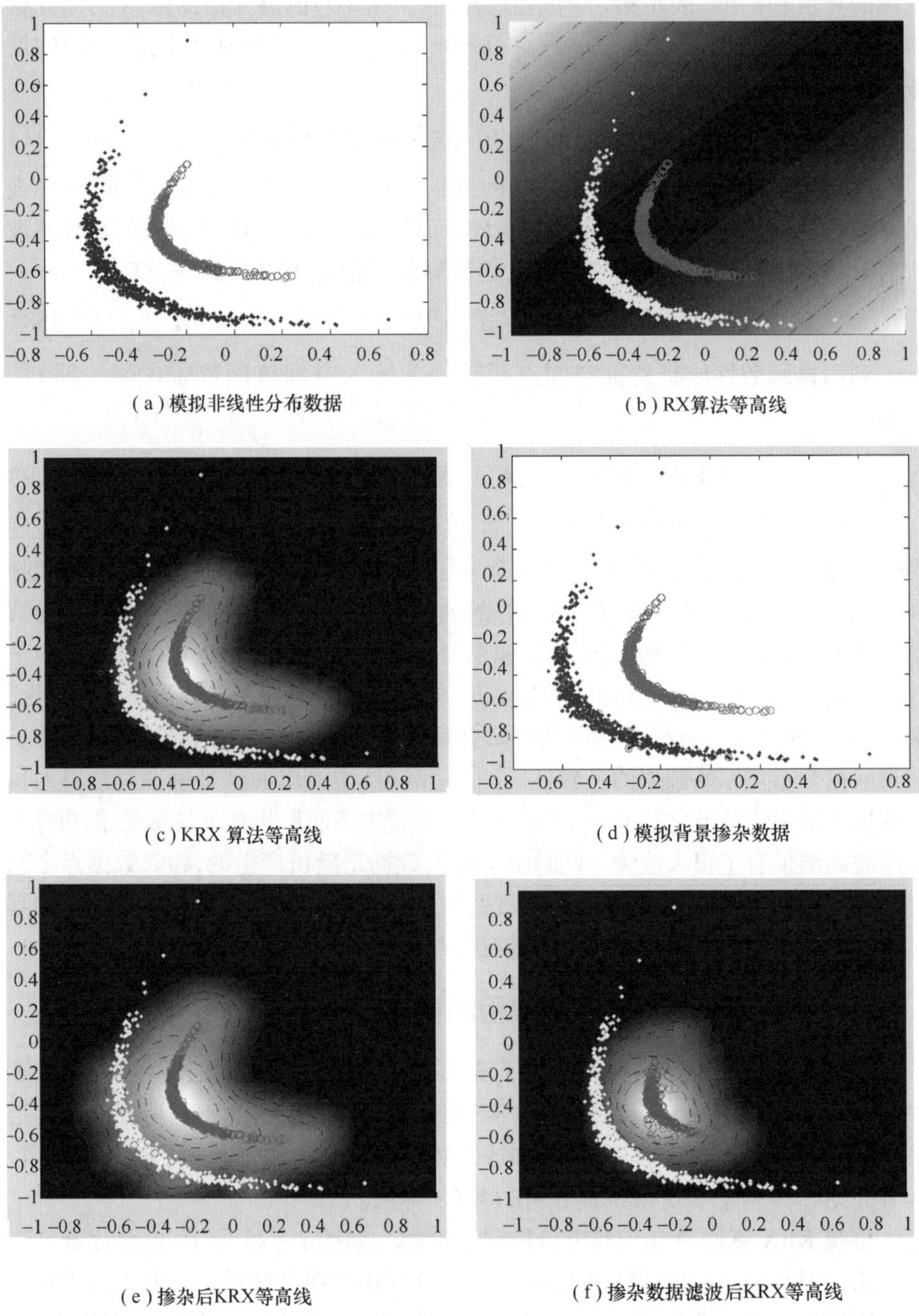

（a）模拟非线性分布数据

（b）RX算法等高线

（c）KRX 算法等高线

（d）模拟背景掺杂数据

（e）掺杂后KRX等高线

（f）掺杂数据滤波后KRX等高线

图 7－24　模拟数据及实验结果

的处理过程可以分为两个步骤，其基本的算法结构如图 7-25 所示。

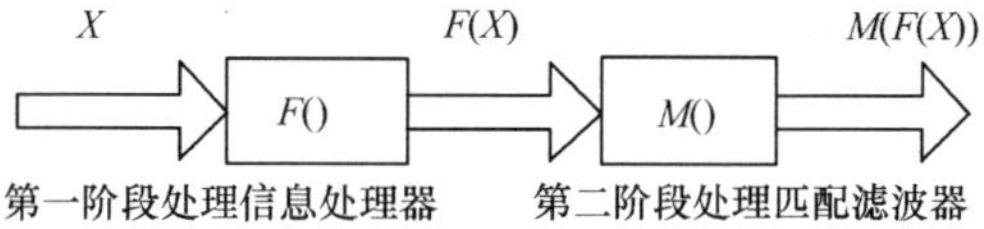

图 7-25　算法结构

第一阶段滤波器是信息处理器，主要利用先验或后验波谱信息来抑制由未知或不感兴趣的信号源发出的干扰或白噪声。第二阶段的滤波器则是一个匹配滤波器，用来提取感兴趣的目标信息。类似于统计方式的检测方法，这一类异常检测方法也需要使用异常与背景分离的线性混合模型。设 $\boldsymbol{x}$ 是大小为 m 维的高光谱像元向量，$\boldsymbol{S}=[\boldsymbol{s}_1,\boldsymbol{s}_2,\cdots,\boldsymbol{s}_k]$ 是大小为 $m\times k$ 的端元光谱矩阵，$\boldsymbol{\alpha}=[\alpha_1,\alpha_2,\cdots,\alpha_m]^{\mathrm{T}}$ 是 m 维向量，其各分量元素为对应像元组分，$\boldsymbol{n}$ 为 m 维随机噪声。则线性像元混合模型为

$$\boldsymbol{x}=\boldsymbol{S\alpha}+\boldsymbol{n} \tag{7-60}$$

在进行混合像元分解时，继续把 $\boldsymbol{S}$ 分为感兴趣的信号 $\boldsymbol{d}$ 与不感兴趣的信号 $\boldsymbol{U}$ 两部分。这样一来不失一般性，设 $\boldsymbol{d}=\boldsymbol{s}_1$，为第一个端元光谱的信号，$\boldsymbol{U}=[\boldsymbol{s}_2,\boldsymbol{s}_3,\cdots,\boldsymbol{s}_k]$ 为其他端元光谱的信号，$\boldsymbol{S}=[\boldsymbol{d},\boldsymbol{U}]$，则式(7-60)可以改写为

$$\boldsymbol{x}=\boldsymbol{d}\alpha_d+\boldsymbol{U}\alpha_U+\boldsymbol{n} \tag{7-61}$$

式中：α_d 为第一个端元的百分比；α_U 为其余端元的组分；$\boldsymbol{\alpha}=(\alpha_d,\alpha_U)$；$\boldsymbol{d}$ 为异常端元；$\boldsymbol{U}$ 为背景端元矩阵；$\boldsymbol{n}$ 为白噪声。

不同于传统双窗口检测中对噪声干扰不加处理的做法，三层窗口检测在外层窗口中利用 OSP 算子消除内窗口和中层窗口的背景干扰，有效地去除了白噪声。正交子空间投影算法(OSP)是异常检测算法中的一种常见的检测算子。基于统计方式的异常检测算法的最大问题在于统计分布的不确切以及相关参数估计，而利用多窗口特征分析有效地解决了这一问题，不需要端元光谱矩阵 $\boldsymbol{S}$，而是直接利用外窗口选定像元形成的子空间。中窗口选定背景像元及内窗口选定的待检测像元分别投影到该子空间上，已到达消除背景噪声干扰的目的。

OSP 算子结构在假设噪声与信号不相关的条件下，提取信号 d 的投影阵表达式为

$$\boldsymbol{P}_{\mathrm{OSP}}=\mu\boldsymbol{d}^{\mathrm{T}}\boldsymbol{P}_{1/U} \tag{7-62}$$

式中：$\boldsymbol{P}_{1/U}=\boldsymbol{I}-\boldsymbol{U}\boldsymbol{U}^{\#}$ 为投影阵，它的作用是把信号 $\boldsymbol{d}$ 投影到由信号 $\boldsymbol{U}$ 的元素所形成的子空间上($\boldsymbol{U}^{\#}$ 为 $\boldsymbol{U}$ 的广义逆 $\boldsymbol{U}^{\#}=(\boldsymbol{U}^{\mathrm{T}}\boldsymbol{U})^{-1}\boldsymbol{U}^{\mathrm{T}}$)，$\boldsymbol{I}$ 为 $m\times m$ 的单位矩阵，$\mu=(\boldsymbol{d}^{\mathrm{T}}\boldsymbol{P}_{1/U}\boldsymbol{d})^{-1}$ 是一个表明分解精度的常数项。异常目标在图像中的分布情况可表示为(假设常数项 μ 为 1)

$$\delta_g(\boldsymbol{x})=\boldsymbol{d}^{\mathrm{T}}\boldsymbol{P}_{1/U}\boldsymbol{x} \tag{7-63}$$

由式(7-63)可知，应用 OSP 算子时必须提取感兴趣的信号 $\boldsymbol{d}$，因此需要有

影像的先验光谱信息 $\boldsymbol{S}=[\boldsymbol{d},\boldsymbol{U}]$,即端元光谱矩阵 $\boldsymbol{S}$,而通常 $\boldsymbol{S}$ 却是很难完整得到的,因而给小目标的检测带来了困难。

针对 OSP 算法在实际的检测中存在端元光谱矩阵 $\boldsymbol{S}$ 未知的问题,多窗口特征分析算法巧妙运用了三层窗口的检测模式,利用了两层局部背景像元窗,对高光谱数据先去除噪声干扰再进行异常检测。该算法在外层窗口中利用 OSP 算子,消除内窗口和中层窗口中不感兴趣的信号源发出的干扰或白噪声,从而降低了虚警概率,具有较好的检测效果。

把三层窗口抑制噪声的原理应用到 KRX 方法中解决白噪声对传统双窗口检测的影响。表达形式如下:

$$\mathrm{KRX}^{\mathrm{MW}}=\mathrm{KRX}(\mu_{\mathrm{inner}}(\boldsymbol{P}_{\frac{\perp}{\mathrm{outer}}}\boldsymbol{x}),\mu_{\mathrm{middle}}(\boldsymbol{P}_{\frac{\perp}{\mathrm{outer}}}\boldsymbol{x})) \tag{7-64}$$

式中:$\boldsymbol{P}_{\frac{\perp}{\mathrm{outer}}}=\boldsymbol{I}-\boldsymbol{U}_{\mathrm{outer}}\boldsymbol{U}_{\mathrm{outer}}^{\#}$ 为外窗像元的投影矩阵,它的作用是把内窗和中窗中的像元信号投影到由外窗像元信号所形成的子空间上($\boldsymbol{U}_{\mathrm{outer}}^{\#}$ 为 $\boldsymbol{U}_{\mathrm{outer}}$ 的广义逆矩阵 $\boldsymbol{U}_{\mathrm{outer}}^{\#}=(\boldsymbol{U}_{\mathrm{outer}}^{\mathrm{T}}\boldsymbol{U}_{\mathrm{outer}})^{-1}\boldsymbol{U}_{\mathrm{outer}}^{\mathrm{T}}$),$\boldsymbol{I}$ 为 $m\times m$ 的单位矩阵。

检测点位于内窗,内窗中其他部分则作为缓冲区域,内窗的大小由检测异常目标的大小而定。中层窗口和外层窗口的大小则由选取背景像元的多少而定。在选取最少背景像元的情况下,假定外层窗口选定的像元个数为 $n\times n-(n-2)\times(n-2)$ 个,则中层窗口选定的像元个数 N 为

$$N=(n-2)\times(n-2)-(n-4)\times(n-4) \tag{7-65}$$

图 7-26 所示为一个三层窗口分布的例子。在内窗口中,深色像元区域为所要检测目标像元。深色区域与浅色区域中间的白色区域为缓冲区域,根据异常检测目标的大小调整。浅色区域为中层窗口,是背景像元所在的区域。较深色区域为外层窗口,是用于消除内窗口和中层窗口中不感兴趣的信号源发出的干扰或白噪声而选定的像元。第一个窗口模型的外层窗口选定的像元个数为 32,内窗口选定的像元个数为 24。第二个窗口模型的外层窗口选定的像元个数为 24,内窗口选定的像元个数为 16。第三个窗口模型的外层窗口选定的像元个数为 16,内窗口选定的像元个数为 3。

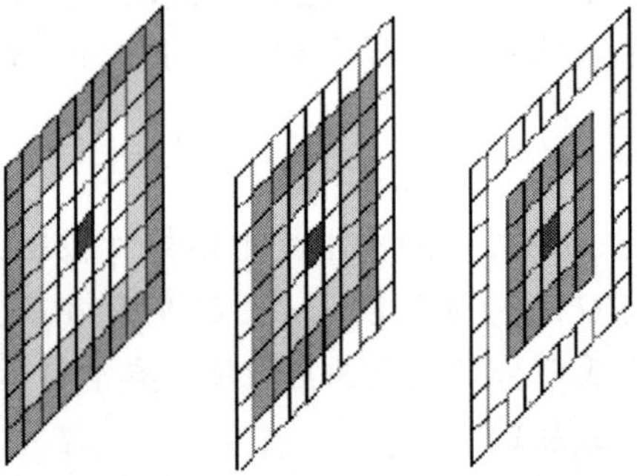

图 7-26　三层窗口检测图例

7.6 本章小结

针对传统的检测算法忽略了像元之间存在的空间相关性,提出了一种基于数字图像形态学理论的异常检测算法。该算法能够更好的兼顾到高光谱图像的空间特性,从而达到去除背景噪声干扰,平滑图像的检测效果。并用 AVIRIS 高光谱数据进行了仿真实验,取得了较好的检测效果。并将该算法与其他算法进行比较,结果表明改进算法的检测性能明显优于传统算法。

针对基于核方法的高光谱异常检测算法的核参数估计问题,提出了一种基于支持向量数据描述的自适应异常检测算法。首先对支持向量数据描述方法进行了介绍。然后针对核参数的选择优化问题进行了深入的探讨。在核参数自适应构造过程中采用模拟数据的交叉检验方法进行了核参数与数据分布特点之间关系的探讨,得出了样本的局部波段标准差之和能够提供一个较为简洁合理的数据分布离散程度的度量,而 c 与 σ_{sum} 存在正比关系的结论,并据此设计了核参数的自适应估计公式,最后将核参数自适应估计方法与支持向量数据描述方法相结合,针对不同背景分布自适应的调整检测核参数,使得检测算子具有较强的局部适应能力,提高了检测算子在复杂背景下的检测性能。

针对高斯径向基核函数局部信息挖掘能力强而全局信息挖掘能力较弱的问题,结合高光谱图像数据本身的特点,从光谱维的角度出发,利用光谱相似度量的方式,提出了全新的光谱相似度量核,对光谱相似度量核的构造过程进行了阐述并对其核函数的确定性进行了证明,同时得出了光谱相似度量核的平移不变性的性质。通过与高斯径向基核函数在理论上和实验中的对比,发现光谱相似度量核对于光谱曲线形状的区分能力要强于高斯径向基核,因而对由于遮挡、阴影、光谱混合等原因引起的同种地物光谱变化的适应性更强。同时对影响光谱相似度量核性能的参数选择问题进行了简要探讨。最后综合考虑高斯径向基核函数的局部优越性和光谱相似度量核较好的光谱分辨能力,利用 Mercer 核定理的推论,构造了结合两者的混合核函数并应用于高光谱异常检测,仿真实验结果说明,二者的结合能利用各自的优点,相对于单纯的高斯径向基核而言可以提高检测概率,而相对于光谱相似度量核而言可以降低虚警概率。

参考文献

季亚新. 2008. 高光谱图像异常检测算法研究[D]. 哈尔滨:哈尔滨工程大学硕士学位论文.

梅锋. 2009. 基于核机器学习的高光谱异常目标检测算法研究[D]. 哈尔滨:哈尔滨工程大学硕士学位论文.

张文升．2009. 基于核方法的高光谱图像小目标检测算法研究[D]．哈尔滨：哈尔滨工程大学硕士学位论文．

胡春梅．2010. 基于数据源优化的高光谱图像异常检测算法研究[D]. 哈尔滨：哈尔滨工程大学硕士学位论文．

尤佳．2011. 基于核方法的高光谱图像异常检测算法研究[D]. 哈尔滨：哈尔滨工程大学硕士学位论文．

第 8 章　高光谱图像降维及压缩技术

高光谱图像的数据量巨大，给存储、传输和处理带来了困难。波段选择和特征提取是针对数据分析和处理的减小数据量技术；压缩则主要是针对存储、传输的减小数据量技术，它们之间也常常存在着一定的联系。

8.1　降 维 技 术

这里介绍的降维技术将以波段选择为主。

8.1.1　基于 SVM 的波段选择

敏感度分析是神经网络中常用的结构确定方法。我们将其用于支持向量机判决函数中进行波段选择。

设样本总数为 Np，样本的维数为 ND，即 $\boldsymbol{x}_i = [x_i^1, x_i^2, \cdots, x_i^{ND}]^{\mathrm{T}}, i = 1, 2, \cdots, Np$。分类判决函数的相应模糊分类形式为

$$f(\boldsymbol{x}) = \sum_{i=1}^{Np} \alpha_i^* K(\boldsymbol{x}_i, \boldsymbol{x}) + b^* \tag{8-1}$$

我们首先考虑基于单个样本点 $\boldsymbol{x}$ 的波段选择方法。如果我们去掉某个波段对于样本 $\boldsymbol{x}$ 的分类结果影响较大，那么可以认为这一波段相对重要。若判决函数对于各波段是加性可分或乘性可分的，即

$$f(\boldsymbol{x}) = \sum_{d=1}^{ND} f_d(\boldsymbol{x}) \text{ 或 } f(\boldsymbol{x}) = \prod_{d=1}^{ND} f_d(\boldsymbol{x}) \tag{8-2}$$

式中：$f_d(\boldsymbol{x})$ 的值完全取决于训练样本的第 d 个波段，那么由加式或乘式中的分量直接可以得出每个波段对于分类影响的程度，进而决定波段的取舍。然而，仅对于一些非常简单的核函数（如多项式核函数）判决函数才具有可分性，而对于大部分核函数则无此性质。对于这种情形，我们可以逐一地去除某一波段相应的数据，通过下式计算相应的模糊分类值：

$$f_{ND/d} = \sum_{i=1}^{Np} \alpha_i^* \boldsymbol{K}_{ND/d}(\boldsymbol{x}_i, \boldsymbol{x}) + b^* \ (d = 1, 2, \cdots, ND) \tag{8-3}$$

式中：$\boldsymbol{K}_{ND/d}$ 是由全体样本均去掉第 d 个波段计算得到的新核函数矩阵。

将此结果与模糊分类结果式（8-1）作差即知去除的波段对于待分析样本 $\boldsymbol{x}$

正确分类的影响：

$$\text{order}(d) = |f(\boldsymbol{x}) - f_{ND/d}(\boldsymbol{x})| \tag{8-4}$$

$$= \sum_{i=1}^{Np} \alpha_i^* (\boldsymbol{K}_{ND/d}(\boldsymbol{x}_i,\boldsymbol{x}) - \boldsymbol{K}(\boldsymbol{x}_i,\boldsymbol{x})) \quad (d = 1,2,\cdots,ND)$$

上面的波段选择仅仅是针对一个样本点进行的，而分类精度往往是对全体样本来统计的，因此，波段选择也应当从全局的角度出发。然而，统计各波段对于全体样本点的分类影响的计算量是很大的。由于支持向量位于分类超平面的边界上，此处的分类结果相对于样本的位置非常敏感。为此，我们利用支持向量机所具有的自动选择支持向量的功能，仅考查各波段对支持向量分类的整体影响来作为全局统计的近似。这样，选定支持向量后，计算去除某个波段后在所有支持向量处对分类结果的总体影响，进而决定该波段对于正确分类的影响。用 SV 表示支持向量标号集，此时，式(8－4)相应地写成下面的形式：

$$\text{order}(d) = \sum_{j \in SV} \sum_{i=1}^{Np} |\alpha_i^* (\boldsymbol{K}_{ND/d}(\boldsymbol{x}_i,\boldsymbol{x}_j) - \boldsymbol{K}(\boldsymbol{x}_i,\boldsymbol{x}_j))| \quad (d = 1,2,\cdots,ND) \tag{8-5}$$

对于新核函数矩阵 $\boldsymbol{K}_{ND/d}$，我们可以利用原核函数矩阵 $\boldsymbol{K}$ 通过简单的运算直接求得，而不必由原始数据删除某些波段后来求，从而减小相关的计算量。例如当核函数为高斯型时，不难推出二者的关系式为

$$\boldsymbol{K}_{ND/d}(\boldsymbol{x}_i,\boldsymbol{x}_j) = \boldsymbol{K}(i,j)/\exp\left(-\frac{(x_i^d - x_j^d)^2}{2\sigma^2}\right) \quad (d=1,2,\cdots,ND) \tag{8-6}$$

排序模糊向量 **order** 求出后即可按预定的比例保留其分量中较大数值所对应的波段。

上面的波段选择是对于两类目标样本进行的，对于多类目标样本的波段选择问题，我们可以按照支持向量机处理多类目标分类的方法训练多个判决函数，再应用每个判决函数进行波段选择得到多个权值向量，取其平均向量作为最后的权值向量，并以此决定波段的取舍。

在这部分里我们将对子空间划分的必要性和划分方法的选取理由加以叙述。

1. 子空间划分的必要性

高光谱图像的一个显著特点是相邻谱带间存在较强的相关性，且这种谱间相关性比空间相关性要强得多。这种情况导致了图像中每个像元点的灰度变化随着波段的变化呈现大致连续的趋势，即可以把灰度近似为波段的连续函数。那么，由连续函数的四则运算性质可知，式(8－5)中的因变量 order(d)也是波段数 d 的连续函数。再由连续函数的局部保号性定理可以推出这样的事实：由

式(8 -5)选择出的波段往往集中在一个或几个连续的波段子空间。这种问题在 Webb A 等(1999)、Hermes L 等(2000)的文章中也同样存在。实验验证了这一推断。图 8 -1 所示为是对一组 200 维的高光谱数据应用 Webb A 等(1999)、Hermes L 等(2000)的方法和式(8 -4)计算出的波段与排序模糊值之间的关系函数。横坐标表示波段数,纵坐标表示相应的排序模糊值。当我们根据排序模糊因子的大小选择 5 个波段时,只有模糊值超过图中虚线的排序因子相应的波段才被选中。这样,3 种方法的所选的 5 个波段全都集中在很窄(38 ~48)的波段之间。由于排序模糊因子相对波段的连续性造成了最终选择的波段基本集中在了一个连续的子空间,而连续的子空间往往相似度较大,这就造成信息的重复使用,而累计信息量并不大。这样的结果不但对于数据分类非常不利,而且也极大地影响了波段选择的其他后续应用(如信息融合等)。虽然高光谱图像实际上是一个数据源,但是不同区域反映的光谱特性不同,并且整个数据的相关性差异也较大,只有选出的波段相关性差异较大,才能更充分地利用高光谱图像的信息。此外,高光谱图像数据的全局统计特性与局部特性存在差异,因而在全空间进行波段选择并非最佳。因此,我们提出在波段选择前应首先对高光谱数据进行子空间划分,即根据波段间相关性将数据的全部波段划分为若干个连续的波段子空间。

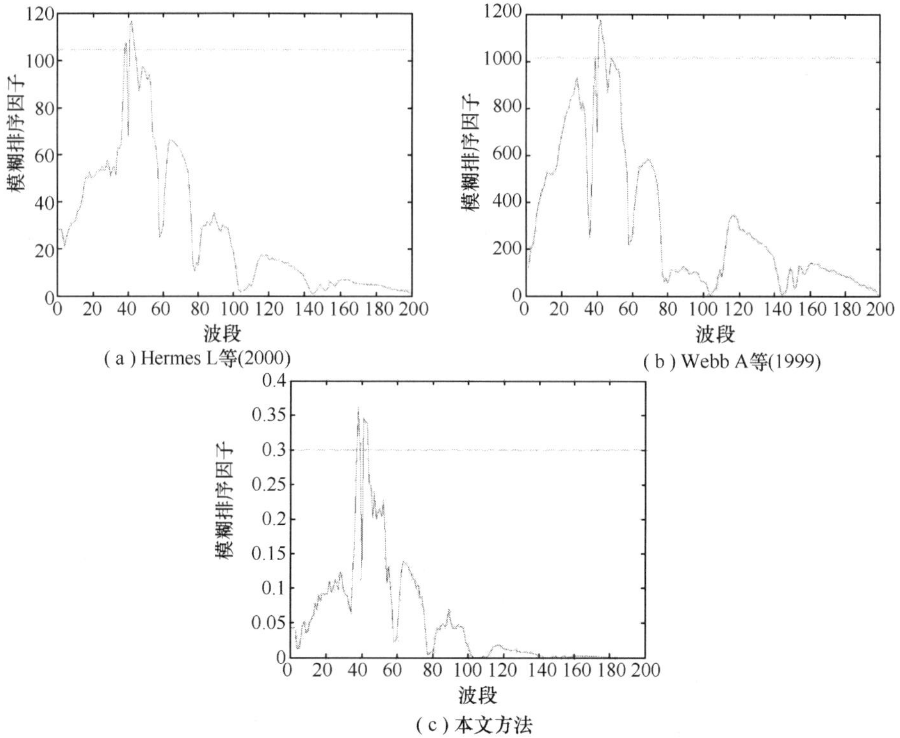

(a) Hermes L等(2000)

(b) Webb A等(1999)

(c) 本文方法

图 8 -1　不同方法下排序模糊值相对波段的近似连续性

2. 子空间划分方法的选取

子空间划分的最简单的方法是对数据源波段进行等间隔划分，即根据预先指定的数据源波段数目平均分配波段数。但这种划分方法由于缺乏理论依据而导致效果不佳。利用光谱特性的差异也可以进行子空间的划分。例如，可以按照电磁波的波长，将整个高光谱覆盖的范围按可见光（0.4μm ~ 0.7μm）、近红外（0.7μm ~ 1.3μm）、短波红外（1.8μm ~ 2.5μm）进行划分。这种划分方法有相对合理的依据，但它只是机械地完全按照光谱范围进行划分，没有充分考虑摄取的场景不同以及地物类型的变化对数据之间的关系和结构造成的影响。这些方法没有反映出数据本身的局部特性。Gu Y 等（2003）提出一种自动子空间划分方法，该方法通过定义波段相关系数矩阵及其近邻可传递相关向量将高光谱数据空间划分为适合的数据子空间。这种划分方法有着充分的理论依据，反映了数据的局部特性。经过划分得到的不同子空间一般具有不同的维数，在每个子空间内的图像数据具有相近的光谱特性。子空间划分完成后，波段选择将在各子空间内完成。这样，某一波段能被选出的条件是：①该波段对应着较大的排序模糊值；②该波段所在的子空间内尚无波段选出，或已选出的波段与此波段的相关系数超过某设定的阈值。我们的波段选择算法过程如图 8 - 2 所示。

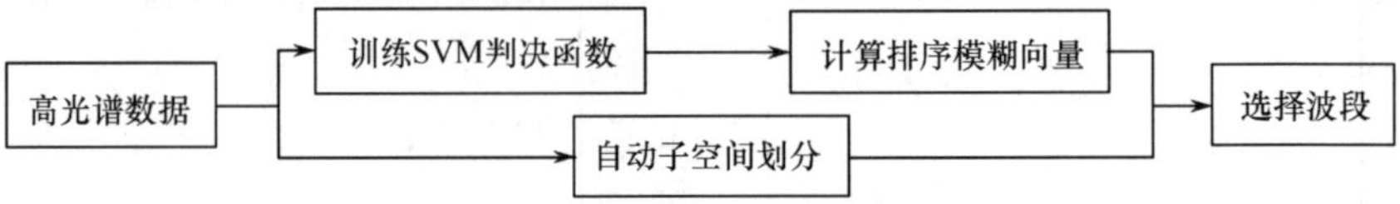

图 8 - 2　波段选择过程示意图

为了验证这里提出方法的有效性，我们利用印第安 AVIRIS 农林遥感数据进行仿真实验。保留该数据 200 个有效波段，选取其中的两类样本各 300 个。等分正、负样本为训练样本集和检验样本集。实验采用最小二乘支持向量机和高斯型核函数对训练样本进行训练，选取其中的 30 个样本（占全体训练样本的 10%）作为支持向量集。选择 Webb A 等（1999）和 Hermes L 等（2000）提供的方法作为本方法的有效性参考。

首先在对实验数据直接应用 3 种方法不结合子空间划分结果对该数据进行波段选择，并对选择结果应用相同的支持向量机分类方法进行有监督分类以验证选择效果。表 8 - 1 所列为在不同方法下的波段选择结果和分类结果。通过比较可以看出这里所提出的基于支持向量机的方法取得了较好的分类结果。而应用全部 200 个波段的实验分类精度为 95.33%。然后我们对实验数据进行子空间划分，将数据源划分为 5 个子空间：（1 ~ 35，36 ~ 79，80 ~ 103，104 ~ 144，145 ~ 200）。应用 3 种方法结合子空间划分情况进行波段选择，再利用选择的波段进行分类，表 8 - 2 所列为相应的选择结果和分类结果。易见子空间划分的处理克服了所选择的波段过于集中的情况，大大提高了分类的精度。对比表 8－1 和表 8－2 可知，结合子空间划分的波段选择分类结果较之未结合子空间划分的波段选择分类精度均提高了 10 个百分点以上。在仅仅保留 5 个波段（占全部波段数的 2.5%）的情况下本方法的分类精度达到了 94.33%，接近于使用全部波段的分类精度。子空间划分成功地应用于两种参考方法充分说明了这种划分方法的有效性和通用性。

表 8－1　未结合子空间划分各方法的波段选择和分类结果

方法	所选波段	精度
Webb A 等(1999)	38　39　41　42　43	0.7967
Hermes L 等(2000)	41　42　43　44　48	0.7900
新方法	38　39　41　42　43	0.7967

表 8－2　结合子空间划分各方法的波段选择和分类结果

方法	所选波段	精度
Webb A 等(1999)	34　42　89　116　161	0.9133
Hermes L 等(2000)	29　42　89　116　160	0.9300
新方法	28　38　89　117　160	0.9433

8.1.2　典型端元选择方法在波段选择中的应用

值得注意的是，无论是波段选择还是端元选择，都是在众多的向量中选出满足某种需求的代表性向量。因此，从原理上讲由端元选择到波段选择之间存在算法上的可移植性。如果这种算法移植获得成功，我们将可能获得更加适合特定任务的波段选择方法，从而也会促进高光谱图像处理的进一步发展。为此，本节通过探究端元选择与波段选择之间的关系，将 PPI、IEA、N－FINDR 三种典型端元选择算法应用于波段选择之中，并解决由此而带来的有关操作性和计算量上的问题。关于这 3 种端元选择算法读者可参阅第 1 章参考文献中 Boardman J 等(1995)、Winter M 等(1999)的文章，篇幅所限，这里不再细述。以下对于端元选择和波段选择都适用的场合，将其统称为向量选择。可以看出，端元选择和波段选择分别是在像元空间和波段空间中进行的。端元选择和波段选择可统称为向量空间中的向量选择。

1. PPI 算法在波段选择中的应用

原始 PPI 算法使用 MNF（Maximum Noise Fraction）变换进行降维预处理。PCA 变换易于实现且与 MNF 变换有着近似的效果（前者是后者的特殊形式），因此 MNF 常由 PCA 代替。经过 PPI 算法选出的向量与其余向量间存在较好的线性表示关系，如果再能够确保所选出的向量之间不具有较强的相关特性，则该算法便可用作波段选择。PPI 算法并不能够直接获得目标向量，若将其与自动子空间划分方法结合使用，一方面可以完成目标向量的自动选择，另一方面也可以保证所选向量之间的弱相关性。至此，可依照下面的主要过程构建基于 PPI 算法的波段选择方法。首先，利用 PCA 变换执行维数降低处理。然后，在变换后的 Nd 维数据空间中随机生成 L 条具有随机方向的直线（图 8－3），该数据空间内的所有点都被投影到这些直线上，对落入每条直线端点的那些点进行计数。经过大量的统计之后，获得每个波段所对应的统计分数。然后，利用自动子空间划分算法将原始特征空间划分为指定数目的 Nd 个连续子空间。最后，结合前两步结果在每个子空间上选出统计次数积分最高的波段组成全部的 Nd 个目标波段。

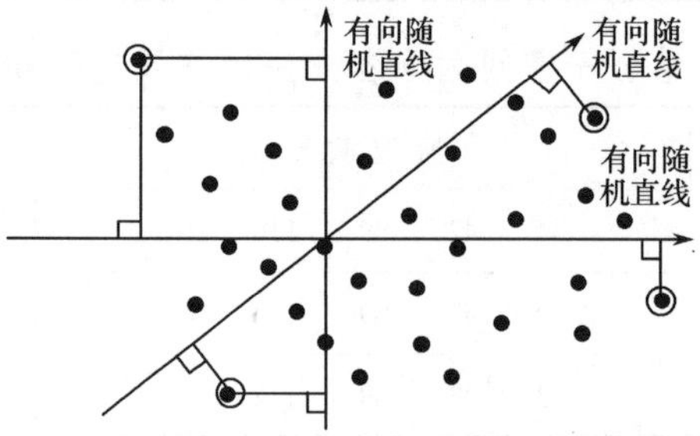

图 8－3　PPI 算法示意图

由于像元数目 Np 一般远远大于波段数目 Nd，PCA 变换应用波段空间时，需要对一个 $Np \times Np$ 的矩阵进行特征分解。当 Np 较大时，特征分解的计算量将会很大甚至难以完成。而对于整个高光谱图像的波段选择而言，Np 的值通常都较大（一般在 20000 以上）。为了降低计算量，这种分解计算可通过核方法（Hubert M 等，2005）转为一个 $Nd \times Nd$ 矩阵的特征分解，从而达到降低计算量的目的。现将这种技巧描述如下。

假设数据 $\boldsymbol{s}_i = [S_i^1, S_i^2, \cdots, S_i^{Np}]^{\mathrm{T}}(i = 1, 2, \cdots, Nd)$ 已经得到中心化处理，即全部数据平均结果为 0。首先利用变换 $\boldsymbol{\phi}(\boldsymbol{\phi}: R^{Np} \to R^{\chi})$。将该样本集 $\{x_k\}$ 映入特征空间 R^{χ}，则在特征空间 R^{χ} 中协方差矩阵 $\boldsymbol{\Sigma}_{\phi}$ 的计算公式如下：

$$\boldsymbol{\Sigma}_{\phi} = \frac{1}{Nd} \sum_{i=1}^{Nd} \boldsymbol{\phi}(x_i) \boldsymbol{\phi}(x_i)^{\mathrm{T}} \tag{8-7}$$

用 $\boldsymbol{V}(\boldsymbol{V} \neq 0)$ 来表示 $\boldsymbol{\Sigma}_{\phi}$ 相应于特征值 λ 的特征向量，则 $\boldsymbol{V}$ 可由特征空间中的向量线性张成，即 $\boldsymbol{V} \in \mathrm{span}\{\boldsymbol{\phi}(x_1), \boldsymbol{\phi}(x_2), \cdots, \boldsymbol{\phi}(x_{Nd})\}$。设

$$V = \sum_{i=1}^{Nd} \beta_i \phi(x_i) \tag{8-8}$$

式中：$\boldsymbol{\beta} = (\beta_1, \beta_2, \cdots \beta_{Nd})^{\mathrm{T}}$称为 $\boldsymbol{V}$ 的对偶向量。

由特征值与特征向量的基本关系式，有

$$Np\lambda \cdot \boldsymbol{V} = \boldsymbol{\Sigma}_{\phi} \cdot \boldsymbol{V} \tag{8-9}$$

两边同时乘以 $\phi(x)$，得到如下关系式：

$$Np\lambda\boldsymbol{\beta} = \boldsymbol{K\beta} \tag{8-10}$$

式中：$\boldsymbol{K}$ 为 $Nd \times Nd$ 的核矩阵：

$$\boldsymbol{K}(i,j) = \langle \phi(x_i), \phi(x_j) \rangle \tag{8-11}$$

当采用线性核函数时（即对任意的 $x \in R^{Np}$，$\phi(x) = x$），特征空间等同于原始空间，此时所求得的特征向量也就是原始数据的特征向量，而矩阵特征分解是对 $Nd \times Nd$ 的核矩阵 $\boldsymbol{K}$ 进行的。

2. IEA 算法在波段选择中的应用

从原理上讲，IEA 算法能够选出一些向量，其余波段能够用它们以尽可能小的误差进行有约束或者无约束的线性合成。易见，该算法可以选出的波段适合于高光谱图像的线性分析处理，这一算法将以迭代的方式按照次优标准来进行。在迭代开始时，首先初始化一个向量，通常选择波段向量中距离原点的最远点。然后应用所选波段线性拟合其余波段，并选出拟合误差最大的波段作为第二个选出波段。进一步地，应用选出的两个波段线性拟合其余波段，并选出拟合误差最大的波段作为第三个选出波段。重复这一过程，直到得到指定数目的波段为止。对于是否应用约束条件，可以根据实际需要来确定。可以看出，IEA 应用于波段选择的原理和方式与其应用于端元选择基本相同。

3. N－FINDR 算法在波段选择中的应用

这一内容已在 3.6.2 节详细说明，不赘述。

8.1.3 仿真实验

下面通过对比实验来验证所构建的波段选择方法的有效性。实验中，一种快速、高效的波段选择方法（此处简称为 FS 方法，其具体过程和性能优势参见第 3 章中文献 Mitra P 等（2002）的文章）用来同所提出的方法进行效果对比。为简便起见，以下直接应用算法名称代表基于该算法的波段选择方法。实验图像是印第安高光谱遥感农林实验区的一部分。

在第一组实验中，变换样本数目和选择波段数目（分别选取 200、2000、20000 个像元点和选择 5、10、15、20 个波段）进行方法性能的详细对比。利用所选择的波段对其余波段进行无约束线性拟合，并以拟合的均方误差（Mean square error，MSE）作为评价指标。实验结果如表 8－3 所列。

表 8-3　4 种波段选择方法的 MSE 对比

样本数目	方法	选择波段数目为 Nd 时的 MSE			
		$Nd=5$	$Nd=10$	$Nd=15$	$Nd=20$
$Np=200$	FS	0.0141	0.0085	0.0069	0.0058
	IEA	0.0175	0.0092	0.0073	0.0050
	PPI	0.0147	0.0089	0.0075	0.0056
	N-FINDR	0.0087	0.0057	0.0049	0.0042
$Np=2000$	FS	0.0132	0.0088	0.0072	0.0061
	IEA	0.0170	0.0086	0.0073	0.0060
	PPI	0.0129	0.0090	0.0075	0.0058
	N-FINDR	0.0093	0.0059	0.0052	0.0045
$Np=20000$	FS	0.0220	0.0096	0.0074	0.0062
	IEA	0.0188	0.0120	0.0089	0.0081
	PPI	0.0141	0.0085	0.0069	0.0058
	N-FINDR	0.0115	0.0065	0.0055	0.0049

由该表可以看出，N-FINDR 方法在大多数情况下取得了最好的效果；PPI 方法与 FS 方法有着相近的效果；IEA 方法在选择波段数目较小时效果相对差些，这是由于该方法在初始选择波段时依据性相对不强而造成的，而当选择波段数目较大时，效果略好于 FS 方法。

第二组实验选取 5 类农作物（玉米、大豆、草、森林、干草）共 2000 个（每类 400 个）样本。传统的最大似然（ML）分类方法用作各种波段选择方法的效果评估。均匀选取一半样本作为训练数据，另一半则作为测试样本。所得分类结果如表 8-4 所列。由该表可以看出，本次实验取得了与第一组实验相似的对比结果。

表 8-4　4 种波段选择方法的分类精度对比

波段选择方法	选择波段数目为 Nd 时的分类精度/%			
	$Nd=3$	$Nd=5$	$Nd=7$	$Nd=9$
FS	86.2	88.6	92.1	92.2
IEA	85.0	89.9	92.8	92.8
PPI	86.9	88.7	92.3	92.5
N-FINDR	88.4	90.1	92.8	93.7

从运算速度上来看，无约束的 IEA 方法和 FS 方法较为接近，速度最快，PPI 方法次之，N-FINDR 方法相对略慢。但这几种方法的运算速度仅在数倍之间，较之传统的贪婪优化搜索方法（Devijver P 等，1982）均有数十倍乃至上百倍的提高。

8.2 压缩技术

8.2.1 基于矢量量化的压缩算法

1. 矢量量化

一个 K 维尺寸为 N 的矢量量化器 Q 可定义为从 K 维欧几里得空间 R^k 到一包含 N 个输出(重构)点的有限集合 Y 的映射,如式(8-12)所示。

$$Q(\boldsymbol{x} \mid \boldsymbol{x} \in R^k) = y_p,\text{其中 } y_p \in Y = \{y_0, y_1, \cdots, y_{N-1}\} \tag{8-12}$$

其中,集合 Y 称为码书,其尺寸为 N,码书的 N 个元素 $\{y_0, y_1, \cdots, y_{N-1}\}$ 称为码字,为 R^k 中的向量,$\boldsymbol{x}$ 为输入向量,y_p 为 $\boldsymbol{x}$ 在码书 Y 中对应的码字。

该映射应满足输入向量 $\boldsymbol{x}$ 与 y_p 的失真误差为 $\boldsymbol{x}$ 与码书其他码字失真误差的最小值,即

$$d(\boldsymbol{x}, y_p) = \min_{1 \leqslant j \leqslant N}(d(\boldsymbol{x}, y_j)) \tag{8-13}$$

其中:$d(\boldsymbol{x}, y_j)$ 为向量 $\boldsymbol{x}$ 与码字 y_j 间的失真误差。

输入向量空间 R^k 通过量化器 Q 后被分割成 N 个互不重叠的胞腔,这个过程称为输入向量空间的划分。胞腔 $R_i, i=0,1,\cdots,N-1$ 定义如下:

$$R_i = \{\boldsymbol{x} \in R^k : Q(\boldsymbol{x}) = y_i\} \tag{8-14}$$

$$\bigcup_i R_i = R^k,\text{且对 } i \neq j \text{ 必有 } R_i \cap R_j = \varnothing \tag{8-15}$$

整个系统的失真误差用所有输入向量与其所对应的码字之间的误差的均方值表示,即

$$\text{MSE} = \frac{1}{M}\sum_{i=1}^{M} d(\boldsymbol{x}_i, Q(\boldsymbol{x}_i)) \tag{8-16}$$

其中:M 为训练向量个数。

矢量量化过程就是将输入向量空间 R^k 分割成若干个小空间,每个小空间称为一个聚类区,它所包含的所有向量用其质心(码字)来表示。矢量量化问题的实质就是找出一种最佳的空间分割及每个聚类区的质心,从而使失真误差为最小。

矢量量化之所以能够压缩数据,是由于它能去冗余,且能有效地利用向量中各分量间的 4 种相互关联的性质,即线性依赖性、非线性依赖性、概率密度函数的形状以及向量维数。而标量量化只能利用线性依赖性和概率密度函数的形状来消除冗余。在相同的编码速率下,矢量量化的失真明显比标量量化的失真小;而相同的失真条件下,矢量量化所需的码速率比标量量化所需的码速率低得多。但由于矢量量化的复杂度随向量维数呈指数形式增加,因此其复杂度比标量量

化的复杂度高。

2. 基本的 SOFM 算法

经典的的自组织特征映射神经网络(SOFM)具有无监督功能,是一种具有侧向联想能力的双层结构网络,具有输入层和输出层(竞争层),该网络的输入层神经元个数等于码书的尺寸 N,输入层神经元通过可变的权值与输出层神经元相连,输出层所有神经元通过相互竞争和自适应学习算法调整连接权值,当训练结束后,输出层所有神经元的权值就构成了码书。

设训练向量数为 M,训练向量集表示为 $X=\{\boldsymbol{X}_0,\boldsymbol{X}_1,\cdots,\boldsymbol{X}_{M-1}\}$,网络有 K 个输入节点(向量维数),N 个输出节点(码书尺寸),各输入节点到各输出节点的权值为 $W_{ij}, i\in[0,N-1], j\in[0,K-1]$,即为码书 $Y=\{y_0,y_1,\cdots,y_{N-1}\}$ 中的 y_i 的下标为 j 的分量。基本 SOFM 算法步骤如下:

(1) 初始化输入神经元到输出神经元的连接权值 $\boldsymbol{W}_{ij}(0), i\in[0,N-1], j\in[0,K-1]$,可从训练集合中随机选取向量实现。

(2) 从训练集合中选择训练向量 $\boldsymbol{X}_k, k\in[0,M-1]$,以并行方式输入到每一个神经元。

(3) 计算 $\boldsymbol{X}_k$ 与码书中各码字(即输出节点的权向量)间的失真,选择具有最小失真的神经元 $\hat{i}$ 为获胜神经元,按式(8-18)调整码字 $\hat{i}$ 及 $\hat{i}$ 的拓扑领域内各码字的权值,其他权值保持不变,即

$$d_{\hat{i}} = \min_{0\leqslant i\leqslant N-1}\left|\sum_{j=0}^{K-1}[\boldsymbol{x}_{kj}-\boldsymbol{W}_{ij}(t)]^2\right| \tag{8-17}$$

$$\boldsymbol{W}_{ij}(t+1)=\boldsymbol{W}_{ij}(t)+\phi(t)[\boldsymbol{x}_{kj}-\boldsymbol{W}_{ij}(t)] \tag{8-18}$$

式中:t 为迭代次数;$\phi(t)$ 为学习速率因子,一般选 $0<\phi(t)<1$,以保证算法的收敛。

(4) 对所有训练向量,重复步骤(2)、步骤(3),直到算法收敛或达到初始设定的最大迭代次数。

3. 改进 SOFM 算法

基本的 SOFM 算法在选择获胜神经元时需要进行 N 次失真运算,M 个训练样本完成一次迭代需要进行 MN 次失真计算,而每次失真计算需要进行 K 次乘法和 $2K-1$ 次加法,运算量比较大,算法速度和收敛性能都受到影响。而另一方面,由于训练向量统计特性的影响,有些输出神经元竞争获胜的概率大,其权值经常调整,而有些输出神经元的权值则很少调整。因此,通过采用距离不等式判据和引入频率敏感因子,对基本 SOFM 算法进行了改进,以提高码书的性能。

将一个向量各分量的和定义为一个向量的和值,设输入向量 $\boldsymbol{X}_k$ 和值为 $\boldsymbol{S}_{X_k}$, $k\in[0,M-1]$,码字 $\boldsymbol{W}_i$ 的和值为 $\boldsymbol{S}_{W_i}, i\in[0,N-1]$,即 $\boldsymbol{S}_{X_k}=\sum_{j=1}^{K}\boldsymbol{x}_{kj}, \boldsymbol{S}_{W_i}=$

$\sum_{j=1}^{K} \boldsymbol{W}_{ij}$。可以证明

$$d(\boldsymbol{X}_k, \boldsymbol{W}_i) = \sum_{j=1}^{K} (\boldsymbol{x}_{kj} - \boldsymbol{W}_{ij})^2 \geqslant \frac{(\boldsymbol{S}_{X_k} - \boldsymbol{S}_{W_{ij}})^2}{K} \tag{8-19}$$

设当前的最小失真为 $d_{\min}$,并令 $MD = Kd_{\min}$,若有

$$(\boldsymbol{S}_{X_k} - \boldsymbol{S}_{W_i})^2 \geqslant MD \tag{8-20}$$

则根据式(8-19),有

$$d(\boldsymbol{X}_k, \boldsymbol{W}_i) \geqslant d_{\min} \tag{8-21}$$

因此,可以在每次搜索获胜神经元前,预先计算 N 个码字的和值 $\boldsymbol{S}_{W_i}$,$i \in [0, N-1]$,并保存在码书中,同时在搜索获胜神经元过程中预先计算 MD,然后判断码字 $\boldsymbol{W}_i$的和值 $\boldsymbol{S}_{W_i}$是否满足式(8-20),若满足,则码字 $\boldsymbol{W}_i$可以排除,而免去计算失真误差。

为使每个码字向量都能充分利用,算法引入频率敏感因子 μ_i,μ_i初始值均为1,每当输出神经元 i 在竞争过程中获胜 1 次,μ_i加 1,即频率敏感因子为神经元获胜次数。将失真误差修正为

$$\widehat{d_i} = \mu_i d_i \tag{8-22}$$

因此,随着 μ_i的增加,输出神经元 i 再次成为获胜神经元的机会减小,增大了其他神经元的获胜机会,从而提高了算法的收敛速度和性能。

改进的 SOFM 算法步骤如下。

(1) 初始化输入神经元到输出神经元的连接权值 $\boldsymbol{W}_{ij}(0)$,$i \in [0, N-1]$,$j \in [0, K-1]$,可从训练集合中随机选取向量实现。

(2) 计算码书中各码字向量码字 $\boldsymbol{W}_i$的和值为 $\boldsymbol{S}_{W_i}$,$i \in [0, N-1]$。

(3) 计算输入训练向量 $\boldsymbol{X}_k$和值为 $\boldsymbol{S}_{X_k}$,$k \in [0, M-1]$,$\boldsymbol{X}_k$以并行方式输入到每一个神经元。

(4) 根据式(8-19)和式(8-20)给出的不等式判据,搜索与训练向量 $\boldsymbol{X}_k$失真最小的神经元 $\widehat{i}$ 为获胜神经元,按式(8-24)调整码字 $\widehat{i}$ 及 $\widehat{i}$ 的拓扑领域内各码字的权值,其他权值保持不变,即

$$d_{\widehat{i}} = \min_{0 \leqslant i \leqslant N-1} \left| \sum_{j=0}^{K-1} [\boldsymbol{x}_{kj} - \boldsymbol{W}_{ij}(t)]^2 \right| \tag{8-23}$$

$$\boldsymbol{W}_{ij}(t+1) = \boldsymbol{W}_{ij}(t) + \phi(t)[\boldsymbol{x}_{in} - \boldsymbol{W}_{mn}(t)] \tag{8-24}$$

式中:t 为迭代次数;$\phi(t)$为学习速率因子,一般选 $0 < \phi(t) < 1$,以保证算法的收敛。调整后的失真误差按式(8-22)进行调整。

(5) 对所有训练向量,重复步骤(2)~(4),直到算法收敛或达到最大迭代次数。

4. 实验仿真结果及其分析

仍然采用印第安农林高光谱 AVIRIS 图像进行实验。压缩算法框图如图 8－4 所示。

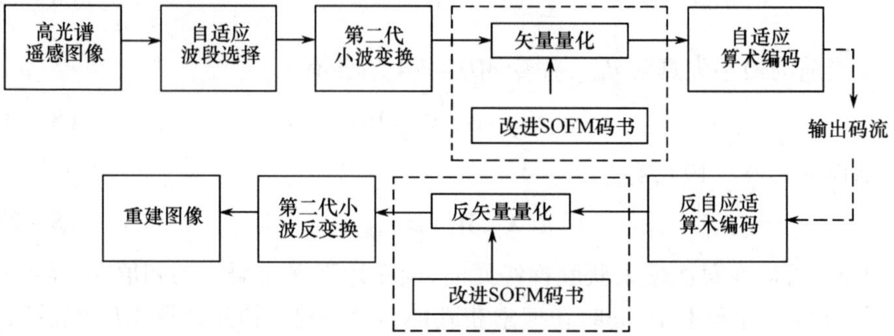

图 8－4　高光谱遥感图像压缩算法框图

本算法首先采用自适应波段选择对高光谱图像进行了降维处理，通过谱间压缩有效地集中了能量分布，可实现较大的压缩比，采用谱间压缩的方法比直接进行矢量量化的方法在运算速度上有了明显提高，但另一方面降维处理为非可逆处理，因此采用谱间压缩使一部分细节信息有所损失并无法恢复，不能实现无损压缩。然后算法对降维后图像进行二代小波变换后矢量量化，分别采用了基本的 SOFM 算法和改进的 SOFM 算法，并与传统 LBG 码书和带中央“死区”的均匀标量量化进行了比较。

随着码书尺寸的增加，训练集合中向量个数的增加，矢量量化失真误差相应减小，残差图像的信息熵也应随之减小，这有利于压缩比的提高。但另一方面，随着码书尺寸的增加，其所占用的存储空间将增大，设计时间也增长，因此，码书尺寸的选择上应根据实际情况确定，实验中选用图像每波段为 145 × 145 像元，因此确定码书尺寸为 128。

图 8－5 所示为基本的 SOFM 算法和改进的 SOFM 算法以及传统 LBG 算法的压缩效果比较的结果，图 8－5(a)是原始图像第 120 波段图像，图 8－5(b)、(d)分别是用传统 LBG 压缩、基本 SOFM 算法和改进 SOFM 算法压缩后图像，3 种方法压缩后图像的主观效果基本相似，都能体现出原始图像的概貌。从重建的压缩图像中，我们可以看到本节方案产生的噪声表现是一种基于整体图像的模糊效果。这是因为在做矢量量化前对图像进行了小波变换，是对全幅图像整体进行的，而且在压缩时采用了周期边界延拓的方式，这样图像就可以很好地和镜像滤波器组相匹配，从而消除了边缘失真，并有效提高恢复图像信噪比。

从表 8－5 的技术统计数据中可以看出，采用改进的 SOFM 算法可以有效减少码书的设计时间，并提高码书性能，实现更好的压缩效果，相对于传统 LBG 算法和基本 SOFM 算法，改进 SOFM 算法在码书设计时间上分别提高了约 82.41%

(a) 原始图像

(b) 传统LBG算法压缩后重建图像

(c) 基本SOFM算法压缩后重建图像

(d) 改进SOFM算法压缩后重建图像

图 8－5　高光谱遥感图像压缩效果图(取第 120 波段图像为例)

和 73.14%，PSNR 值分别提高了约 1.3dB 和 0.7dB。

与带中央“死区”的均匀标量量化相比，各种矢量量化方法在压缩比上有明显提高，其中改进 SOFM 算法约提高了 1.5 倍以上，峰值信噪比方面也明显优于标量量化的效果，只是由于矢量量化码书设计需要一定时间，因此在压缩时间上有较大的牺牲。

表 8－5　高光谱图像压缩不同方法的统计特性

标量量化		码书尺寸	传统 LBG 算法			基本 SOFM 算法			改进 SOFM 算法		
CR	PSNR /dB		CR	PSNR /dB	设计时间 /s	CR	PSNR /dB	设计时间 /s	CR	PSNR /dB	设计时间 /s
		64	2.91	33.922	1052	3.01	34.524	689	3.24	35.258	185
2.03	33.231	128	2.88	35.236	1522	3.11	36.582	805	3.22	37.215	267
		256	2.89	35.650	1793	3.18	36.612	912	3.19	37.229	356

8.2.2　基于提升格式的压缩算法

1. 提升格式

经典的小波提升算法(Lifting Scheme)是一种构造紧支集双正交小波的简单而有效的方法，它不依赖于傅里叶变换，完全在空域完成了对双正交小波滤波器的构造。其主体思想是对一个基本小波进行简单的多分辨分析(分裂)，然后交替地使用对偶提升(预测)和原始提升(更新)来改善其性能，向具有某一特性逐渐逼近(提升)。

由提升格式构造小波变换正、反变换的过程如图 8-6 所示。

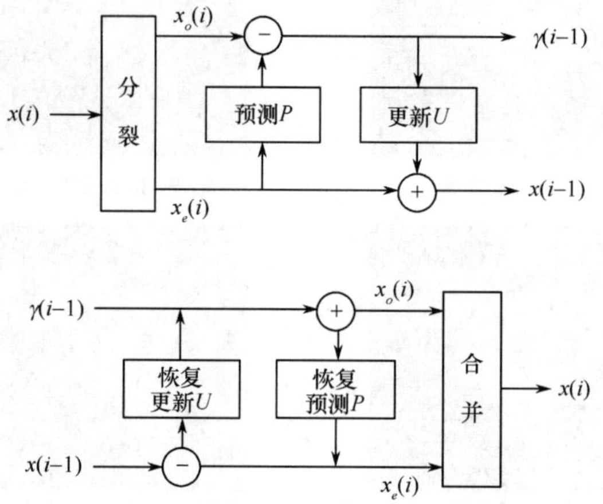

图 8-6　提升格式正变换和逆变换

标准的提升算法由 3 个步骤组成:分裂(Split)、预测(Predict)和更新(Update)。

(1) 分裂。分裂的目的是将原始信号 $x(i)$ 分裂成相互关联却无交集的两个子集 $x_o(i)$ 和 $x_e(i)$,一般情况下不需指定分裂规则及分裂后子集的大小,只需确定如何将 $x_o(i)$ 和 $x_e(i)$ 重构回原来的信号 $x(i)$,通常 $x_o(i)$ 和 $x_e(i)$ 的相关性越强,分裂的效果越好。

最简单分裂通常采用懒小波的方法,即假定相邻数据间有最大的相关性(在实际中也往往是这样),然后按照数据的奇偶序号对原信号进行间隔采样,把信号 $x(i)$ 分裂成奇偶两个集合,$x_o(i)=x(2i+1)$,$x_e(i)=x(2i)$。

(2) 预测。预测也称为对偶提升环节,就是用 $x_e(i)$ 来预测 $x_o(i)$,预测误差如式(8-25)定义。

$$\gamma(i-1)=x_o(i)-P[x_e(i)] \tag{8-25}$$

式中:$P(\cdot)$为预测算子。

这种预测过程是一个可逆过程,即只要选定一种预测算子 $P(\cdot)$,就可以由 $x_e(i)$ 和 $\gamma(i-1)$ 来完全恢复 $x_o(i)$(见式(8-26)),进而恢复信号 $x(i)$。

$$x_o(i)=\gamma(i-1)+P[x_e(i)] \tag{8-26}$$

预测环节主要有两个作用。

① 用紧凑形式来表示原数据。由于原信号 $x(i)$ 一般都具有局域相关性,因此预测误差 $\gamma(i-1)$ 的数值总是要比 $x_o(i)$ 的数值小得多,也就是说用 $x_e(i)$ 和 $\gamma(i-1)$ 来表示信号 $x(i)$,要比用 $x_o(i)$ 和 $x_e(i)$ 来表示信号 $x(i)$ 紧凑得多。

② 在空间域里分离出信号 $x(i)$ 的高频分量预测时，由于用过 $x(2i+1)$ 和 $x(2i)$ 两点的一条平滑曲线（即低次插值多项式）来预测的中间点 $x(2i+1)$，这时平滑意味着低频，而预测误差 $\gamma(i-1)$ 则意味着信号 $x(i)$ 的高频分量。

(3) 更新。更新也称为原始提升环节，就是要用 $\gamma(i-1)$ 来处理 $x_e(i)$，以使得处理后的 $x_e(i)$（记为 $x(i-1)$）只包含信号 $x(i)$ 的低频成分，如式(8-27)。

$$x(i-1)=x_e(i)+U[\gamma(i-1)] \tag{8-27}$$

式中：$U(\cdot)$ 表示更新算子。

此过程，就是要使 $x(i-1)$ 的包络线成为信号 $x(i)$ 的一条平滑拟合曲线，从数学上来说，就是要使 $x(i-1)$ 与 $x(i)$ 具有相同的低阶消失矩（即相同的直流分量）。

不论是预测还是更新，都可称为是一个提升环节，而且全过程完全可逆。

2. 提升小波的构造方法

红—黑变换和梅花形网络。Uytterhoeven 和 Bultheel(1998) 最早提出用梅花形网格表示提升算法的红—黑小波变换。首先将一幅图像看作二维信号，如图 8-7 中将其间隔取样地分为形如梅花形网格，将原信号分为浅色像元点和深色像元点两部分，这种分割方式也可以称为“棋盘”或“浅—深”分割，它是一种更为简单也非常接近于提升格式中的分裂步骤。将浅色像元点用作预测深色像元点，同时用深色像元点所携带的细节信息更新浅色像元点。

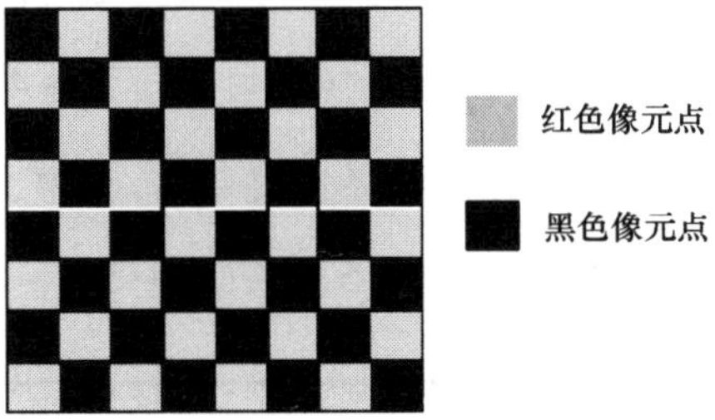

图 8-7　矩阵网格分解为梅花形网格

第二级预测和更新滤波器由式(8-28)和式(8-29)给出：

$$P_x(i,j)=[x(i-1,j)+x(i,j-1)+x(i+1,j)+x(i,j+1)]/4, i\bmod 2\neq j\bmod 2 \tag{8-28}$$

$$U_x(i,j)=[x(i-1,j)+x(i,j-1)+x(i+1,j)+x(i,j+1)]/8, i\bmod 2=j\bmod 2 \tag{8-29}$$

Neville 滤波器是一种经典的滤波器结构，它是将多项式抽样应用于一个网格而产生一个同样的多项式结构，对于滤波器组和使用提升算法的小波分析的结构是至关重要的。一些著名的滤波器如 Coiflets 和 Deslauriers-Dubuc 滤波器都适用于 Neville 滤波器结构。

用于梅花形网格的预测滤波器和更新滤波器通常表示如下：

$$P_x(i,j) = \sum_{(n,m)\in S_{\overline{N}}} a_{\overline{N}}(n,m)x(i+n,j+m), i\bmod 2 \neq j\bmod 2 \quad (8-30)$$

$$U_x(i,j) = \sum_{(n,m)\in S_N} a_N(n,m)x(i+n,j+m)/2, i\bmod 2 = j\bmod 2 \quad (8-31)$$

式中：$S_{\overline{N}}$和 S_N均为$\{(n,m)\in \mathrm{Z}^2 \mid (n+m)\bmod 2=1\}$的一个子集；$a_{\overline{N}}(s), s\in S_{\overline{N}}$为实数域内的一组小波系数。$S_N$中的 N 值对应于所使用的滤波器原始的 N 阶消失矩，然后把 S_N中含有相同系数的几个元素放在一起作为它的子集，如式(8-32)中所示。

$$\begin{aligned}
V_1 &= \{(+1,0),(0,+1),(-1,0),(0,-1)\} \\
V_2 &= \{(+1,+2),(-1,+2),(-2,+1),(-2,-1), \\
&\quad (-1,-2),(+1,-2),(+2,-1),(+2,+1)\} \\
V_3 &= \{(+3,0),(0,+3),(-3,0),(0,-3)\} \\
V_4 &= \{(+2,+3),(-2,+3),(-3,+2),(-3,-2), \\
&\quad (-2,-3),(+2,-3),(+3,-2),(+3,+2)\} \\
V_5 &= \{(+1,+4),(-1,+4),(-4,+1),(-4,-1), \\
&\quad (-1,-4),(+1,-4),(+4,-1),(+4,+1)\} \\
V_6 &= \{(+5,0),(0,+5),(-5,0),(0,-5)\} \\
V_7 &= \{(+3,+4),(-3,+4),(-4,+3),(-4,-3), \\
&\quad (-3,-4),(+3,-4),(+4,-3),(+4,+3)\}
\end{aligned} \quad (8-32)$$

图 8-8 以消失矩 N 为 4 的 Neville 滤波器(记作 Neville 4 滤波器)为例，其中数字 1、2 分别对应于 V_1和 V_2相应位置的滤波器系数值，图 8-8(a)所示滤波器是将梅花形网格的信号转换为矩形网格的信号，图 8-8(b)所示的滤波器则是图 8-8(a)所示滤波器经 45°旋转而成，它可将矩形网格信号转换为梅花形网格信号。这种变换在水平方向和垂直方向都是对称的。

表 8-6 所列为梅花形网格的 Neville 滤波器对应不同 N 值(2~8)时所有的 $a_N(s),(s\in V_k)$。当 $N=2$ 时简化为前面提过的红—黑变换，当 $N=8$ 时表明 $S_8=V_1+\cdots+V_7$。

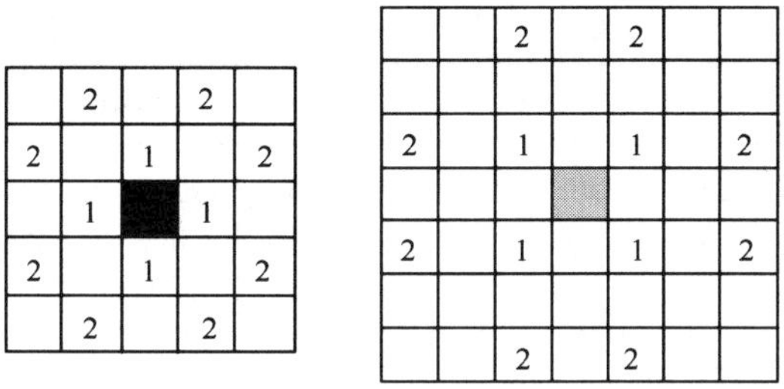

(a) 矩形网格　　(b) 梅花形网

图 8－8　Neville 4 滤波器分解

表 8－6　梅花形网格的 Neville 滤波器系数

N 值	V_1	V_2	V_3	V_4	V_5	V_6	V_7
2	1/4	0	0	0	0	0	0
4	10/32	－1/32	0	0	0	0	0
6	$87/2^8$	$-27/2^9$	2^{-8}	$3/2^9$	0	0	0
8	$5825/2^{14}$	$-2235/2^{15}$	$625/2^{16}$	$425/2^{15}$	$-75/2^{16}$	$9/2^{16}$	$-5/2^{12}$

3. 实验仿真结果及其分析

本算法分别采用了提升格式和传统二维小波两种方法，进行了在不同压缩比下的无损压缩和有损压缩的比较。从图 8－9 可以看出提升格式的压缩效果与传统二维小波的压缩效果比较的结果，图 8－9(a)所示为原始图像第 120 波段，图 8－9(b)所示为用传统二维小波压缩后的第 120 波段图像，图 8－9(c)所示为用提升算法压缩后的第 120 波段图像，两种方法压缩后图像的主观效果基本相似，都能体现出原始图像的概貌。而从表 8－7 的技术统计数据中可知，在等压缩比(CR)时，提升算法的峰值信噪比(PSNR)值均高于传统二维小波所得出的值，平均提高了 6%，具有更高的压缩性能，且运算速度快，构造方法也明显优于传统的二维小波方法。另一方面通过谱间压缩有效地集中了能量分布，可

(a) 原始图像　　(b) 传统二维小波压缩　　(c) 提升小波压缩

图 8－9　高光谱遥感图像压缩效果图(以 $CR=4$ 为例，取第 120 波段)

表 8-7 高光谱图像不同压缩方法的统计特性

预定 CR		1		4		10		20	
	原始图像	二维小波	提升算法	二维小波	提升算法	二维小波	提升算法	二维小波	提升算法
M/bit	2522.8	3222.7	3250.3	3520.9	3490.8	3871.2	3672.7	4023.7	4023.1
实际 CR		1.21	1.03	4.4	4.12	10.33	9.98	20.379	20.325
PSNR/dB		40.562	43.231	36.120	38.520	35.879	37.460	34.755	36.254

实现较大的压缩比,采用谱间压缩的方法比直接进行提升格式压缩的方法在运算速度上有了明显提高,但采用谱间压缩使一部分细节信息有所损失。

8.3 本章小结

(1) 基于 SVM 的波段选择方法。该方法利用支持向量机训练判决函数和选取支持向量,并对支持向量机判决函数进行敏感度分析,同时对数据源进行子空间划分将高光谱数据的波段划分为若干个连续的部分,结合敏感度分析结果和子空间划分结果来实现有效的波段选择。这样的波段选择方法避免所选取的波段过于集中,确保了选取的波段覆盖较宽的范围以减小冗余和携带更多的信息,从而较大幅度地提高了分类精度,同时有利于波段选择后数据的其他后续应用。子空间划分方法同样可以应用于其他类似波段选择算法,具有一定的通用性,从而更有研究意义和应用价值。

(2) 基于端元选择的波段选择方法。在深入探究端元选择与波段选择之间的关系的基础上,将 3 种典型的端元选择应用于波段选择之中。理论和实验共同表明这种转化的方法是有效的,尤其是基于 N-FINDR 算法的波段选择方法取得了令人满意的效果。这样,可以充分利用现有的端元选择方法来构造有效的波段选择方法,为高光谱图像的分析提供更多更有效的理论工具。值得注意的是,由于原理上的限制或复杂性上的约束,并不是所有的端元选择都可以应用于波段选择,在实际应用中必须从理论和实验的角度认真加以分析。另外,本章所建立的几种波段选择方法容易受到噪声的干扰,因此,在算法实施之前对高光谱数据进行相应的预处理是非常必要的。除了本章提到的几种典型算法的移植之外,现有的其他端元选择算法和未来的新端元选择算法都有待于进行该方面的探究。

(3) 基于矢量量化和自适应波段选择相结合的压缩方法。采用自适应波段选择的谱间压缩算法可以明显提高压缩比,但谱间压缩会损失原始图像的一些重要特征和细节信息且为非可逆处理,无法实现无损压缩。在空间压缩上采用第二代小波变换后进行矢量量化和自适应算术编码,用改进的 SOFM 算法进行矢量量化的码书设计,由于神经网络具有较强的容错性,可解决矢量量化中非典型向量的匹配问题,而改进的 SOFM 算法提高了码书的训练速度和性能。本算法与利用传统的 LBG 算法进行码书设计相比,具有更好的压缩效果。

(4) 基于提升格式的高光谱遥感图像压缩方法。第一代小波变换是一种不受带宽约束并且时频特性优良的图像压缩方法,因此自问世以来一直是图像压缩的热点方法之一。但由于其构造复杂,计算量大,在研究中受到很多限制。由提升算法构造出的第二代小波变换与第一代小波变换相比容易构造,逆变换和正变换之间的关系简单,只需将正变换的顺序倒过来,用计算机实现非常方便,另外提升格式可以容易地以整数形式实现。因此可以较方便地实现医学图像、军事遥感图像等的无损压缩。采用谱间压缩的方法可以明显提高压缩比,但谱间压缩会损失原始图像的一些重要特征和细节信息。采用梅花形网格构造提升算法来进行空间压缩,提升算法不仅具有构造简单、速度快等特点,而且在实际压缩效果上也要优于第一代小波变换,在等压缩比下所得的峰值信噪比均优于传统的二维小波变换。

参 考 文 献

张凌雁. 2005. 高光谱遥感图像的压缩算法研究. 哈尔滨:哈尔滨工程大学硕士学位论文.

Devijver P A, Kittler J. 1982. Pattern Recognition: A Statistical Approach. Englewood Cliffs, NJ: Prentice-Hall.

Gu Yanfeng, Zhang Ye. 2003. Unsupervised subspace linear spectral mixture analysis for hyperspectral images. Image Processing, 1: 801 - 804.

Hubert M, Rousseeuw PJ. ,Vanden Branden K. ROBPCA. 2005. a new approach to robust principal component analysis, Technometrics, 47(1): 64 - 79.

Hermes L, Buhmann J M. 2000. Feature selection for support vector machines. Pattern Recognition, 2(3 - 7):712 - 715.

Uytterhoeven G, Bultheel A. 1998. The red - black wavelet transform. Proceedings of IEEE Benelux Signal Processing Symposium, 3:191 - 194.

Webb A. 1999. Statistical Pattern Recognition. Arnold.

第 9 章　高光谱遥感应用简介

9.1　农　业

目前,高光谱遥感已经全面应用到小麦,水稻,大豆,玉米等农作物(滕安国等,2009)。高光谱技术作为简便、快速、低成本、非损伤性光谱分析技术,在农业生产应用中备受关注,主要应用在作物长势监测与估产、营养诊断与施肥、农产品质量和安全检测等多个方面。近年来,高光谱在农业领域的应用研究主要集中在以下几个方面:粮食作物方面,有小麦、水稻、大豆、玉米等;农产品方面,有水果和畜产品等;经济作物方面,有棉花、茶叶和烟草等。

9.1.1　小麦

利用遥感技术建立小麦生化指标与高光谱之间的联系。2000 年,Daughtry C 等运用作物冠层的反射光谱进行了冠层叶绿素含量等的评价,2004 年,黄文江等运用结构不敏感植被指数[$SIPI = (R_{800} - R_{445})/(R_{800} - R_{680})$]来反演作物冠层的色素比值含量。随着研究的深入,更多的影响高光谱变化的因素都逐渐被考虑进来。2008 年,冯伟等以不同年份、品种类型、施氮水平的田间实验为基础,综合分析了小麦叶片色素含量与冠层高光谱参数的定量关系,并比较分析了多种高光谱参数估算叶片色素含量的效果,提出红边位置 REPLE 可以较好地监测叶片叶绿素 a 和叶绿素 a + b 含量,红边位置 REPIG 相对较好地监测叶绿素 b 含量。在这个实验条件下,冯伟等还用与色素特征指数[$(R_{750-800}/R_{695-740}) - 1$ 和 VOG2,$VOG2 = (R_{734} - R_{747})/(R_{715} + R_{726})$]和水分指数(如 FWBI、Areal190)相关的特征光谱参数,有效地评价小麦叶片糖氮比的变化状况。除了研究高光谱与小麦传统指标的关系外,也有学者尝试单独应用高光谱分类、匹配等技术。2006 年,王长耀等用 MAIS 成像光谱仪对河北栾城的小麦品种识别进行了特征选择和分类研究,利用 Fuzzy - Artmap 分类器及选出的最佳波段对成像光谱数据进行了分类,能区分出 4 种小麦品种,小麦的总体分类精度超过 97%。除了研究不同品种外,2008 年,王小平等研究在不同密度下处于不同生长时期(孕穗期和乳熟期)春小麦的冠层、叶片高光谱时,发现不同品种春小麦冠层和叶片光谱存在一定差异,叶片光谱在近红外区的差异较明显,但不同种植密度的春小麦冠层和叶片光谱波形相似,从而说明可以利用近红外波段处的差异和波谱的相似性来区别春小麦品种。用高光谱技术评估小麦病虫害和冻灾损失程度，也是当前高光谱技术应用的一个重要方向。2004 年，乔红波在不同生育期内对不同危害水平的冬小麦麦蚜、白粉病冠层光谱进行测定，发现不同虫情、病情反射率的一阶导数（First Derivative）变化明显，而红边位移不明显。2007 年，江道辉等用襄樊地区实测获取的受条锈病影响的小麦高光谱数据，利用回归分析的方法，建立了受条锈病影响的小麦叶绿素含量与其高光谱的关系模型。经验证，模型有较好的精度。2008 年，李章成等发现霜冻胁迫对叶片造成了显著的危害，导致叶片叶绿素含量减少，形成高光谱差异，红边位置与冻害程度有着显著的负相关，且蓝移现象明显。无论是研究小麦高光谱反射率与生理参数变化的联系，还是单独研究不同种类、处于不同生长时期的小麦高光谱特点，这些研究都可为以后用高光谱反演小麦生化指标提供参考，也可为日后空中大面积施肥配药时智能识别小麦种类等农业精细化操作提供参考。而像受灾等异常情况下小麦高光谱与常态的不同，以及在受灾前高光谱变化特征，对准确预报和预防灾害有着重要价值。

9.1.2 水稻

近年来国内对水稻的高光谱研究也很多，主要是以水稻的冠层、叶片及穗等为研究对象，通过品种、供氮水平和生长期等研究条件的差异，以叶面积指数（Leaf Area Index，LAI）、植被指数（Vegetation Index，VI）进行表征。植物叶面在可见光红光波段有很强的吸收特性，在近红外波段有很强的反射特性，这是植被遥感监测的物理基础。通过这两个波段测值的不同组合可得到不同的植被指数和叶绿素密度（Chlorophyll Density，CH. D）等为研究手段，从而研究蛋白含量、色素与高光谱的关系，或者前面提到的各个要素之间的高光谱关系。通过这些研究，让高光谱技术在水稻上应用有了可能。对于氮素胁迫、稻田土壤被铅化或虫害后稻白穗等异常情况下的水稻高光谱特征已经有了报道，通过这些研究可以在很短时间内观测氮素过量与否、稻田污染与否以及鉴别水稻是否被虫害，这些对生产更具有实际意义。

9.1.3 大豆

在研究植物与高光谱关系时，经常提到叶绿素（植物色素，其功能为在光合作用中吸收太阳辐射能，陆地植物主要含叶绿素 a 和 b），主要是因为叶绿素能够间接反映植被的健康状况与光合能力，以及反映受环境中多种因素胁迫后的生理状态。2006 年，宋开山等测量了大豆冠层的高光谱反射率与叶绿素含量数据，并对二者进行了相关分析，然后采用叶绿素敏感波段建立植被指数叶绿素估算模型，最后用相关系数较大的波段作为神经网络模型的输入变量进行叶绿素含量的估算。其中植被指数（VI）包括：比值植被指数（Ratio Vegetation Index，

RVI)、第二修正比值植被指数(Modified Second Ratio Index,MSRI)、修改型二次土壤调节植被指数(MSAVI2)、归一化植被指数(Normalized Difference Vegetation Index,NDVI)、再归一化植被指数(Renormalized Difference Vegetation Index,RDVI)、土壤调和植被指数(Soil Adjusted Vegetation Index,SAVI)、修改型二次土壤调节植被指数(MSAVI)等。由于 LAI 与叶绿素含量之间具有很好的相关性,所以 LAI 大小就能间接说明叶绿素含量。2008 年,黄春燕等用 RVI 所构建的幂函数[$y = a \times x^b$],用 MSAVI 所建的指数函数[$y = a \times \exp(b/x)$]、对数函数[$y = a + b\ln(x)$]产生的大豆 LAI 估测模型(即为拟合方程)相关系数均在 0.9 以上,均方根误差均在 0.24 以下。

9.1.4 玉米

在研究玉米高光谱时,除了研究高光谱反演色素外,学者开始从玉米的实用角度考虑高光谱。当玉米作为青贮用时,即像苜蓿一样,我们考虑更多的是粗蛋白含量。2005 年,石云鹭等分析青贮玉米粗蛋白含量的变化与各个生育期之间的变化联系,建立粗蛋白含量高光谱反演的方法。同年,易秋香也对玉米进行了较完整的高光谱研究,分别建立了玉米主要农学参数(包括:氮含量、粗脂肪含量、粗纤维含量、色素含量)的最适高光谱估算模型,这些模型的相关系数均较高。

除了以上的应用,高光谱技术正逐渐代替高效液相色谱法(High Performance Liquid Chromatography,HPLC)、质谱法(Mass Spectrometry,MS)等传统检测方法,在食品质量和安全方面发挥越来越大的作用。高光谱在水果检测方面的应用研究很多,主要集中在水果的产量、破损和坚实度检测方面。高光谱在畜产品应用方面,主要有食品安全和肉质两个大的研究方向。高光谱在茶叶、烟草和棉花等经济作物的检测方面也有一定的应用。

9.2 森　林

高光谱遥感在森林方面的应用包括森林调查、森林生化组成与森林健康状态研究、森林灾害分析、外来物种监测,等等(谭炳香等,2008)。高光谱遥感已应用在森林制图、森林资源调查、森林面积测算、生物化学和物理因子估测等方面。从高光谱遥感数据中可能提取的森林信息主要包括森林生物物理和生物化学参数、森林健康状况因子等。

9.2.1 森林调查

森林调查通常采用常规的地面样地方法或图像解译等手段来完成。在过去 30 年里,大面积的应用遥感数据(如 TM、SPOT)进行了森林资源调查实践,但是，由于多光谱遥感光谱分辨率的局限性，以及所用遥感数据在空间上和时间上的不确定性，所获得的森林信息受到数据精度、完整性和详细程度的限制。高光谱遥感能提供较好的、相融的、准确的森林信息测量数据，这一点对生产高质量的林产品调查是至关重要的。高光谱数据可用来较高精度地估计一些森林生物物理参数，如森林类型、叶面积指数、郁闭度或覆盖度等。

1. 森林类型的识别

高光谱遥感能够提高森林物种的分类精度，利用高光谱数据分类可以获得更准确的森林物种分布图，许多研究已充分说明这一点。1998 年，Martin M 等结合不同森林树种之间特有的生化特性以及高光谱 AVIRIS 数据和簇叶化学成分之间建立的关系鉴别出 11 种森林类型，认为应用高光谱遥感技术可将森林类型分得更细，这主要是由生化物质控制的植被反射光性质决定的，而常规宽波段遥感数据要反映这种细微的光谱差异几乎不可能。1998 年，宫鹏等利用实地测得的光谱数据来识别美国加利福尼亚州的 6 种主要针叶树种，证明了高光谱数据具有较强的树种识别潜力，认为对高光谱数据进行简单的变换能够有效地改善识别精度，识别针叶树种最好利用波段宽为 20nm 或更窄一点的光谱数据。1999 年，Davison D 等对 CASI 高光谱数据监测加拿大安大略湖森林参数的能力进行了评价，结果显示 CASI 高光谱数据具有区分主要树种的能力。2002 年、2003 年，Goodenough D 等利用 Hyperion、ALI 和 ETM 三种遥感数据对加拿大维多利亚地区的 5 种森林类型进行了分类，相应的分类精度分别为 92.9%、84.8%、97.5%，说明高光谱遥感数据具有更强的森林类型识别能力。2007 年，陈尔学等利用 Hyperion 高光谱数据和地面观测数据，对国外发展的几种先进的高光谱统计模式识别方法进行了比较评价研究，结果显示对高光谱数据进行降维处理，并采用二阶统计量估计方法，进而应用将空间上下文信息和光谱信息相结合的分类算法，如 ECHO，可以有效提高森林类型的识别精度；然而，必须看到也有高光谱遥感不能识别的植被类型，这就需要调查者进行实地调查。

2. 叶面积指数(LAI)估测

过去应用遥感方法估测森林 LAI 的研究主要局限于一些相对较宽波段的多光谱数据。大部分研究致力于找出 LAI 与从遥感数据中提取的各种植被指数的一些简单统计关系来估计 LAI，精度不高。原因之一是宽波段遥感数据中往往混有相当比例的非植物光谱，致使各种植被指数与 LAI 的关系不紧密；而这种非植被光谱在高光谱遥感数据中采用光谱微分技术可以得到压抑，从而提高遥感数据与 LAI 的相关性。1994 年，Gong P 等利用 CASI 高光谱数据对美国俄勒冈州针叶树林的 LAI 成功地进行了实验性预测。1997 年，张良培等利用高光谱对生物变量进行了估计研究，认为利用对光谱信号进行一阶导数的运算能够对混合光谱中土壤光谱信号进行压缩，从而得到更能客观地反映实际的生物指数，如

LAI 等。2000 年,浦瑞良等利用 CASI 数据,采用变量相关、基于植被指数的估计方法和多元回归预测方法估算森林 LAI,结果发现逐步回归不失为一种预测精度较高的方法;在单变量回归分析中,LAI 与 NDVI 之间的双曲线关系是估计 LAI 的最适方法。2004 年,Gong P 等利用 3 种遥感数据对阿根廷巴塔哥尼亚半干旱地区的森林植被 LAI 进行了估测,采用逐步回归方法选择与 LAI 关系密切的光谱波段,然后建立各波段与 LAI 的多元回归方程。经检验证明,AVIRIS 的 LAI 估测精度最高,其次为 Hyperion,LAI 的估测精度最低,其中中心波长为 820、1040、1200、1250、1650、2100、2260nm 的波段估测 LAI 最有潜力。

3. 郁闭度信息提取

森林郁闭度对森林生态系统研究和森林经营管理是非常重要的。常规的森林郁闭度估测是通过野外调查和航片判读技术获得。这种方法劳动强度大、费时费力、成本高。遥感技术的推广应用,特别是高光谱遥感的出现给地区尺度以至大区域进行森林郁闭度估测提供了有力的工具。2000 年,浦瑞良等对定标的 AVIRIS 图像进行光谱混合像元分解提取的森林郁闭度信息分量图比红外航片判读值高出 2% ~3% ,且郁闭度分布比较合理,说明从高光谱图像数据中用光谱混合模型方法提取森林郁闭度信息是可靠的。2004 年,Pu R 等利用小波变换的 Hyperion 图像,通过逐步回归方法选取与森林郁闭度关系紧密的变量,然后建立与郁闭度的多元回归关系,估测精度能达到 85% ,可满足生产需要。2004 年,Lee K 等通过建立 LAI 与光谱反射之间的相关关系,估测了高郁闭森林的 LAI,认为短波红外的光谱反射可能是提高光学遥感数据估测高郁闭森林 LAI 潜力的重要因子。2006 年,谭炳香等利用森林资源 3 类调查数据,比较评价了基于光谱特征选择、光谱特征提取的多元统计回归估计方法。验证结果表明:这两种方法都可以达到 85% 以上的郁闭度估测精度,光谱特征提取法精度略高于基于光谱特征选择法。

9.2.2 森林生化组成与森林健康状态

高光谱遥感技术的出现使从遥感数据提取生物化学参数成为可能。在区域以至全球尺度上提取生物化学信息,这对于研究和理解生态系统过程诸如光合作用,碳、氮循环以及林下凋落物分解速率,描述和模拟生态系统都是十分重要的。从高光谱遥感数据中能提取林冠生物化学组成成分,如叶绿素 a 和 b、氮元素、木质素、含水量等,这些估测的化学成分与林木体内特殊化学元素的浓度有关,也与随之测出的森林总的健康状况有关。一些研究工作显示:可以用机载传感器携带的窄波段监测森林衰落中的针叶树种的早期损害;在混合针叶林分中,用远视场窄波段光谱仪能成功地监测不可见的除草剂导致的植物的不可见胁迫损害。有报告指出判断临界光谱区的窄波段的反射是遥感应用于森林冠层受害监测的基础。由于具体的生物化学元素的消长,可能会导致测定的森林健康状况和因此而产生的收益精度不高，所以，林木受损分布图可以为可持续的森林经营管理实践提供有价值的方法和依据。如，像氮素这种特殊化学元素的估测可用在精准林业的实际作业中，而肥料只能用在那些氮素缺乏的林区；对新开采矿山地周围的林区进行环境监测和评价，使用高光谱影像（HYMAP），通过监测一定时期内当地林木化学元素的浓度来完成。1989 年，Wessman C 等指出航空成像光谱仪 AIS 的辐射数据与针阔纯林的冠层木质素、有效氮之间存在显著相关。1994 年，Johnson L 等分析了在美国俄勒冈州中西地区林分的 AVIRIS 高光谱数据和相应林分冠层生化特性变化的关系，指出冠层含氮量和木质素的变化与选择的 AVIRIS 波段数据变化存在着对应性关系，但他们也发现 AVIRIS 数据与淀粉含量没有显著关系。1994 年，Matson P 等使用 AVIRIS 和 CASI 数据证实冠层化学成分携有多种气候区生态系统变化过程的信息，并建议此类信息可从高光谱数据中得到估计，他们发现中心波长在 1525nm ~ 1564nm 的一阶微分光谱数据可用来描述冠层中氮量的变化。1997 年，浦瑞良等利用 CASI 高光谱数据估计森林簇叶化学成分浓度，对于叶绿素，最佳的 R^2 值来自二阶微分光谱的三项式回归方程（$R^2=0.944$），此方程包含的中心波长分别为 748nm、507nm、735nm；对于全氮的最佳 R^2 值来自一阶微分光谱的三项式方程（$R^2=0.933$）中心波长分别为 780nm、764nm、566nm；这结果表明，光谱微分技术能明显地改善森林簇叶化学成分的估算精度。1994 年，Datt B 等对几种桉树叶片的可见—近红外反射光谱特性进行研究，较好地改善了叶绿素含量估计偏差，结果显示，波长 710nm 处的反射光谱对叶绿素含量具有最高灵敏度；在 550nm 处的反射光谱对叶绿素含量的灵敏度次之。对几个反射光谱指数的测试发现，作为一种针对较高植株叶绿素含量的遥感估计参数，比值（$(R_{850}-R_{710})/(R_{850}+R_{710})$）的效果最好；一阶导数光谱的比值 D_{1754}/D_{1704} 和红边位置与叶绿素含量的相关性最好；二阶反射光谱导数的比值 D_{2712}/D_{2688} 对于叶绿素含量同样是一个最好的参数。

9.2.3 森林灾害

对想要做出决策减少环境恶化和木材损失的管理者来说，森林灾害监测是迫在眉睫的事情。森林灾害包括林木疾病、害虫的侵袭和火灾。高光谱遥感影像能在虫害侵袭早期监测重点受害林木，能够尽早抗击害虫攻击。然而，因为害虫和病原体具有生理调节能力，所以多光谱遥感图像往往缺乏监测林冠反射的细微变化的灵敏性。林冠的林下叶层阴影部分可作为环境变化影响林冠健康状况的指示剂，这是一个早期的预警，该林分环境的变化涉及诸如土壤表面 CO_2 的流失、酸化、氮的有效性和土壤含水量等。高光谱影像可以使森林分类更精确，这个精度与观测到的高光谱信息对林下叶层反射系数的影响有关。森林火灾监测的主要问题是获得对火灾边界数据的实时更新。2000 年，Jerred B 指出燃烧着的植被的光谱信号有大约 767nm 的细小脉冲，这是由燃烧的钾元素引起的，可以用来监测活立木燃烧的面积。因为这种脉冲波长极短,它只能通过高光谱遥感图像来获得。林冠含水量是一个主要指标,也是林火通过林冠向外蔓延能力的决定因素。该水分含量也可用高光谱影像的近红外短波区域内水分的吸收特征来测量。此外,研究发现,水蒸气与二氧化碳混合物的吸收峰值在1.400nm附近,可作为火灾前沿的一个可信的指示指标。

9.2.4 外来物种监测

通过高光谱遥感图像还可以绘制外来物种入侵图。非本国物种的入侵对全球生物多样性和生态系统的维护构成了重大威胁。多光谱遥感只能在入侵物种的数量造成密度上升、范围扩大时才能监测。相对于这种多光谱遥感而言,高光谱遥感能够充分利用生化物质,并以入侵者为目标,按其入侵方式,在入侵的早期阶段提供一个潜在增强的入侵物种图,这大大有利于入侵物种扩张的控制和减少破坏性。许多研究都已表明支持这种结果。

9.3 草　地

高光谱遥感在草地方面的应用包括草地生物量估算、草地种类识别、草地化学成分估测等方面(周磊等,2009)。草地既具有保护环境、维护生态环境平衡的功能,同时草地生态系统是整个生态系统安全的保障,对农业生态系统、森林生态系统具有重要的支持和促进作用。植被冠层的理化特性在一定程度上控制着植被的初级生产力。对草地植被进行遥感监测的基本原理就是利用草地植被冠层的光谱特征,即植被在可见光部分有较强的吸收峰,近红外部分有较强的反射峰,对这些敏感波段进行各种处理得到的数据,可以用来反映植被的各种信息。随着高光谱遥感的出现,有更多的波段进行组合,从而能够对草地信息进行更加准确的估测。

9.3.1 草地生物量估算

在一个更为宽泛的范围来说,植被的生物参量主要是指用于陆地生态系统研究的一些关键变量,包括叶面积指数、光合有效辐射吸收率、生物量、植被覆盖度等。其中,叶面积指数是最重要的结构参数,既是地表蒸散模型的重要输入参数,又是决定生物量和产量的关键因子,因而一直是遥感估计生物物理参量的焦点。叶面积指数的一般定为单位地表面积上的所有叶子面积之和,或是定义为单位地表面积上的所有叶片向下投影的面积之和。光合有效辐射吸收率是确定净初级生产力、干物质累计和作物产量的重要变量,也是陆地表面能量收支和陆地—大气交换水文学模型的重要参数。生物量也是研究生态系统的重要参数之一,是指地表面积上的所有植物体质量的总和,通常指干物质的重量。覆盖度是用与度量植被分布稀疏程度、冠层展开程度的一个量,其值在0、1之间。以上是关于生物参量的说明,而这些生物参量的反演主要集中在叶绿素反演、叶面积指数反演和水分含量反演。关于这些内容,童庆禧先生在他的文章中论述较为详尽,这里不再多谈。

草地植被的生物量监测是草地资源合理利用的重要依据。能够准确及时地获取区域牧草产量以及随时间、空间变化的特征是实现合理、高效、持续利用草原资源和判断草地生态系统完整性和可持续性的关键,也是保护和管理草原的重要条件。测量草地的生物量经常用到的参数是NDVI、"红边"(REP),随着高光谱遥感的出现,NDVI有更多的可选择波段来表征植物信息,但对土壤和大气环境的变化太敏感,而"红边"则更稳定。精确地估测草地的可食牧草量,从而可以合理控制牲畜量,维持草畜的动态平衡。刘占宇等用高光谱模型的方法进行草地生物量的估算,通过比较单变量线性、非线性回归模型和逐步回归模型的估算精度,确定了以5个原始高光谱波段变量的逐步回归模型为最优模型,估计标准差为0.404kg/m^2,估算精度为91.62%。Moses等通过比较偏最小二乘回归(PLS)、NDVI、红边位置3种方法对高光谱数据进行处理,从而比较3种方法对草地的生物量估算精度,最后证明偏最小二乘回归的精度最高,虽然它是基于经验模型,但相对于单变量的高光谱指数(NDVI、REP),PLS回归还是一个比较好的方法。用NDVI估算生物量,当植被盖度比较高时,会出现比较大的偏差。Onisimo等针对这一问题提出了一种新的方法。在实验可控条件下,用分光光度计得到植物在波长550nm~750nm光谱反射曲线,经过连续去除法,得到波长深度的4个指数,即波长深度(BD)、波长深度比值(BDR)、归一化波长深度指数(NBDI)、归一化波长深度面积(BNA),并进行了生物量估算,相关系数分别为0.81、0.83、0.86和0.85,而用宽波段的NDVI估算的生物量的相关系数为0.31和0.32(Onisimo M等,2004)。Abdullah等(2004)发现WBI = R_{970}/R_{990}对燃烧过的半干旱地区天然草地的4个理化特性(鲜质量、干质量、水分含量和植物叶面积指数),有很好的指示作用,与草地生物量有很高的皮尔森相关系数。以上几个利用高光谱数据进行草地生物量估测的实例,都取得了比较高的精度,但使用的高光谱数据都是地面数据,还没有真正实现从高光谱图像上进行生物量的估算。

9.3.2 草地种类识别

高光谱遥感数据能大大提高对植被的识别和分类精度,人们可以从众多的窄波段中筛选那些对植物类型光谱差异明显的波段,利用筛选的少数几个窄波段对植物类型进行识别与分类。也可以采用一些数据压缩技术,重新组合几个综合波段,充分利用植被的光谱信息,这对植被识别与分类精度的改善必将大有帮助。高光谱遥感对草地种类识别的主要目的是监测草地的退化程度,草地退化已经成为草地畜牧业可持续发展所面临的最严重的问题。草地退化将会对气候、环境、地方经济产生重要影响。目前监测草地退化主要还是基于植被指数变化的方法,但是植被指数容易受到环境变化的影响,从而不利于草地监测。因此,更有效的途径应该是找到表征草地退化的指示种的特征波段,从而实现在高光谱图像上进行识别。2001 年,GSchmidt K 等利用分光光度计,运用统计分析、包络线去除分析、距离分析等方法,验证了黄背草(Themeda triandra)、信号草(Hyperthelia dissoluta)、大黍(Panicum maximum)、珊状臂形草(Brachiaria brizantha)、匍匐型兰草(Dichanthium insculpta)等 8 种草在实验室条件下可以区分,并用同样的方法对高光谱图像提取的波谱信息进行分析、比较。结果表明,8 种草同样具有可分性。这些差异将为草地种类的遥感分类提供理论依据。Yamano 等用波谱分辨率是 3nm 的分光计,测量内蒙古锡林郭勒地区芨芨草(Achnatherum splendens)、小叶锦鸡儿(Caragana microphylia)、大针茅(Stipa grandis)和羊草(Leymus chinensis)4 种草的光谱特征,然后对光谱曲线进行内插到 2nm,用 Savitsky - Golay 最小二乘法、修正权重函数、标准化因子进行 3 次平滑去噪声,发现小叶锦鸡儿在 670nm 和 720nm 波长附近峰区,与其他 3 种草有不同的特征,利用该特征可以有效地将小叶锦鸡儿从其他 3 类草中区分出来,并在蒙古国地区进行了验证。表明利用该特征监测草地退化是可能的。但数据是地面光谱测量数据分析得到的,能否将其在高光谱图像上区分还有待进一步探讨。

9.3.3 草地化学成分估测

高光谱遥感技术的出现已使从遥感数据提取生物化学信息参数成为可能。应用遥感技术测量和分析叶子乃至冠层的生物化学信息在时间、空间的变化,可以了解植物的生产率、凋落物分解速度及营养成分有效性。根据各种化学成分的浓度变化可以评价草地的长势状况。植物叶片中氮元素的光谱特征容易被水分的特征掩盖,Ofer 等利用航空高光谱影像来估算两个感兴趣区域(AOI)草料的数量(kg/hm^2)和品质,品质用 $C:N$ 的比值来表示,得到的生物量和 $C:N$ 的相对误差分别为 18% 和 8% ,通过这两个 AOI 来推算两个平原的总的生物量和 $C:N$,总的精度超过 80% 。然后通过得到的这两个数值来计算草料的粗蛋白含量。草地植被的粗蛋白含量对牧场管理者来说是非常重要的,可以决定草地是否被继续利用。2007 年,Gianelle 等运用偏最小二乘回归来验证不同的测量方法得到的数据,与草地植被的理化参数[生物量、氮含量(总量、百分比)、地上部分含氮量(总量、百分比)]有更好的相关关系。结果表明,垂直测量得到的数据尤其是“红边”位置对总的含氮量和含氮浓度有很好的指示作用。与传统的宽波段得到的植被指数相比,无论哪种测量方法得到的高光谱数据都能很好地描述植被的理化信息。目前,关于草地植被长势和健康状况的遥感监测研究相对较少,农作物长势的遥感监测的研究较多,方法比较成熟,值得借鉴。此外,高光谱应用在草地监测的其他方面也取得了一定的进展。2007 年,Black S C 等试图用高光谱反射曲线来计算草地的 CO_2 交换率,通过几个窄波段植被指数的计算,波谱深度的分析,最后得出,用皮尔逊相关系数能发现 CO_2 交换率与光学反射系数有很高的相关性,但用线性回归法却只有 46% 的相关性,没能得到和实验室同样的结果。2006 年,刘占宇等运用模型估算的方法对天然草地的覆盖度进行了研究。

9.4 海 洋

高光谱遥感在海洋方面的应用以海洋与海岸带资源环境监测为主,同时也包括其他相关基础研究(娄全胜等,2009)。海洋遥感是 20 世纪后期海洋科学取得重大进展的关键技术之一,其主要目的是了解海洋、研究海洋、开发利用和保护海洋资源,因而具有十分重要的战略意义。随着科学技术的发展,高光谱遥感已成为当前海洋遥感前沿领域。由于中分辨率成像光谱仪具有光谱覆盖范围广、分辨率高和波段多等许多优点,因此已成为海洋水色、水温的有效探测工具。它不仅可用于海水中叶绿素浓度、悬浮泥沙含量、某些污染物和表层水温探测,也可用于海冰、海岸带等的探测。

9.4.1 海洋遥感中的基础研究

在海洋水色高光谱遥感信息分析研究方面,1998、2001 年,潘德炉等把辐射传输机理与数学中逼近理论相结合,发展了海洋水色高光谱信息多因子反演算法,研究了叶绿素、悬浮泥沙及黄色物质等多因子对离水辐射率的定量关系,提出了多因子离水辐射模型。1991 年,中国科学院遥感应用研究所利用 MAIS 成像光谱数据制作了澳大利亚达尔文市海水叶绿素浓度分布图。2000 年,唐军武等建立了海洋光学三维蒙特卡罗模型,模拟了不同太阳天顶角、水体成分等参数对离水辐射率方向特性的影响。模拟结果表明,在一定的遥感器、太阳和像元几何条件下,同一水体的光场二向性带来的离水辐射率变化可能大于已有的业务化水色大气修正算法反演离水辐射率的误差,模拟结果对水色遥感中正确进行现场数据获取及遥感与地面数据对比有一定的意义;1999 年,傅克忖等根据剖面辐射计和荧光计的现场监测数据,给出了黄海叶绿素的估算模式。叶绿素浓度是反映浮游植物光合作用强弱、藻类长势的重要参量,叶绿素含量和水体的导数光具有一定的相关性,基于此,2002 年,马毅等选择相关性最大的波段,建立了浮游植物浓度与其导数光谱相关关系的简约模型。可见,国内海洋遥感应用基础研究主要是一些数学模型的构建。关于如何解决水体的低反射率、大气对蓝紫波段光谱的散射影响等难题的研究还未涉足。

9.4.2 海洋与海岸带资源环境监测中的应用研究

在海洋水质监测应用方面,只有可见光光谱能够观测水下的状况,其中穿透性最强的波长范围为0.45m ~0.6m(蓝光至黄光),被称为“海洋窗口”,利用成像光谱技术可以观测到海洋中沉积性悬浮物、浮游生物、叶绿素的分布等海况,例如,用于估值海洋沉淀物和叶绿素含量,而叶绿素含量的估值可以用于监视海藻的生长和推断水产研究中浮游生物的分布和鱼群位置。对我国而言,随着沿海地区工业化、城市化的发展,海洋环境污染日趋严重。海洋污染给国家造成了巨大的经济损失。2002 年,Leng X 等利用 2001 年鲅鱼圈赤潮围隔实验获取的光谱数据,开发了赤潮光谱数据库,该数据库具备统计查询分析、光谱数据特征提取、插值拟合、曲线平滑及各种曲线绘图等功能;2000 年,赵冬至等也进行了赤潮地物光谱数据获取与处理工作。赤潮光谱数据库是赤潮光学遥感的一项基础性工作,可为高光谱遥感赤潮信息提取提供数据输入。李红波等(2002)运用我国的 PHI 成像遥感数据,根据可见和近红外波段信号强度的高低,成功地把油污辨别出来,并且探讨了根据油污厚薄不同在图像上表现的灰度不同利用密度分割结果对油污含油量进行半定量计算,从而来估算其覆盖的面积和数量,以此获得海水污染的严重程度;同时,利用其不同波段间遥感反射率的比值数据结合卫星数据,探讨得到水体的悬浮物质分布特性。2003 年,范学炜等利用 PHI 数据,采用协方差最大、相关性最小的波段组合方式合成假彩色图像,通过与正常海水和赤潮水体的反射率曲线比较,提取异常区域的反射率曲线及构造相关分析函数等方法,提出了基于反射率曲线和反射率微分曲线的识别方法,即通过比较未知赤潮生物种类和数据库中已知赤潮生物种类的反射率曲线和反射率微分曲线,根据相关分析识别函数的函数值,探讨了赤潮发现及自动化检测、赤潮生物优势种类识别和赤潮生物量分布特征提取技术。此外,拟通过对海冰、海水的反射特征进行统计分析,在正态分布假定下得到冰、水反照率的概率密度分布曲线,由该概率密度分布曲线进行冰水区分,并计算海冰密集度。另外,陆源污染、海水养殖、滩涂等海岸带典型要素的光谱特性研究工作也在开展,研究人员以航空高光谱图像为数据源,选取陆源污染、海水养殖、滩涂为监测要素,进行上述要素的光谱波段敏感性研究,试图获得其探测的最佳波段,并进一步发展准确、快速识别和探测技术,在海洋表面温度测量、海洋表层悬浮泥沙浓度的定性或半定量的观测、海洋动力现象的研究等方面都开展了相应的研究。

9.4.3 国际相关发展动态

目前国际上开展的主要研究有:①海洋碳通量研究,认识其控制机理和变化规律;②海洋生态系统与混合层物理性质的关系研究;③海岸带环境监测与管理。在海洋碳通量研究方面:①主要利用长期序列数据来定量分析周期性全球气候现象（如厄尔尼诺）对海洋环境的影响；②研究海—气 CO_2净通量与生物过程的关系。这方面的模型强调生物和物理过程对海洋 CO_2吸收的重要影响及与全球变暖的关系；③开发全球海洋初级生产力计算模型。研究表明，模型对输入的表面叶绿素浓度场非常敏感。在生物海洋学及上层海洋过程研究方面，主要研究了：①利用海洋水色卫星遥感数据验证某些数值模型所预测浮游植物分布的真实性，把从卫星数据得到的叶绿素场经同化处理输入到数值模型后，提高了海洋模拟的预测能力；②利用海洋水色数据进行海洋上层热平衡计算，这种新方法在阿拉伯海赤道太平洋海区的海气热通量及上层海洋热量垂直分布计算中得到了很好的结果；③利用海洋水色图像直接观测气候及其他大尺度现象（如厄尔尼诺）对海洋叶绿素分布的影响。

9.5 地　质

地物电磁辐射的反射、透射、吸收、发射特征是遥感技术应用与目标探测的基础。各类地表岩石所形成的环境、各自的成分、结构不同，导致他们的光谱特性也不同。多光谱由于光谱分辨率低，地物的光谱特征表现不充分，地物识别主要依赖地物的空间特征，包括灰度、颜色、纹理、形态和空间关系。信息处理和信息提取主要是应用图像增强、图像变换和图像分析方法，增强图像的色调、颜色以及纹理的差异，达到最大限度地区分地物的目的。随着成像光谱仪研制成功以及其产业化的发展，遥感地物信息提取也随之进入了一个崭新的时代。成像光谱对地物的识别主要是依赖于地物的光谱特征，并直接进行地物识别和定量地物信息。成像光谱技术是多光谱技术发展的飞跃，它是在对目标对象的空间特征成像的同时，对每个空间像元经过色散或分光形成几十个乃至几百个窄波段以进行连续的光谱覆盖。形成的遥感数据可以用“图像立方体（三维）”来形象描述，其中两维表示空间，另一维表征光谱。这样，在光谱和空间信息综合的三维空间内，可以任意获得地物“连续”的光谱以及其诊断性特征光谱，从而能够基于地物光谱知识直接识别目标地物，并可进一步获取定量化的地物信息。

9.5.1 岩矿识别

高光谱遥感在岩矿识别方面的应用所涉及的主要理论包括基于单个诊断性吸收的特征参数，基于完全波形特征，基于光谱知识模型等（裴承凯等，2007）。

1. 基于单个诊断性吸收的特征参数

岩石矿物单个诊断性吸收特征可以用吸收波段位置、吸收深度、吸收宽度、吸收面积、吸收对称性、吸收的数目和排序参数作一完整的表征。根据端元矿物的单个诊断性吸收波形，从成像光谱数据中提取并增强这些参数信息，可直接用于识别岩矿类型。如相对吸收深度图（Relative Absorption Band-depth Image）法、连续插值波段算法（Continuum Interpolated Band Algorithm）和光谱吸收指数图像（Spectral Absorption Index Image）等。

2. 基于完全波形特征

利用整个光谱曲线进行矿物匹配识别，可以在一定程度上改善单个波形的不确定性影响（如光谱漂移、变异等），提高识别的精度。基于整个波形的识别技术方法是在参考光谱与像元光谱组成的二维空间中，合理地选择测度函数度量标准光谱或实测光谱与图像光谱的相似程度，如相似指数法（Similarity Index Algorithm）、光谱角识别方法（Spectral Angle mapper），2000 年，张宗贵等根据矿物的完全波形，利用神经网络进行矿物自动识别，甘甫平等设计开发了基于完全谱形的成像光谱岩矿识别技术。以上方法在具有大量已知地物光谱时适应性强，对图像地物识别更有用。但明显不足的是，由于实际地物光谱变异，获取数据受到观测角以及颗粒大小的影响，从而造成了光谱变化。对于整体光谱特征差别不太大的地物，准确匹配比较困难，造成岩矿识别与分析上的混淆和误差。

3. 基于光谱知识模型

基于光谱模型的识别技术方法是建立在一定的光学、光谱学、结晶学和数学理论之上的信号处理技术方法。它不仅能够克服上述方法存在的缺陷，而且在识别地物类型的同时精确地量化地表物质的组成和其他的物理特性。例如，建立在 Hapke 光谱双向反射理论基础之上的线性混合光谱分解模型（SMA/SUM），可以根据不同地物或者不同像元光谱反射率响应的差异构造光谱线性分解模型。Tompkins 提出修正了光谱混合分析（MSMA）模型，该模型利用虚拟端元，采用一个阻尼最小二乘算法，根据一定的先验知识，有效地并最终可以选择亚像端元进行光谱分解，提高了 SMA 实用性。这些方法更多地依赖光谱学知识与数理方法，在实际应用中由于难以确定特征参数或难以准确地描述光谱模型而限制了该类技术方法的应用。不过，由于该类方法在识别地物的同时量化物质组成，因此，就其发展趋势而言，随着一系列技术的成熟与光谱学、结晶学等知识的深入发展，以及识别精度的改善与量化能力的提高，其应用将会越来越广泛。

9.5.2 资源勘查

1. 石油勘探（杨燕杰等，2011）

利用高光谱遥感直接找油主要是利用遥感影像信息提取等技术挖掘出遥感影像的烃类微渗漏信息，圈定或预测有利的油气勘探靶区。高光谱遥感具有经济、安全及高效率等方面的优势，在油气勘探方面有很大的应用潜力。随着科学技术的发展和寻找复杂油气藏的需要，早期仅靠地面油气显示来勘探油气藏的方法已逐步被其他方法所代替，地震、油气化探和卫星遥感方法被逐步引入油气勘探工作中。现在大部分应用到油气勘探中的遥感数据为多光谱数据，高光谱数据在油气勘探中的应用实例相对较少，而高光谱遥感技术的发展能把遥感的油气勘探应用推向更高、更有效、定量化的应用层次。

美国、德国、西班牙等国家先后利用航空高光谱仪探测烃类微渗漏的油气藏蚀变异常带。1986 年，Singhroy 等采用荧光线阵成像仪（光谱范围 430nm ~ 850nm，288 通道）研究了密西根 Stoney Point 油田区植被的状况，揭示了与油气微渗漏导致的植被光谱的改变。2000 年以来，国外利用 ASD 等野外和 Hymap，AVIRIS 等航空高光谱传感器进行油气勘探，出现了较为成功的应用案例，建立了油气渗漏和油气渗漏区土壤的光谱库，为其他地质研究提供了依据。美国加利福尼亚州南部圣巴巴拉地区，利用成熟的高光谱数据处理技术，确定了由于油气渗漏造成的植被异常区的范围。2002 年，Vander M 等在对基于遥感的油气微渗漏方法综述的基础上，提出了综合高光谱数据及相关的地质、地球化学数据。运用相关的决策方法提取了可能的油气微渗漏信息，并进行了实际验证。2003 年，Noomen M 等通过室内实验、野外光谱测量和对高光谱图像的分析，研究了油气微渗漏对植被光谱的影响，目的在于通过认识植被的异常来发现新的油气资源。此外，高光谱遥感方法也应用于油砂中油含量的探测，用于辅助油砂中油的提炼，在加拿大阿尔伯塔省已被采用。2007 年，Noomen M 等通过研究油气渗漏对地表植被（小麦和玉米）在高光谱反射波段的变化，从高光谱影像上提取地表油气渗漏异常信息，这对油气管道的监测和油气资源的勘探具有较好的效果。2008 年，美国的 Khan S 等验证了岩石与土壤中的矿物蚀变与油田的烃微渗漏有关。他们应用 Hyperion 传感器在怀俄明州的 Patrick Draw 地区获取与烃微渗漏有关的异常区域的高光谱影像。通过影像的监督分类解译出烃微渗漏区，通过应用矿物、化学与碳同位素方法进行验证，解译结果精度较高。X 射线衍射结果显示异常区的长石成分减少，且含有较高的黏土成分。

1992 年，中国科学院遥感应用研究所利用 MAIS 数据在新疆阿克苏柯坪地区进行油气勘查研究，区分了该地区从寒武纪、奥陶纪、志留纪、泥盆纪到二叠纪的地层。上海技术物理所利用 MAIS 数据于 1993 年在胜利油田、1994 年在山东广饶博兴地区进行了油气资源勘测。2007 年，赵欣梅系统地研究归纳了烃类物质微渗漏现象以及由此引起的地表蚀变，从微渗漏地表土壤及岩石地球化学异常、地表土壤吸附烃异常、地植物异常、地热异常等几个方面寻求遥感指示标志。充分利用卫星高光谱成像遥感数据具有的光谱细分特性，在已知油气区确定了与烃类微渗漏相关的蚀变矿物组合信息，并作为气区探测的遥感解译组合标志，进一步分析确定了新的油气勘探远景区。同年，徐大琦等提出了典型含气区测点的光谱曲线的宏观特征；给出了一种基于野外测量的反射光谱来确定特定蚀变的地表分布（即分类）的方法。将此方法应用于青海某地区野外测量的反射光谱的分析中，得到的蚀变异常区与该地区的已有气田成功吻合，成功圈出了测区内的 3 个较大含气区。同年，沈渊婷等对柴达木地区涩北气田地质地理环境下的蚀变矿物进行分析，结合卫星高光谱遥感数据 Hyperion 的图谱，对已知气田区与背景区光谱特征进行相关分析，确定了油气信息识别的有利波长范围；利用光谱角制图（SAM）技术提取了涩北气田油气的空间分布信息和台吉乃尔含气构造等远景区，为高光谱遥感油气勘探提供了有效技术方法与途径。同年，田淑芳等以内蒙古东胜为研究区，以油气微渗漏理论为基础，以目前世界上星载传感器中光谱分辨率最高的 EO－1 卫星 Hyperion 数据为信息源，在对数据预处理（光谱重建、噪声消除、波段优选）的基础上，利用蚀变矿物的诊断性吸收特征谱带，结合野外实测波谱曲线，采用波段比值来分离提取含铀矿物及地层空间分布信息，进而确定油气微渗漏的空间位置分布。从遥感的角度得出了研究区的 4 个油气微渗漏富集区。为东胜地区的油气资源开发提供了理论依据。2008 年，沈渊婷等利用 Hyperion 高光谱数据，基本实现了中国某地区天然气蚀变异常区的分类：根据该地区的地质资料，具有异常显示的区域与该地区气藏形成条件相吻合。利用小波 PCA 的特征提取方法，有效地提取了该地区地表微弱的天然气蚀变特征。采用的非监督/监督分类混合训练策略，有效地将干扰地物区分开，实现了天然气蚀变异常区的聚类。高光谱数据也应用于海上油气资源的勘查中，海底的油气渗漏可在海洋表面形成油膜，可用遥感的方法（包括高光谱遥感）来探测。2007 年，王向成等通过辽东湾海上野外光谱实验及样品采集分析、多次实验室油膜光谱模拟实验与分析，针对 EO－1 卫星高光谱遥感 Hyperion 数据特点进行了谱段选择和海面薄油膜和厚油膜检测模式的建立。核工业部北京地质研究院在 2010 年对庆阳地区利用高分辨率航空成像光谱仪 CASI/SASI 进行了油气勘探的探索性研究，取得了阶段性的成果，为高分辨、高光谱影像在油气勘探中的研究提供了范例。利用遥感技术提取油气微渗漏信息，是一种非侵入式技术，具有经济、安全及高效等方面的优势，有很大的应用潜力。高光谱遥感技术具有较高的光谱分辨率和不间断的光谱覆盖，提供了丰富的地面信息，优化了岩矿识别与提取条件，增强了遥感对地探测能力和对地物的鉴别能力，提高了遥感技术的定量化水平。将高光谱遥感技术用于油气微渗漏信息的提取具有重要的意义。

2. 其他资源勘查（裴承凯等，2007）

Goetz 等人在 1982 年应用航天飞机上短波红外辐射计（SMIRR）的 5 个波段（带宽 100nm），成功地在埃及识别出高岭石和碳酸盐矿；在墨西哥州下加利福尼亚圈定了铁氧化矿、黏土矿以及明矾石矿。1984 年、1985 年美国地质调查局的 Fred A 利用 3 条航带的成像光谱数据进行了蚀变矿物填图实验，提取两种类型的蚀变矿物。1994 年，利用中国科学院上海技术物理所研制的成像光谱仪在山东昌维地区获取的航空成像光谱数据，结合野外地面光谱测试数据和化学勘探数据，经过处理分析与验证，发现成像光谱仪能敏感地收集烃类微渗漏地表异常信息，与测区内已知化探资料的复合率达 70% 以上。王青华等利用中国科学院上海技术物理所研制的模块式航空 71 波段高光谱仪(MAIS),在河北省张家口地区进行了岩石识别研究;甘甫平等以青藏高原为实验区,分析了高光谱遥感技术在地质应用中的前景。除上述典型地质应用外,成像光谱技术在金、银、铜、铅、锌、铀等多种矿产勘查中也有许多示范应用。高光谱直接应用到铀矿地质的找矿上在国外期刊上还未见发表。核工业部北京地质研究院在广西苗儿山花岗岩地区应用高光谱技术识别和圈定了与铀矿有关的硅化带。在鄂尔多斯盆地东胜地区利用卫星高光谱(Hyperion)数据进行了蚀变矿物填图,圈定了与含矿层有关的高岭土化的范围。另外,进行了较系统的铀矿区地物波谱测量研究。高光谱遥感技术是伴随成像光谱仪的发展而迅速发展起来的,随着高光谱卫星传感器的发展,高光谱数据将在更大领域、更多方面取得突破性进展,其空间分辨率和光谱分辨率将不断提高,可以解决的问题和涉及的领域必将不断拓展。

9.6 环 境

高光谱遥感在环境方面的应用包括大气污染监测、土壤侵蚀监测、水环境监测等(童庆禧等,2006)。

9.6.1 大气污染监测

大气污染主要通过污染产生的气溶胶的散射和吸收而在遥感数据中得到反映,因此,气溶胶可以作为大气污染的指示物。1994 年,Kaufman 等用分布于全球的 30 多个观测站的地空同步观测资料,得到了多种气溶胶散射相函数的经验分布,并给出了气溶胶光学厚度与路径散射、下行散射与上行散射的经验公式,已经成功应用于气溶胶的对空探测和遥感数据的大气校正中。1990 年,Kaufman 等还利用暗背景技术计算了大尺度的大气污染分布,并成功地应用于区域大尺度大气污染的估算中。国内方面,2003 年,邓孺孺等对北京市典型大气污染的散射光谱进行了对空测试。在此基础上,他们从分析卫星遥感像元电磁波信息构成的物理机制入手,建立像元各地面组分之间及与大气光谱之间的合成模型,然后采用多波段卫星遥感数据,用像元信息分解的方法,首次将大气污染信息定量从地面地物信息中分解出来,得到较高分辨率的人为气溶胶浑浊度及其空间分布结果,作出研究区大气污染累加浓度分布场影像图。

9.6.2 土壤侵蚀监测

土壤属性,如纹理、有机物、氧化铁含量、养分等,是影响植被生长的关键变量,可以通过其特定的光谱响应来反映。1998 年,Palacios O 等展示了高光谱遥感在估算一些土壤属性方面的巨大优势。2001 年,Chang B 等评价了利用近红外反射率光谱预测不同土壤属性的能力。所得结果表明,近红外反射率光谱可以用于快速估算土壤属性，且预测精度可接受。2002 年，刘伟东基于大量的土壤实验室光谱，进行了土壤光谱反射率与土壤孟塞尔颜色属性的相关分析，建立了土壤特性参数的反演模型和土壤参数空间分布图。

9.6.3 水环境监测

利用遥感监测水质又称为水色遥感，它是从海洋遥感发展起来的。利用高光谱遥感数据能够反演的水质参数主要有叶绿素、悬浮物、黄色物质、透明度、浑浊度等。水质反演的主要方法有两种，分别是基于光谱特征分析的半经验法和基于生物光学模型的分析方法。半经验法是指在研究水质参数光谱特征的基础上，利用测量得到的遥感数据或波段组合与同步地面监测数据之间的统计关系来建立水质算法，是目前最常用的水质参数反演方法。2002 年，Thiemann S 等利用机载成像光谱仪测得的多时相高光谱数据和同步观测的地面数据来反演湖水叶绿素浓度。2000 年，疏小舟等利用我国自行研制的成像光谱仪在太湖地区进行地表水质遥感实验，估算了研究区域内的叶绿素浓度分布，并将遥感估算值与地面采样数据进行了比较。基于生物光学模型的分析方法的基础是根据水中光场的理论模型来确定吸收系数与后项散射系数之比与表面反射率的关系。这种关系确定后，可由遥感测得的反射率值计算水中实际吸收系数与后向散射系数的比值，与水中组分的特征吸收系数、后向散射系数相联系，就可以得到水中组分的含量。1993 年，Dekker A 在测量研究 19 个不同类型的内陆水体光学特性的基础上，首次利用基于生物光学模型的分析方法建立了反演内陆水体叶绿素和藻胆素浓度的反演算法。1998 年，Hoogenboom H 提出了从航空高光谱遥感获得的水表面以下辐照度比来反演内陆水体水中各组分含量的矩阵反演算法。

9.7 军　事

高光谱遥感技术在军事中的应用主要包括战场详细侦察，伪装目标识别，目标真实温度和发射率的探测计算等（张朝阳等，2008）。

目标伪装技术早已出现在现代高技术战争中。利用高光谱遥感技术，参照地物波谱数据库能够识别出目标的表面物质，进而识别出伪装器材、伪装目标，这对军事目标探测尤为重要。揭示高光谱成像侦察技术特点，探索高光谱伪装等任务艰巨，日益迫切。

高光谱数据的最主要特点是将传统的图像维与光谱维信息融合在一起，在获取地表空间图像的同时，得到每个地物单元的连续光谱信息。高光谱成像侦察技术最突出的特点是能从自然背景中发现人工材料制作的伪装器材和材料，揭示严密伪装的军事目标，并判定出军事目标的性质，实现依据地物光谱特征的地物成分信息反演与地物识别，从而必将在军事对象识别、伪装对象探测、伪装效果检测、登陆场选择、战场环境评估、战场毒气探测、雷场探测等方面发挥巨大作用。

高光谱遥感利用地表物质与电磁波的相互作用所形成的特征光谱研究地表物质,工作波段主要包括可见光、近红外以及热红外波段。在可见光、近红外波段,地物以反射太阳能量为主,可以通过其反射特征光谱的分析来识别目标;在热红外波段,地物辐射能量以自身的热辐射为主,目标的发射率和辐射温度是最主要的识别信息。高光谱遥感作为新型的侦察技术,有不同于传统侦察技术的特点:首先,高光谱的工作波段多、宽度窄、识别能力强。地物的光谱特征峰半宽度一般为20nm~40nm,这是传统的多光谱等遥感技术所不能分辨的,而高光谱遥感却能够很好地识别出来,定性、半定量遥感开始进入定量遥感时代。其次,高光谱在成像的同时可以获得地物的光谱曲线,融合了成像分析和光谱分析的优点。最后,由于波段众多,高光谱遥感的数据量非常庞大,冗余数据多,处理困难。由于高光谱遥感在地面目标识别方面的优势,很早就应用于军事领域并且逐步取代了多光谱遥感成为主要侦察手段。

(1) 战场详细侦察。高光谱遥感仪器能够在连续的工作波段上同时对目标进行探测,可直接反映出被测物体的精细光谱特征,分辨目标表面的成分与状态,可得到空间探测信息与地面实际目标之间存在的精确对应关系。以色列科学家利用CASI高光谱成像光谱仪在特拉维夫市进行了研究,从CASI图像中选择典型的地物作为端元数据,对河流、沙土、路面、植被等地物都取得了很好的识别效果。美国海军设计的高光谱成像仪,可在0.4μm~2.5μm光谱范围内提供210个波段的光谱数据,可获得近海环境目标的动态特性,例如海水的透明度、海洋深度、海流、海底特征、水下危险物、油泄漏等成像数据,为海军近海作战提供参考。美国提出了数字化地球研究,目标是建立全球地表每平方米的数据库,包括目标和背景特征光谱在内的多种参数。数据库建立以后,全球任何地方的军事目标都会处于其监控和打击之下。

(2) 伪装目标识别。在军事目标侦察、识别伪装方面,高光谱遥感能够依据背景与伪装目标不同的光谱特性发现军事装备;通过光谱特征曲线,可反演出目标的组成成分,从而揭露与背景环境不同的目标及其伪装。绿色伪装材料检测的一个重要手段就是利用植被的“红边”效应,植被在680nm~720nm反射率急剧升高,通过检测其位置和斜率的特征就可以识别植被的种类和状态。现有绿色伪装材料的光谱曲线大体上可以与植被相吻合,在多光谱侦察条件下能够满足伪装要求,但是在高光谱细微的分辨能力下,经过伪装的目标便无所遁形。刘凯龙等以植被的“红边”作为基本识别特征,识别准确率达到了99%以上。

(3) 目标真实温度和发射率的探测计算。在目前热红外探测中,用Planck定律将发射率和温度这两个未知参数合并为1个参数,在辐射测温学中称为假设温度或辐射温度。假设温度是真实温度与光谱发射率的耦合温度,并不能反映被测目标的真实温度。军事目标的热红外伪装主要是利用低发射率遮障降低目标的辐射能量,使目标与背景耦合温度接近,则热红外探测器难以发现、识别。但是如果采用高光谱探测,在热红外波段利用线性假设构造方程,即可计算出目标表面的真实温度和发射率,高光谱突破了假设温度测量的局限性,使温度的测量求解更加逼近于物体表面的实际温度。从而更加有效地识别伪装目标与背景。从高光谱遥感仪器的发展来看,各种机载高光谱仪器已经发展成熟,国外的星载仪器已经投入使用。高光谱在多光谱遥感的基础上对测试目标的光谱特征进行了细分,可以识别出各种人工目标和伪装目标,利用高光谱在热红外波段可以探测目标表面的真实温度和发射率,改善了热成像探测中的不足之处,可以有效地识别利用传统热红外伪装技术进行伪装的目标。

参考文献

娄全胜,陈蕾,王平,等. 2008. 高光谱遥感技术在海洋研究的应用及展望. 海洋湖沼通报,3:168-173.

裴承凯,傅锦. 2007. 高光谱遥感技术在岩矿识别中的应用现状与前景. 世界核地质科学,24(1):32-38.

谭炳香,李增元,陈尔学,等. 2006. Hyperion 高光谱数据的森林郁闭度定量估测研究. 北京林业大学学报,28(3):95-101.

谭炳香,李增元,陈尔学,等. 2008. 高光谱遥感森林信息提取研究进展. 林业科学研究,21(增刊):105-111.

滕安国,高峰,夏新成,等. 2009. 高光谱技术在农业中的应用研究进展. 江苏农业科学,3:8-11.

童庆禧,张兵,郑兰芬. 2006. 高光谱遥感——原理、技术与应用. 北京:高等教育出版社.

张朝阳,程海峰,陈朝辉,等. 2008. 高光谱遥感的发展及其对军事装备的威胁. 光电技术应用,23(1):10-12.

周磊,辛晓平,李刚,等. 2009. 高光谱遥感在草原监测中的应用. 草业科学,26(4):20-27.

附录1　本书主要符号及缩写说明

原始波段数(特征数,维度):ND;

降维波段数(特征数,维度):Nd;

像元数:Np

训练样本数:Ntr;

测试样本数:Nte;

像元,多个像元形成的矩阵:p,$\boldsymbol{P}$;

类别数:Nc;

端元数:Ne;

端元,多个端元形成的矩阵:e,$\boldsymbol{E}$;

端元差向量,由多个端元差向量形成的矩阵:$\boldsymbol{v}$,$\boldsymbol{V}$;

惩罚因子:γ;

核函数参数:σ;

误差:ε;

相似度:α;

单个样本:x 或 s_0;

混合比例:F;

体积:Vol;

距离:Dist;

权值:β;

高光谱图像:HSI;

带有亚像元位移的遥感图像:SSRSI;

支持向量机:SVM;

线性支持向量机:LSVM;

最小二乘:LS;

最小二乘支持向量机:LSSVM;

线性光谱混合模型:LSMM;

线性光谱混合分析:LSMA;

全约束最小二乘:FCLS;

亚像元/像元空间引力模型:SPSAM;

修正的亚像元/像元空间引力模型:MSPSAM;

混合空间引力模型:MSAM;

像元交换技术:PSA;

修正的 PSA:MPS;

马尔科夫随机场:MRF;

凸集投影:POCS;

最大后验概率:MAP;

支持向量数据描述算法:SVDD;

基于自适应核参数估计的支持向量数据描述算法:ASVDD。

附录2 著者主要相关文章

[1] Wang Liguo, Liu Danfeng, Wang Qunming. Geometric Method of Fully Constrained Least Squares Linear Spectral Mixture Analysis. IEEE Transactions on Geoscience and Remote Sensing, 2013. (SCI/EI)

[2] Wang Liguo, Liu Danfeng, Wang Qunming. Spectral Unmixing Model Based on Least Squares Support Vector Machine with Unmixing Residue Constraints. IEEE Geoscience and Remote Sensing Letters, 2013. (SCI/EI).

[3] Wang Liguo, Wang Qunming. Sub-pixel Mapping Using Markov Random Field with Multiple Spectral Constraints from Sub-pixel Shifted Remote Sensing Images. IEEE Geoscience and Remote Sensing Letters, 2013. (SCI/EI)

[4] Wang Liguo, Wei Fangjie, Liu Danfeng, Wang Qunming. Fast Implementation of Maximum Simplex Volume Based Endmember Selection in Original Hyperspectral Data Space. IEEE Journal of Selected Topics in Applied Earth Observations and Remote Sensing, 2013. (SCI/EI)

[5] Wang Liguo, Liu Danfeng, Zhao Liang. A Color Visualization Method Based on Sparse Representation of Hyperspectral Imagery. Applied Geophysics, 2013. (SCI/EI)

[6] 王立国, 王群明, 刘丹凤. 基于几何估计的光谱解混方法. 红外与毫米波学报, 2013. (SCI/EI)

[7] Wang Qunming, Wang Liguo. Integration of spatial attractions between and within pixels for sub-pixel mapping. Journal of Systems Engineering and Electronics. Vol. 23, No. 2, April 2012, 293 – 303. (SCI/EI)

[8] Wang Qunming, Wang Liguo. Particle Swarm Optimization Based Sub-pixel Mapping for Remote Sensing Imagery. International Journal of Remote Sensing. Vol. 33, No. 20, 20 October 2012, 6480 – 6496. (SCI/EI)

[9] 王立国, 邓禄群, 张晶. 基于线性最小二乘支持向量机的光谱端元选择算法. 光谱学与光谱分析, 2010, 30(3), 748 – 747. (SCI/EI)

[10] 王立国, 赵妍. 基于MAP算法的高光谱图像超分辨率方法. 光谱学与光谱分析, 2010, 30(4), 1044 – 1048. (SCI/EI)

[11] 王立国, 张 晶, 刘丹凤, 王群明. 从端元选择到光谱解混的距离测算方法. 红外与毫米波学报, 2010(6), 471 – 475. (SCI/EI)

[12] Wang Liguo, Jia Xiuping. Integration of Soft and Hard Classification using Extended Support Vector Machines. IEEE transaction on Geoscience and Remote Sensing Letters, 2009, 6(3), 548 – 547. (SCI/EI)

[13] Wang Liguo, Zhang Ye, Zhang Junping. A new weighted least squares support vector machines and its sequential minimal optimization algorithm. Chinese Journal of Electronics, 2008, 17 (2) 285 - 288. (SCI/EI)
[14] 王立国，赵春晖，陈万海，乔玉龙. 高光谱图像分类的全面加权方法研究. 红外与毫米波,2008, 27(6), 442 - 446. (SCI/EI)
[15] Wang Liguo, Jia Xiuping, Zhang Ye. A novel geometry-based feature-selection technique for hyperspectral imagery. IEEE Geoscience and Remote Sensing Letters, 2007, 4 (1): 171 - 175. (SCI/EI)
[16] Wang Liguo, Zhang Y, Zhao CH. Combination of Linear Support Vector Machines and Linear Spectral Mixed Model for Spectral Unmixing. LNCIS, 2006 (0345), 767 - 772. (SCI)
[17] Wang Liguo, Zhang Ye, Li Jiao. BP Neural Network Based Sub-Pixel Mapping Method. LNCIS, 2006 (0345), 755 - 760. (SCI)
[18] Wang Liguo, Jia Xiuping, Zhang Ye. Construction of Fast and Robust N - FINDR Algorithm. LNCIS, 2006 (0345): 791 - 796. (SCI)
[19] 王立国,魏芳洁. 结合遗传算法和蚁群算法的高光谱图像波段选择. 中国图象图形学报,2013.
[20] 王立国,魏芳洁. 基于拟态物理学算法的高光谱图像波段选择. 哈尔滨工业大学学报, 2013. (EI)
[21] 刘丹凤，王立国. 高光谱数据的三级彩色显示. 红外与激光工程,2012(9). (EI)
[22] Wang Liguo, Liu Danfeng. Exploring Support Vector Machine in Spectral Unmixing. WHISPERS2012. 2012. (EI)
[23] Liu Danfeng, Wang Liguo. Visual Attention Based Hyperspectral Imagery Visualization. IEEE Conf. 2012 Symposium on Photonics and Optoelectronics , 2012. (EI)
[24] Liu feng, Liguo Wang and Xiuping Jia. Spectral Unmixing Based on Imaproved extended Support Vector Machines. IGARSS2012. (EI)
[25] 王群明，王立国，刘丹凤，王正艳. 新型高光谱图像的超分辨率制图方法. 哈尔滨工业大学学报, 2012, 44 (7): 92 - 96. (EI)
[26] Wang Qunming, Wang Liguo, Liu Danfeng, Wang Zhengyan. Sub-pixel Mapping for Land Class with Linear Features Using Least Square Support Vector Machine. Infrared and Laser Engineering, 2012, 41 (6): 1669 - 1675. (EI)
[27] Wang L, Jia X. Fuzzy Accuracy Assessment of Subpixel Analysis of Multi/Hyperspectral Image Data. International CiSE 2011: Conference on Computational Intelligence and Software, Wuhan, China, 9 - 11 December. (EI)
[28] Wang Liguo, Wan Qunming. Sub-pixel mapping based on sub-pixel to sub - pixel spatial attraction model. IEEE International Geoscience and Remote Sensing Symposium, 2011. (EI)
[29] 王立国，张晶，刘乘源，张朝柱. 一种新型光谱解混模型的构建与求解. 光电子 · 激光, 2011, 22(11): 1731 - 1734. (EI)
[30] 王立国，张晶. 基于线性光谱混合模型的光谱解混改进模型(An improved spectral unmixing modeling based on linear spectral mixing modeling). 光电子 · 激光,2010,21(8),

1222 – 1226. (EI)
[31] Li Jiao, Wang Liguo, Zhang Ye, Gu Yanfeng. Sub-Pixel Mapping Method Based on BP Neural Network. Journal of Harbin Institute of Technology (New Series), 2009, 16(2): 99 – 103. (EI)
[32] Wang Liguo, Zhang Jing, Deng Luqun. Spectral Unmixing Technique Based on Flexibly Selected Endmembers. 2009 World Congress on Computer Science and Information Engineering, CSIE 2009: 148 – 151. (EI)
[33] Wang Liguo, Deng Luqun, Lei Ming. Hyperspectral Imagery Classification Aiming at Protecting Classes of Interest. 2009 World Congress on Computer Science and Information Engineering, CSIE 2009: 144 – 147. (EI)
[34] Chandrama Dey, Jia Xiuping, Fraser D, Wang L. Mixed Pixel Analysis for Flood Mapping Using Extended Support Vector Machine. Proceedings of the 2009 Digital Image Computing: Techniques and Applications (DICTA 2009), 2009:291 – 295. (EI)
[35] Wang Liguo, Zhang Ye. Speed-up for N-FINDR Algorithm. Journal of Harbin Institute of Technology (New Series), 2008, 15(1) 141 – 144. (EI)
[36] 王立国，张晔，陈浩．基于鲁棒支持向量机的光谱解译．吉林大学学报工学版，2007，37(1) 155 – 159. (EI)
[37] 王立国，赵春晖，毕晓君．端元选择算法在波段选择中的应用．吉林大学学报工学版，2007，37(4) 915 – 919. (EI)
[38] Wang Liguo, Zhao Chunhui, Zhang Ye. Subpixel Mapping of Raw Hyperspectral Imagery. DCDIS – B, 2007, 14(S2) 1770 – 1773. (ISTP)
[39] Wang Liguo, Yuan Lei. A differential optical flow algorithm based on second-order gradient constraint equation. DCDIS – B, 2007, 14(S2) 1774 – 1778 . (ISTP)
[40] Wang Liguo, Zhao Chunhui, Zhang Ye. Double Weighted Least Square Support Vector Machines. DCDIS – B, 2007, 14(S2) 1765 – 1769. (ISTP)
[41] Wang Liguo, Zhang Ye, Zhao Chunhui. Base Vector Selection Method Based on Iterative Weighted Eigenvector Fitting. Geoinformatics, 2006, Proc. SPIE 64201N (2006). (EI)
[42] Wang Liguo, Zhang Ye, Gu Yanfeng. Unsupervised band selection method based on improved N – FINDR algorithm for spectral unmixing. ISSCAA, 2006, 1018 – 1021. (EI)
[43] 王立国，谷延锋，张晔．基于支持向量机和子空间划分的波段选择方法．系统工程与电子技术，2005，27(6):974 – 977. (EI)
[44] 王立国，张晔，谷延锋．基于自适应边缘保持算法的图像插值．哈尔滨工业大学学报，2005，37(1): 18 – 21. (EI)
[45] 王立国，张晔，谷延锋．支持向量机多类目标分类器的结构简化研究．中国图像图形学报，2005，10(5):571 – 574.
[46] 赵春晖，李杰，梅锋．核加权 RX 高光谱图像异常检测算法．红外与毫米波学报，2010，29(5)，372 – 377. (SCI/EI)
[47] 赵春晖，季亚新．基于二代曲波变换和 PCNN 的高光谱图像融合．哈尔滨工程大学学报，2008，29(7): 729 – 734. (EI)

[48] 赵春晖，朱志球. 二进脊波变换的高光谱遥感图像融合分类. 哈尔滨工程大学学报，2008，29(11)：1222－1226.（EI）

[49] Zhao chunhui，Wang yulei，Mei feng. Kernel ICA Feature Extraction for Anomaly Detection in Hyperspectral Imagery. Chinese Journal of Electronics，2012，21(2)：265－269.（SCI/EI）

[50] 赵春晖，陈万海，张凌雁. 一种基于矢量量化的高光谱遥感图像压缩算法. 哈尔滨工程大学学报，2006，27(3)：447－452.（EI）

[51] 赵春晖，陈万海，张凌雁. 基于提升格式的高光谱遥感图像压缩算法. 哈尔滨工程大学学报,2006，27(4)：588－592.（EI）

[52] 成宝芝，赵春晖，王玉磊. 基于四阶累积量的波段子集高光谱图像异常检测. 光电子·激光，2012，23(8)：1582－1588.（EI）

[53] 赵春晖，刘春红，王克成. 基于第二代小波的超谱遥感图像融合算法研究. 光学学报，2005，25(7)：891－896.（EI）

[54] 赵春晖，刘春红. 超谱遥感图像降维方法研究. 中国空间科学技术,2004，24(5)：28－36.（EI）

[55] 赵春晖，齐滨，张燚. 基于改进型相关向量机的高光谱图像分类. 光学学报，2012，32(8)：0828004－1－0828004－6.（EI）

[56] 李杰,赵春晖,梅锋. 利用背景残差数据检测高光谱图像异常. 红外与毫米波学报,2010，29(2)，150－155.（SCI/EI）

[57] 梅锋，赵春晖. 基于空域滤波的核 RX 高光谱图像异常检测算法. 哈尔滨工程大学学报. 2009，30(6)，697－702.（EI）

[58] Qi Bin, Zhao Chunhui, Youn Eunseog, Nansen Christian. Use of weighting algorithms to improve traditional support vector machine based classifications of reflectance data. Optics Express，2011，19(27)：26816－26826.（SCI/EI）

[59] 赵春晖，张燚，王玉磊. 基于小波核主成分分析的相关向量机高光谱图像分类. 电子与信息学报，2012，34(8)：1905－1910.（EI）

[60] 赵春晖,成宝芝,杨伟超. 利用约束非负矩阵分解的高光谱解混算法. 哈尔滨工程大学学报，2012，33(3)：377－382.（EI）

[61] Mei Feng，Zhao Chunhui, Wang Liguo，et al. Anomaly Detection in Hyperspectral Imagery Based on Kernel ICA Feature Extraction. Second International Symposium on Intelligent Information Technology Application，2008. IITA '08. Volume 1，20－22 Dec. 2008，869－873.（EI）

[62] Mei Feng, Zhao Chunhui, Huo Hanjun; Sun Yan. An adaptive kernel method for anomaly detection in hyperspectral imagery. 2008 2nd International Symposium on Intelligent Information Technology Application，IITA 2008, 1:874－878.（EI）

[63] 陈万海，赵春晖，刘春红. 超谱遥感图像的模糊最大似然分类研究. 哈尔滨工程大学学报,2006，27(5)：772－776.（EI）

[64] 谷延锋，赵春晖，刘颖. 基于多目标遗传算法的高光谱图像特征提取. 哈尔滨工业大学学报,2005，37(增刊)：108－112.（EI）

[65] Liu Chunhong, Zhao Chunhui, Chen Wanhai. Hyperspectral image classification by second generation wavelet based on adaptive band selection. IEEE International Conference on Mechatronics and Automation, ICMA 2005, 1175 – 1179. (EI)
[66] 赵春晖, 齐 滨, 王玉磊. 一种改进的 N – FINDR 高光谱端元提取算法. 电子与信息学报, 2012, 34(2): 499 – 503. (EI)
[67] 成宝芝,赵春晖,王玉磊. 结合光谱解混的高光谱图像异常目标检测 SVDD 算法. 应用科学学报, 2012, 30 (1): 82 – 88. (EI)
[68] 赵春晖, 胡春梅. 基于目标正交子空间投影加权的高光谱图像异常检测算法. 吉林大学学报工学版,2011, 41(5):1468 – 1474. (EI)
[69] 赵春晖, 胡春梅, 石 红. 采用选择性分段 PCA 算法的高光谱图像异常检. 哈尔滨工程大学学报,2011, 32(1):109 – 113. (EI)
[70] 赵春晖,胡春梅,石红. 一种新的高光谱遥感图像降维方法. 中国图像图形学报:A 辑, 2005, 10(2): 218 – 222.
[71] 王立国, 赵春晖, 乔玉龙. 高光谱图像复选性加权分类方法. 专利号:ZL 2007 1 0144301.1
[72] 王立国, 张晶, 邓禄群, 赵春晖, 乔玉龙. 基于线性最小二乘支持向量机的高光谱图像端元选择方法. 专利号:ZL 201010101804.2
[73] 王立国, 王群明, 刘丹凤, 赵春晖. 高光谱图像多端元模式的光谱混合分析方法. 专利号:ZL 201110001363.3
[74] 王立国, 刘丹凤, 王群明. 高光谱图像的全约束最小二乘线性光谱混合分析方法. 专利号:ZL 201110000972.7
[75] 王立国, 王群明, 刘丹凤. 一种空间引力描述下的高光谱图像亚像元定位方法. 国家发明专利受理. 201110167197.4
[76] 王立国, 王群明,等. 一种基于多时相遥感图像的亚像元定位方法. 国家发明专利受理. 201110269889.x
[77] 王立国, 刘丹凤,等. 一种高光谱遥感图像三层彩色可视化方法. 国家发明专利受理. 201110339293.2
[78] 王立国, 刘丹凤,等. 一种基于距离计算的高光谱图像顺次波段选择方法. 国家发明专利受理. 201210140052.x
[79] 王立国, 刘丹凤,等. 一种具有距离保持特性的高光谱彩色可视化方法. 国家发明专利受理. 201210176898.9
[80] 王立国, 魏芳杰. 基于拟态物理学优化算法的高光谱图像波段选择. 国家发明专利受理. 201210339326.8

内 容 简 介

全书共分 9 章。首尾两章对高光谱遥感的基本理论、高光谱遥感主要处理技术的发展现状、高光谱遥感的应用进行了简单的介绍,便于不同需求的读者参阅。第 2 ~ 8 章是以著者近年来的研究成果为主体内容,将高光谱图像的主要处理技术,即分类、端元提取、光谱解混、亚像元定位、超分辨率复原、异常检测、降维压缩等进行了系统的整理和详尽的阐释,旨在为读者提供一个较完整的框架和较新颖的内容。

本书可作为高等院校遥感、测绘、地理信息系统等专业的本科生、研究生的参考用书,也可供相关领域不同层次的研究人员参阅。

The whole book is composed of 9 chapters. To cater to different readers with different requirements, in the first and last chapters, basic theory on heperspectral remote sensing, development trend of some important techniques for heperspectral remote sensing, and application of heperspectral remote sensing are briefly introduced. Chapters 2 – 8 mainly consists of the authors' research achievements on hyperspectral imagery in recent years, including classification, endmember extraction, spectral unmixing, sub-pixel mapping, super-resolution reconstruction, anomaly detection, dimensionality reduction. All these techniques are introduced in detail to offer readers complete framework of the mentioned novel knowledge on hyperspectral imagery.

This book can be used for undergraduates and graduates in different domains, including remote sensing, surveying and mapping and geoscience and information system, etc. It can also provide some reference informations for researchers at different levels.

